"十三五"江苏省高等学校重点教材

教材编号2016-1-136

大气科学专业系列教材

大气科学概论

第三版

刘红年 徐玉貌 张 宁 袁慧玲 郭维栋 编 著

南京大学出版社

图书在版编目(CIP)数据

大气科学概论 / 刘红年等编著. — 3 版. — 南京 :
南京大学出版社, 2019.1(2024.1 重印)
大气科学专业系列教材
ISBN 978-7-305-21477-6

Ⅰ. ①大… Ⅱ. ①刘… Ⅲ. ①大气科学-高等学校-教材 Ⅳ. ①P4

中国版本图书馆 CIP 数据核字(2019)第 012367 号

出版发行 南京大学出版社
社　　址 南京市汉口路 22 号　　邮　　编 210093

书　　名 **大气科学概论(第三版)**
DAQI KEXUE GAILUN(DISANBAN)
编　　著 刘红年 徐玉貌 张 宁 袁慧玲 郭维栋
责任编辑 惠 雪 吴 华　　编辑热线 025-83596977

照　　排 南京开卷文化传媒有限公司
印　　刷 南京百花彩色印刷广告制作有限责任公司
开　　本 787 mm×1092 mm 1/16 印张 18.25 字数 480 千
版　　次 2019 年 1 月第 3 版 2024 年 1 月第 2 次印刷
ISBN 978-7-305-21477-6
定　　价 49.80 元

网　　址:http://www.njupco.com
官方微博:http://weibo.com/njupco
官方微信号:njuyuexue
销售咨询热线:(025)83594756

前　言

大气科学是研究地球大气中各种物理过程和化学现象、过程（包括人类活动对它的影响），这些现象和过程的演变规律，以及如何利用这些规律为人类服务的一门学科。

自20世纪50年代以来，随着计算机技术和大气探测技术的发展，大气科学的研究呈现宏观愈宏，微观愈微的态势，大气科学进入了高速发展阶段。在大气科学的学科发展中，形成了诸多分支学科，主要包括大气物理、大气探测、大气动力学、天气学、气候学、大气遥感、大气化学、数值预报及应用气象学等。

本书第一版于2000年由南京大学出版社出版，2013年由刘红年对第一版进行了修订，由南京大学出版社出版了第二版。2013年，南京大学大气科学学院重新组建了“大气科学概论”课程的教学团队，经过多年的教学实践，认为全书体系结构及内容需要进一步调整完善。因此，按照“十三五”江苏省高等学校重点教材建设的精神，在第二版的基础上重新编写了这本书。

本书分为十章，包括大气概述，大气辐射学，大气热力学，大气动力学，大气边界层，云、雾和降水物理学，大气化学和大气污染，大气中的声光电，天气系统与天气预报，气候系统与气候变化。其中第二、七、八章由刘红年编写，第一、三、四、六章由徐玉貌编写，刘红年做了补充和修改，第五章由张宁编写，第九章由袁慧玲编写，第十章由郭维栋编写。全书由刘红年进行了审核。

感谢苏翔博士提供了天气系统与天气预报一章中部分图片，该章中保留了第二版中徐桂玉教授编写的天气学部分内容。

本书是大气科学专业本科生的专业入门课教材，也可以作为其他相关专业本科生和研究生的学习和参考用书。需要说明的是，第一、二、三、四章介绍的是大气科学专业的基本概念和原理，其余章节在大气科学本科专业中都有后续专业课程，但从全书的完整性和系统性考虑而设了这些章节，因此，章节内容相对比较精炼。

由于大气科学学科众多，内容丰富，受编著者的水平限制，书中错误和疏漏在所难免，诚望读者给予批评指正。

编者

2018年9月于南京大学

目　　录

绪 论

大气科学是一门研究地球大气中各种现象(包括物理和化学现象以及人类活动对其影响等)的演变规律,以及如何利用这些规律为人类服务的学科。

一、研究对象和任务

大气科学是地球科学的一个组成部分,其研究对象主要是覆盖整个地球的大气圈。大气圈,特别是地球表面的低层大气和地球的水圈、岩石圈、生物圈,是人类赖以生存的主要环境。大气中的各种现象及其变化过程,既可以造福人类,也可以给人类带来各种灾害,影响人类的生产、生活和安全。随着科学技术的迅速发展,大气科学在国民经济和社会生活中的作用日益显著,其研究领域已远远超出通常所称的气象学的范畴。大气科学的基本内容可概括为 4 个方面,即:

(1) 地球大气的一般特征(如大气的组成、范围、结构等);

(2) 大气现象发生、发展的能量来源、性质及其转化;

(3) 解释大气现象,研究其发生、发展的规律;

(4) 如何利用这些现象预测、控制和改造自然(如人工影响天气、大气环境预测和控制等)。

二、研究特点

1. 研究大气科学不能仅限于大气圈

地球(环境)系统是由岩石圈、水圈(含冰雪圈)、大气圈和生物圈组成的一个综合系统。大气圈中发生的各种变化都受其他三圈的影响,同时,大气圈也影响着其他圈层的变化。因此,在研究大气的组成和结构、大气运动的能量来源和转换、大气中的物质循环和变化过程、大气环境以及天气、气候的分布和变化时,都必须考虑大气圈与其他三圈之间的相互影响和相互作用。

2. 大自然是大气科学研究的实验基地

大气圈是地球系统的主体部分,是四圈中范围最大、与人类关系最密切的圈层,发生在此圈的现象也最为繁多,而其变化又极其迅速。影响这些大气现象的因素非常复杂,至今还很难在实验室内用人工控制的方法对其进行完整的实验和研究。因此,大气科学必须以大自然为实验室,组织从局部地区到全球的气象观测网,运用多种观测设备和仪器对大气现象进行长期、连续的观测,以获取资料;通过对大量资料的分析和研究(包括统计分析、理论研究和数值模拟等)推导出新的结论;再以新的观测资料对模拟进行验证,遵循观测(实践)—理论—观测(实践)的基本法则,不断地发展。

3. 国际合作是推动大气科学发展的必要途径

地球大气作为一个整体在不停地运动和变化着，为掌握范围广、变化快、形式多样的大气运动特征，必须在全球对大气进行连续地、高频率的观测，对站网布局、观测项目、资料处理、信息传输等方面做统一规划，并将观测资料迅速集中到世界气象中心和各国的气象中心，而这些只有通过密切的国际合作才能实现。

三、学科分支

传统的“气象学”分支学科主要为气象学和气候学。1960 年以来，随着“气象学”研究内容的迅速扩展，人们广泛采用“大气科学”这个术语，其分支学科主要有：大气探测、天气学、动力气象学、气候学、大气物理学、大气化学、人工影响天气、应用气象学等。

大气探测是研究探测地球大气中各种现象的方法和手段的学科。按探测范围和探测手段划分，分为地面气象观测、高空气象观测、大气遥感、气象雷达、气象卫星、大气化学成分观测等低一级的分支。

天气学是研究大气中各种天气现象发生、发展规律以及如何应用这些规律来制作天气预报的学科。其研究内容主要包括天气现象、天气系统、天气分析和天气预报等。

动力气象是应用物理学和流体力学定律及数学方法，研究大气运动的动力和热力过程及其相互关系的学科，是大气科学的理论基础。

气候学是研究气候的特征、形成和演变以及气候与人类活动相互关系的学科。其研究内容主要包括气候特征、气候分类、气候区划、气候成因、气候变化、气候与人类活动的关系、气候预报和应用气候等。

大气物理学是研究大气的物理现象、物理过程及其演变规律的学科。其研究内容主要包括云和降水物理学、大气光学、大气电学、大气声学、大气辐射学、大气边界层物理学和高层大气物理学等。

大气化学是研究大气组成和大气化学过程以及大气化学与气候相互影响等方面的学科。其研究内容主要包括大气的化学组成及演变、大气微量气体及其循环、大气气溶胶、大气放射性物质和降水化学等。

人工影响天气是研究如何通过影响云和降水的微物理过程来使某些大气现象、大气过程发生改变的技术和方法。如人工降水、人工防雹、人工消雾、抑制雷电等。

应用气象学是将气象方面的有关原理、方法和成果应用于生物、农业、森林、水文、建筑、航海、航空、军事、医疗、空气污染等方面，同各个专业学科相结合而形成的边缘性学科。

第一章 大气概述

包围着地球的气体外壳称为地球大气，也称为地球大气圈。现在的地球大气已经历了原始大气、次生大气和现代大气3个演化阶段。最早的原始大气形成于46亿年以前，比人类出现的时间约早2个数量级。在漫长的演化过程中，大气的成分和结构已发生了很大变化。地球大气是人类和其他生物赖以生存的自然环境，在大气中发生的各种物理、化学现象和过程都与人类的生存和发展有着密切的关系。为了研究发生在大气中的各种现象和过程，必须首先对大气的概况有一个基本了解。

§1.1 地球系统

按照传统的观点，将地球分为3个主要部分：岩石圈、水圈和大气圈。大气圈与岩石圈、岩石圈与水圈、水圈与大气圈之间不断地相互作用着。由于地球生物的生存空间(即生物圈)延伸到这3个物理空间的每个部分，是地球系统不可分割的一部分，因此，由岩石圈、水圈、大气圈和生物圈共同构成一个综合体，称之为**"地球系统"**。随着社会和科学的发展，生物圈对岩石圈、水圈和大气圈的影响及它们之间的相互作用越来越被人们所认识和重视。当人类面临一系列重大而紧迫的全球性环境变化问题的挑战时，在地球科学各学科发展的基础上，已于20世纪80年代初期诞生了一个新兴科学——地球系统科学。

一、岩石圈

46亿年前原始地球形成后，在地球的重力分异和化学分异等作用下，经过漫长的演化，从均匀混合的物质状态逐渐分化为地核、地幔和地壳等地球的内部圈层结构(如图1-1)。地球内部圈层构造之间的分界面主要依据地震波传播速度的急剧变化推测确定。各层的化学成分和物理性质都有显著区别：压力和密度随深度增加而增大；物质的放射性上部较大，深部极低；地热增温率在地壳上部较大，愈向深处愈小，接近地心几乎不变。

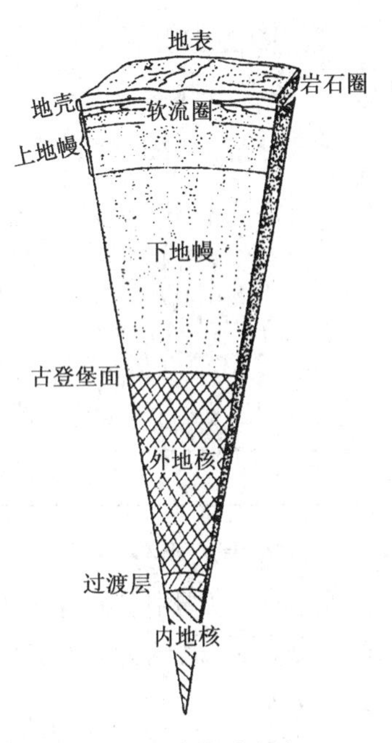

图1-1 地球构造示意图

地核为地球的核心部分，分为内核、外核以及中间的过渡层。地核的密度、压力和温度最高，分别为9.7～13 $g \cdot cm^{-3}$，1.5万～3.7万大气压力和2 860 ℃～6 000 ℃；地核的质量为地球总质量的31.5%；而其体积为整个地球的16%。地幔分为下地幔、上地幔和软流圈，地幔的体积占地球体积的83%；质量占地球总质量的68.1%；密度、压力和温度则介于地核和地壳之间。地壳是地球的表层部分，由各种岩石组成。该层的厚度各地不等，山区厚，平原薄，海洋区更薄，平均为 33 km；而密度、压力和温度则为各层中最小，分别为 2.6～3.0 g·cm^{-3}，1～30 大气压力和14 ℃～300 ℃。

岩石圈是指地壳和上地幔顶部的坚硬岩石组织的地球外壳，其厚度从不足 50 km 到 125 km以上，平均约为 75 km。岩石圈之下为软流圈，软流圈处于接近岩石熔点温度（约 1 400 ℃）下的软弱状态中，坚硬的岩石圈有可能在软而可塑的软流圈上产生整体移动（滑动）。由于岩石圈的厚度差异很大，陆地部分厚，海洋部分薄，薄弱岩石圈很容易产生破裂，而厚的岩石圈则趋于结合到一起，从而形成一些岩石圈板块及其运动。

岩石圈为人们提供石油、天然气、煤炭、铀矿等能源，各种金属和非金属矿藏以及地下水资源；另一方面也常给人类带来自然灾害，如地震、火山爆发、山崩、地滑（滑坡、泥石流等）、流水对地面的侵蚀、沙漠化、地面沉降等。

岩石会受大气、水和生物等因素影响而产生机械的和化学的风化作用，使岩石破碎和形成土壤，并使其化学成分和矿物成分发生改变，其中气候和地形条件是影响岩石风化的重要因素。岩石圈受大气过程的影响会形成覆盖层（雨水和冰雪）。

二、水圈

水圈是由海洋、河流、湖泊（水库）、沼泽、冰川、积雪、地下水和大气圈中的水等组成的地球表层水体的总称。各种水体的覆盖面积、体积及占水圈总水量的体积比见表 1-1 所示。水圈中水的总体积约为 13.86 亿 km^3，其中海洋是水圈最重要的部分，覆盖了地球表面大约 72% 的面积，最深的地方大约有 11 km，其体积占总水圈的 96.5%。而全球生物圈中的水仅占全球总水量的 0.000 1%，一般不作为水圈的组成部分。

表 1-1　水圈的构成

水体	面积/km^2	体积/km^3	占水圈总量的体积比/%
海洋	361 300 000	1 338 000 000	96.5
地下水	134 800 000	23 400 000	1.7
土壤水	82 000 000	16 500	0.001
冰川和永久积雪	16 227 500	24 064 100	1.74
永久冻土层的地下水	21 000 000	300 000	0.022
湖泊	2 058 700	176 400	0.013
沼泽	2 682 600	11 470	0.000 8
河流	148 800 000	2 120	0.000 2
大气水	510 000 000	12 900	0.001
合计	310 000 000	1 385 983 490	100

水圈中的水分处于不停运动的状态，从海洋到空气、到陆地，再归于海洋，形成水循环。通过水循环，水圈中各水体中的水互相交换，不断更新。各个水体的更新期相差很大，大气圈水的更新期最短，约为 8 天，河水约为 16 天，土壤水约为 1 年，高山冰川为 1 600 年，极地冰川长达 1 万年。

海洋对太阳辐射的反射率比陆地小，因此，海洋单位面积所吸收的太阳辐射能比陆地多

25%～50%，全球海洋表层的年平均温度要比全球陆地平均温度约高10 ℃。据估计，到达地表的太阳辐射能约有80%被海洋表面吸收，通过海水内部的运动，热量向下传输混合。若仅考虑100 m深的表层海水，其总热量就占整个地球四圈系统总热量的95.6%，可见其在地球系统中的重要性。

海水的密度与溶解其中的含盐量呈线性关系，平均而言，每1 kg海水中盐度含量为35 g，其盐度值一般在34～36 g/kg之间。由于海水中盐的存在，海水的密度比相同温度条件下水的密度高大约2.4%。

四个圈层中，大气与海洋之间的关系尤为密切，通过海—气相互作用影响大气环流、水循环和气候变化。

海洋与大气之间的相互作用包括海洋与大气之间热量、动量、物质的交换，以及这种交换对大气、海洋各种物理特性的影响及改变。海洋对大气的主要作用是给予大气热量与水汽，为大气运动提供能源；大气主要通过向下的动量输送（风应力），产生风生洋流和海水的上下翻涌运动。

洋流是海水以相对稳定的速度所做的沿一定途径的大规模流动，分为**温盐环流**和**风飘流**（风海流）。风飘流是由于风对海面的摩擦作用产生的，顺着风的方向流动，是海洋的表层环流，主要位于上层几百米的海洋表层。温盐环流，又称"输送洋流"、"深海环流"等，是一个依靠海水的温度和含盐密度驱动的全球洋流循环系统。洋流能将热带海洋存储的多余的太阳辐射能量输送到较冷的中、高纬度海洋，对地球气候可起到调节作用。

海洋与大气在大气环流的形成、分布和变化上共同影响着全球的气候。

冰雪圈是地球系统中由固态水或以固态水为主要组成的成员，是水圈中非常重要的组成部分。冰雪圈对气候系统的储热贡献很大，它也影响地球表面的反照率并在极区通过吸收和释放淡水影响海洋的温盐环流，同时冰雪圈储藏的大量水资源能够影响全球海平面高度。

大陆冰盖是冰雪圈中最主要的组成，主要分布在南极洲和格陵兰岛。大陆冰川通过降雪得到不断补充，又通过升华、冰裂以及沿冰川边缘汇入湖河的径流而减少。冰川的增长和消退取决于源与汇的平衡。海冰覆盖区域远大于大陆冰川，但由于它的平均厚度一般只有1～3 km，因而总量低于大陆冰盖。

三、生物圈

生物圈是地球表层有生命活动的圈层，包括植物、动物和人类，还包括有生物存在的部分岩石圈、水圈和大气圈。生物只在一定的物理环境（大气、水、土壤、阳光、温度等）下才能生存；另一方面生物也起着保护和改变地球环境的作用。生物对于大气和海洋的二氧化碳平衡、气溶胶粒子的产生以及其他气体成分和盐类有关的化学平衡等有很重要的作用。植物可以随着温度、辐射和降水的变化而发生变化，反过来植物又影响地面粗糙度和反射率以及蒸发、蒸腾和地下水循环。动物群体变化会影响植物生态和气候变化。

人类是生物圈中具有极大主观能动性的组成部分，人类活动既受大气、水、生态环境的影响，又通过工农业生产和城市建设等活动不断排放温室气体、空气污染物，改变土地利用状况等，从而对大气、水和生态环境产生影响，并对气候变化产生影响。

四、大气圈

包围在地球表面（包括岩石圈、水圈和生物圈）、厚度约1 000 km的大气层称为大气圈。

它不仅提供了供人类呼吸的空气，而且阻挡了太阳到达地面的热量和有害辐射。大气与地表及其与宇宙空间的能量交换形成了多姿多态的天气与气候。如果地球与月球一样没有大气，不但生命不再存在，而且使地球显得如此生机勃勃的各种相互作用及其过程也将不再出现，没有天气及其对地表的侵蚀和冲刷作用，地球的表面将与30亿年仍保持不变的月球相似。

§1.2 大气科学的重要性

一、大气与生存环境

1. 大气是人类赖以生存的最重要的资源

人们生活在空气里，洁净的空气对生命来说，比任何东西都重要。人需要呼吸新鲜、洁净的空气来维持生命，一个成年人每天的呼吸大约有2万次，吸入的空气量为10～15 m^3，大约是每天所需食物重量的10倍。生命的新陈代谢一时一刻也离不开空气，一般而言，人若5周不吃饭，5天不饮水，尚能生存，然而，5分钟不呼吸就会死亡。一切有生命的生物同样离不开大气。因此，可以说没有大气就没有生命。

2. 大气污染对地球环境的影响

地球大气既是人类赖以生存的氧的来源，也是人类活动过程中排放各种废气的稀释场所。然而，大气并非无限，大气质量的四分之三集中在距地球表面十几千米（对流层）的范围内，离地面越高，大气就越稀薄。当由于人为和自然因素改变了大气的组成（90 km以下），致使人类和生态系统出现不良反应，破坏了系统的平衡和协调，就称为大气污染。造成这种反应的物质称为污染物。随着人口的增长和国民经济的发展，排入大气中的污染物迅速增加，大气污染成为严重的环境问题。当前人类面临的由大气污染引起的全球性环境问题中最为突出的有四个方面。

（1）温室效应与全球气候变暖　大气中二氧化碳、甲烷、一氧化二氮等温室气体的增加，将导致对流层（地面至十几千米高度的大气层）大气温度的升高，以二氧化碳最为突出。工业革命前，二氧化碳浓度为280 ppm，1985年增加到340 ppm，1990年增至345 ppm，90年代以后，其增长速度更大，2000年浓度为368 ppm，2016年达到403 ppm，估计到2030年将达到570 ppm。由于二氧化碳浓度的增加，使近100年来世界平均气温升高了0.6 ℃。根据研究，若大气中二氧化碳含量由300 ppm增加到600 ppm（即增加1倍），则全球地表平均气温会升高2 ℃～4 ℃。而气候变暖将会对粮食生产、水资源、能源生产、运输、生态系统以及社会产生影响，还会因南极冰层部分溶解而引起海平面上升。

（2）臭氧层的破坏　臭氧层对人类来说至关重要，因为它能屏蔽有害的太阳紫外辐射。由人类活动造成的平流层（十几km至55 km的大气层称为平流层，详见§1.6节）大气臭氧减少将给人类带来严重威胁。近几十年来的观察研究表明，臭氧的减少是全球性的，其中南极平流层尤为明显。1985年发现南极上空出现臭氧层空洞，至1997年发展到了极点，已被云雨七号卫星所证实。国际臭氧趋势观察小组提供的1978年～1987年高空飞行观察数据揭示，南纬39°～60°臭氧减少5%～10%，南纬19°～北纬19°减少1.6%～2.1%，北纬40°～64°减少1.2%～1.4%，我国境内华南地区减少3.1%，华东、华北地区减少1.7%，东北地区减少3.0%。

2011 年 3 月，中国的风云三号卫星监测到北极上空有一个明显的臭氧低值区，部分地区臭氧总量已低至臭氧洞的标准，同期美国 AURA 卫星也监测到了同样的结果。臭氧总量的减少已成为一个全球性的重大环境问题。

(3) 酸雨　酸雨是指呈酸性的降水（严格地应称为酸沉降）。通常把 pH 值（$pH = -\lg[H^+]$）低于 5.6 的降水称为酸雨，因为溶液呈中性时 pH＝7，而天然条件下的自然降水呈弱酸性，其 pH 值等于 5.6。pH 值降低 1，相当于酸度增加 10 倍。北美、加拿大、西欧和北欧酸雨的 pH 年平均值已达 4.0～4.5，我国长江以南酸雨已很普遍，南方酸雨已相当严重，以西南地区最为严重，pH 值最低达 3.32。

酸雨是区域尺度的环境问题，它是大气污染物（主要是二氧化硫和氮氧化物）在远距离输送过程中经过化学转化和清除过程而形成的（详见第七章）。

从 19 世纪 60 年代开始，人们才认识到酸雨对环境的威胁，1977 年联合国会议承认酸雨是属于全球性的污染问题，并出现了国际酸雨纠纷。1979 年，在日内瓦东西方 34 个国家签订了 3 项控制远距离“越界”空气污染公约，1982 年 6 月在瑞典斯德哥尔摩召开了有 33 国代表参加的酸雨问题国际会议。

酸雨能通过土壤和河流、湖泊的酸化，使生态系统受害（土壤贫瘠化、鱼类死亡等）；能腐蚀建筑材料、金属结构和油漆等；酸雨中的汞和镉等重金属通过水体和土壤进入动物和植物体内，然后再随着食物进入人体，对人类健康构成严重威胁。

(4) 城市空气污染　随着工业和交通事业的发展，工厂和汽车排放的有害气体越来越多，城市空气污染问题越来越引起人们的重视。对城市居民来说，城市空气质量影响着人们的健康。人们将城市大气比作一个巨大的化学反应堆，它制造出许多有害于人类的物质。城市大气污染的类型，除上面所述的酸雨以外，最普遍和最重要的是煤烟型和氧化型（石油型）烟雾污染。世界各大城市出现的污染事件很多，其中以伦敦煤烟型烟雾和洛杉矶光化学烟雾（氧化型）最为著名。

发生在 1952 年 12 月 5 日～8 日的伦敦烟雾事件，是在一定的天气条件下，由二氧化硫、雾和粉尘相互叠加而成。连续 4 天浓雾不散，黑云压城，烟尘浓度最高达 4.46 $mg \cdot m^{-3}$，为平时的 10 倍；二氧化硫浓度最高达 1.34 ppm，为平时的 6 倍。4 天中死亡 4 千人，事件发生的一周中，因支气管炎死亡的有 704 人，甚至在事件过后 2 个月内，还陆续有 8 千人死亡。光化学烟雾是由汽车、工厂等污染源排入大气的碳氢化合物（CH）和氮氧化物（$NO_X = NO + NO_2$）等一次污染物，在太阳辐射作用下发生光化学反应，生成臭氧、醛、酮、酸、过氧乙酰硝酸酯（PAN）等二次污染物，参与光化学反应过程的一次污染物和二次污染物的混合物所形成的烟雾污染现象。自美国洛杉矶市 1943 年第一次发生光化学烟雾以来，又接连不断地发生比较严重的光化学烟雾事件，而且其在美国其他城市和世界各地相继出现，成为世界性城市大气污染的新问题。

二、天气与气候

地球与太阳两者的运动以及能量的相互作用，使围绕地球的大气产生变化多端的天气，从而形成各种气候类型。天气与气候是两个不同的概念，但也有不少共同之处。天气在不停地变化，一个小时与另一个小时，一天与另一天的天气是不同的。**天气**描述的是一个特定时间与一个特定地点的大气状态和大气现象。虽然天气在不停地变化之中，有时甚至变化莫测，但可以将其归纳为一个普遍状态，这就是气候。因此，**气候**是指在影响天气的各因子（太阳辐射、下垫面性质、大气环流和人类活动等)长期相互作用下所产生的天气综合,不仅包括某些多年经常发生的天气状况,还包括某些年份偶然出现的极端状况。也就是说,气候是在一定时段内由大量天气过程综合平均得出的,它与天气之间存在着统计联系。

人人都关心天气、谈论天气。近几年来,气候变暖和厄尔尼诺现象又成为人们的热门话题。因为天气和气候对人们是那么重要,它既可带来阳光、温暖和雨露,造福人类,也可造成严寒酷暑,甚至带来旱涝风雹等灾害,直接影响人类的生产和安全;气候变化还影响着人们的未来。

自然灾害从来就是人类的大敌。我国的自然灾害主要有干旱、洪涝、冰雹、低温冻害、林火、地震、山崩滑坡、泥石流、风沙害、病虫害以及人类活动诱发的自然灾害等。其中干旱、洪涝等气候灾害所造成的经济损失占首位,气象灾害造成的国民经济损失约占国民经济生产总值的3%~6%。1998年气象灾害造成的损失达2 978亿元;1949年~1988年我国平均每年干旱受灾面积达4亿~5亿亩,损失粮食200亿~250亿千克,受害人数达200万~300万,因旱灾造成的直接经济损失达150亿~200亿元,全国1 100个大中城市有600多个存在干旱缺水问题,缺水比较严重的城市有110个;1950~1980年我国平均每年受洪涝灾害的耕田面积达1.5亿亩,粮食损失达100亿千克,受灾人口以百万计,直接经济损失与旱灾相当。如1954年长江流域因持续暴雨而产生特大洪涝灾害,淹没农田4 755万亩,1 800多万人受灾,3万人死亡,直接经济损失达200多亿元。此外,我国是世界上少有的冰雹灾害严重的国家。我国南方常遭遇持续高温热浪侵袭,中暑人数大增,2000年北京市最高气温42.2 ℃,破百年纪录。

§1.3 地球大气的成分

地球大气与太阳系中其他星球的大气很不相同,太阳系中没有一个天体能像地球一样有适合于生命生存的环境。地球大气现在的组成是由46亿年前地球形成后逐渐演化而来的。在亚里士多德(Aristotle,公元前384~322年,古希腊哲学家、科学家和生物学创始人)时代,空气被当作风,是四种基本物质(风、火、土、水)之一。至今,有时人们仍将"空气"一词看作一种特定气体。事实上大气是由具有不同物理和化学性质的各种气体以及悬浮于其中的不等量固态和液态小颗粒组成的。

一、干洁大气

气象上通常称不含水汽和悬浮颗粒物的大气为**干洁大气**,简称**干空气**,其组成见表1-2。在80~90 km以下,干空气成分(除臭氧和一些污染气体外)的比例基本不变,可视为单一成分,其平均分子量为28.966。组成干洁空气的所有成分在大气中均呈气体状态,不会发生相变。

讨论大气组成时,人们经常将所有成分按其浓度分为三类:

(1) 主要成分,其浓度在1%以上,它们是氮(N_2)、氧(O_2)和氩(Ar);

(2) 微量成分,其浓度在1 ppm(10^{-6})~1%之间,包括二氧化碳(CO_2)、甲烷(CH_4)、氦(He)、氖(Ne)、氪(Kr)等惰性空气成分以及水汽;

(3) 痕量成分,其浓度在1 ppm以下,主要有氢(H_2)、臭氧(O_3)、氙(Xe)、一氧化二氮(N_2O)、一氧化氮(NO)、二氧化氮(NO_2)、氨气(NH_3)、二氧化硫(SO_2)、一氧化碳(CO)等。此外,还有一些人为产生的污染气体,它们的浓度多为ppb(10^{-9})量级。

表 1-2　干洁大气成分

气体成分	分子量	体积混合比	
		%	ppm(ppb)*
氮(N_2)	28.013 4	78.084	—
氧(O_2)	31.998 8	20.946	—
氩(Ar)	39.948	0.934	—
二氧化碳(CO_2)	44.009 9	0.033	—
氖(Ne)	20.183	18.2×10^{-6}	18.2
氦(He)	4.003	5.2×10^{-6}	5.2
氪(Kr)	83.80	1.1×10^{-6}	1.1
氙(Xe)	131.30	0.1×10^{-6}	0.1
氢(H_2)	2.016	0.5×10^{-6}	0.5
甲烷(CH_4)	16.04	$1.2\sim1.7\times10^{-6}$	1.2～1.7
一氧化二氮(N_2O)	44.01	0.3×10^{-6}	0.3
一氧化碳(CO)	28.01	0.1×10^{-6}	0.1
臭氧(O_3)	47.998	$10\sim50\times10^{-9}$	(10～50)
二氧化氮(NO_2)	46.00	$1\sim4.5\times10^{-9}$	(1～4.5)
二氧化硫(SO_2)	64.06	$0.03\sim30\times10^{-9}$	(0.03～30)
硫化氢(H_2S)	34.07	$0.006\sim0.6\times10^{-9}$	(0.006～0.6)
氨(NH_3)	17.03	$0.1\sim10\times10^{-9}$	(0.1～10)

* ppm、ppb 和 ppt 等表示(某种大气成分)浓度的体积混合比，1 ppm 等于一百万分之一，即 10^{-6}。有时也可以用 ppmv 表示体积混合比，以便与质量混合比 ppmm 相区别。一个 ppb 等于十亿分之一，即 10^{-9}；一个 ppt 等于一万亿分之一，即 10^{-12}。

众所周知，氧是一切生命(人类、动物和植物)所不可缺少的，他(它)们都要进行呼吸或在氧化作用中得到热能以维持生命。氧还在有机物的燃烧、腐化及分解过程中起着重要作用；另一方面植物又通过光合作用向大气中放出氧并吸收二氧化碳。

大气中的氮对氧起着冲淡作用，使氧不至于太浓、氧化作用不过于激烈；对植物而言，大量的氮可以通过豆科植物的根瘤菌固定到土壤中(称为固氮)，成为植物体内不可缺少的养料。

氮和氧是大气的主要成分，但是它们对天气现象却影响很少，而二氧化碳、臭氧、甲烷、氮氧化物(N_2O、NO_2)和硫化物(SO_2、H_2S)等气体的含量虽然很少，却是重要的气体成分，它们的含量、分布及其变化对气候及人类生活产生较大的影响。其中二氧化碳和臭氧最为人们所关注。

(1) 二氧化碳(CO_2)　它对太阳辐射的吸收很少，但能强烈地吸收地面的长波(红外)辐射，同时又向地面和周围大气放射长波辐射，从而使地面和空气不至于因放射长波辐射而失热过多。换句话说，二氧化碳起着使地面和空气增温的效应(温室效应)，因此称它为温室气体。虽然二氧化碳在大气中的含量相对稳定，但是它的含量在最近一个多世纪里都在不断升高，这归因于化石燃料(如煤炭、石油、天然气等)燃烧量的不断加大。增加的二氧化碳大约一半被海洋吸收或被植物利用，一半则滞留在大气中。据预计，到 21 世纪后半期，二氧化碳的含量将达到 20 世纪早期的 2 倍。二氧化碳浓度的增加将引起全球增暖现象，尽管这种气温升高的准确数值很难确知，但绝大多数科学家相信，低层大气温度的升高，会引起全球气候的重要变化(详见第十章)。

(2) 臭氧(O_3)　臭氧的分子由三个氧原子组成,不同于人类呼吸所需的由两个原子组成的氧气。大气中臭氧含量极少,体积含量为10^{-7}～10^{-8},如果将所有的臭氧都置于地表,只能形成一层厚度为0.3 cm的气层。臭氧随高度的分布是不均匀的,在10 km以下含量只有10^{-8},10 km以上开始增加,在约25 km处最大,达10^{-5}量级,再往上又逐渐减少,至50 km则含量极小,因此,通常称10～50 km这一层为**臭氧层**。臭氧层的形成与大气中的氧对太阳辐射的吸收有关。氧分子吸收太阳的短波辐射(紫外辐射)后被分解为两个氧原子,氧原子再与一个未分解的中性氧分子结合而成为一个臭氧分子。

大气中各层的臭氧浓度随时间而变化,这与地理纬度、季节以及天气形势有关,火山活动和太阳活动对其也有影响。南极地区春季的变化幅度最大,这时臭氧含量急剧减少,而会形成"臭氧洞"现象(详见第七章)。

臭氧对地球大气及地球生命非常重要。臭氧能吸收大量太阳紫外线,而使臭氧层增暖,影响大气温度的垂直分布,从而对大气环流和气候产生重要影响;另一方面,由于太阳的紫外辐射在高空被臭氧挡住,地面上的生物就能免受紫外线的伤害。根据研究,如果臭氧减少1%,到达地面的紫外辐射将增强1%,因紫外辐射而诱发的皮肤癌病人将增加2%～5%。

臭氧问题自20世纪70年代以来越来越引起人们的关注。近年来,人们才认识到臭氧层的臭氧含量受那些浓度只有臭氧浓度几千分之一的痕量气体的影响,而人类活动正在改变这些气体的浓度,使臭氧日益减少。对臭氧影响最大的是氟氯甲烷类化合物(Chloro-Fluorocarbon,简称CFC,也称卤代烃,俗称氟利昂),它可作为空调、冰箱等设备中的制冷剂,喷雾剂,生产中的催化剂,塑胶制品生产中的泡沫发生剂。这些气体被携带至臭氧层后,在紫外线作用下,经一系列的光化反应,使臭氧破坏减少。

二、水汽

大气中的水汽来自江、河、湖、海及潮湿物体表面的水分蒸发和植物的蒸腾。空气的垂直运动使水汽向上输送,同时又可使水汽发生凝结而转换成水滴,因此,大气中的水汽含量一般随高度的增加而明显减少。观测证明,在1.5～2 km高度上,水汽含量已减少为地面的一半;至5 km高度处,只有地面的1/10;再向上含量就更少。显然,大气中的水汽含量还与地理纬度、海岸分布、地势高低、季节以及天气条件等密切相关。在温暖潮湿的热带地区、低纬暖水洋面上,低空水汽含量最大,其体积混合比可达4%;而干燥的沙漠地带和极地,水汽含量极少,仅为0.1%～0.002%。在同一地区,一般夏季(北半球)的水汽含量多于冬季。

大气中的水汽在天气变化和地球系统的水循环中起着重要作用。水汽是云和降水的源泉。水汽是唯一能在常态中以三种相态存在的物质(固态、液态、气态)。随着大气的垂直运动,空气中的水汽会发生凝结或凝华,形成水滴或冰晶,进而产生云和降水(雨、雪、冰雹等)。当水从一种相态转变为另一种相态时,会吸收或释放出一定的热量(潜热),水汽又能强烈地吸收和放出长波辐射。因此,它直接影响地面和空气的温度,从而也影响大气的垂直运动。通过水的相态变化,海洋、河流、江湖以及潮湿土壤等蒸发向大气输送水汽,大气中的水汽通过凝结或凝华形成降水,又回到海洋、河流、土壤,使不同部分的水不断发生更替,形成水循环,将地球的四圈紧密地联系在一起。

三、大气颗粒物

大气颗粒物是悬浮在大气中的各种固体和液体微粒,统称为**大气气溶胶粒子**。它们在空气中停留的时间各不相同，极小的粒子可以滞留在空气中相当长时间，而那些比较大的颗粒能较快地降落到地面。气溶胶粒子的来源很广，有自然源，也有人为排放源。自然源包括海浪气泡破裂产生的海盐细粒、花粉及被风吹起的地表土壤尘、沙尘、火山喷射的灰尘等。这些颗粒在它们的发源地（地球表面）尤其密集，随着上升气流它们也被带到高空，另外，一些流星体在穿过大气层时也会因燃烧而产生一些固体颗粒释放到高层大气中。随着人口增加和工业、交通运输业的发展，大气中人为排放的烟粒、煤粒尘大量增加。气溶胶粒子的人为排放源还包括由排放的污染气体经化学反应形成的二次气溶胶，如硫酸盐、硝酸盐、二次有机气溶胶等。

在气象上，这些气溶胶粒子对云雾、降水、辐射传输、大气能见度、大气光学以及大气污染等有很大影响。它们可以作为大气中水汽凝结或冻结的核心，是形成云、雾和降水的重要条件；它们能吸收和散射太阳、大气和地面的辐射，改变地球的辐射平衡；它们使大气能见度和空气质量变坏；它们能造成我们熟知的诸多的大气光学现象，如日出、日落时太阳呈瑰丽的橘色与红色，当大气中存在大量较大的气溶胶粒子时，天空变成乳白色等。在气候上，气溶胶粒子能通过影响辐射传输和云的微物理特征从而成为影响全球气候的重要因子（详见第七章）。

§1.4 空气状态方程

由分子物理学知道，在理想气体条件下，表征气体状态的 4 个宏观量，即气压 p、体积 V、温度 T 和质量 m 之间存在一定的关系——满足状态方程。在大气的常温、常压范围内，空气可以看作理想气体，因而可以利用理想气体的状态方程，推导出大气科学中常用的干空气和湿空气状态方程。

一、干空气状态方程

对于质量为 m，摩尔质量为 M 的单一成分理想气体而言，其状态方程为

$$pV=\frac{m}{M}R^{*}T \tag{1-1}$$

式中，R^{*} 为普适气体常数，其值为 $8.314\ \mathrm{J\cdot mol^{-1}\cdot K^{-1}}$。

式(1－1)可改写为

$$p=\rho RT \text{ 或 } p\alpha=RT \tag{1-2}$$

式中，R 称为**比气体常数**，其值与气体成分有关，$R=\frac{R^{*}}{M}$；ρ 是气体的密度，$\rho=\frac{m}{V}$；$\alpha=1/\rho$，为气体**比容**，即单位质量气体所占的体积。

干空气可认为是由许多理想气体组成的混合气体，它遵循**道尔顿分压定律**，该定律指出：在互不起化学反应的成分混合而成的气体内，其总压强等于各气体成分分压强之和。对于干空气中每一种气体，都满足状态方程。因此，利用分压定律可以推导出由 n 种成分组成的干空气的状态方程为

$$p_{\mathrm{d}}V=\frac{m}{M_{\mathrm{d}}}R^{*}T=mR_{\mathrm{d}}T \tag{1-3}$$

式中，M_{d} 是干空气的平均摩尔质量，$M_{\mathrm{d}}=28.96\ \mathrm{g\cdot mol^{-1}}$；$R_{\mathrm{d}}$ 是干空气的比气体常数，$R_{\mathrm{d}}=$

$\frac{R^*}{M_d}=287\ \mathrm{J\cdot kg^{-1}\cdot K^{-1}}$。式(1-3)也可写成

$$p_d = \rho_d R_d T \tag{1-4}$$

这是大气科学中常用的干空气状态方程。

式(1-4)中，ρ_d 为干空气密度，$\rho_d=\frac{m}{V}$，在标准气压(1 013.25 hPa)和温度(273 K)下 $\rho_d=1.293\ \mathrm{kg\cdot m^{-3}}$。

二、湿空气状态方程

实际大气总是含有水汽的，而且，一般情况下，愈接近地面，水汽含量愈多。通常将含有水汽的空气称为**湿空气**。因此，湿空气是干空气和水汽的混合物。

设湿空气(团)的气压为 p，温度为 T，体积为 V，质量为 m。其中干空气的分压力为 p_d、密度为 ρ_d、质量为 m_d；水汽的分压力为 e、密度为 ρ_v，根据道尔顿分压定律，$p=p_d+e$，则湿空气的密度为

$$\rho = \frac{m_d + m_v}{V} = \rho_d + \rho_v \tag{1-5}$$

利用干空气状态方程式(1-4)和水汽状态方程 $e=\rho_v R_v T$，可将上式写成

$$\rho = \frac{p-e}{R_d T} + \frac{e}{R_v T} \tag{1-6}$$

式中，R_v 为水汽的比气体常数，$R_v=\frac{R^*}{M_v}=\frac{R^*}{18.016}=461\ \mathrm{J\cdot kg^{-1}\cdot k^{-1}}$。

将 $R_v=\frac{M_d}{M_v}R_d=1.608R_d$ 代入式(1-6)可得

$$\rho = \frac{1.608(p-e)+e}{1.608R_d T} = \frac{p}{R_d T}\left(1-0.378\frac{e}{p}\right)$$

于是

$$p = \rho R_d T\left(1-0.378\frac{e}{p}\right)^{-1} \tag{1-7}$$

因为 $e \ll p$，将式(1-7)展开，并略去二阶小项，则得气象上常用的湿空气状态方程

$$p = \rho R_d T\left(1+0.378\frac{e}{p}\right) = \rho R_d T_v \tag{1-8}$$

式中

$$T_v = T\left(1+0.378\frac{e}{p}\right) \tag{1-9}$$

T_v 称为**虚温**，虚温反映了湿空气中的水汽效应，它并非实际的气温，湿空气中 T_v 总比实际气温 T 要高。虚温和实际气温之差称为**虚温差**。

比较式(1-8)和式(1-4)可见，湿空气状态方程与干空气状态方程在形式上完全相似，不同的是以 T_v 替代 T。由式(1-8)、式(1-9)和式(1-4)可以看出，在气压和温度相同的情况下，湿空气密度 ρ 比干空气密度 ρ_d 要小，而且空气越潮湿(e 越大)，其密度 ρ 越小。

§1.5 主要气象要素

大气性状及其现象(天气和气候)是用基本要素——气温、气压、湿度、风、云况(云状和云量)、能见度、降水情况(降水类型和降水量)、辐射、日照以及各种天气现象等来描述的,这些因子称为**气象要素**。气象要素随时间和空间而变化,其观测记录是天气预报、气候分析以及与大气科学有关的科学研究的基础资料。这里仅介绍最常用的温、压、湿、风等4个主要气象要素。

一、气温

表示空气冷热程度的物理量称为空气温度(简称气温)。由热力学可知,气体温度 T(绝对温度)是分子平均动能的量度,也是分子运动快慢的量度。气温越高,空气分子不规则运动的平均动能越大,分子不规则运动的速度也越大。

量度温度高低的尺子(即单位)称为温标。常用的温标有以下3种。

(1) 我国采用的**摄氏温标**,用℃或C表示,由其表示的温度为摄氏温度,常用符号 t 表示。摄氏温标以标准气压(1 013.25 hPa)下纯水的冰点为零点(0 ℃),沸点为100 ℃,其间分为100等分,每1等分即为1 ℃。

(2) 国际通用的**绝对温标**,以K表示,它所表示的温度称为绝对温度,以符号 T 表示。这是理论研究常用的温标,该温标的零度(称为绝对零度)规定为−273.16 ℃。因此,绝对温标与摄氏温标间的转换关系为 $T=273.16+t\approx273+t$。

(3) 欧美国家常用的**华氏温标**,用℉表示。这种温标将水的沸点定为212 ℉,水的冰点定为32 ℉,并将这两点之间分成180等分,每1等分表示1 ℉。华氏温标与摄氏温标之间的关系为 $F=\frac{9}{5}t+32$。

二、气压

托里拆利实验证明,大气有压力,并且每一物体受到的大气压力等于压在物体上的空气柱重量。气象上的气压是指大气的压强,静止大气中某地的气压是该地单位面积上大气柱的重量。当空气有垂直加速运动时,气压值与单位面积上空气柱的重量之间有一定差异,但一般空气的垂直加速很小,可将其看作静止大气。

目前常用的气压单位有2种。一种是国际单位Pa(帕斯卡),1 Pa等于1 m^2 面积上受到1 N(牛顿)的压力,即

$$1\ \mathrm{Pa}=1\ \mathrm{N}\cdot\mathrm{m}^{-2} \tag{1-10}$$

为方便起见,气象上常采用百帕(hPa)来表示气压,1 hPa=100 Pa。

另一种单位是毫米水银柱高度(mmHg),它来源于测定大气压强的水银柱气压表。

气象上规定,温度为0 ℃,纬度为45 ℃的海平面气压为1个**标准大气压**,1(标准)大气压=760 mmHg=1 013.25 hPa。

在过去的气象书籍中,经常用毫巴(mb)作为气压的单位,它与hPa和mmHg的关系是

$$1\ \mathrm{mb}=1\ \mathrm{hPa}=\frac{3}{4}\ \mathrm{mmHg} \tag{1-11}$$

不考虑气柱的垂直加速度，地表面气压即是单位面积上从地面到大气顶的空气柱的重量，因此，地表面气压 p_s 为：

$$p_s = \int_0^\infty \rho g \, dz \tag{1-12}$$

如果忽略 g 随高度的变化，可将它设为平均值 $g_0 = 9.807\ \text{m} \cdot \text{s}^{-2}$，则上式可以写为：

$$p_s = m g_0 \tag{1-13}$$

式中，$m = \int_0^\infty \rho dz$ 是单位面积上空气柱的总质量。

三、空气湿度

空气湿度是表示大气中水汽含量多少的物理量。它是一个重要的气象要素，因为它与大气中的云、雾、降水的形成密切相关。常用的湿度参量有以下几种。

1. 水汽压和饱和水汽压

(1) **水汽压**(e)　水汽压是空气中所含水汽的分压力。大气是混合气体，在常温、常压下可近似看作理想气体。根据道尔顿气体定律，可把大气压力看成干空气和水汽压力之和，即 $p=p_d+e$，其中 p_d 表示干空气气压，e 的单位与气压 p 一样，也用 hPa 表示。

(2) **饱和水汽压**(E)　假定在一个封闭容器中，下部盛放了纯液态水，上部为空气，其气压为 p，纯水和空气具有相同的温度。设最初容器中的空气是干燥的，则液态水将开始蒸发，有水汽不断进入水面上方的空气中，这时空气的压强就会因水汽的分压力(e)而逐渐升高。然而，当水汽压 e 增加到某一限度值 E 时，气态水和液态水就不再增加和减少，水和水汽达到动态平衡，蒸发停止。这种平衡称为相态平衡，达到相态平衡时空气中所含的水汽称为饱和水汽，其水汽压 E 称为饱和水汽压。当容器中的水温增加时，上方空气中能容纳的水汽也增加，即饱和水汽压 E 随温度的升高而增大。当实际水汽压 $e<E$ 时，空气为不饱和状态；当 $e=E$ 时，空气饱和；当 $e>E$ 时，空气为过饱和状态。需要指出的是，饱和水汽压 E 并不是一定温度下空气中水汽达到最大时的水汽压，否则就没有过饱和的概念了，准确地讲，E 被称为平衡水汽压更为合适，但由于历史的原因，一直称之为饱和水汽压。

气象上常用两种公式表示饱和水汽压 E 与温度 T(或 t)的关系。

① 克拉珀龙-克劳修斯(Clapeyron-Clausius)方程

利用热力学定律和态函数(吉布斯函数)可以推导出克拉珀龙-克劳修斯方程(详见第三章第 2 节)

$$\frac{dE}{dT} = \frac{LE}{R_v T^2} \tag{1-14}$$

对于水面上的饱和水汽压 E 而言，式中 L 是水的汽化潜热。

若将式(1-14)中的 L 当作常数，其积分形式为

$$E = E_0 \exp\left[\frac{L}{R_v}\left(\frac{1}{273} - \frac{1}{T}\right)\right] \approx E_0 \exp\left[5\,420 \times \left(\frac{1}{273} - \frac{1}{T}\right)\right] \tag{1-15}$$

式中，$E_0=6.11$ hPa，是 $T=273$ K 时的饱和水汽压，E 的单位为 hPa。

② 经验公式

式(1-14)和式(1-15)中的汽化潜热 L 是温度的函数，在精度要求不很高时，可采用经验公式来计算 E。气象上，一般常用马格努斯(Magnus)经验公式

$$E = E_0 10^{\frac{7.5t}{237.3+t}} \tag{1-16}$$

式中，t 为摄氏度。

2. 绝对湿度(a)

绝对湿度是指单位体积空气中所含的水汽质量(即水汽密度 ρ_v)，单位为 $g \cdot m^{-3}$。利用水汽状态方程，可直接获得绝对湿度的计算公式

$$a = \frac{e}{R_v T} = 217 \frac{e}{T} (g \cdot m^{-3}) \tag{1-17}$$

式中，e 的单位为 hPa，T 的单位为 K。

若将 e 的单位取为 mmHg，则式(1-17)变为

$$a = 289 \frac{e}{T} (g \cdot m^{-3}) \tag{1-17'}$$

3. 混合比(r)和比湿(q)

(1) **混合比**(r)　湿空气块中所含的水汽质量 m_v 与该气块中干空气质量 m_d 之比称为混合比，其单位为 $g \cdot g^{-1}$ 或 $g \cdot kg^{-1}$。根据定义，有

$$r = \frac{m_v}{m_d} \tag{1-18}$$

将水汽和干空气的状态方程代入上式，并利用 $R_v = 1.608R_d$ 关系，可得

$$r = 0.622 \frac{e}{p - e} \approx 0.622 \frac{e}{p} (g \cdot g^{-1}) \tag{1-19}$$

或

$$r = 622 \frac{e}{p - e} \approx 622 \frac{e}{p} (g \cdot kg^{-1}) \tag{1-19'}$$

(2) **比湿**(q)　湿空气中所含水汽质量与湿空气总质量之比称为比湿，其单位与混合比相同。按定义，有

$$q = \frac{m_v}{m_d + m_v} \tag{1-20}$$

同样将水汽和干空气状态方程以及 $R_v = 1.608R_d$ 代入上式，并忽略二阶小量，可得

$$q = 0.622 \frac{e}{p - 0.378e} \approx 0.622 \frac{e}{p} (g \cdot g^{-1}) \tag{1-21}$$

或

$$q = 622 \frac{e}{p - 0.378e} \approx 622 \frac{e}{p} (g \cdot kg^{-1}) \tag{1-21'}$$

若在式(1-19)和式(1-21)中，以 E 替换 e，则得饱和混合比 r_s 和饱和比湿 q_s 的计算公式。

由混合比和比湿的定义很容易求出 r 和 q 的关系式

$$q=\frac{m_v}{m_d+m_v}=\frac{m_v}{m_d}\Big/\left(1+\frac{m_v}{m_d}\right)=\frac{r}{1+r} \tag{1-22}$$

因为 $r \ll 1$，若取近似，可得 $q \approx r$。

4. 相对湿度(f)

相对湿度(f)是空气的实际水汽压与同温度下饱和水汽压之比值，常用百分比表示，即

$$f=\frac{e}{E}\times 100\% \tag{1-23}$$

利用 $r \approx q \approx 0.622\,\frac{e}{p}$，$r_s \approx q_s \approx 0.622\,\frac{E}{p}$，也可将相对湿度表示为

$$f=\frac{r}{r_s}\times 100\% \text{ 或 } f=\frac{q}{q_s}\times 100\% \tag{1-24}$$

相对湿度是日常气象工作中应用最为广泛的表示空气潮湿程度（也即偏离饱和程度）的参量。相对湿度愈大，空气愈潮湿，也愈接近于饱和；反之，空气愈干燥，离饱和的程度愈远。换句话说，$f<100\%$，空气为未饱和；$f=100\%$，空气呈饱和状态；$f>100\%$，空气为过饱和状态。此时定义 $f-100\%$ 为过饱和度。

5. 露点温度(T_d，t_d 或 τ)

湿空气在水汽含量不变的情况下，等压降温至对水面而言达饱和时的温度，称为**露点温度**，简称**露点**，用 T_d 或 t_d（或 τ）表示。对冰面而言，达饱和时的温度称为**霜点**。

露点的单位是温度（K 或℃），但是其数值只与湿空气的含水量有关，而与温度无关，因此，将它作为一个湿度参量是露点的一个重要特点。根据定义，露点 t_d 所对应的饱和水汽压 $E(t_d)$ 等于湿空气中实际水汽压 e，即

$$E(t_d)=e \tag{1-25}$$

将马格努斯经验公式(1-16)应用于 $E(t_d)$，则可得

$$t_d=237.3\left(\frac{7.5}{\lg\frac{e}{6.11}}-1\right)^{-1} \tag{1-26}$$

式中 e 的单位为 hPa，式(1-26)表明，t_d 仅与 e 有关。由于水汽压 e 是湿空气绝对湿度的量度，故露点温度能表示空气的绝对湿度。另一方面，气象工作中，经常用温度露点差($t-t_d$)来判断空气的饱和程度，也即相对湿度的大小。$(t-t_d)>0$，表示空气未饱和；$(t-t_d)=0$ 时，空气达饱和；$(t-t_d)<0$ 时为过饱和。$(t-t_d)$的值愈大，说明空气的相对湿度愈小；反之，则相对湿度愈大。

四、风

天气预报和日常生活中所说的风是指空气相对于地面的水平运动（实际上，空气相对于地面的运动是三维的，除水平运动外，还有垂直运动，将在后续有关章节中介绍）。它是一个水平矢量，有风向与风速之分。风向是指风的来向，一般用 16 个方位或方位角（度数）来表示（图 1-2）。**方位角**指的是由正北方向按顺时针方向转到风的来向时与正北方向的夹角。如北风的方位角为 0°，东风为 90°，南风为 180°，西风为 270°。风向不能简单地求平

均,可以根据观测时段内各风向出现的次数与总观测次数之比来计算风向频率,分析观测时段内风向的总体特征。

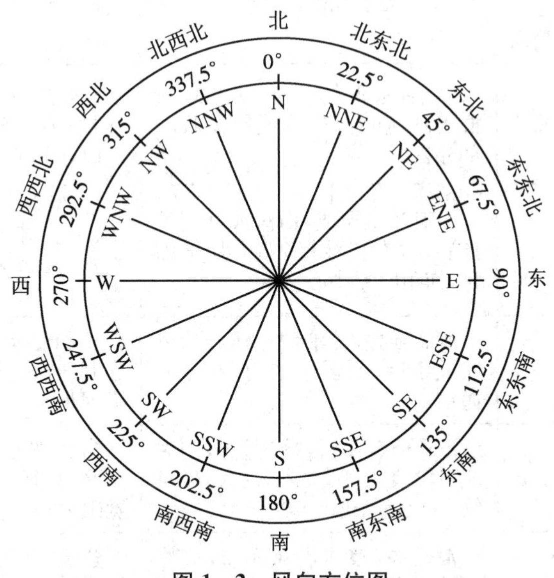

图 1-2 风向方位图

风速是指单位时间内空气相对于地面移动的水平距离,其单位常用 $m \cdot s^{-1}$ 或 $km \cdot h^{-1}$ 表示,也有用海里($mile \cdot h^{-1}$)表示的。三者的关系是 $1\ m \cdot s^{-1} = 3.6\ km \cdot h^{-1}$,$1\ mile \cdot h^{-1} = 1.85\ km \cdot h^{-1}$。风速大小也可用风力等级表示。1805 年,英国海军将领蒲福(F. Beaufort)根据风对地面(或海面)物体的影响,提出风力等级表,几经修改后得到表 1-3。

表 1-3 蒲福风力等级表

风力等级	名称	海面风浪	海面浪高/m		海面和渔船征象	陆地地物征象	相当于平地 10 m 高处的风速	
			一般	最高			$m \cdot s^{-1}$	$km \cdot h^{-1}$
0	无风	平稳	—	—	海面平静如镜	静,烟直上	0.0~0.2	<1
1	软风	涟漪	0.1	0.1	微波如鳞,波峰无沫;渔船正好使舵	烟能表示风向,但风向标不能转动	0.3~1.5	1~5
2	轻风	微波	0.2	0.3	波小而短,较明显,波峰呈现玻璃色,沫破裂;渔船张帆,每小时可随风移行 1~2 海里(2~4 km)	人面感觉有风,树叶微响,风向标能转动	1.6~3.3	6~11
3	微风	微波	0.6	1.0	小波加大,波峰开始破裂,沫呈玻璃色 1 偶有白沫波峰;渔船开始簸动,张帆时每小时可顺风移行 3~4 海里(6~7 km)	树叶及微枝摇动不息,旌旗展开	3.4~5.4	12~19
4	和风	轻波	1.0	1.5	小浪渐长,白沫波峰较多;渔船最适于作业,满帆时船身侧于一方	能吹起地面灰尘和纸张,树的小枝摇动	5.5~7.9	20~28

续表

风力等级	名称	海面风浪	海面浪高/m		海面和渔船征象	陆地地物征象	相当于平地10 m高处的风速	
			一般	最高			$m \cdot s^{-1}$	$km \cdot h^{-1}$
5	清劲风	中波	2.0	2.5	中浪,浪形较长,白沫波峰成群出现,偶有飞沫;渔船需收一部分帆	有叶的小树摇摆,内陆的水面有小波	8.0～10.7	29～38
6	强风	大浪	3.0	4.0	大浪开始形成,白沫波峰到处伸展,常有飞沫;渔船需加倍缩帆,捕鱼时需小心从事	大树枝摇动,电线呼呼有声,撑伞困难	10.8～13.8	39～49
7	疾风	巨浪	4.0	5.5	海面堆叠,碎浪的白沫开始风吹成条;渔船留于港内,在海者抛锚	全树摇动,迎风步行感觉困难	13.9～17.1	50～61
8	大风	猛浪	5.5	7.5	浪长而较高,浪峰边缘多破裂成飞舞浪花,风吹浪沫成明显条纹;一切渔船返港	折毁树枝,迎风步行感觉阻力甚大	17.2～20.7	62～74
9	烈风	猛浪	7.0	10.0	浪已高,浪沫沿风密布,浪峰开始有高耸、下塌、翻卷现象,浪花偶或减低视程	建筑物有小损(烟囱顶盖及平瓦移动)	20.8～24.4	75～88
10	狂风	狂浪	9.0	12.5	浪很高,具有长而高悬的浪峰,所成大片浪沫沿风密集成白条纹,海浪翻滚,击拍加强,视程减低	陆上少见,见时可使树木拔起,建筑物损坏较重	24.5～28.4	89～102
11	暴风	暴涛	11.5	16.0	浪涛特高,足以暂时掩蔽浪后中小船只,全部海面为沿风伸展的长条白浪沫所掩盖,涛峰边缘到处破裂起泡沫,视程大减	陆上很少见,有则地物必有广泛损坏	28.5～32.6	103～117
12	飓风	暴涛	14.0	—	空中充满浪花及飞沫,海面全白如沸,视程严重减弱	陆上绝少见,摧毁力极大	≥32.7	≥118

§1.6 大气的垂直结构

地球大气的下边界是从地表或海洋表面开始的,但是地球大气的上边界却不像下边界那么明显,因为大气圈与星际空间之间很难有一个"界面"将它们截然分开,至今,人们只能通过物理分析和现有的观测资料,来大致确定大气的上边界高度。通常有两种方法:一种是根据大气中出现的某些物理现象,以极光出现的最大高度——1 200 km 作为大气的上界,因为极光是太阳发出的高速带电粒子使稀薄空气分子或原子激发出来的光,它只出现在大气中,星际空间没有这种物理现象;另一种是根据大气密度随高度增加而减少的规律,以大气密度接近星际气体密度的高度定为大气上界,按卫星观测资料推算,该高度约为 2 000～3 000 km。

观测表明，地球大气在垂直方向上的物理性质（温度、成分、电荷、气压等）有显著差异，根据这些性质随高度的变化特征，可将大气进行不同类型的分层（如图 1－3）。

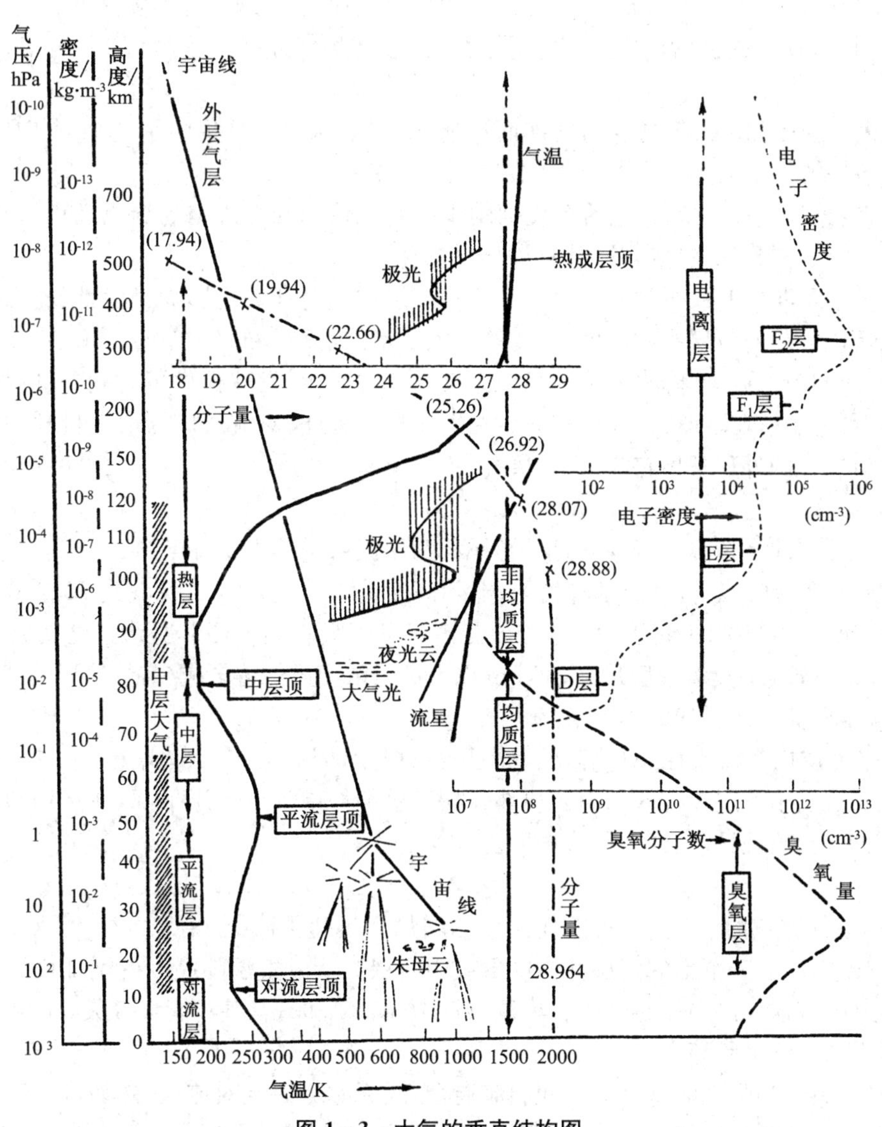

图 1－3　大气的垂直结构图

一、气温的垂直分布

气温随高度的变化非常明显，但并非单一的降低或增高。按其垂直分布的具体特征，通常将大气分成对流层、平流层、中层、热层等 4 层。

1. 对流层

对流层是地球大气的最底层，其下边界为地面或海面。地界（高度）随纬度、季节等因素而变，在低纬地区平均为 17～18 km，中纬地区平均为 10～12 km，极地平均为 8～9 km。就季节变化而言，夏季对流层高度大于冬季。对流层的名称首先由法国的德·波尔特于 1908 年提出，其意思是说这里是空气对流的地方，空气得以充分混合。

概括起来，对流层有以下 4 个主要特点。

(1) 气温随高度的增加而降低,其降低的数值随地区、时间和所在高度等因素而变。平均而言,每上升 100 m 约降低 0.65 ℃,这个气温降低速率称为(环境)**气温递减率**,通常以 γ 表示,平均值 $\gamma=0.65\ ℃\cdot(100\ \mathrm{m})^{-1}$。当然,有时在某地区会出现气温不随高度而变,甚至随高度增加而升高(称为**逆温**)的情况。对流层顶的温度在低纬地区平均约为 190 K,高纬地区约为 220 K。

(2) 大气密度和水汽随高度的增加而迅速递减,对流层几乎集中了整个大气质量的 3/4 和水汽的 90%。

(3) 有强烈的垂直运动。包括有规则的垂直对流运动和无规则的湍流运动,它们使空气中的动量、水汽、热量以及气溶胶等得以混合与交换。

(4) 气象要素的水平分布不均匀。由于对流层空气受地表的影响最大,因此,海陆分布、地形起伏等差异使对流层中的温度、湿度等气象要素的水平分布不均匀。

以上 4 个特点为云和降水的形成以及天气系统的发生、发展提供了有利条件,因此,大气中所有重要的天气现象和过程几乎都发生在这一层。因此,对流层成为大气科学的主要研究对象。对流层在国外还常称它为"天气层"。

2. 平流层

自对流层顶向上至 55 km 左右这一范围称为**平流层**。其主要特点如下。

(1) 最初 20 km 以下,气温基本均匀(即随高度基本不变);从 20 km 到 55 km,温度很快上升,至平流层顶可达 270~290 K,这主要是由于臭氧吸收太阳辐射所致。臭氧层位于 10~50 km,在 15~30 km 臭氧浓度最高,30 km 以上臭氧浓度虽然逐渐减少,但这里的紫外辐射很强烈,故温度随高度的增加能迅速增高。

(2) 平流层内气流平稳、对流微弱,而且水汽极少,因此,大多数为晴朗的天空,能见度很好。有时对流层中发展旺盛的积雨云顶部(卷云)也可伸展到平流层下部,在高纬地区有时日出前、日落后,会出现贝母云(也称珍珠云)。

3. 中层

自平流层顶部向上,气温又再次随高度的增加而迅速下降,至离地 80~85 km 处达最低值(160~190 K),这一范围的气层称为**中层**或中间层。造成气温随高度的增加而迅速下降的原因,一方面,在这一层中几乎已没有臭氧,另一方面,氮和氧等气体能直接吸收的太阳辐射大部分已被上层大气吸收掉。

在中层,有相当强烈的垂直对流和湍流混合,故又称为**高空对流层**,然而,由于水汽极少,只是在高纬地区的黄昏时刻,在该层顶部附近,有时会看到银白色的夜光云。

4. 热层

中层顶(85 km)以上是**热层**,这一层没有明显的上界,而且与太阳活动情况有关,其高度约在 250~500 km。在这一层,由于氧原子和氮原子吸收大量的太阳短波辐射,而使气温再次升高,可达 1 000~2 000 K。在 100 km 以上,大气热量的传输主要靠热传导,而非对流和湍流运动。由于热层内空气稀薄,分子稀少,传导率小,因此,该层的气温能很快上升到几百度。然而,由于大气稀薄,分子间的碰撞机会极少,温度只有动力学意义(温度是分子、原子等运动速度的量度)。如果宇航员能从宇航仓内伸出手来,他也不会感觉到"热",因为热量还与分子的多少有关。

热层的温度有很显著的日变化,下午的温度可比早晨温度高 300 K,甚至更多。

热层顶的上部是大气的最高层。在这层中气温很高,但随高度的增加很少变化。由于气

温高，粒子运动速度很大，而且这里的地心引力很小，因此，一些高速运动的空气质粒可能散逸到星际空间，这一层通常称为**外逸层**或散逸层。

根据卫星观测，可以推算出不同高度上的空气密度，从而估计外逸层的高度。观测表明，外逸层的高度可以从 2 000～3 000 km 向外伸展到很远，并逐渐与行星空间融合。

二、大气组成随高度的变化

根据大气组成，可将大气分为均匀层和非均匀层两层。从地面到 80～100 km（平均为 90 km），大气的气体成分即干洁大气成分（如表 1－2），随高度基本不变，称为**均匀层**；90 km 以上的稀薄空气成分则不均匀，称其为不均匀层。

大气成分随高度的变化是由分子扩散和湍流混合两种物理过程作用共同决定的。分子扩散使较轻的气体向上扩散的速度快，较重的气体向上扩散得慢，使重的气体位于下方，轻的气体位于上方，从而造成混合气体的平均分子量随高度的增加而减少。湍流混合是宏观运动（湍涡运动）造成的混合，它不同于分子扩散，它不是按分子量的大小随高度区分开来，而是在以湍流混合为主的高度范围内均匀混合，因此，大气的组成与高度无关。

在 90 km 以下的低层大气中，湍流混合作用很强，分子扩散作用相对于湍流混合要小得多，大气各成分通过湍流混合而达到均匀分布，与高度无关，平均分子量可视为常数（28.96）。90 km 以上的大气中，以分子扩散为主，湍流混合非常弱，大气的各种成分将在分子扩散作用下按轻重而上下分离，而且大气成分的分子由于受太阳紫外辐射的照射，有相当重要的一部分被电离，随着高度的增加，离子数量越来越多，因而，大气的等效分子量随高度增加而有较大的变化。对于非均匀层，又可以按其组成的主要成分，将其分为 4 层：最低一层以最重要的氮气分子（N_2）为主要成分，其上一层以氧原子（O）为最多，第三层以氦原子（He）居多，最高一层由最轻的氢原子（H）组成。

三、电离层

高空大气中的气体分子和原子在太阳短波辐射（紫外辐射和 χ 射线）和微粒辐射（质子、电子等）作用下会电离而形成离子和自由电子。这种电离现象发生在地面以上 50～1 000 km，电离的正离子和负电子密度在 80～400 km 范围达最大，称为**电离层**。

电离层的电性结构不均一，它由 3 个密度不同的层次构成，自下而上依次称为 D、E、F 层。由于电离需要太阳直接辐射，因此，白天和夜间的离子密度有所不同，尤其在 D 和 E 层，它们夜间消失，白天又形成。但是，最高的上层在白天和黑夜都存在，因为 F 层大气稀薄，电子、离子不会像低层密度较大的空气那样容易碰撞、中和，所以这一层的电子、离子密度变化幅度小。夜间虽变弱，但仍然存在。

电离层对电磁波的传播有重要影响，这是因为电离层对电磁波会发生吸收、反射和折射作用。无线电波可以借助地面和电离层之间的多次反射而实现远距离传输，从而可以接收到好几百千米远处的电台。但有时夜间能收到的电台，第二天白天却消失了，这是由于白天被上层反射的电波有一部分被 D 层吸收掉了，而夜间 D 层不存在。电离层的结构与太阳活动有着密切的关系，当太阳发生各种爆发现象时，会增加射向地球的太阳辐射和粒子流，使电离层状态发生剧烈变化。例如，当太阳出现耀斑时，会使 D 层的电离度突然增加，导致中、短波无线电信号突然衰减，甚至使通信中断。

四、气压的高度分布

如§1.5所述，某地的气压是该地单位面积上空气柱的重量，即 $p=\rho gh$（其中 h 为空气柱的厚度），因此，某地的气压总是随高度增加而减小的。表1－4是由长期观测资料得到的气压随高度分布的平均值。由表可以看到，气压不仅随高度的增加而减小，而且其减小的速率随高度的增加而变小，愈到高空，气压降低的速度愈慢，这是由于空气密度随高度的增加而减小。

表1－4　气压随高度分布的平均情况

高度/km	海平面	1.5	3.0	5.5	9	12	16	20.5	24	31
气压/hPa	1 000	850	700	500	300	200	100	50	30	10

气压随高度变化的定量关系可以用静力方程和压高公式来描述。

1. *静力方程*

假设大气在垂直方向上处于静力平衡状态（即静止状态），现考虑面积为1 m^2 的垂直气柱中厚度为 dz 的薄气柱（图1－4）在垂直方向的受力情况。

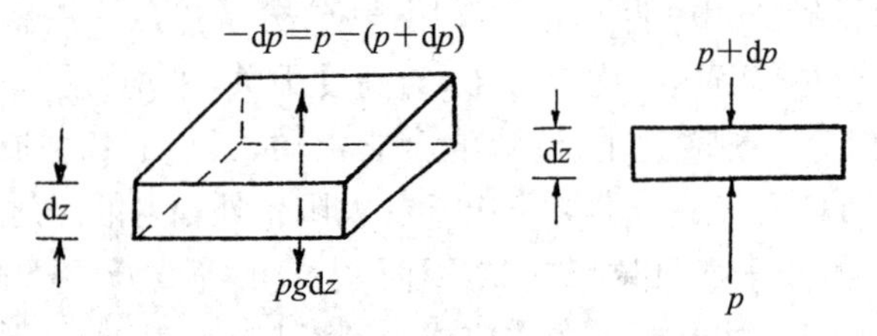

图1－4　静止大气中垂直方向力的平衡

设高度 z 处的气压为 p（方向指向上），$(z+\mathrm{d}z)$ 处的气压为 $(p+\mathrm{d}p)$（方向为向下），则薄气柱所受的净压力为

$$p-(p+\mathrm{d}p)=-\mathrm{d}p$$

其方向指向上，因为气压随高度减小，z 处的气压 (p) 比 $(z+\mathrm{d}z)$ 处的气压 $(p+\mathrm{d}p)$ 要高。作用于薄气柱的另一个力是重力 W，方向向下，其值为

$$W=g\mathrm{d}m=\rho g\mathrm{d}z$$

式中，g 为重力加速度，$\mathrm{d}m$ 为薄气柱的质量。

在静力平衡条件下，薄气柱受的净压力应与重力相等，于是有

$$\mathrm{d}p=-\rho g\mathrm{d}z \tag{1-27}$$

或

$$\frac{\mathrm{d}p}{\mathrm{d}z}=-\rho g \tag{1-27'}$$

式(1－27)和式(1－27′)就是有名的**大气静力方程**。由于该方程具有很高的精度(有强对流运动的区域除外)，在大气科学中得到了广泛的应用。式(1－27′)表明，气压随高度降低的速率与空气密度成正比，这就解释了表1－4所示气压伴着高度降低的速率随高度变小的观测事实。

实际工作中有时还引用"**气压阶**"(h_p)这个物理量，它定义为垂直气柱中每改变单位气压(常指1 hPa)所对应的高度变化，即

$$h_p = -\frac{\mathrm{d}z}{\mathrm{d}p} = \frac{1}{\rho g} \tag{1-28}$$

将干空气状态方程以及 $R_d = 287\ \mathrm{J \cdot kg^{-1} \cdot K^{-1}}$，$g = 9.8\ \mathrm{m \cdot s^{-2}}$，$T = 273(1+\alpha t)$ 一并代入上式，则得

$$h_p = \frac{8\,000}{p}(1+\alpha t) \tag{1-29}$$

式中，$\alpha = \frac{1}{273}$，t 为气层的平均温度(℃)，p 的单位为 hPa。

由式(1－29)可以计算出不同温度和气压下的 h 值(见表 1－5)。从表 1－5 可以看出，在同一气压下，气柱的温度愈高，气压阶(单位气压高度差)就愈大；反之，气压阶愈小。而在同一气温下，气压愈高的地方，气压阶愈小；反之，气压阶愈大。例如，在 0 ℃时，1 000 hPa 处(地面附近)的气压阶等于 8 m·hPa^{-1}；而至 500 hPa(约 5.5 km)处，气压阶增为 16 m·hPa^{-1}；至 100 hPa处(16 km 左右)，气压阶高达 80 m·hPa^{-1}。

表 1－5　不同气温和气压下的气压阶(h_p)值

(m·hPa^{-1})

气压/hPa	气温/℃				
	－40	－20	0	20	40
1 000	6.7	7.4	8.0	8.6	9.3
500	13.4	14.7	16.0	17.3	18.6
100	67.2	73.6	80.0	86.4	92.8

当气层不太厚，精度要求不太高时，可以利用式(1－29)做海平面气压订正和其他一些近似估计。

2. 压高公式(测高公式)

如果气层厚度大，就不能采用微分形式的静力方程，而需要利用状态方程对静力方程从气层底部(z_1，p_1)到顶部(z_2，p_2)进行积分

$$\int_{p_1}^{p_2} \frac{\mathrm{d}p}{p} = -\int_{z_1}^{z_2} \frac{g}{RT}\mathrm{d}z \tag{1-30}$$

结果得

$$p_2 = p_1 \exp\left(-\int_{z_1}^{z_2} \frac{g}{RT}\mathrm{d}z\right) \tag{1-31}$$

式(1－31)就是一般形式的压高公式。由于式中积分号内的 g 和 R，T 一般并非常数，它们会随高度 z 而变化，尤其是温度 T，它随 z 的分布复杂，直接积分存在困难。为了便于实际应用，通常对大气做某些特定假设，使积分能够顺利进行。对应于不同的大气模型，便可以得到不同的压高公式。

(1) 均质大气压高公式

均质大气是指空气密度不随高度变化的大气，并不考虑水汽的影响和重力 g 随高度的变化。

对静力方程(1－27)从地面至高度 z，气压由 p_0 至 p 求积分，则可得

$$p = p_0 - \rho g z \tag{1-32}$$

这就是均质大气的压高公式。均质大气中气压随高度的增加呈线性递减，而且递减的速度很快。当 $z=p_0/\rho g$ 时，$p=0$，这个高度就是均质大气的上界，也称为**标高**，通常以 H 表示，其表达式为

$$H = \frac{p_0}{\rho g}$$

均质大气的密度不随高度而变化，可将 ρ 取为地面大气密度 ρ_0，再利用干空气状态方程，上式可写为

$$H = \frac{R_d T_0}{g} \tag{1-33}$$

上式表明，均质大气高度 H 是地面气温 T_0 的函数。当 $T_0=273$ K 时，有 $H=\frac{R_d T_0}{g}\approx 8$ km。

均质大气的密度不随高度而变化，但其温度是随高度的增加而递减的，而且递减速率 $\gamma_{AC}\left(=-\frac{\partial T}{\partial z}\right)$很大。由干空气状态方程对 z 取偏微商，再以静力方程代入，可得

$$\gamma_{AC} = -\frac{\partial T}{\partial z} = \frac{g}{R_d} = 3.41\ ℃ \cdot (100\ \text{m})^{-1} \tag{1-34}$$

γ_{AC}值要比对流层平均气温直减率 γ（$=0.65$ ℃ · 100 m^{-1}）约大 6 倍。γ_{AC}具有特别的意义，当气温直减率 γ 大于 γ_{AC}时，上层空气密度将比下层空气密度大，即使没有外力作用，它也会自动产生对流，因此，把 $\gamma_{AC}=3.41$ ℃ ·（100）m^{-1}称为**自动对流铅直温度递减率**。不过，实际大气中很少出现这种情况（除夏季贴地层内有强烈增温外）。

（2）等温大气压高公式

气温不随高度变化$\left(\frac{\partial T}{\partial z}=0\text{，即 }T=\text{常数}\right)$的大气称为**等温大气**。若不考虑水汽影响和重力加速度 g 的变化，对式（1-31）积分得

$$p_2 = p_1 e^{-g(z_2-z_1)/R_d T} = p_1 e^{-(z_2-z_1)/H} \tag{1-35}$$

式中，H 为均质大气高度。式（1-35）也可表示成对数形式

$$z_2 - z_1 = \frac{R_d T}{g} \ln \frac{p_1}{p_2} \tag{1-36}$$

如将 R_d、g 和 $T=273(1+\alpha t)$ 的有关数值代入，则可得到更通用的对数形式

$$z_2 - z_1 = 18\,400 \times (1+\alpha t) \lg \frac{p_1}{p_2} \tag{1-37}$$

式（1-35）表明，等温大气中，气压随高度的增加呈指数递减。气温愈高，气压递减的速度愈慢。这种大气无确定的上界，当 $p\to 0$ 时，$z\to\infty$，而且，越向高处，p 随 z 的递减越慢。可见，等温大气中气压随高度变化的规律与实际大气相当接近。因此，实际应用中，可将大气分成若干层次，把各层看作等温大气，即以各层的平均温度作为公式中的温度 t，计算出各层的高度差，累加后即可得整个气层的厚度。

若考虑水汽影响，则在上式(1-35)～式(1-37)中的温度(T 或 t)中，用虚温(T_v 或 t_v)替代平均温度 t。

(3) 多元大气压高公式

多元大气就是等递减大气。在这种大气模式中，气温是高度的线性函数。

$$T = T_0 - \gamma z \tag{1-38}$$

式中，T_0 为 $z=0$ 处的气温。将式(1-38)代入式(1-30)，并将积分上、下限改为 $0 \to z$，$p_0 \to p$，积分后得

$$p = p_0 \left(\frac{T_0 - \gamma z}{T_0} \right)^{\frac{g}{\gamma R_d}} \tag{1-39}$$

此式即为多元大气压高公式。可以看到，多元大气气压随高度的变化速率与气温递减率 γ 有关。当 T_0，p_0 相同时，气温递减率愈大，气压随高度递减的速度就愈快。

将式(1-39)变换一个形式(解出 z)，即可得出多元大气的测高公式

$$z = \frac{T_0}{\gamma} \left[1 - \left(\frac{p}{p_0} \right)^{\frac{\gamma R_d}{g}} \right] \tag{1-40}$$

由式(1-40)可知，取 $p=0$，即得多元大气的上界高度 $z_t = \frac{T_0}{\gamma}$。可见，当 T_0 确定后，多元大气的上界高度取决于 γ：① 等温大气，$\gamma = \frac{\partial T}{\partial z} = 0$，则 $z_t \to \infty$；② 均质大气，$\gamma = \frac{g}{R_d} = 3.41$ ℃·$(100\ \mathrm{m})^{-1}$，取 $T_0 = 273$ K 时，得 $z_t = 7\,990 \approx 8$ km；③ 对于多元大气，若取 $\gamma = 0.65$ ℃·$(100\ \mathrm{m})^{-1}$，$T_0 = 273$ K，则有 $z_t = 42$ km。

以上情况说明，多元大气的压高公式也适用于等温和均质大气。换句话说，等温大气和均质大气分别是多元大气的一种特例。

(4) 标准大气中气压随高度的变化

实际大气一般不能用以上 3 种模式，即均质、等温和多元大气中的一种来描述。通常对流层大气近似为多元大气，平流层底部近似为等温大气，而其上部为温度递增率为负值的多元大气。因此，有必要根据探测数据和理论计算，制定一种与实际大气垂直分布的平均状况比较接近的描述，称为标准大气。

目前世界各国通用的标准大气分为 32 km 以下和 50 km 以下两部分。其中以 32 km 以下部分用得最多，这里也以此为例给予说明。它是假设大气处于静力平衡状态时，由海平面至 32 km范围内气层的平均状况而制定的。其具体条件为：

① 干洁空气，其成分比例不随高度变化，并具有理想气体性质；

② 海平面的温度为 15 ℃，气压为 1 013.25 hPa，空气密度 1.225 kg·m^{-3}，重力加速度$g = 9.806\,65$ m·s^{-2}；

③ 对流层顶高为 11 km，该层的气温递减率 $\gamma = 0.65$ ℃·$(100\ \mathrm{m})^{-1}$；

④ 11～20 km 为温度等于-56.5 ℃的等温层，20～32 km 气温随高度的增加而缓慢增加，递减率为-0.1 ℃·$(100\ \mathrm{m})^{-1}$。

因此，标准大气中各层气压随高度的变化按以下各式分别计算。在地面至 11 km 的等递减大气中

$$p=p_0\left(1-\frac{\gamma}{T}z\right)^{\frac{g}{\gamma R_d}}=1\,013.250\times(1-2.256\times10^{-5}z)^{5.256} \tag{1-41}$$

由此式计算出 11 km 处的 $p=226.27$ hPa,由式(1-38)计算出该处的气温 $T=216.65$ K,故在 11～20 km 的等温大气中

$$p=226.27\exp[-1.58\times10^{-4}\times(z-11\times10^3)] \tag{1-42}$$

在 20～32 km 的等递增大气中

$$p=54.58\times[1+4.616\times10^{-6}(z-20\times10^3)]^{-34.16} \tag{1-43}$$

以上各式中,气压 p 的单位为 hPa,高度 z 的单位为 m 或位势米(参见下节)。

§1.7 气压场

气压的空间分布称为**气压场**,实际大气的气压场是三维的,即有气压的水平分布及其随高度的变化(垂直分布)。上节介绍的压高公式只能反映某地气压随高度的分布,是一维问题。这里将介绍气压的水平分布。

一、气压场的表示方法

气象上,通常用等高面(一般为海平面)上的等压线分布表示该等高面(海平面)附近气压的水平分布,而用某个等压面上的等高线(分布)反映该等压面附近的水平气压分布。于是,用一个画有等压线的等高面(海平面)图和一组画有等高线的等压面图,就可以了解气压的三维分布。

1. 等高面图

等高面是空间高度相等的(平)面,而等压面指空间气压相等的各点组成的面,一般为曲面(因为同一高度上各地的气压不相同),类似于起伏不平的地形曲面。由于气压总是随高度的增加而降低的,因此,在同一高度上,气压比四周高的地方,其等压面向上凸,而且气压愈高,等压面上凸得愈厉害;反之,气压比四周低的地方,等压面将向下凹陷。因此,如图 1-5 所示,若两个凹形等压面 p_0 和 p_1 与某个等高面相交,可以得到两条等压线 p_0 和 p_1。根据气压随高度的增加总是降低的规律,可以判断等压面 p_0 的气压比 p_1 低,即 $p_0<p_1$。于是在图 1-5(b)所示的等高面图上形成中心气压比外围气压低的两条闭合等压线;而在图 1-5(c)所示的铅直剖面图上形成两条下凹等压线。由此可见,等高面图上的等压线可以表示该等高面附近气

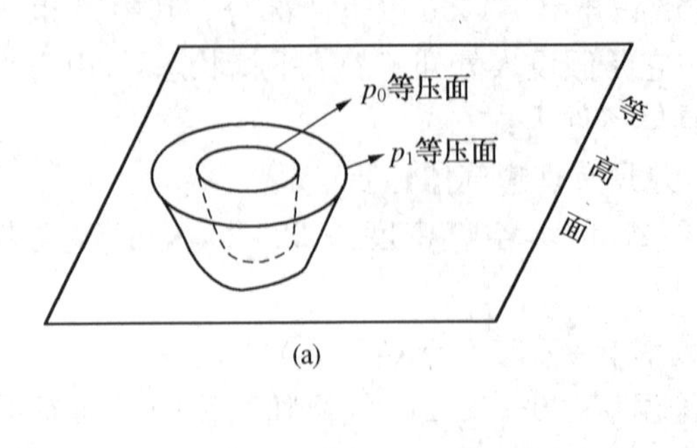

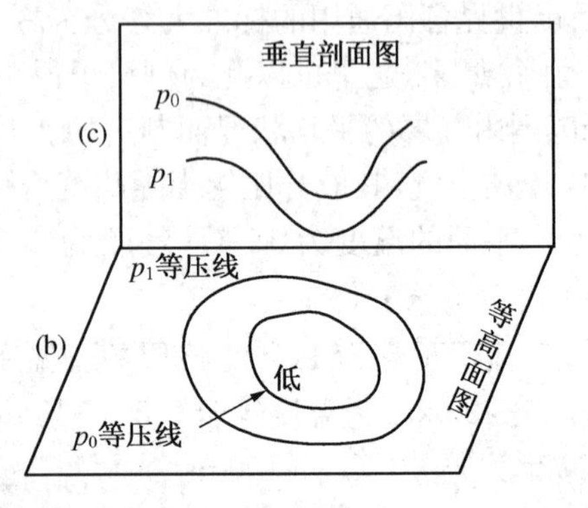

图 1-5 等高面图构成示意图

压的水平分布。天气预报所用的地面天气图就是海拔高度为零的等高面图。当然，在等高面图上，除等压线外，还有其他等值线和气象要素。

2. 等压面图

如何在等压面图上绘制等高线？为何这些等高线能表示等压面附近的气压分布？众所周知，地形等高线是用来表示地形起伏特征的，与此类似，可以在等压面上绘制等高线，用来表示等压面在空间的起伏情况。在图1-6中，p 为一等压面，它与海拔高度为 $H_1, H_2, \cdots$（设它们的高度间隔相等）的若干等高面相截而形成一组截线，即等高线（虚线所示），将这些截线投影到水平面上，便得等压面 p 上的一组等高线 $H_1, H_2, \cdots$，而且分别构成一个中心为高值、一个中心为低值的闭合等高线组。由图1-6可以清楚地看到，中心为高值、逐渐向外递减的一组闭合等高线与等压面凸起部位相对应；中心为低值、逐渐向外递增的一组闭合等高线与等压面下凹部位相对应。这就是说，等压面图上等高线的高、低（中心）代表了该等压面附近气压的高、低（中心），即等高线的分布能表示等压面的起伏形势。天气预报用的高空天气图就是一组气压值不同（通常为850 hPa，700 hPa，500 hPa，…）的等压面图。

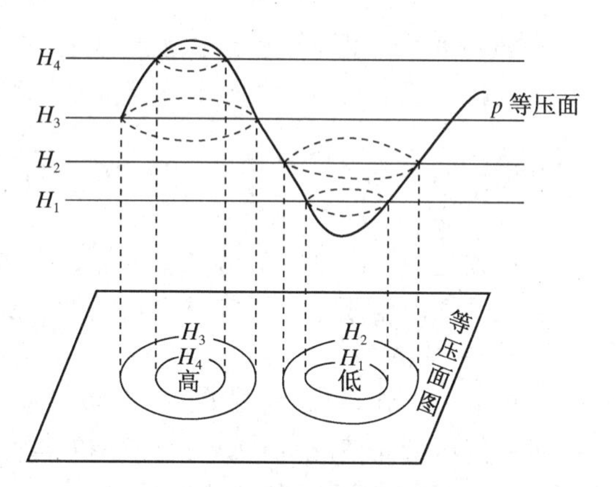

图1-6 等压面图构成示意图

3. 位势高度

在气象上，为了理论计算和应用的方便，等压面上绘制的等高线的高度普遍采用以位势米为单位的（重力）位势高度，而不是以米为单位的几何高度。

所谓**重力位势**是指单位质量的物体从海平面上（位势取为零）抬升（沿任意路径）到 z 高度时，克服重力所做的功，其表达式为

$$d\varphi = -\boldsymbol{g} \cdot d\boldsymbol{s} = g\cos\theta ds = gdz \tag{1-44}$$

$$\varphi = \int_0^z gdz = gz \tag{1-45}$$

式中，φ 为重力位势，单位为 $J \cdot kg^{-1}$；s 为单位质量空气块在重力场中向上移动的路径；z 为其移动的垂直距离；θ 为重力与微位移 ds 间的夹角。

位势米的定义为：1 位势米为质量 1 kg 的空气上升 1 m 时克服重力所做的功，即 1 位势米 $= 9.8\ J \cdot kg^{-1}$。因此，以位势米为单位的位势高度与以米为单位的几何高度之间有如下关系

$$H = \frac{\varphi}{9.8} = \frac{gz}{9.8} \tag{1-46}$$

当 g 取 $9.8\ m \cdot s^{-2}$ 时，位势高度 H 与几何高度 z 在数值上相同，然而两者的意义却完全不同，位势米是表示能量（比能）的单位，而几何米是几何高度的单位。

若以重力位势 φ 及其高度 H 引入静力平衡方程，则可得

$$dp = -\rho d\varphi = -9.8\rho dH \tag{1-47}$$

将干空气状态方程代入上式，并进行积分，则有

$$H_2 - H_1 = \frac{R_d}{9.8}\overline{T}\ln\frac{p_1}{p_2} \tag{1-48}$$

式中，H_1 和 H_2 分别表示 p_1 和 p_2 等压面的位势高度；$H_2 - H_1$ 称为气层的厚度；$\overline{T}$ 为 p_1 和 p_2 之间的平均气温，若考虑水汽影响，则应采用虚温 $\overline{T}_V$。

若将上式的自然对数改为常用对数，并以 $R_d = 287\ \mathrm{J \cdot K^{-1} \cdot kg^{-1}}$ 代入，则可写为

$$H_2 - H_1 = 67.4\overline{T}\lg\frac{p_1}{p_2} \tag{1-49}$$

此式是由气压计算位势高度的测高公式。该式表明，两等压面之间的厚度（$H_2 - H_1$）与气层的平均温度成正比。气层平均温度愈高，等压面之间的厚度愈大。

4. 气压梯度

由上式可知，等高面图上的等压线或等压面图上的等高线大致可以反映等高面或等压面附近的气压分布情况，但在理论计算和一些实际工作中，有时需要定量地了解气压场的不均匀程度，这时就必须引入气压梯度的概念。

气压梯度是一个空间矢量，其方向垂直于等压面，从高压指向低压（与数学上定义的梯度 ∇p 方向相反），其大小等于沿着这个方向单位距离内的气压改变量。其数学表达式为

$$-\nabla p = -\left(\frac{\partial}{\partial x}\boldsymbol{i} + \frac{\partial}{\partial y}\boldsymbol{j} + \frac{\partial}{\partial z}\boldsymbol{k}\right) \tag{1-50}$$

对于水平气压梯度，常用 $-\nabla_h p$ 表示，$-\nabla_h p = -\left(\frac{\partial}{\partial x}\boldsymbol{i} + \frac{\partial}{\partial y}\boldsymbol{j}\right)$。为方便起见，有时也可以表示为 $-\nabla_h p = -\frac{\partial p}{\partial n}\boldsymbol{n}$，这里 $\boldsymbol{n}$ 垂直于等压面，$-\nabla p$ 的方向由高压指向低压。

水平气压梯度的单位可用 $\mathrm{hPa \cdot km^{-1}}$ 或 hPa・赤道度$^{-1}$ 来表示。1 **赤道度**等于赤道上经度相差 1 度的纬圈长度，其值约为 111 km。观测表明，大气中水平气压梯度要比铅直气压梯度小得多，一般情况下，近地面水平气压梯度约为（1～3）$\mathrm{hPa \cdot 100\ km^{-1}}$，而铅直气压梯度可高达 $100\ \mathrm{hPa \cdot km^{-1}}$，比水平气压梯度约大 10^4 倍。

5. 海平面气压订正

测站与测站之间地面气压的差异主要有两个原因，一是不同测站的海拔高度差异，二是不同测站的天气差异。在绘制地面天气图时，需要区分出因天气系统过境所造成的气压场变化，否则高山测站地区将永远存在一个低压场。因此，需要将各地实测气压（称为本站气压）换算到同一高度——海平面上（称为海平面气压），这称为**海平面气压订正**。

海平面气压订正就是本站气压加上从该站到海平面的假想空气柱的压力。设本站气压为 P_h，海拔高度为 h，海平面气压 P_0，则根据压高公式（1-37）式可得：

$$\lg\frac{P_0}{P_h} = \frac{h}{18\,400\left(1 + \frac{t_m}{273}\right)} \tag{1-51}$$

式中 t_m 为假想空气柱的平均温度。因此，海平面气压 P_0 为：

$$P_0 = P_h 10^{\alpha}, \alpha = \frac{h}{18\,400\left(1 + \frac{t_m}{273}\right)} \tag{1-52}$$

t_m的估算方法是：由测站平均气温 t_h 按 0.5 ℃·$(100\ m)^{-1}$的气温递减率推算海平面气温 t_0，t_m取 t_h 和 t_0 的平均值。由于地面气温日变化较大，测站平均气温取当时气温 t 与 12 小时前气温 t_{12} 的平均值，因此有：

$$t_h = \frac{t + t_{12}}{2} \tag{1-53}$$

$$t_0 = t_h + \frac{0.5}{100}h = \frac{1}{2}(t + t_{12}) + \frac{1}{200}h \tag{1-54}$$

$$t_m = \frac{1}{2}(t_0 + t_h) = \frac{1}{2}(t + t_{12}) + \frac{1}{400}h \tag{1-55}$$

二、气压场的基本形式

由于气压随时空变化，各地的气压场形式是多种多样的，但概括起来，还是有几种常见的基本形式，这里以海平面图上等压线的分布为例（如图 1-7）来加以描述。图 1-7 中实线附近的数字为各条等压线的气压值（单位为 hPa）。

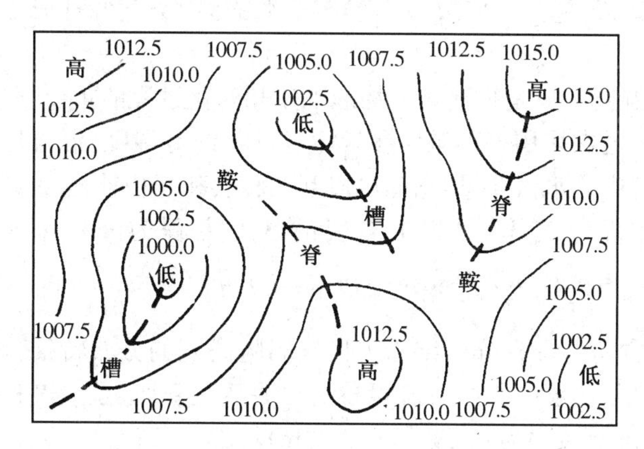

图 1-7　海平面气压分布的几种基本形式

1. 低气压（简称低压）

低气压也称为**气旋**。它是中心气压比四周气压低的若干条闭合等压线构成的气压系统。与低压对应的等压面向下凹陷，形如盆地。

2. 高气压（简称高压）

高气压也称为**反气旋**。它是中心气压比四周气压高的若干条闭合等压线构成的气压系统。与高压对应的等压面向上凸起，形如山丘。

3. 低压槽（简称槽）

低压槽是指由低压延伸出来的狭长区域。槽附近空间等压面形如山谷。槽中各条等压线弯曲度最大处的连线，称为**槽线**（如图 1-7 中虚线所示）。

4. 高压脊（简称脊）

高压脊是指由高压延伸出来的狭长区域。脊附近的空间等压面形如山脊。脊中各条等压线弯曲度最大处的连线称为**脊线**（如图 1-7 中虚线所示）。

5. 鞍形气压场（简称鞍）

两个高压和两个低压相对而组成的中间区域，称为**鞍形气压场**。其附近的空间等压面形如马鞍。

以上几种气压场基本形式统称为气压系统。不同的气压系统通常对应着不同的天气状况。正确分析和预报这些气压系统的移动和演变是做好天气预报的重要环节。

小　　结

(1) 经过46亿年的演化,形成了今天人们赖以生存的地球系统——一个由岩石圈、水圈、大气圈和生物圈组成的庞大系统。岩石圈是地球内部圈层的最上层部分,也是地球系统的最内圈;而大气圈是地球系统的最外层,也是四圈中范围最大的圈层。四个圈层的不断变化及其相互作用改变着人们的生存环境,而人类活动反过来又对地球系统产生影响,因此,它们互相作用,互相制约。

(2) 地球大气的主要成分是氮气和氧气。臭氧和二氧化碳是重要的可变成分,由于它们能强烈吸收和放射辐射能量,使得地球能够保持热平衡,从而对天气、气候以及生物的生存起着重要作用。

从地面向上到90 km左右,大气处于完全混合状态,干空气各种成分的比率基本不变,分子量为28.966。

(3) 气温、气压、湿度和风是描述大气物理现象和变化过程的重要气象要素。基于测量方法和实际应用的不同,通常采用多种湿度参量(水汽压、绝对湿度、混合比、比湿、相对湿度、露点温度等)来表示大气中的水汽含量,它们可以互相转换和互相补充。

将大气近似看作理想气体,得到干空气的状态方程为 $p=\rho_d R_d T$;引入虚温 $T_v=T\left(1+0.378\frac{e}{p}\right)$以后,湿空气状态方程可写成 $p=\rho R_d T_v$。

(4) 大气在垂直方向上具有分层结构。按气温随高度的分布特征,可将大气自下向上分为对流层、平流层、中层、热层。其中对流层与人类关系最密切,是大气科学研究的主要对象,对流层大气的平均温度递减率为0.65 ℃·(100 m)$^{-1}$。

(5) 气压随高度增加而降低。在静力平衡条件下,描述气压随高度变化的大气静力方程为 $\frac{dp}{dz}=-\rho g$。引入状态方程,对其积分可得压高公式的一般形式 $p_2=p_1\exp\left(-\int_{z_1}^{z_2}\frac{g}{RT}dz\right)$ 以及各种模式大气的压高公式。

(6) 气象上通常用绘有等压线的等高面(海平面)图和绘有一组等高线的等压面图(850 hPa,700 hPa,500 hPa,…)来了解气压场的三维分布。等压面图上等高线的高度单位为位势米,位势高度与几何高度之间的关系为 $H=\frac{gz}{9.8}$。

习　　题

1-1　列出与大气相关的4个主要的环境问题,并说明哪些是全球性的,哪些属于区域性或地方性的。

1-2　说明“天气”和“气候”的定义和区别,并指出下列问题中哪些是天气性的,哪些是气候性的:

(1) 室外棒球赛因雨而被取消；

(2) 今天下午最高气温 25 ℃；

(3) 我要移居昆明了，那里阳光明媚，四季如春；

(4) 本站历史最高温度为 43 ℃；

(5) 南京明日天气部分有云。

1-3　大气中二氧化碳成分增加的原因及其可能的后果是什么？

1-4　为什么水汽和尘埃是大气的重要成分？

1-5　在同样的温压条件下，水汽密度(ρ_v)、湿空气密度(ρ)与干空气密度(ρ_d)哪个最大？水汽密度与干空气密度之比等于多少？

1-6　已知 $f=40\%$，$t=15$ ℃，$p=1\,000$ hPa，求 e，a，q 和 r。

1-7　假设某空气微团的比湿保持不变，试问：当气压发生变化时，其露点是否改变？

1-8　求出气压为 1 000 hPa，气温分别为 30 ℃和 −30 ℃的饱和湿空气的虚温差。说明虚温差在高温、高湿时大，还是低温、低湿时大？当计算高层和低层大气密度时，应如何合理使用虚温？

1-9　已知空气温度为 13.4 ℃，饱和差($E-e$)为 4.2 hPa，那么空气要等压冷却到多少度时，才达饱和？

1-10　已知海平面气温为 15 ℃，气压为 1 000 hPa，它相当于每平方厘米上有 1 kg 重的空气柱。试问：① 5.6 km；② 16 km；③ 50 km 高度上的大气压和相应的大气柱重量分别是多少？

1-11　某一中纬度城市的海平面气温为 10 ℃，探空资料显示大气温度递减率为 6.5 ℃ · km^{-1}，对流层顶部气温为 −55 ℃，试问：其对流层顶的高度是多少？
同一天赤道地区某地的气温为 25 ℃，探空资料给出气温递减率为 6.5 ℃ · km^{-1}，对流层顶高 16 km，那么，对流层顶部的气温是多少？

1-12　设有 A、B 两气柱，A 气柱的平均温度比 B 气柱高，地面气压都一样，试问：在同一高度 z 处，气压 p_A 和 p_B 哪个高些？为什么？

1-13　若甲气象站的海拔高度为 200 m，测得气压为 988 hPa，气温为 −11 ℃，邻近的乙气象站气压为 980 hPa，气温为 −13 ℃，问乙气象站的海拔高度为多少米？

1-14　某日登山活动中测得山脚、山顶的气压和温度分别为 1 000 hPa，10 ℃和 955 hPa，5 ℃，试问山有多高？(单位：m)

1-15　某地纬度 $\varphi=45°$，地面气压 $p=1\,000$ hPa，地面到某等压面的距离为 1 200 m，平均虚温为 26 ℃，求该等压面的气压值。

第二章
大气辐射学

大气辐射学是大气科学中一门十分重要的分支学科，主要研究大气中辐射传输的基本规律和物理过程，以及地球大气系统的辐射能量收支问题。地球大气系统能量的主要来源是太阳的辐射能，它从根本上决定了地球、大气热状态，从而成为制约大气运动和其他大气过程的能量，是产生各种大气物理、大气化学过程和天气现象的根本原因，也是气候形成的重要因子之一。

§2.1 辐射概述

一、辐射的基本概念

辐射是能量的一种形式，物质以电磁波的形式放射能量，称为辐射。宇宙中的任何物质，只要其温度高于绝对零度，都能放射辐射能。

自然界的一切物体都能以电磁波的形式放射能量，同时也在不断地吸收外界的辐射。各种物体之间通过辐射来交换热量，称为**辐射热交换**。如果没有其他的能量交换，物体放出辐射大于吸收辐射时，物体将丧失热量，温度降低；反之，当吸收辐射大于放出辐射时，物体将获得热量，温度升高。当物体放出的辐射等于吸收的辐射，它的热状态保持不变，此时称为辐射平衡。一般来说，物体的辐射能量收支并不相等，如果辐射热交换过程相当慢，以致物体中内能的分布来得及变化均匀，并继续处于热平衡状态，那么这时的辐射可视为处于准平衡状态，这时物体的温度是变化的，在每一给定的瞬时，物体的状态都可看作是平衡的，可用一定的温度来描写它，称为**辐射平衡温度**。通常认为，60 km 以下的大气处于局地平衡状态，可以应用热辐射规律来解决平流层以下的大气辐射问题。

辐射能是通过电磁波的方式传播的，在真空中速度约为 $3\times10^{8}\ m\cdot s^{-1}$。电磁波的波长范围很广，从波长$10^{-16}$ m 的宇宙射线到波长几千米的无线电波。这中间包括 γ 射线、χ 射线、紫外线、可见光、红外线、超短波和无线电波，如图 2-1 所示。

人类肉眼所能看到的，是位于红外线和紫外线之间的可见光部分，波长范围约为 0.4～0.76 μm。可见光经三棱镜分光后成为一条由红、橙、黄、绿、蓝、靛、紫等各种颜色组成的光带，其中红光波长最长，为 0.76 μm；紫光波长最短，为 0.4 μm；其余各色光的波长则依次介于其间。波长长于红色光波的，有红外线和无线电波；波长短于紫色光波的，有紫外线、χ 射线和 γ 射线等，这些射线不为人眼所察觉，但可用仪器检测出来。大气科学着重研究的是太阳辐射以及地面和大气的红外辐射。

不论何种物体，在其向外放射辐射的同时，必然会接收周围物体向其投射过来的辐射，但投射到物体上的辐射并不能全部被吸收，其中一部分被反射，而一部分可能透过物

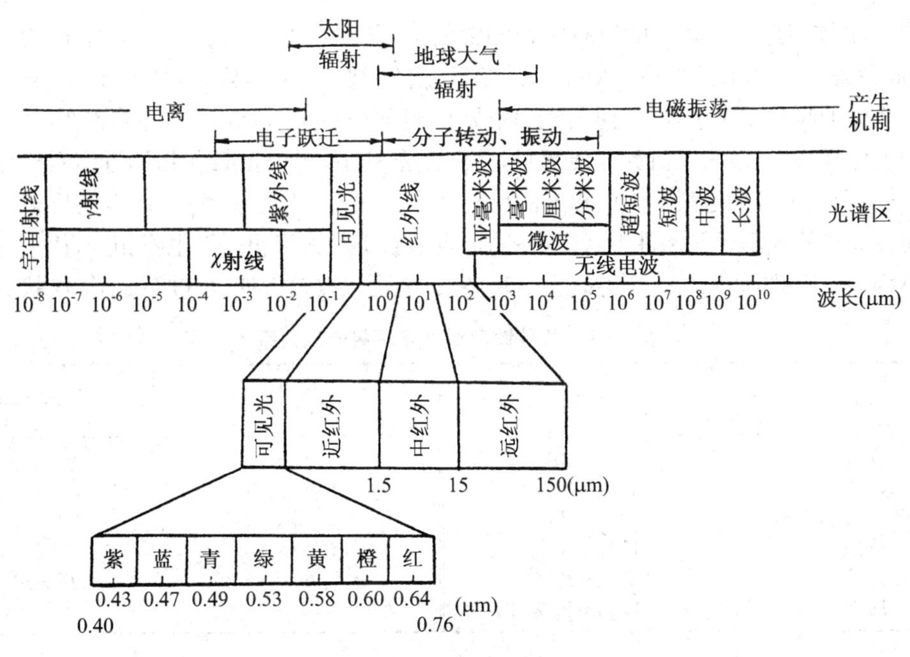

图 2－1　电磁波谱

体（如图2－2）。

设投射到物体上的总辐射能为 Q_0，被吸收的为 Q_a，被反射的为 Q_r，透过的为 Q_d。根据能量守恒原理

$$Q_0 = Q_a + Q_r + Q_d \tag{2-1}$$

将上式两边除以 Q_0 可得

$$\frac{Q_a}{Q_0} + \frac{Q_r}{Q_0} + \frac{Q_d}{Q_0} = 1 \tag{2-2}$$

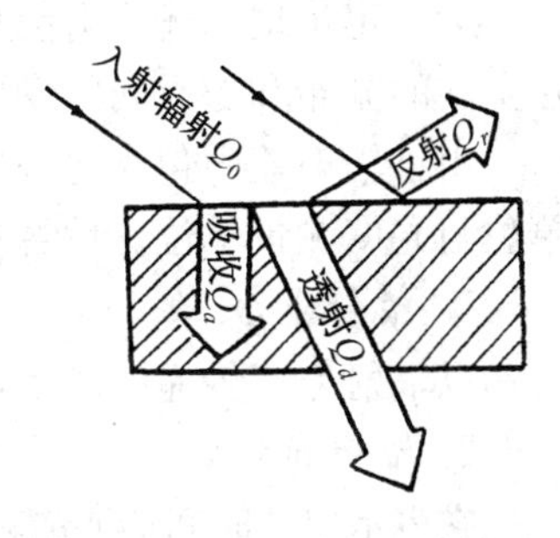

图 2－2　物体对辐射的吸收、反射和透射

式中左边第一项为物体吸收的辐射与投射于其上的辐射之比，称为**吸收率**(a)；第二项为物体反射的辐射与投射于其上的辐射之比，称为**反射率**(r)；第三项为透过物体的辐射与投射于其上的辐射之比，称为**透射率**(d)，则

$$a + r + d = 1 \tag{2-3}$$

a，r，d 都是 0～1 之间的无量纲量，分别表示物体对辐射吸收、反射和透射的能力。若物体不透明，$Q_d=0$，$d=0$，则有

$$a + r = 1 \tag{2-3a}$$

上式说明，对于不透明的物体，吸收率愈大，反射率愈小，反之亦然。

物体的吸收率、反射率和透射率大小随辐射的波长和物体的性质而不同。例如，干空气对红外辐射是近似透明的，而水汽却能强烈地吸收红外辐射；雪面对太阳辐射的反射率很大，但对地面和大气的红外辐射，则几乎能全部吸收。物体这种对不同波长的辐射具有不同的吸收率、反射率和透射率的特性称为物体对辐射的吸收、反射和透射的选择性。一般情况下，如果不特别指明波段，地表反射率指的是对短波的反射率。

如果某物体能把投射其上的所有波长的辐射全部吸收，即其吸收率为 1，这种物体称为**绝对黑体**，简称**黑体**。如果某物体仅对某一波长辐射的吸收率为 1，则称该物体为对某波长的黑体。如果物体的吸收率小于 1，且不随波长而改变，则这种物体称为**灰体**。在自然界，虽然并不存在真正的黑体和灰体，但为了研究方便起见，在一定条件下，可以把某些物体近似看成黑体或灰体。表 2－1 列举了各种地表对太阳辐射的反射率。由表 2－1 可知，各种地表的反射率相差很大。即使在同样的太阳辐射条件下，各种不同地表所获得的太阳辐射能也不相同，因而它们的热状况也不相同。因此，如果能人工地改变地表性质，就可以改变近地表气层的小气候状况。

表 2－1　各种地表对太阳辐射的反射率

地表	反射率	地表	反射率
森林	3%～10%	雪地(新雪)	80%
田地(绿色)	3%～15%	雪地(陈雪)	50%～70%
田地(已开垦的干地)	20%～25%	冰	50%～70%
草地	15%～30%	水面 $h_\theta>40°$	2%～4%
裸地	7%～20%	水面 $h_\theta=5～30°$	6%～40%
沙地	15%～25%		

二、辐射能的量度

为了定量地描述辐射能量及其传输，引入一些表征辐射场特性的物理量，通过这些物理量在空间的分布和随时间的变化，研究辐射过程的规律性。

由于辐射能中包含着一部分可见辐射——光，因此，辐射能的度量有两种单位制——能量单位与光度测量单位。后者在涉及人眼的光学效应时才使用，这里采用能量单位制。

1. 辐射能 Φ

以辐射方式传递的能量，用符号 Φ 表示，单位为焦耳(J)。

2. 辐射通量 P

它表示单位时间传递的辐射能。设在 $\mathrm{d}t$ 时间内通过某表面的辐射能为 $\mathrm{d}\Phi$，那么根据定义

$$P=\frac{\mathrm{d}\Phi}{\mathrm{d}t} \tag{2-4}$$

单位为焦耳·秒$^{-1}$(J·s^{-1})或瓦(W)。

3. 辐射通量密度 F

辐射通量密度是指单位时间内通过单位面积的辐射能，如果 $\mathrm{d}t$ 时间内通过 $\mathrm{d}s$ 面积的辐射能为 $\mathrm{d}\Phi$，那么辐射通量密度可用下式表示：

$$F=\frac{\mathrm{d}\Phi}{\mathrm{d}t\mathrm{d}s} \tag{2-5}$$

单位为 W·m^{-2}。F 是单位面积上的辐射通量，自放射面射出的辐射通量密度称为**辐射度**。到达接收面的辐射通量密度称为**辐照度**。

4. 辐射率 I

如图 2－3 所示，假定 $\mathrm{d}s$ 为辐射体表面的面积元，N 为 $\mathrm{d}s$ 的法线方向，那么沿 r 方向的辐射能 $\mathrm{d}\Phi$ 显然与 $\mathrm{d}s$ 在 r 方向上的投影有关，与立体角 $\mathrm{d}\omega$ 的大小有关，还与所经历的时间 $\mathrm{d}t$ 有关，根据实验，一般可写成

$$d\Phi = I\cos\theta \mathrm{d}s\mathrm{d}\omega\mathrm{d}t \tag{2-6}$$

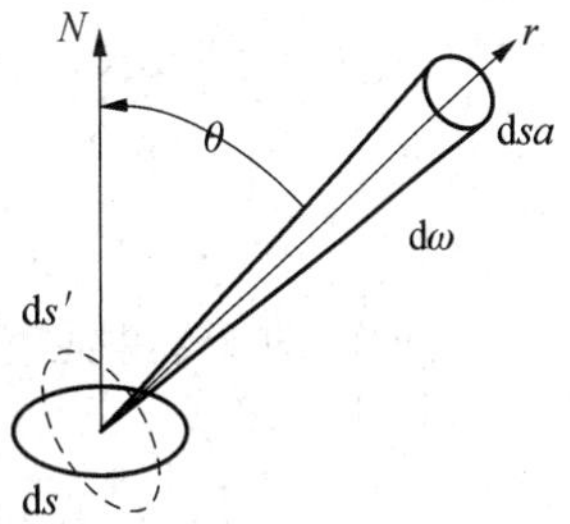

式中，I 称为**辐射率**。

上式也可改写为

$$I = \frac{d\Phi}{\cos\theta \mathrm{d}s\mathrm{d}\omega\mathrm{d}t} \tag{2-7}$$

其意义是单位时间内，通过垂直于给定方向上单位面积的单位立体角内的辐射能。单位为瓦·米$^{-2}$·球面度$^{-1}$($\mathrm{W \cdot m^{-2} \cdot S_r^{-1}}$)。

图 2-3　辐射率

将式(2-7)改写为

$$\frac{d\Phi}{\mathrm{d}s\mathrm{d}t} = I\cos\theta \mathrm{d}\omega$$

并对上式沿半球积分

$$\int_{半球} \frac{d\Phi}{\mathrm{d}s\mathrm{d}t} = \int_{半球} I\cos\theta \mathrm{d}\omega \tag{2-8}$$

式(2-8)左边的积分就是辐射通量密度 F，因此

$$F = \int_{半球} I\cos\theta \mathrm{d}\omega \tag{2-8a}$$

选用图 2-4 所示的坐标，则

$$\mathrm{d}\omega = \frac{\mathrm{d}A}{r^2} = \frac{r\mathrm{d}\theta r\sin\theta \mathrm{d}\varphi}{r^2} = \sin\theta \mathrm{d}\theta \mathrm{d}\varphi$$

因此

$$F = \int_0^{\frac{\pi}{2}} \int_0^{2\pi} I\cos\theta\sin\theta \mathrm{d}\theta \mathrm{d}\varphi$$

$$= \int_0^{\frac{\pi}{2}} I\cos\theta\sin\theta \mathrm{d}\theta \int_0^{2\pi} \mathrm{d}\varphi$$

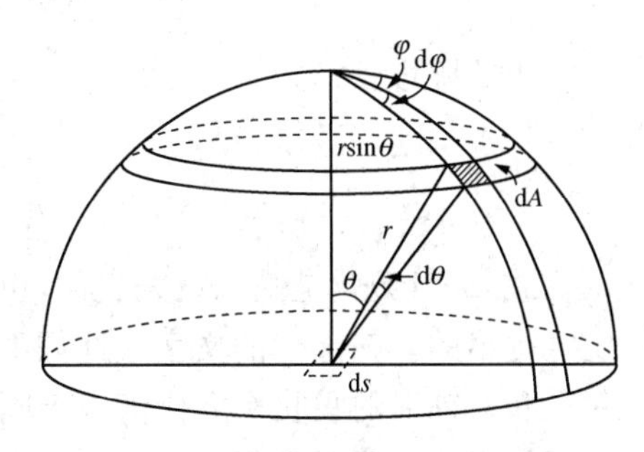

图 2-4　辐射通量密度与辐射率

现假定辐射是**各向同性**的(I=常数)，则

$$F = \pi I \tag{2-9}$$

这表明，对于各向同性的辐射，辐射通量密度是辐射率的 π 倍。

5. 辐射强度 J

辐射强度是指点辐射源在某一方向上单位立体角内的辐射通量，即

$$J = \frac{\mathrm{d}p}{\mathrm{d}\omega} \tag{2-10}$$

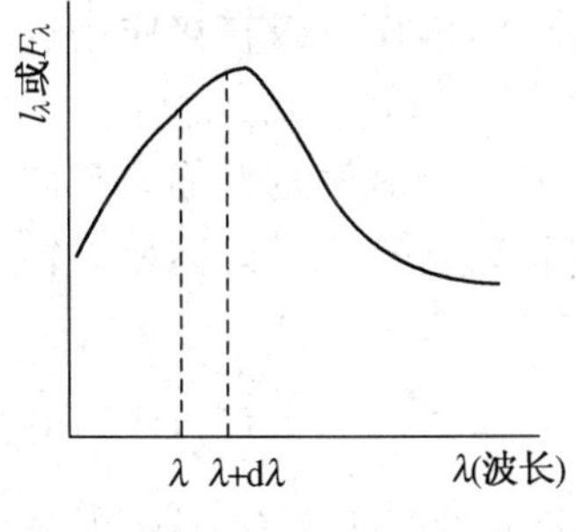

图 2-5　辐射率随波长的变化

单位为 $\mathrm{W \cdot S_r^{-1}}$。

上面的讨论没有涉及辐射的波长问题，一般而言，在不同的波长范围内，辐射率、辐射通量密度等辐射量的数值是不同的。如图 2-5 所示，如果在图中取波长间隔 dλ，则在波长 λ～(λ+dλ)之间的辐射率 dI 可表示为

$$\mathrm{d}I = I_\lambda \mathrm{d}\lambda \tag{2-11}$$

式中，I_λ 是对某波长而言的**光谱（或单色）辐射率**。如果对所有波长而言，则有

$$I=\int_\lambda I_\lambda \mathrm{d}\lambda \tag{2-12}$$

同样，对于辐射通量密度也类似地有

$$F=\int_\lambda F_\lambda \mathrm{d}\lambda \tag{2-13}$$

§2.2 热辐射的基本定律

一、基尔霍夫定律

设有一真空恒温器（温度为 T），放出黑体辐射 $I_{\lambda T_B}$。$I_{\lambda T_B}$ 代表在温度为 T，波长为 λ 时的黑体辐射率。在其中用绝热线悬挂一个非黑体物体，它们温度与容器温度一样亦为 T，它的辐射率为 $I_{\lambda T}$，吸收率为 $a_{\lambda T}$。这样，非黑体和器壁之间将要达到辐射平衡。器壁放射的辐射能、非黑体放射的辐射能和未被吸收的非黑体反射辐射能，三者达到平衡，则

$$I_{\lambda T_B}-(1-a_{\lambda T})I_{\lambda T_B}-I_{\lambda T}=0 \tag{2-14}$$

上式除以 $a_{\lambda T}$，得

$$\frac{I_{\lambda T}}{a_{\lambda T}}=I_{\lambda T_B}=I_{\lambda T_B}(\lambda,T) \tag{2-15}$$

式(2-15)就是基尔霍夫定律，也称选择吸收定律，这是由基尔霍夫在1859年根据热力学定律提出的。该定律的文字表述如下：在热平衡条件下，一物体放射波长 λ 的辐射率和该物体对波长 λ 辐射的吸收率之比值等于同温度、同波长时的黑体辐射率。

该定律的意义在于：

(1) 对不同的物体，辐射能力强的物体，其吸收能力也强；辐射能力弱的物体，其吸收能力也弱。

(2) 对同一物体，如果在温度 T 时，它放射某一波长的辐射，那么在同一温度下它也吸收这一辐射；如果物体不吸收某波长的辐射，它也就不放射这一波长的辐射。

基尔霍夫定律把物体的吸收和放射与黑体辐射相联系，这就使我们有可能通过对黑体辐射的研究了解一般物体的辐射特性。基尔霍夫定律适用于处于辐射平衡状态的任何物体。对流层和平流层中的大气以及地球表面都可以认为是处于辐射平衡状态，因而可以直接应用这一定律。

黑体的吸收率为1，即吸收率最大，因而其辐射也最强，一切非黑体的辐射能力都比黑体辐射能力小。物体的辐射能力与黑体辐射能力之比，称为该物体的**比辐射率** $\delta_{\lambda T}$，又称相对辐射能力或**发射率**，因此，基尔霍夫定律还可以写成另一种形式

$$a_{\lambda T}=\delta_{\lambda T} \tag{2-16}$$

即物体的吸收率就是它的比辐射率。研究任一物体的辐射，只要知道它的吸收光谱，其辐射光谱立刻可以确定。表2-2是各种自然表面在常温下的比辐射率。

表 2-2　各种自然表面的比辐射率

表面	比辐射率	表面	比辐射率
干沙	0.95	青草	0.98
湿沙	0.96	水	0.95
黏土	0.93	新雪	0.99
黑土	0.95	脏雪	0.97

由表 2-2 可知，各种自然表面的辐射能力都比黑体小，但都达到黑体辐射的 90%以上，其变化范围在 0.93～0.99。因此，当计算各种自然表面的辐射能力时，可把其当作黑体处理，这样误差不超过 10%。如果要提高计算精度，只要把计算得到的黑体辐射量乘以自然表面的比辐射率即可。

在各种自然地表中，雪面的辐射能力几乎接近黑体，因此，当地面有积雪时，一方面由于雪面反射率大，把绝大部分太阳辐射反射掉而不能吸收，大大增加了天空的散射光；另一方面，由于雪面的辐射能力很强，使地表损失大量热量。所以雪面气候的特点是天空特别亮，温度低。

二、普朗克定律

1900 年普朗克(M. Plank)依据量子理论推导出了黑体辐射随温度 T 和波长 λ 的分布函数形式，这就是普朗克定律

$$I_{\lambda T_B}=\frac{2hc^2}{\lambda^5}\cdot\frac{1}{\exp\left(\frac{hc}{k\lambda T}\right)-1} \tag{2-17}$$

或

$$F_{\lambda T_B}=\frac{2h\pi c^2}{\lambda^5}\cdot\frac{1}{\exp\left(\frac{hc}{k\lambda T}\right)-1} \tag{2-17a}$$

式中，$F_{\lambda T_B}$ 为黑体的单色辐射通量密度；c 为真空中的光速，$c=3\times10^8\ \mathrm{m\cdot s^{-1}}$；$h$ 为普朗克常数，$h=6.62\times10^{-34}\ \mathrm{J\cdot s}$；$k$ 为波尔兹曼常数，$k=1.38\times10^{-23}\ \mathrm{J\cdot K^{-1}}$。

波长 λ，波数 υ 和频率 f 有如下关系

$$\upsilon=\frac{1}{\lambda},\ f=\frac{c}{\lambda}$$

因此，普朗克定律可以表为

$$I_{fT_B}=\frac{2hf^5}{c^3}\cdot\frac{1}{\exp\left(\frac{hf}{kT}\right)-1} \tag{2-17b}$$

或

$$I_{\upsilon T_B}=\frac{2hc^2\upsilon^5}{\exp\left(\frac{hc\upsilon}{kT}\right)-1} \tag{2-17c}$$

图 2-6 是根据式(2-17)绘制的，表示在几种温度下黑体辐射率随波长的变化。太阳表

面温度为 6 000 K,而地球和大气的温度约为 200～300 K,由于两者温度差别很大,其辐射光谱能量集中的光谱段是不同的,6 000 K(太阳温度)主要能量集中在 0.17～4 μm 波段内,而 300 K(地球和大气温度)主要能量集中在 3～120 μm 波段内,两者基本不重合,因而在大气科学中,以 4 μm 作为分界线,把太阳辐射称为**短波辐射**,而把地球和大气的辐射称为**长波辐射**或红外辐射。

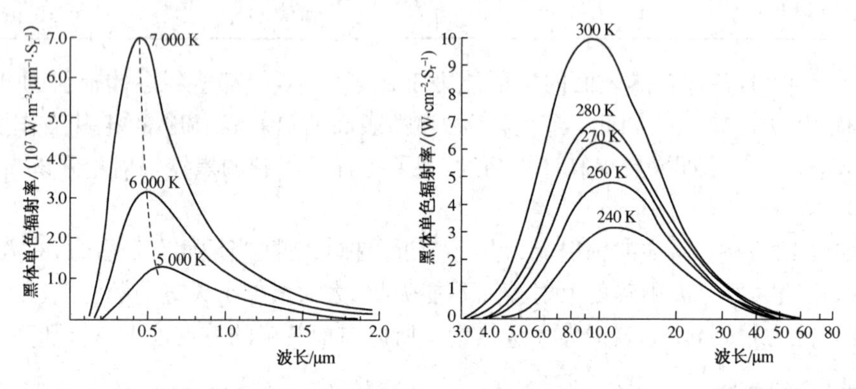

图 2-6　各种温度下的黑体辐射光谱

三、斯蒂芬-玻耳兹曼定律

随着温度的升高,黑体对各波长的放射能力都相应地增强,因而辐射通量密度也随温度增大。1879 年斯蒂芬由实验发现:黑体的辐射通量密度与绝对温度的四次方成正比。1884 年玻尔兹曼由热力学理论得出同样的结论,因此,称为**斯蒂芬-玻尔兹曼定律**,表达式为:

$$F_{T_B} = \sigma T^4 \tag{2-18}$$

式中,σ 称为斯蒂芬-玻尔兹曼常数$\sigma=5.670\times10^{-8}\ \mathrm{J\cdot m^{-2}\cdot K^{-4}\cdot s^{-1}}$。

若已知任意黑体或非黑体的总辐射通量密度 F,根据斯蒂芬-玻尔兹曼定律(2-18)式可以计算该物体的温度,称为**等效黑体温度**(又称有效辐射温度)。黑体的实际温度和等效黑体温度一致。

斯蒂芬-玻尔兹曼定律的提出要比普朗克定律早,但该定律可以从普朗克定律推导而来。将式(2-17)对整个波长积分

$$F_{T_B} = \int_0^\infty F_{\lambda T_B}\mathrm{d}\lambda = \int_0^\infty \frac{2\pi hc^2}{\lambda^5}\cdot\frac{1}{\exp\left(\frac{hc}{k\lambda T}\right)-1}\mathrm{d}\lambda$$

令 $x=\frac{hc}{k\lambda T}$,则 $\mathrm{d}\lambda=-\frac{hc}{kTx^2}\mathrm{d}x$,于是

$$F_{T_B} = 2T^4\pi hc^2\left(\frac{k}{hc}\right)^4\cdot\int_0^\infty\frac{x^3}{\mathrm{e}^x-1}\mathrm{d}x$$

式中,定积分 $\int_0^\infty\frac{x^3}{\mathrm{e}^x-1}\mathrm{d}x=\frac{\pi^4}{15}$。

因此

$$F_{T_B} = \frac{2\pi^5k^4}{15c^2h^3}T^4 = \sigma T^4$$

式中，$\sigma=\frac{2\pi^5 k^4}{15c^2h^3}$。

四、维恩位移定律

由图 2-6 还可看出，黑体单色辐射极大值(λ_m)是随温度的升高而逐渐向波长较短的方向移动，1893 年维恩从热力学理论推导出：黑体光谱辐射率极大值对应的波长 λ_m 与绝对温度成反比。该定律称为维恩位移定律，表达式为

$$\lambda_m T = 2\,898(\mu m \cdot K) \tag{2-19}$$

该定律指出了一个有名的现象：辐射体愈热(温度愈高)，所发出的光就愈“白”。维恩位移定律与斯蒂芬-玻尔兹曼定律一样，也可以从普朗克定律中导出。

§2.3 大气对辐射的吸收和散射

辐射在大气中传输，能量会不断衰减，这种衰减过程称为消光。大气对辐射的消光作用是散射加吸收的结果。在无吸收的介质中，散射是唯一的消光过程。

一、大气对辐射的吸收

吸收是指介质的分子被入射辐射激发，由低能级跃迁到高能级，两能级的差就是介质吸收的辐射能量值。气体分子除热运动外，还有组成分子的质子之间的振动和转动能量，以及电子绕原子和原子旋转的能量，这些能量只处于一定量子数的各个能级上，能量的变化是不连续的。当其由低能态跃迁到高能态时，增加的(吸收)能量满足爱因斯坦公式

$$\Delta E = hf \tag{2-20}$$

式中，h 为普朗克常数；f 为频率。

每一次跃迁就产生一条吸收线，许多吸收线连在一起就成为吸收带，所有可能的这种跃迁就组成该种气体的**吸收光谱**。对于确定的气体，能级是确定的，特定频率的光才能为气体吸收，否则就不吸收，故气体的吸收具有明显的选择性。一定的气体，其吸收光谱与辐射光谱是一致的。

大气中吸收太阳辐射的主要成分是 O_2、O_3(在紫外区)和 H_2O(在红外区)，其次是 CO_2、CH_4、N_2O 等，其他成分吸收很小。

太阳辐射通过整层大气时，大气吸收率随波长的分布如图 2-7 所示，由图可见，对于 0.29 μm以下的太阳辐射，吸收率近于 1，即大气将 0.29 μm 以下的太阳紫外辐射几乎全部吸收；在可见光区(太阳辐射能量的最大区)，大气吸收很小，只有不强的吸收带；在红外区则有很多很强的吸收带。这就说明：大气对太阳辐射的吸收具有明显的选择性，因而通过大气后的太阳辐射变得极不规则，大气对太阳辐射的吸收带都位于太阳辐射光谱两端能量较小的区域，对可见光的吸收是很小的。因此，低层大气因吸收太阳辐射而产生的增温是很小的。尤其是对于对流层低层大气来说，太阳辐射不是主要的直接来源。估计对流层大气因直接吸收太阳辐射而产生的增温每天大约不到 1 ℃。

大气各成分的吸收光谱如下。

(1) 氧气　氧分子在太阳紫外区有 0.20～0.26 μm 的赫茨堡带(Herzberg Bands)，很弱，

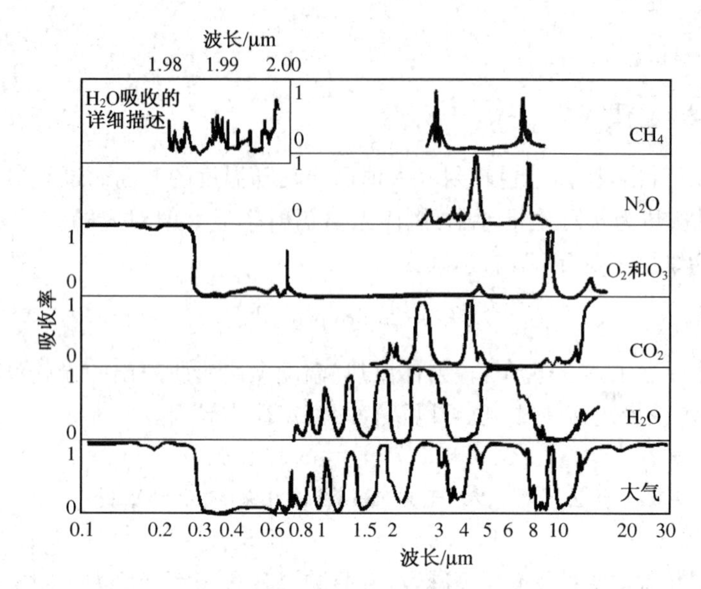

图 2-7 整层大气和大气各气体成分的吸收光谱

与赫茨堡带相邻的是很强的舒曼-容格(Schumann-Runge)带,范围在 0.125～0.20 μm。在 0.1～0.125 μm 也有些吸收带,短于 0.1 μm 的氧分子吸收带称为霍普菲带(Hopfield Bands)。在可见光区,O_2 的吸收带在 0.69 和 0.76 μm 附近。

(2) 臭氧 臭氧在太阳紫外区有几个吸收带,主要的是 0.20～0.32 μm 的哈特莱带(Hartly Bands),吸收较强,这一部分辐射因臭氧吸收而不能到达地面。在 0.3～0.36 μm 间也有一吸收带,称为霍金斯蒂(Huggins Bands)。在 0.44～1.018 μm 的范围内,臭氧有一弱的吸收带,称为查普斯带(Chappuis Bands)。估计 O_3 层吸收整个太阳辐射能的 2%左右,是平流层温度较高的原因。

(3) 水汽 水汽对太阳辐射的吸收主要在红外区,其吸收带有 0.94、1.1、1.38、1.87 及 2.7 μm带。太阳辐射因水汽吸收,可损耗 4%～15%。

(4) 二氧化碳 二氧化碳在太阳光谱的红外区有一些弱吸收带,如 4.3、2.7、1.6、1.4 μm 带,其中 2.7 μm 吸收带略强。

(5) 氮气 氮气吸收很弱,主要有 0.1～0.145 μm 的赖曼-伯格-霍普菲(Lyman-Birge-Hopfield)带和 0.08～0.1 μm 的塔纳卡-沃尔莱带(Tanaka-Worley),短于 0.08 μm 的是电离层连续吸收带。

大气除吸收太阳辐射外,也吸收地面和大气发射的红外辐射。在吸收地面和大气红外辐射的气体中,二氧化碳、甲烷、臭氧和水汽是最重要的。但有证据表明,其他一些微量成分如 CO、N_2O、NO 等对地气系统热平衡也有一定的作用。

除气体以外,大气气溶胶也吸收和散射部分太阳辐射和红外辐射。气溶胶对气候的影响比较复杂,这与气溶胶的分布、形状和化学性质有关。

二、大气对太阳辐射的散射

散射是指每一个散射分子或散射质点将入射的辐射重新向各方向辐射出去的一种现象。在辐射过程中,能量并不损失,只是部分地改变了电磁波的方向,有部分能量返回宇宙空间,使到达地面的太阳直接辐射减小了,但同时却使得整个天空大气层变得明亮起来。

在大气中散射粒子的尺度较宽，从气体分子（$\approx10^{-8}$ cm）到降水粒子。散射的特性强烈地依赖于粒子尺度与入射辐射波长的相对大小。引入尺度参数 $\rho=\frac{2\pi a}{\lambda}$，$a$ 为散射质点的半径，当$\rho<0.1$（$a\ll\lambda$）时的散射称为瑞利散射或分子散射。当 $0.1<\rho<50$ 时称为米散射，当$\rho>50$（$a\gg\lambda$）时则属于几何光学问题。

1. 瑞利散射

$\rho<0.1$ 时的散射，首先是由瑞利于 1871 年进行研究的，称为**瑞利散射**。

瑞利散射的基本出发点是把空气分子当作一个振动偶极子，若入射波频率恰好等于分子的共振频率时，分子就发生共振，向四周发射电磁波。若入射辐射通量密度为 F_{λ_0}，则在距离为 r 处的散射辐射通量密度 F_λ 为

$$F_\lambda = F_{\lambda_0}\left(\frac{2\pi}{\lambda}\right)^4\frac{\alpha^2}{r^2}\left(\frac{1+\cos^2\theta}{2}\right) \tag{2-21}$$

式中，λ 为入射波长，α 为极化率，可由电磁波频散原理导出，表达式为 $\alpha=\frac{3}{4\pi N}\left(\frac{n^2-1}{n^2+2}\right)\approx\frac{n^2-1}{4\pi n}$；$N$ 为单位体积中的分子数；n 为折射率；φ 为入 射辐射与散射辐射之间的夹角，称为散射角。

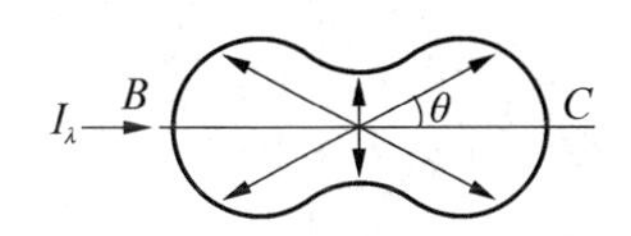

图 2-8　F_λ 随散射角的分布

由上式可见，散射辐射随散射角而变，前、后向（0°和 180°）散射量最大，如图2-8所示，其三维散射图类似于一个蚕茧，呈对称分布。

散射光强与波长的四次方成反比，因而对 0.4 μm 的蓝色光和0.7 μm的红光来说，散射强度的比值

$$\frac{F_{0.4}}{F_{0.7}}=\left(\frac{0.7}{0.4}\right)^4\approx9.4 \tag{2-22}$$

可见对蓝光的散射要比红光强 9 倍以上，这就是天空呈蓝色的原因。而在日出或日落时，由于太阳直接辐射经过很长的散射路程，蓝色削弱很多，因而使太阳呈现红色。

对于单个散射质点向整个空间散射的全部辐射通量 $F_{\lambda,S}$，只要对式（2-21）就空间积分即可

$$\begin{aligned}F_{\lambda,S}&=\int_{\text{空间}}F_{\lambda_0}r^2\mathrm{d}\omega=\int_0^\pi\int_0^{2\pi}Fr^2\sin\theta\mathrm{d}\theta\mathrm{d}\varphi\\&=F_0\frac{128}{3}\frac{\pi^5}{\lambda^4}\alpha^2\\&=F_{\lambda,0}\sigma_S\end{aligned} \tag{2-23}$$

式中，$\sigma_S=\frac{128}{3}\frac{\pi^5}{\lambda^4}\alpha^2=\frac{F_{\lambda,S}}{F_{\lambda,0}}$，具有面积的量纲，故称为**散射截面**。散射截面的值代表入射辐射的能量由于一次散射在入射方向上移去的量，被移去的量以散射元为中心向四面八方散射。

散射截面是就单个散射元而言的，事实上，还会遇到一群散射元的情况。因此，下面介绍一下容积角散射系数和容积散射系数。

现在取单位容积的散射介质，每单位容积中的分子数为 N，当入射辐射 F_0 照射其上时，则在 θ 方向、单位立体角中散射出去的辐射通量与入射辐射的比值称为容积角散射系数 α_λ^θ。其表达式为

$$\alpha_\lambda^\theta = \frac{F_\lambda}{F_{\lambda_0}} \frac{N}{\mathrm{d}\omega}$$

$$= \left(\frac{2\pi}{\lambda}\right)^4 \left(\frac{1+\cos^2\theta}{2}\right)\alpha^2 N \tag{2-24}$$

或

$$\alpha_\lambda^\theta = \frac{\pi^2}{2N\lambda^4}(1+\cos^2\theta)(n^2-1)^2 \tag{2-24a}$$

容积散射系数 α_λ 表示单位容积的散射介质在整个空间散射的总能量占入射辐射能量的分数,可表示为

$$\alpha_\lambda = \sigma_S N = \frac{128}{3}\frac{\pi^5}{\lambda^4}\alpha^2 N \tag{2-25}$$

或

$$\alpha_\lambda = \frac{8}{3}\frac{\pi^3}{N\lambda^4}(n^2-1)^2 \tag{2-25a}$$

2. 米散射

1908 年,米(G. Mic)用电磁理论给出了均匀球状粒子散射问题的精确解,也就是**米散射**理论。

若入射辐射为自然光,则在距离米散射质点为 r 处的散射辐射通量密度为

$$F_r = F_{\lambda,0}\frac{\lambda^2}{4\pi^2 r^2}\left[\frac{|S_1(\theta)|^2 + |S_2(\theta)|^2}{2}\right] \tag{2-26}$$

这里 $F_{\lambda,0}$ 是入射辐射通量密度;$S_1(\theta)$ 和 $S_2(\theta)$ 为两个复函数,是粒子折射率 n、尺度参数 ρ 和散射角 θ 的函数。

对于不同的尺度参数,米散射的方向性图如图 2-9 所示。

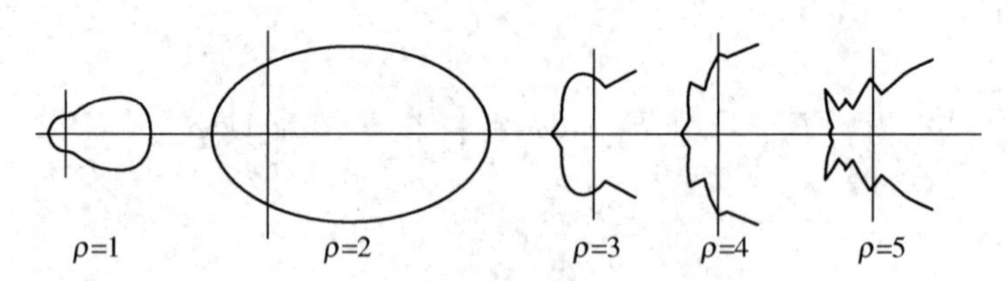

图 2-9 米散射的方向性图

由图 2-9 可知:

(1) 随着 ρ 增大,图形愈来愈不规则,且前向散射增大很大,这一现象称为**米效应**;

(2) 随着 ρ 增大,散射能量愈来愈集中于前向一个很小的角度范围内;

(3) 随着 ρ 增大,图形呈现许多"花瓣"。

定义**散射效率** σ_{SC} 为

$$\sigma_{SC} = \frac{\sigma_S}{\pi R^2} \tag{2-27}$$

式中,R 为粒子半径。

σ_{SC}随ρ的变化如图 2－10 所示。

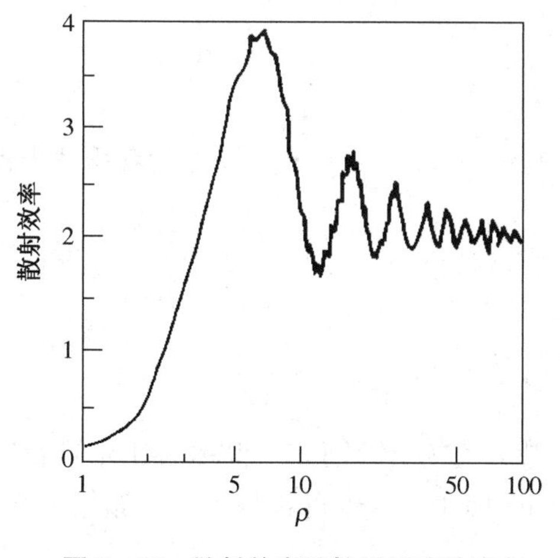

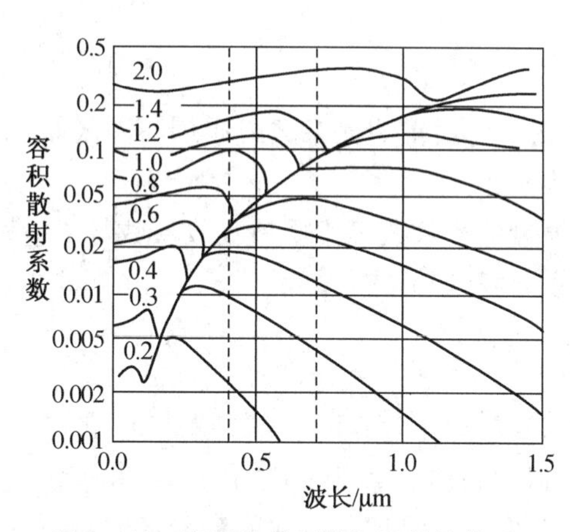

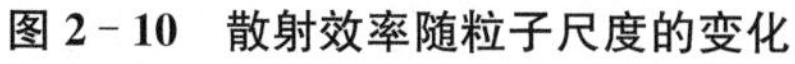

图 2－10　散射效率随粒子尺度的变化　　　　**图 2－11　容积散射系数与波长的关系**

由图可见，当尺度参数达到 5 时，散射效率最大，随着ρ的进一步增大，σ_{SC}趋于常数 2，即大粒子从入射辐射中消去的能量正好等于其横截面的拦截辐射能量的 2 倍，并且与入射辐射的波长无关。对于半径为 5 μm 的水滴，对可见光σ_{SC}已接近于常数，各可见光波长都能同等散射，因而云是白色的。

米散射的容积散射系数与波长的关系比瑞利散射要复杂得多，图 2－11 是不同粒子尺度的容积散射系数随波长的变化。在瑞利散射情况下，容积散射系数反比于波长的四次方，而米散射则不然。由图可见，在半径比较小时(0.5 μm 以下)，水滴对紫光散射强，对红光散射弱；当半径在 0.7～0.8 μm 时，水滴对红光散射强，对紫光散射弱。假想大气中充满了半径为 0.7～0.8 μm 的水滴，则天空将呈现红色，而日出、日落时的太阳将呈蓝色。当水滴半径更大时，则在可见光区内，散射与波长无关。因此，当大气中存在大量大粒子时，天空将呈现乳白色。

三、指数削弱定律

太阳辐射在大气中传输时因大气的吸收和散射会不断减弱或称衰减，在辐射传输中，也称因散射和吸收的衰减为**消光**。

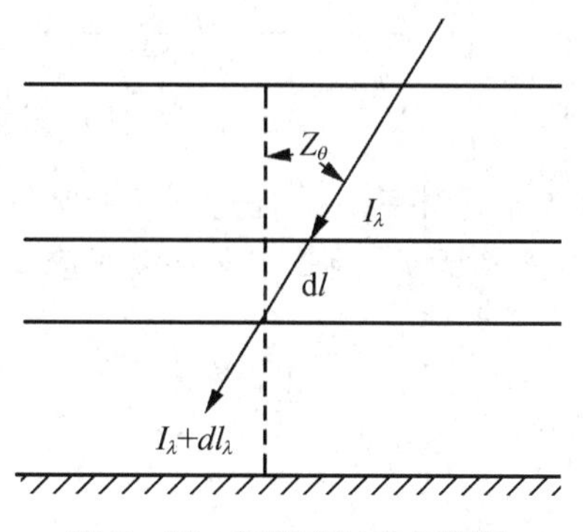

图 2－12　辐射穿过空气薄层

实验表明：原辐射率为I_λ的一束辐射能在穿过薄层后，辐射率的改变 dI_λ与入射辐射率

I_λ，薄层空气密度 ρ，辐射经过的路径元 $\mathrm{d}l$（图 2－12）成正比，因此令

$$\mathrm{d}I_\lambda = -k_\lambda \cdot I_\lambda \cdot \rho \cdot \mathrm{d}l \tag{2-28}$$

或

$$\mathrm{d}I_\lambda = -a_\lambda \cdot I_\lambda \cdot \mathrm{d}l$$

式中，k_λ 称为**质量消光系数**或质量消光截面，单位为 $\mathrm{m}^2 \cdot \mathrm{g}^{-1}$；$a_\lambda = k_\lambda \cdot \rho$，称为**容积消光系数**，单位为 m^{-1}。

质量消光系数等于质量吸收系数与质量散射系数之和。

积分（2－28）式，得

$$I_\lambda = I_{0\lambda}\mathrm{e}^{-\int_0^l k_\lambda \rho \mathrm{d}l} \tag{2-29}$$

式中，$I_{0\lambda}$ 为大气上界的光谱辐射率。式（2－29）就是指数削弱定律，也称为**比尔定律**（Beer law），或称布格定律（Bouguer law）、郎伯定律（Lambert law），也可称为比尔—布格—郎伯定律。式（2－28）是比尔定律的微分形式。

将式（2－29）改写一下

$$\begin{aligned} I_\lambda &= I_{0\lambda}\mathrm{e}^{-k_\lambda \int_0^z \rho \mathrm{d}z \cdot \frac{\int_0^l \rho \mathrm{d}l}{\int_0^z \rho \mathrm{d}z}} \\ &= I_{0\lambda}\mathrm{e}^{-\tau_\lambda \cdot m} \end{aligned} \tag{2-30}$$

式中，m 称为**相对大气光学质量**，又称大气质量数，$m = \dfrac{\int_0^l \rho \mathrm{d}l}{\int_0^z \rho \mathrm{d}z}$；$\tau_\lambda$ 称为**光学厚度**，为一无量纲量，$\tau_\lambda = k_\lambda \int_0^z \rho \mathrm{d}z$。

大气总的光学厚度是气溶胶和大气各气体成分的光学厚度之和。每一种大气成分的光学厚度等于其吸收光学厚度和散射光学厚度之和。只要将质量消光系数 k_λ 分别替换成吸收消光系数或散射消光系数，则可得吸收光学厚度和散射光学厚度。

对于平面大气，$m \approx \sec z_\theta$，z_θ 为太阳天顶距，当 $z_\theta < 60°$ 时，m 与 $\sec z_\theta$ 很接近，当 $z_\theta > 60°$ 时，m 与 $\sec z_\theta$ 相差甚大。

对于球面大气，考虑大气的折射作用，则 m 可表为

$$m = \frac{1}{\int_0^z \rho \mathrm{d}z}\int_0^\infty \frac{\rho \mathrm{d}z}{\sqrt{1-\left(\dfrac{R}{R+z}\right)^2\left(\dfrac{n_0}{n}\right)^2 \sin^2 z_\theta}} \tag{2-31}$$

式中，R 为地球半径；n_0 为地表空气折射率；n 为任意高度处空气折射率。

假定介质是均匀的，则 k_λ 与距离无关，因此定义**路径长度** u（又称为光学质量）：

$$u = \int_0^l \rho \mathrm{d}l \tag{2-32}$$

比尔定律还可以写成

$$I_\lambda = I_{0\lambda}\mathrm{e}^{-k_\lambda u} \tag{2-33}$$

定义单色透射率 $T_\lambda = I_\lambda / I_{0\lambda}$，则

$$T_\lambda = e^{-\tau_\lambda \cdot m} = e^{-k_\lambda u} \tag{2-34}$$

太阳辐射到达地面时需要经过整层大气的衰减，因此，如果要测量大气上界的太阳辐射，理想的方法是在地球大气上界即外太空中进行测量，但对于大气上界太阳光谱的认识，最初并非是由大气外界的直接观测而来，而主要是由地面观测并推算得到的，对(2-30)式取对数，则有

$$\ln I_\lambda = \ln I_{0\lambda} - \tau_\lambda \cdot m \tag{2-35}$$

令 $y = \ln I_\lambda, A = \ln I_{0\lambda}, B = -\tau_\lambda, x = m$，因此有

$$y = A + Bx$$

如果 A、B 是常数，这是一个直线方程，选择不同的太阳高度角测量地面的太阳光谱，即获得一系列的 x、y 值，可由上式得到截距 A 和斜率 B，因此，可以得到大气上界的太阳辐射和光学厚度。

这种方法称为**长法**。长法测量的关键在于测量期间大气光学厚度不变，即 B 为常数。测量大气上界太阳辐射，需要选择晴朗无云洁净的稳定天气进行测量，以保证光学厚度的变化较小，测量时间通常较长，以保证 m 有较大的变化范围。不同地区的测量结果在(x,y)坐标系中应该相交于一点，即 A 值相同。

也可以利用长法进行光学厚度的瞬时测量，选择相近的太阳天顶距 $z_{\theta1}$ 和 $z_{\theta2}$，分别测量 $I_{1\lambda}$ 和 $I_{2\lambda}$，根据式(2-35)推算 τ_λ

$$\ln \frac{I_{1\lambda}}{I_{2\lambda}} = \tau_\lambda(\sec z_{\theta2} - \sec z_{\theta1}) \tag{2-36}$$

选择特定波长，不与大气气体分子吸收线或吸收带一致，就可以分离气溶胶的单独衰减作用，测量气溶胶光学厚度。

§2.4 太阳辐射在大气中的传输

太阳辐射是地球上最主要的能源，也是地球大气中各种物理化学过程的总能源。太阳辐射在到达地表前，要经过大气层，而大气层对太阳辐射有吸收和散射作用，从而导致到达地表的太阳直接辐射的减小。

一、太阳辐射

太阳是太阳系的中心，其直径多达 140 万 km，相当于地球直径的 109 倍，它的体积约为地球体积的 130 万倍，其质量约为地球质量的 33 万倍，约等于太阳系所有的行星、卫星总质量的 750 倍。但在宇宙中，太阳却是一颗普通的星体，在数以亿计的宇宙星体中，它的质量在平均值附近，而它的大小却低于平均值。

太阳是一个巨大灼热的气体球，它不断地进行着氢核聚变，因而向外辐射巨大的能量，全地球上得到的太阳辐射总功率为 18×10^{16} W，是地球最主要的能源，但这只不过是太阳辐射总能量的 22 亿分之一。

太阳光球表面温度约为 5 800 K，内部中心温度可达 1.5×10^7 K。无论是太阳光球或太阳大气都经常处于剧烈的运动中，**太阳黑子**是太阳上可观测的著名现象，它是太阳光球层即太阳表面上较暗的区域，相对于平均温度6 000 K的光球层而言，黑子的平均温度约为4 000 K，是较冷的区域，因为它们的温度相对较低，所以太阳黑子看起来是黑色的。在一段时间内太阳黑子数变动很大，黑子数较多的时期和较少的时期分别称为太阳黑子极大和太阳黑子极小。太阳黑子数有周期性变化，称为**太阳黑子周期**，两次黑子数极大之间的平均时间长度约为11年，即所谓11年周期。在太阳黑子极大的那些年中，太阳表面受到激烈扰动，通常能观测到粒子流和辐射的爆发，使其投向地球的微粒和电磁辐射也有强弱变化，这些对地球上的气候变化都有影响。

地球围绕太阳公转的轨道是一椭圆，太阳位于椭圆的一个焦点上，其近日点在1月初，日地距离为1.470×10^8 km，由于其他大行星（主要是木星）的摄动影响，地球公转轨道的近日点有进动现象，周期约为21 000年，每年约$1.03'$，也就是说每58年地球推迟一天到达近日点，比如公元1250年地球到达近日点的时间在冬至附近，而2013年地球在1月2日到达近日点。远日点在7月初，日地距离1.520×10^8 km，平均日地距离为1.496×10^8 km，并称为一个**天文单位**。从地球上看太阳，其视张角略大于$0.5°$，因而可把太阳当作一个点光源，而在地球上只能接收到极窄的一束太阳光，所以在整个地球上把太阳光都看作从同一空间方向来的，即把太阳辐射近似为平行光。

太阳辐射通量密度或辐射率随波长的分布称为太阳辐射光谱。图2-13给出了大气上界太阳辐射光谱，图中虚线是温度为6 000 K的黑体辐射光谱。由图2-13可见，它们的能量分布比较接近。能量的绝大部分集中在0.15～4 μm，其中可见光区占50%，红外区占43%，紫外区占7%，最大辐射通量密度的波长为0.475 μm，相当于青光部分。如果把太阳视为黑体，那么按照斯蒂芬-玻尔兹曼定律计算出的太阳表面温度约为5 700 K，称为**太阳有效温度**，也可用维恩位移定律计算出太阳温度约为6 000 K，称为**太阳色温度**。

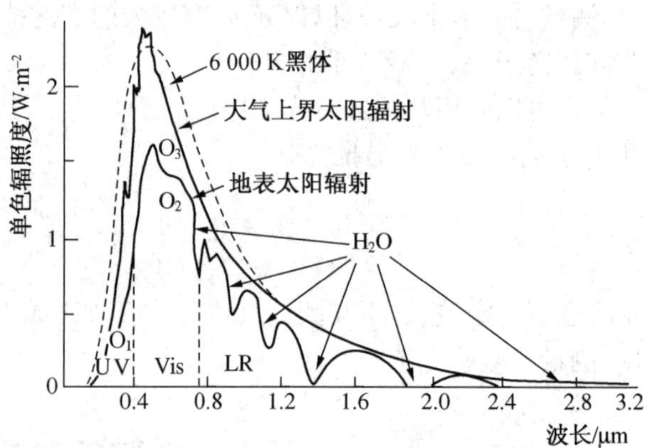

图2-13 大气上界和地面上的太阳辐射

假设在大气上界日地平均距离处放一块与太阳光垂直的平面，在这个平面上，每单位时间、单位面积上所接收的太阳辐射能，称为**太阳常数**，用符号S_0表示。太阳常数是一个相对稳定的常数，依据太阳黑子的活动变化，太阳常数的变化所影响到的是气候的长期变化，而不是短期的天气变化。太阳常数实际上并不是一个常数，它是随着太阳而发生变化的，因此，不同时期观测得到的太阳常数并不相同。1981年，世界气象组织（WMO）公布的太阳常数值是

$$S_0 = 1\,367 \pm 7(\mathrm{W \cdot m^{-2}}) \tag{2-37}$$

太阳与地球之间，除了万有引力和辐射之外，还有其他联系。时刻不断地从太阳飞向地球的带电粒子流——氢核、钙核及电子流，构成太阳风，其速度可达500 km·s⁻¹。在太阳活动发生强烈爆发之后，太阳风的速度和粒子流密度都会增大。当这些太阳粒子流到达地球时，将产生各种效应，包括地球磁场发生变化，电离层中出现异常电流，高能粒子射入高度较低的极地电离层，引起瑰丽辉煌的极光等，也可导致天气、气候的异常变化。

二、到达地面的太阳直接辐射

到达地面的太阳辐射包括**太阳直接辐射**和**天空辐射**(即太阳散射辐射)两种。

首先讨论无大气时到达地面的太阳直接辐射,即天文辐射。设日地距离为 r,日地平均距离为 r_0,S'_0、S_0 分别为距太阳 r 和 r_0 处垂直于太阳光的辐射通量密度,S_0 即太阳常数。因为通过半径为 r_0 球面的太阳辐射通量与通过半径为 r 球面的辐射通量相等,即

$$4\pi r_0^2 S_0 = 4\pi r^2 S'_0 \tag{2-38}$$

因此,有

$$S'_0 = \frac{r_0^2}{r^2} S_0 \tag{2-39}$$

以 S 表示无大气时地表水平面上的太阳辐射通量密度,h 为太阳高度角(如图 2-14),图中 AB 为与太阳光线垂直的面积,AC 为水平面上的照射面积,显然 AB 面上的辐射通量应等于 AC 面上的辐射通量,即

$$S'_0 AB = S \cdot AC \tag{2-40}$$

$$S = S'_0 \frac{AB}{AC} = S'_0 \sin h \tag{2-41}$$

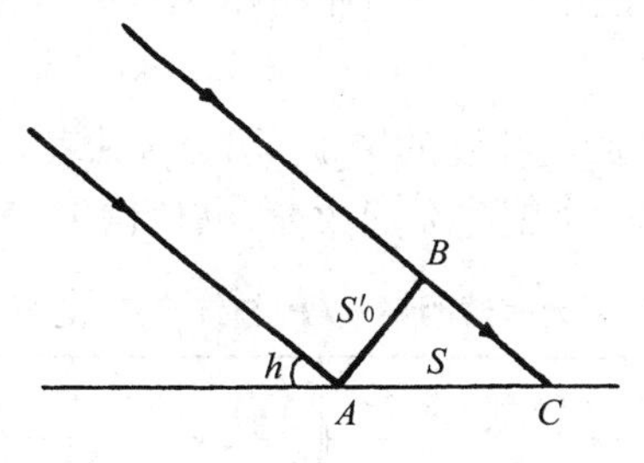

图 2-14 S_0 与 S'_0 的关系

将式(2-39)代入式(2-41)得

$$S = S_0 \left(\frac{r_0}{r}\right)^2 \sin h \tag{2-42}$$

上式表明,某时刻到达某地的太阳辐射通量密度与当时的日地距离的平方成反比,与太阳高度角的正弦成正比。太阳高度角可由下式求得

$$\sin h = \sin\varphi \sin\delta + \cos\varphi \cos\delta \cos\omega \tag{2-43}$$

式中,φ 为地理纬度;ω 为时角,$\omega=\frac{\pi}{12}(t-12)$;$t$ 为当地时间;δ 为赤纬;δ,r 的具体数值可在天文年历中查到。

在有大气的情况,由于大气对太阳辐射的消光作用,到达地表的太阳直接辐射有所减弱,设 S'_λ 为到达地面的单色太阳直接辐射通量密度,S_λ 为大气上界单色太阳辐射通量密度,根据皮耳定律可得

$$S'_\lambda = S_\lambda e^{-\tau_\lambda \cdot m} \tag{2-44}$$

以 $P_\lambda = e^{-\tau_\lambda}$ 代入上式，得到常用的一种形式

$$S'_\lambda = S_\lambda P_\lambda^m \tag{2-45}$$

式中，P_λ 为单色太阳辐射的**大气透明系数**或大气光谱透明系数。它表示当太阳位于天顶时，到达地表的太阳直接辐射通量密度与大气上界太阳辐射通量密度之比，是一个与 m 无关的无量纲量，大气愈透明，P_λ 愈大；大气愈不透明，P_λ 愈小。P_λ 是波长的函数，不同波长的透明系数不同(见表 2-3)。从表 2-3 可知，透明系数随波长的加大而增大。对于干洁大气而言，长波辐射是透明的，而短波辐射则是不透明的。

表 2-3　不同波长的透明系数

波长 λ/μm	透明系数 P_λ
0.41	0.72
0.6	0.94
1.0	0.99

式(2-45)对所有波长积分，则得

$$S' = SP^m \tag{2-46}$$

式中，P 为所有波长范围内的平均透明系数，P 值与大气中的湿度、纬度、大气质量数有关。

(1) 大气透明系数随大气中湿度的增加而减小。一般冬季湿度小，夏季湿度大，所以，冬季的大气透明系数比夏季的大。

(2) 一般来说，大气透明系数随纬度的增加而增大，见表 2-4 所示。

(3) 大气透明系数还随大气质量数 m 而改变，m 值增大，P 值也增大，见表 2-5 所示。

表 2-4　大气透明系数(P)与纬度(φ)之间的关系

φ	P	φ	P
0°	0.72	45°	0.78
15°	0.74	60°	0.80
30°	0.76	75°	0.82

表 2-5　大气质量数(m)与大气透明系数(P)的关系

m	P	m	P
1.25	0.750	5	0.818
1.5	0.753	6	0.840
2	0.762	7	0.850
3	0.788	8	0.858
4	0.811	9	0.863

将式(2-42)代入式(2-46)，即得有大气时到达地表的太阳直接辐射

$$S' = S_0\left(\frac{r_0}{r}\right)^2 \sin h P^m \tag{2-47}$$

由上式可以看出，由于太阳常数变化很小以及日地距离的变化影响不大，所以太阳直接辐

射的大小主要是由太阳高度角和大气透明系数决定的。

直接辐射随太阳高度角的增大而增加。一方面是由于太阳高度角愈小时，等量的太阳辐射能散布的面积愈大，则单位面积上接收到的能量就愈少；另一方面，因为太阳高度角愈小时，太阳光穿过的大气层就愈厚，大气对太阳辐射的减弱作用就愈强，所以到达地面的辐射能就愈少。

直接辐射随着大气透明系数的改变而改变，当大气中的水汽、杂质等含量愈多时，太阳辐射被削弱得愈多。

直接辐射有显著的日变化，在无云的天气条件下，一天中，直接辐射一般是正午最大，午后小于午前，最小值是日出、日落时刻。但有时由于午后对流的发展，把水汽和灰尘带到上空，使大气透明系数变小，导致直接辐射对正午而言成为不对称分布。在湿润地区，若上午多雾，直接辐射就要小些，午前小于午后。

直接辐射也有显著的年变化，这种变化主要取决于太阳高度角的年变化。对于一个地区，一年中，直接辐射夏季最大，冬季最小。但由于盛夏时，大气中的水汽含量增加、云量增多，能使直接辐射减弱得较多。使得直接辐射的月平均值的最大值不出现在盛夏，而出现在春末夏初的季节。如表 2-6 列出了北京直接辐射的各月平均值。从表 2-6 中可以看出，北京直接辐射的月平均值最大值出现在 5 月，最小值出现在 12 月。

表 2-6　北京直接辐射的月平均值

$(W \cdot m^{-2})$

月份	直接辐射	月份	直接辐射
1	202	7	384
2	279	8	342
3	314	9	349
4	453	10	259
5	460	11	188
6	419	12	167

直接辐射还随纬度的改变而改变。冬半年北半球由于太阳高度角和太阳可照时间随纬度增高而减少，所以直接辐射也随纬度增高而减少。夏半年，虽然每天的太阳可照时间随纬度增高而增长，在极地地区还有永昼现象，但高纬地区由于太阳高度角比较小，所以直接辐射量仍然不大。

太阳直接辐射日总量，即一天(晴天)之内到达地表的太阳直接辐射，只要对式(2-47)积分即可得

$$Q_G = \int_{t_1}^{t_2} S_0 \frac{r_0^2}{r^2} P^m (\sin\varphi\sin\delta + \cos\varphi\cos\delta\cos\omega)\mathrm{d}t \tag{2-48}$$

式中，t_1，t_2 为日出、日落时刻；$-\omega_0$，ω_0 分别为 t_1，t_2 对应的时角，可由式(2-43)中令 $h=0$ 得到

$$\cos\omega_0 = -\tan\varphi\tan\delta \tag{2-49}$$

因为 P 是时空和 m 的一个复杂函数，所以式(2-48)不好积分。为了简单起见，假定 $P=1$(表示大气完全透明)和 $P=0.7$ 分别计算，结果如图 2-15 和图 2-16 所示。尽管上述处理

是近似的，但仍然可以看出大气对太阳辐射的消光影响。

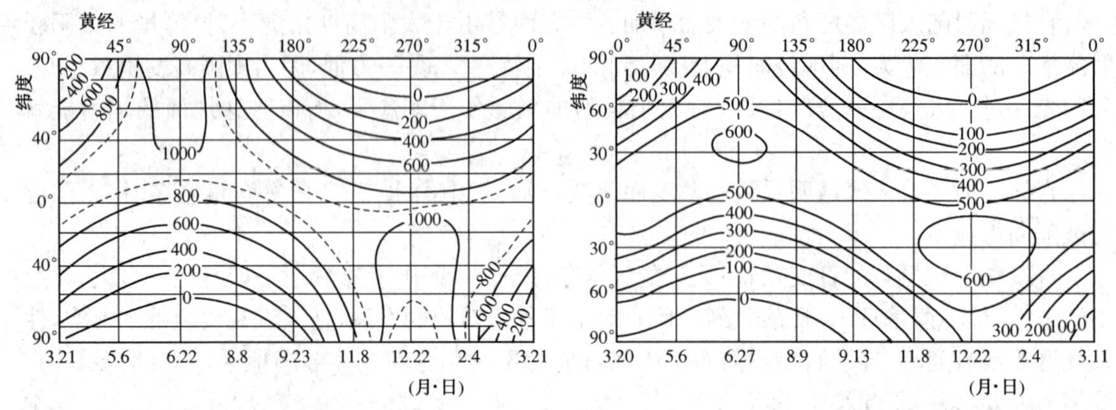

图 2－15　大气透明时的太阳辐射日总量($W \cdot m^{-2}$)　图 2－16　P 为常数 0.7 时的太阳辐射日总量($W \cdot m^{-2}$)

三、到达地表的太阳散射辐射

由于大气的存在，到达地表的辐射除太阳直接辐射外，还有从天空各方向散射而来的太阳散射辐射。散射辐射来自整个半球天空，又称**天空辐射**。

天空辐射的大小取决于太阳高度角、大气透明系数、云量、海拔高度，并受地面反射率影响，其变化范围较大。随太阳高度角的减小，天空辐射也减小，如图 2－17 所示。太阳高度低时，散射辐射较小，但太阳直接辐射减小得更多，因此，太阳高度低时，散射辐射显得更重要。大气透明程度差时，散射粒子较多，散射辐射增强；反之，大气透明度好时，散射辐射减弱，此外云也能强烈地增大散射辐射。但当云层很厚，云量很大时，由于直接辐射减弱得太多，散射辐射可能比晴天还小。另外当地面反射率加大时，加上地面有雪，散射辐射加大，如果有云又有雪，会有反复反射现象，使散射辐射加大很多。同太阳直接辐射类似，散射辐射的变化也主要取决于太阳高度角。

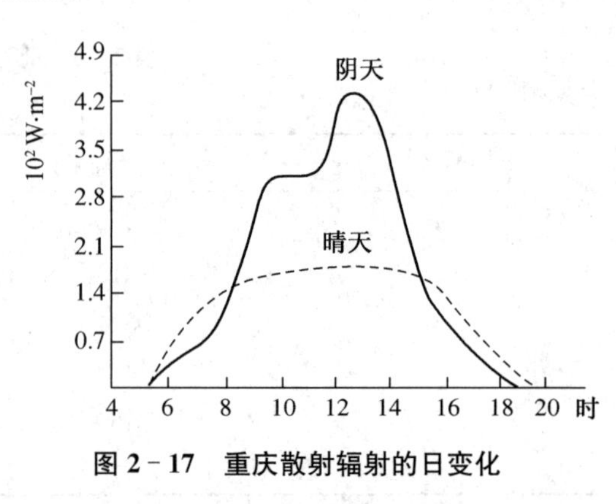

图 2－17　重庆散射辐射的日变化

散射辐射一般比直接辐射弱，但有时散射辐射会大于直接辐射。例如，在高纬度地区，散射辐射甚至比直接辐射大几倍，一般在中纬度地区，散射辐射只有直接辐射的 35%～90%。

四、地面总辐射

到达地表的太阳直接辐射与散射辐射之和称为**地面总辐射**。

在夜间，总辐射为零，日出后随太阳高度角增加而增大，在正午时达最大值。午后又逐渐减小。云对总辐射的影响很大，有云时虽然增加散射辐射，但使直接辐射减小，中午云量的增多会使总辐射的最大值提前或推后出现。一年之内，总辐射在夏季最大，冬季最小。总辐射的纬度分布，一般是纬度愈低，总辐射愈大。但实际上总辐射并不出现在赤道，而是在北纬 20°附近，这是因为赤道附近多云的缘故。

一个地区总辐射的日总量和年总量，即一日或一年之内收受辐射能量的总值，是形成该地

区气候条件的基本因素。

总辐射的年变化情况和太阳直接辐射的年变化基本一致，中高纬度地区最大值出现在夏季月份，最小值出现在冬季月份；赤道地区，一年中有 2 个最大值，分别在春分和秋分，如图 2－18所示。

总辐射的日总量随纬度的分布，一般是由高纬向低纬增加，如图 2－19 所示。由图可以看出，在春分日(或秋分日)，最大值出现在赤道上，由赤道向两极减小。在夏至日和冬至日，最大值分别出现在北极和南极 90°附近，而且夏至日北半球各纬度上的值比冬至日南半球对应纬度上的值略小一些，这是由于地球在夏至日接近远日点，冬至日接近近日点的缘故。总辐射的年总量随纬度的降低而增大，但由于赤道附近云多，对太阳辐射削弱得多，因此，总辐射年总量最大值不是出现在赤道，而是出现在纬度 20°附近。

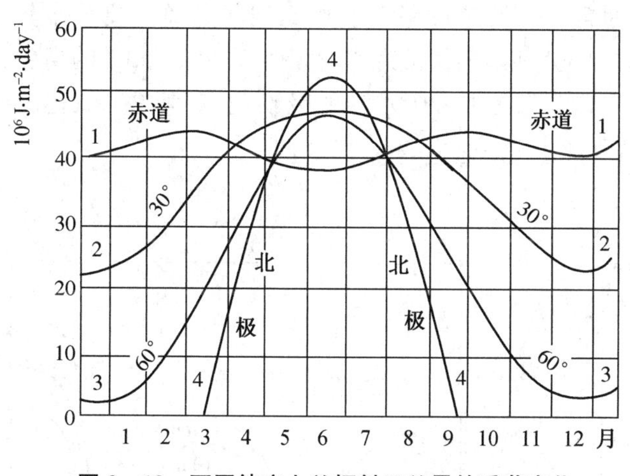

图 2－18　不同纬度上总辐射日总量的季节变化

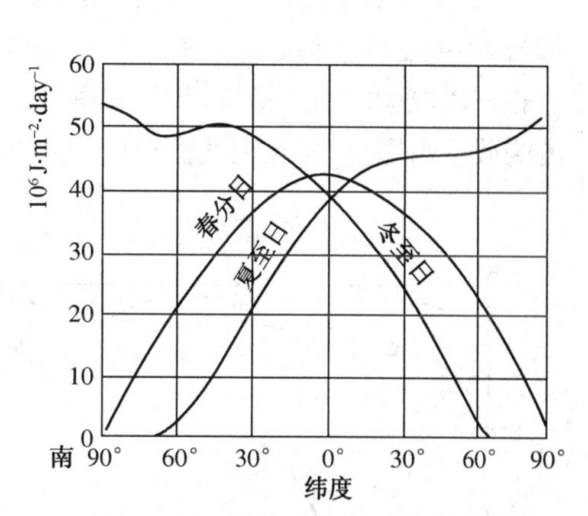

图 2－19　春分、夏至、冬至总辐射日总量随纬度的分布

§2.5　地球辐射

地面能吸收太阳短波辐射，同时按其本身的温度不断向外放射长波辐射。大气对太阳短波辐射吸收很少，但对地面的长波辐射却吸收强烈。大气也按其本身的温度向外放射长波辐射，地面和大气之间以及气层和气层之间交换热量，并将热量向宇宙空间散发。

地面的平均温度约为 300 K，对流层大气的平均温度约为 250 K，在这样的温度下，它们的热辐射中 95％以上的能量集中在 3～120 μm 的波长范围内，都是肉眼看不见的红外、远红外辐射，其最大辐射能所对应的波长在 10～15 μm 范围内。

一、地面辐射

地面辐射可以近似地看成灰体辐射，根据基尔霍夫定律和斯蒂芬-玻尔兹曼定律，地面辐射通量密度 F_E 可写为

$$F_E = \delta F_{E_b} = \delta\sigma T_E^4 \tag{2-50}$$

式中，F_{E_b} 为与地面同温度的黑体辐射通量密度；T_E 为地表温度；δ 为比辐射率，随地面性质略有差异(见表 2－2)。

由式(2-50)可知，地面辐射通量密度主要取决于地面温度。在地面通常的温度条件下(-40 ℃～40 ℃)，F_E 的数值在 154～525 W·m^{-2}之间，比太阳常数 S_0 小得多，而与到达地面上的太阳直接辐射通量密度相近。

二、云的辐射

云对太阳辐射的作用主要是散射和反射。液态水滴和冰粒对太阳辐射能的吸收常常可以不予考虑。但对红外辐射而言，情况恰恰相反。浓密的低云在 50 m 的路程上就会吸收 90% 以上的红外辐射。因此，对于红外辐射，一定厚度的云可简单地当作黑体看待。云底构成对来自地面和低层大气向上辐射的吸收表面，云顶则构成另一表面，该表面通过大气窗区向太空发射辐射能。

对于某些比较薄的云来说，例如卷云，通常其长波透过率大于 0.5，对于这类云要看作灰体，而不能看作黑体处理。图 2-20 和图 2-21 分别给出了液态水含量为 0.28 g·m^{-3}的高层云在不同厚度时的光谱透过率、光谱反射率，其中考虑了云中水汽的吸收，但未考虑二氧化碳的吸收。由图可知，在大气窗口区云层的吸收最小。

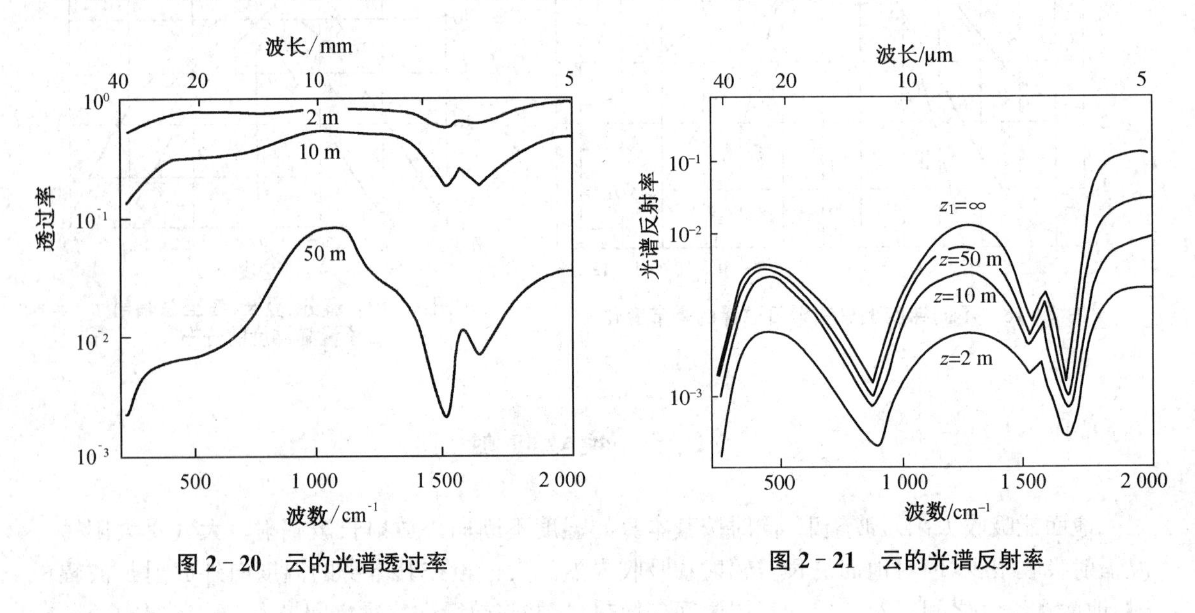

图 2-20 云的光谱透过率

图 2-21 云的光谱反射率

三、大气辐射

大气对太阳辐射的直接吸收很小，主要是通过吸收地面红外辐射而维持其温度的，据估计，它能吸收地面辐射的 75%～95%，而吸收这些辐射的又几乎全是贴近地面 40～50 m 厚的气层。

大气中吸收红外辐射的成分主要是水汽和液态水，此外还有一些微量气体，如 CO_2、CH_4、O_3 等。大气辐射的强弱既取决于大气温度，又取决于大气湿度和云况。温度愈高，水汽和液态水含量愈大，则大气辐射也愈大。大气辐射一部分向上进入太空，一部分向下到达地面，向下到达地面的大气辐射称为**大气逆辐射**。关于大气逆辐射的计算，有许多经验公式可用。

适用于晴天的计算公式：

(1) 埃斯屈朗公式

$$R=\sigma T^4(A-B\cdot 10^{-re})\qquad (\mathrm{cal\cdot cm^{-2}\cdot min^{-1}})\qquad (2-51)$$

式中，R 为大气逆辐射；T 为地面气温(K)；e 为水汽压(hPa)；$A=0.81$；$B=0.24$；$r=0.052$。

(2) 布伦特公式

$$R = \sigma T^4 (a + be^{\frac{1}{2}}) \qquad (\mathrm{cal \cdot cm^{-2} \cdot min^{-1}}) \tag{2-52}$$

式中，$a=0.52$；$b=0.065$，其他符号同埃斯屈朗公式。

(3) 斯威斑恩克公式

$$R = 5.31 \times 10^{-13} T^6 \qquad (\mathrm{W \cdot m^{-2}}) \tag{2-53}$$

适用于云天的计算公式：

$$R_{云天} = 5.31 \times 10^{-13} T^6 + (1-0.7)\delta_c \sigma T_c^4 C \qquad (\mathrm{W \cdot m^{-2}}) \tag{2-54}$$

式中，$R_{云天}$ 为云天的大气逆辐射；T_c 为云的温度(K)；C 为云量；δ_c 为云的比辐射率。对于低云，$\delta_c=1$；中云，$\delta_c=0.9$；高云，$\delta_c=0.3$。

大气逆辐射的经验公式是根据观测得到的，但由于观测试验的局限性，这些公式并不适用于所有地区所有时间，需要根据各地区的实测结果进行拟合。

大气对太阳辐射吸收很小，结果让大量的太阳辐射透过大气到达地面，而大气又强烈地吸收地面红外辐射而增热，并以大气逆辐射的方式返回一部分给地面，使得地面不致失热过多，大气的这种作用犹如温室的保暖作用，所以称为**大气温室效应**，也称大气效应。Fleaple 和 Businger 指出，温室中的高温主要是由玻璃罩引起的，它阻止暖空气上升，因而阻止了热量通过对流过程由温室中带走，而不能归因于红外辐射的吸收，因此，用"温室效应"这个词描述大气的保暖效应并不十分准确。据估计，如果没有大气，地面温度将是－18 ℃，但实际地面平均温度为 15 ℃，由于大气的温室效应，使地面平均温度提高了 33 ℃。具有温室效应的气体称为温室气体，大气中温室气体主要有二氧化碳、甲烷、水汽、臭氧、氧化亚氮、氢氟氯碳化物等。

四、有效辐射

生活经验告诉我们，冬季多云的夜晚比较暖和，而无云的夜晚则比较冷。另外，辐射雾、露、霜也多出现在晴朗的夜间，这些现象跟地面与大气之间的辐射热交换有关。在无云的夜里，地面因辐射热交换失去的热量较多，降温多，所以就冷；在云天的夜里，地面因辐射热交换失去的热量少，降温少，所以就暖。为了定量地表示这种地面和大气之间的(红外)辐射热交换，引入地面有效辐射的概念。

地面有效辐射是指地面辐射和地面所吸收的大气逆辐射之差，即

$$F_0 = F_E - \delta R \tag{2-55}$$

式中，R 为大气逆辐射；δ 为地面红外辐射吸收率(等于地面比辐射率)。

当 F_0 为正时，地面通过红外辐射热交换损失热量；当 F_0 为负时，地面通过红外辐射热交换获得热量。在通常情况下，F_0为正，即地面经常失去热量。

由于各种自然表面的红外辐射能力相差不大，同时根据基尔霍夫定律，大气逆辐射主要是水汽和液态水所放射的能量，所以地面有效辐射的大小主要取决于下垫面温度、空气温度、湿度和云况，在其他条件不变的情况下，地面温度越高，地面辐射越强，有效辐射也愈大。气温越高，绝对湿度愈大，天空中云愈多愈密，则大气辐射愈强，故有效辐射愈小。

有效辐射同大气辐射一样，用经验公式计算，对于晴天

$$F_0 = \delta\sigma T_E{}^4 - \delta\sigma T^4 (A - B\, 10^{-re}) \tag{2-56}$$

式中符号意义同式(2-51)，对于云天：

$$F_{0c} = F_0 \left(1 - K \frac{c}{10}\right) \tag{2-57}$$

式中，F_{0c}为云天有效辐射；c 为云量；而 K 与云高有关。高云 $K=0.2$；中云 $K=0.75$；低云 $K=0.90$。

有效辐射有明显的日变化，入夜逐渐减少，早晨达最小值，日出后显著增大，正午达最大值，但云往往能破坏上述日变化规律。

在晴朗无云的夜晚，由于地面强烈的有效辐射，贴近地面的气层很快降温，远离地面的气层受地面影响较小，降温较少，于是出现上暖下冷的逆温现象，这种因近地面层夜间辐射冷却而形成的逆温称为**辐射逆温**，是逆温现象形成的重要机制之一。

辐射逆温在夜间形成，并随着地面有效辐射的增加而逐渐增厚，通常在黎明时达到最大厚度；日出后，随着地面气温上升而逐渐消失。辐射逆温层的垂直厚度可以从几十米到三四百米，其上下界温度差一般有几度。形成辐射逆温的有利条件是晴朗无云而有微风的夜晚。因为云能增加大气逆辐射，不利于地面的辐射冷却。风太大时，大气中的垂直混合作用太强，不利于近地面气层的冷却；无风时，冷却作用不能扩展到较高气层，不利于逆温的厚度。适当的风速，既有利于一定厚度的逆温层的形成，又不会因强烈的混合作用而使近地面气层冷却。

五、红外辐射传输

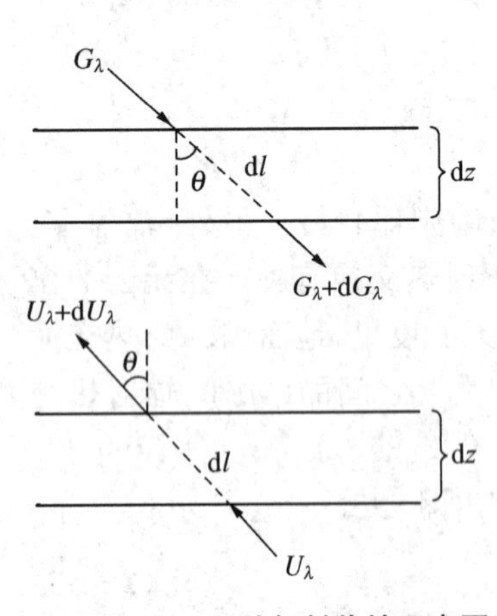

图 2-22 红外辐射传输示意图

设有一束红外辐射在大气中传输，在传输过程中因与大气的相互作用而减弱，同时又因大气在相同波长上的发射和多次散射而增强。

设由上而下的辐射率为 G_λ，如图 2-22 所示，通过 dl 距离后变为 $G_\lambda + dG_\lambda$，而 dG_λ 应由两部分组成，即 $dG_\lambda = dG_{\lambda_1} + dG_{\lambda_2}$。其中

$$dG_{\lambda_1} = -k_\lambda G_\lambda \rho dl \tag{2-58}$$

为大气消光所致。式中 k_λ为质量消光截面，它等于质量吸收截面与质量散射截面之和。

另一部分

$$dG_{\lambda_2} = j_\lambda \rho dl \tag{2-59}$$

为大气发射和多次散射所致。式中 j_λ 为发射散射系数或称源函数系数，其意义是由于发射和多次散射使得 G_λ 增强，单位为 $W \cdot g^{-1} \cdot S_r{}^{-1}$。

令

$$\frac{j_\lambda}{k_\lambda} = J_\lambda \tag{2-60}$$

J_λ 称为源函数，具有辐射率的单位。将式(2-60)代入式(2-59)，有

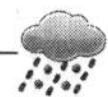

$$dG_{\lambda_2} = k_\lambda J_\lambda \rho dl \tag{2-61}$$

因此

$$dG_\lambda = k_\lambda (J_\lambda - G_\lambda) \rho dl \tag{2-62}$$

该公式是辐射传输的普遍表达式。

同理，对于由下而上的辐射率 U_λ，类似地可表为

$$dU_\lambda = k_\lambda (J_\lambda - U_\lambda) \rho dl \tag{2-63}$$

当讨论红外辐射传输时，可只考虑吸收、发射，而不考虑散射。式(2-62)和式(2-63)仍可写为

$$\left.\begin{aligned} dG_\lambda &= k_\lambda (J_\lambda - G_\lambda) \rho dl \\ dU_\lambda &= k_\lambda (J_\lambda - U_\lambda) \rho dl \end{aligned}\right\} \tag{2-64}$$

不过这时的 k_λ 只是质量发射系数。如果热平衡辐射条件成立，则根据基尔霍夫定律

$$\frac{j_\lambda}{k_\lambda} = J_\lambda = I_{\lambda_b}(T) \tag{2-65}$$

式中，I_{λ_b} 为黑体辐射率(普朗克函数)。

为了明了起见，把式(2-64)中的 J_λ 用 $I_{\lambda_b}(T)$ 代替，同时考虑到红外传输中通常采用波数 γ，而不采用波长，因而式(2-64)可表示为

$$\left.\begin{aligned} dG_\lambda &= k_\lambda (I_{\lambda_b}(T) - G_\lambda) \rho dl \\ dU_\lambda &= k_\lambda (I_{\lambda_b}(T) - U_\lambda) \rho dl \end{aligned}\right\} \tag{2-66}$$

上式即为**红外辐射传输方程**，也称希瓦兹恰尔德方程。它的右边第一项表示由于物质的发射引起的辐射率的增强，而第二项表示由于吸收作用造成的辐射率的减弱。求解方程式(2-66)可以得到大气中某一高度向下和向上的红外辐射通量密度。据此，可计算出长波辐射的变温率。

六、长波辐射变温率

由实际测量或理论计算得到大气中各高度的向上和向下辐射通量密度 $F\uparrow$ 和 $F\downarrow$，可以求得各高度上的净辐射通量密度 F_N

$$F_N(z) = F\uparrow(z) - F\downarrow(z) \tag{2-67}$$

在对流层大气中，由于温度和湿度通常总是向上递减，故净辐射通量密度 $F_N(z)$ 通常为正值，现考察某一气层，气层厚 Δz，气层的红外辐射冷却率可由通过该气层底部和顶部的净长波辐射通量密度 $F_N(z+\Delta z)$ 和 $F_N(z)$ 计算出，气层的净长波辐射通量密度为

$$\Delta F_N = F_N(z+\Delta z) - F_N(z) \tag{2-68}$$

于是长波辐射冷却所产生的温度变化为

$$\frac{\Delta T}{\Delta t} = -\frac{1}{c_p \rho} \frac{\Delta F_N}{\Delta z} = \frac{g}{c_p} \frac{\Delta F_N}{\Delta P} \tag{2-69}$$

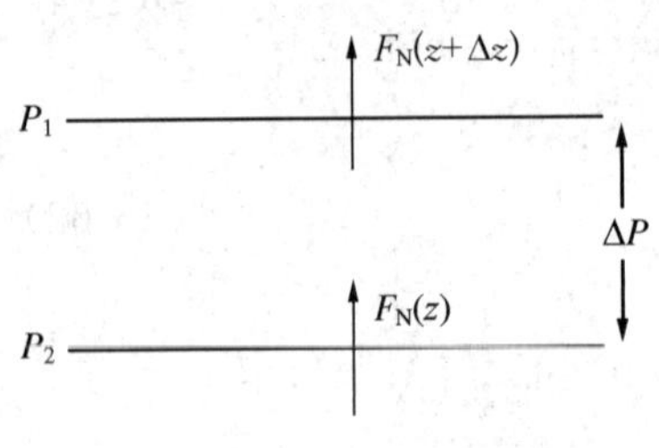

图 2－23　大气长波辐射降温

如图 2－23 所示，因为 $\Delta P<0$，而一般情况下，$\Delta F_N>0$，因此，大气通过长波辐射降温，通常降温率约为 1～3 ℃ · d^{-1}（d 表示天），太阳辐射的增温率约1 ℃ · d^{-1}。大气降温率大于短波增温率，在夜间就只有长波辐射降温，这说明大气由于辐射能量交换的结果，入不敷出，要维持大气的温度，就要以其他方式（对流、传导等）从地面获得能量。

大气温度较高时，其长波辐射就强，如大气中存在逆温层，则逆温层顶有较强的辐射冷却，其作用是促使逆温层趋于消失。

式（2－69）式描述的大气所有成分的长波辐射变温率，同样可以用该公式计算短波辐射增温率，或者计算某种单一成分的辐射加热率。

§2.6　地面辐射差额和能量平衡

一、地面辐射差额

地面由于吸收太阳总辐射和大气逆辐射而增加热量，同时又向外放射长波辐射而损失热量。地面收入辐射能减去支出，所得辐射能的差值称为**地面辐射差额**（F_B）。

$$\begin{aligned} F_B &= (S_A+S_D)(1-r_s)+\delta F_R-\delta\sigma T_0^4 \\ &= S_G(1-r_s)-F_0 \end{aligned} \qquad (2-70)$$

式中，r_s 为地面短波反射率；δ 为地面长波吸收率。凡是影响太阳总辐射 S_G 和地面有效辐射 F_0 的因子都能影响地面辐射差额 F_B。

白天总辐射最为重要，这时地面辐射差额与总辐射的变化规律类似，即总辐射大，F_B 也大；夜间地面有效辐射起主要作用，地面辐射差额的变化与有效辐射 F_0 的变化规律正好相反。地面辐射差额由正值变为负值和由负值变为正值的时间分别在日落前和日出后 1 小时左右，如图 2－24 所示。

地面辐射差额的年变化随纬度而异，纬度愈低，辐射差额保持正值的月份愈多，反之，纬度越高，差额保持正值的月份愈少，如图 2－25 所示。

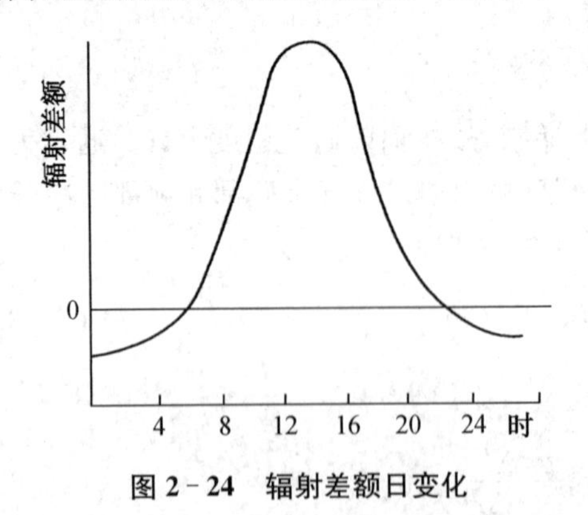

图 2－24　辐射差额日变化

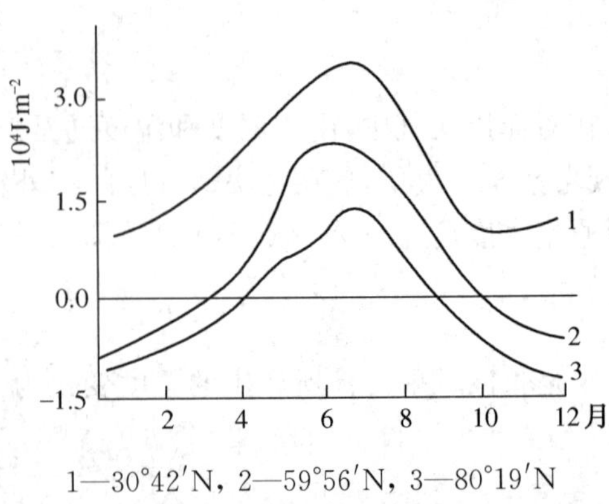

1—30°42′N，2—59°56′N，3—80°19′N

图 2－25　不同纬度辐射差额的年变化

二、地面能量平衡

地表面除了辐射造成的能量收支外，还有地表和贴地层空气的热量交换（感热），地表和深层土壤之间的热交换和因相变（地表水分蒸发）引起的地表能量损失（潜热）等项。用 H 表示地表净能量通量，则

$$H = R_s - R_l - H_s - H_e - H_m \tag{2-71}$$

式中，R_s 为地表净短波辐射通量收入；R_l 为净长波辐射通量损失（地面有效辐射）；H_s 为地表感热通量；H_e 为地表潜热通量；H_m 为流进土壤深层的热量。关于感热、潜热等计算参见第 5 章。

当 H 为正时，地表获得能量，地表温度上升；当 H 为负时，地面失去能量，地表温度下降；当 H 为零时，即地表达到能量平衡时，地表温度不变。

地表温度是非常重要的参数，它通过影响地—气间热量交换来影响大气环流。确定地表温度的方法有多种，如假设土壤是不导热的，地表温度可由地表热平衡方程（$H=0$）解得，这种方法计算简单，称为土壤绝热法，但误差较大，所得地表温度日变化最明显；如假设地表能量不平衡（$H\neq 0$），则余项完全用来加热土壤地表层，这种方法称为余项强迫法或薄层法。

$$\rho_e C_e Z^* \frac{\partial T_g}{\partial t} = H \tag{2-72}$$

式中，T_g 为地表温度；ρ_e 为土壤密度；C_e 为土壤比热；Z^* 为地表温度日变化所能达到的土壤厚度。

由于土壤热传导率较小，土壤温度日变化所能传到的深度一般不到 1 m。至于土壤温度年变化，在几米深处便觉察不出来。计算地表温度的方法很多，以上介绍的是较简单的一种。此外，还有感热相关法、辐射相关法、土壤模式法等。

地表能量平衡条件因下垫面的性质而有很大差别。陆地的热容量小，所以能在能量平衡发生变化时做出快速反应，因此，陆地上气温变化较大；与陆地相反，水的热容量大，又能流动，因此，海洋在白天或夏天将太阳能储存起来，到了夜里或冬天将储存的热量释放出来，因而海洋上空气的温度变化不大，这种海陆差异引起白天陆地上气温比邻近海洋上气温高，而夜里则相反。同样，由于海陆差别，夏季大陆上气温高于附近海洋，冬季大陆气温低于海洋气温，这种因海陆分布引起的对流层水平温度梯度的季节性转换，是引起大规模的季风环流的主要原因。

三、气温的日变化

气温日变化的特点是：一天中有一个最高值和一个最低值，最高值通常出现在午后 2 点钟左右，最低值通常出现在清晨日出前后，如图 2-26 所示。一天中气温最高值与最低值之差称为**气温日较差**。

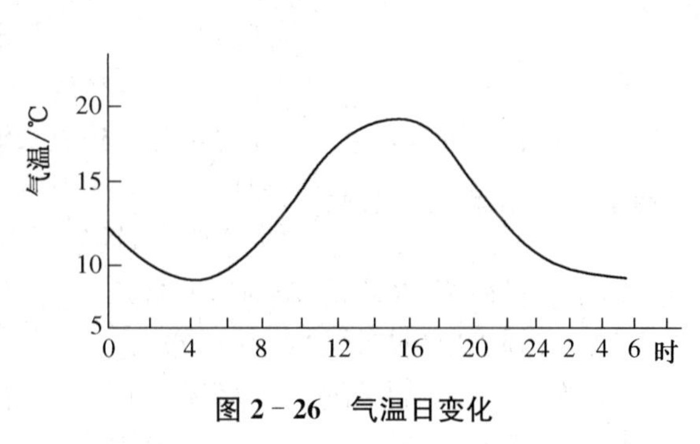

图 2-26　气温日变化

一天中，中午太阳辐射最强，但最高气温却出现在午后 2 点钟左右，这是因为对流层大气的热量来源主要是地面红外辐射，地面温度的高低不直接取决于地面当时吸收太阳辐射

的多少，而取决于地面储存热量的多少。在正午时，太阳辐射最强，地面净得热量也多，地面温度上升，大气温度也跟着上升，过了正午，地面接收的太阳辐射虽然开始减弱，但得到的热量仍大于支出的热量。地面温度继续上升，气温也跟着上升。当地面热量从收入大于支出转为收入小于支出时，地面温度由上升转为下降，这个时刻通常出现在下午 1 点钟左右，即地面温度最高值出现的时刻。由于热量传递给空气需要一定的滞后时间，所以最高气温出现在午后 2 点钟左右。夜间没有短波辐射的能量输入，地面由于长波辐射不断冷却，气温也逐渐下降，一直下降到地面热量从收入小于支出转为收入大于支出为止，所以最低气温出现在晴晨日出前后，而不在午夜。

由于高纬度地区太阳辐射的日变化比低纬度地区小，因此，一般说来高纬度地区气温日较差比低纬度地区要低。据统计，热带地区的气温日较差平均为 12 ℃，温带地区为 8 ℃～9 ℃，极地为3 ℃～4 ℃。

气温日较差随季节的变化，以中纬度最为显著，那里的辐射日变化夏季比冬季大得多，因此，气温日较差夏季大于冬季。热带由于太阳辐射日变化终年少变，气温日较差随季节变化也很小，极地由于冬季有很长一段时间为极夜，夏季则有很长一段时间为极昼，气温日较差随季节变化也不大。

下垫面对气温日较差有显著的影响，如海洋气温日较差只有 1 ℃～2 ℃，而陆地气温日较差可达 15 ℃以上，地形对气温日较差也有一定影响。凸地（如高山）气温因受周围的空气调节，因此，昼间不易升高，夜间不易降低，气温日较差通常比同纬度平地小；凹地（谷地、盆地）则相反，气温日较差比同纬度平地大。

此外，气温日较差的大小还受天气情况影响，如阴天，白天地面受到的太阳辐射少，气温不易升高，夜间降温少。因此，阴天的气温日较差比晴天小。

四、气温的年变化

地球上大部分地区气温年变化的特点是，一年中有一个最高值和一个最低值。中高纬度大陆上气温以 7 月份为最高，1 月份为最低，如图 2－27 所示。海洋上气温以 8 月份为最高，2 月份为最低。这里仅就中纬度地区气温年变化进行介绍。

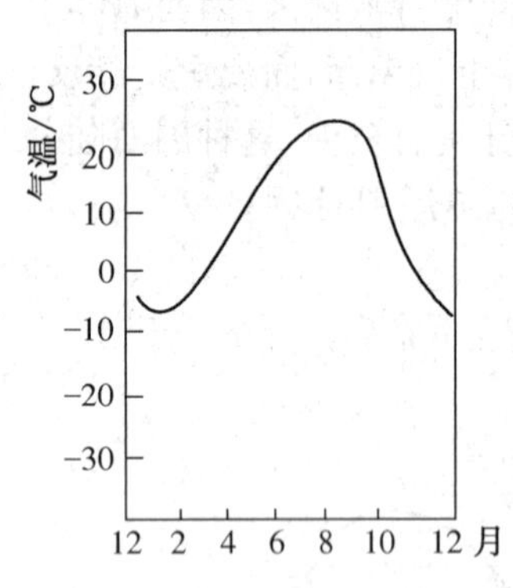

图 2－27　地面气温年变化

在北半球中纬度地区的某一地点，在太阳赤纬高时，地面接收的太阳辐射多；太阳赤纬低时，地面接收的太阳辐射少。因为夏至太阳赤纬高，冬至太阳赤纬低，所以夏至地面热量收入多，冬至地面热量收入少。于是从夏至到冬至，由于太阳赤纬逐日减少，地面热量的收入也将逐日减少。但这是仅就太阳赤纬一个因子而论的，现在再来考虑昼夜长短的因子。一般白天地面以净收入辐射为主，夜里以净支出辐射为主，所以昼愈长于夜，就愈有利于地面热量收入大于支出，昼愈短于夜，愈有利于地面热量支出大于收入。夏至昼最长，冬至昼最短，因此，夏至前后的昼长于夜，有利于地面热量收入大于支出，而冬至前后的昼短于夜，有利于地面热量收入小于支出。

现在把太阳赤纬和昼夜长短两个因子一并考虑，如图2－28 所示。从图中可看出，从春分到夏至，太阳赤纬逐渐增高，昼长于夜也逐渐增加，两个因子均有利于地面热量收入大于支出，则温度不断增加。从夏至到秋分，太阳赤纬在降低，昼长于夜的时间也在减小，地面热量收入大于支出的幅度在减小，但热量收入仍然大于支出，地面气温仍在上升，但上升幅度不断减小，到了大暑时，地面热量收支平衡，温度不再增加，大暑之后直到秋分，地面热量收入小于支出，温度开始下降。大暑是地面温度逐日上升到逐日下降的转折点，一般为地面温度年最高日。从秋分到冬至，太阳赤纬继续降低，昼愈来愈短于夜，因此，气温继续下降。从冬至到春分，赤纬在增加，昼短于夜的时间在缩小，但地面热量支出仍大于收入，温度继续下降。到了大寒，地面热量收支平衡，温度不再下降。大寒过后，地面热量收入大于支出，地面温度开始回升。大寒一般是地面温度逐日下降到逐日上升的转折点，即为地面温度年最低日。

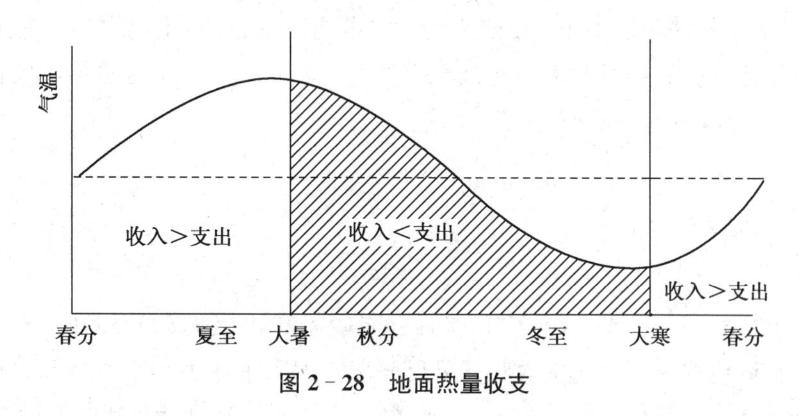

图 2－28　地面热量收支

可见，在北半球中纬度地区，最热的日子一般在大暑，约比夏至迟 1 个月；最冷的日子一般在大寒，约比冬至迟 1 个月。

一年中月平均气温最高值与最低值之差，称为**气温年较差**。年较差的大小与纬度和地表性质等因素有关。如图 2－29 所示，绘出了不同纬度地区气温年变化的情况。由图可见，气温年较差由低纬向高纬增加。如果以同纬度的海陆相比，陆上气温年较差比海上大得多。例如，中纬度内陆地区气温年较差为 40 ℃～50 ℃，而海洋上仅为 10 ℃～15 ℃。

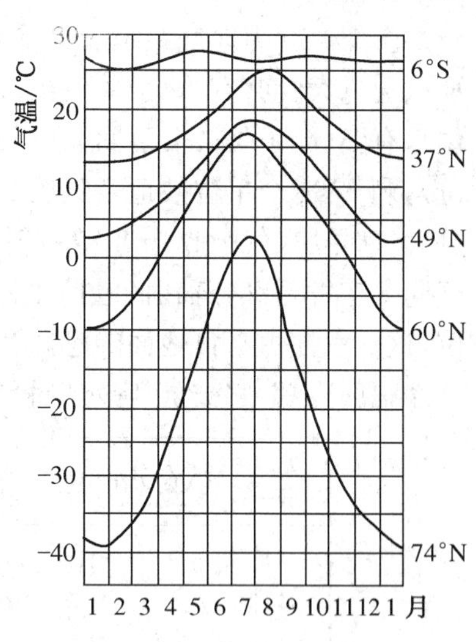

图 2－29　不同纬度气温年变化

实际上，气温的年变化有时并不完全像上述那样呈周期变化。例如，3 月份我国江南地区正是春暖花开的时候，常常有因冷空气的突然南下而转冷的情况，“过了清明还要冻三冻”就是这意思。再譬如，过了立秋，还会遇到“秋老虎”等。可见，气温除了有周期变化外，还会有因大气运动引起的非周期变化。不过，除了强大的冷暖空气活动外，气温一般多呈周期变化。

§2.7　地气系统能量平衡

如果把地面和大气看成一个整体，对此整体所计算的辐射差额，称为地气系统的辐射差额。它可用单位时间，单位地表面积以上，直到大气上界的铅直气柱的辐射差额来表示。地气系统的上界是大气顶，下界为地面。因而地气系统的收入部分是地面及大气所吸收的太阳辐射，地气系统反射的太阳辐射占入射的太阳辐射之比称为**行星反照率**，大约为 0.3，这是由地球表面的平均反射率(约为0.15)、云的高反照率和大气的后向散射作用共同作用的综合结果。

地气系统的辐射能量支出部分是地面和大气向宇宙空间放射的红外辐射之和,地气系统的辐射差额即为总的能量收入与总的能量支出之差。地气系统的辐射差额在各个纬度是不同的,有的大于零,有的小于零。但就整个地球而言,其长期平均值为零。全球通过大气上界的净能量通量很小,全球地面净能量通量也非常小,整个地气系统非常接近辐射平衡。从全球长期平均温度来看,地气系统的温度变化也是非常缓慢的。

设地气系统是一个半径为r(约等于地球半径)的球,对短波辐射的反照率即行星反照率为A,其接受的太阳短波辐射则为$S_0\pi r^2(1-A)$。设地气系统可看作黑体,其辐射平衡温度为T_e,那么地气系统向宇宙空间发射的长波辐射则为$4\pi r^2\sigma T_e^4$。在地气系统达到辐射平衡时,则有

$$S_0\pi r^2(1-A)=4\pi r^2\sigma T_e^4 \tag{2-73}$$

得到

$$T_e=\left[\frac{S_0(1-A)}{4\sigma}\right]^{\frac{1}{4}} \tag{2-74}$$

取$S_0=1\,367\ \mathrm{W\cdot m^{-2}}$,$A=0.3$,可算出地气系统辐射平衡温度为255 K。可以看出,地气系统的辐射平衡温度取决于太阳常数和行星反照率。太阳常数由太阳本身和日地距离决定,行星反照率与地气系统的很多因子有关,如海洋(特别是海冰)的反射、陆面的反射、云的反射、气溶胶散射等。

图2-30为地气系统能量平衡的一种估算。如投射在大气顶的太阳辐射有100个单位,那么通过大气时有19个单位被大气吸收(其中,云吸收3个单位,云以外的大气吸收16个单位),有30个单位被反射回太空(其中,云反射20个单位,空气散射6个单位,地表反射4个单位),剩下51个单位被地表吸收。地面净发射的红外辐射为21个单位,其中,15个单位在穿过大气时被大气吸收,6个单位射向太空。地面以潜热和感热方式向大气输送30个单位。大气向太空发射红外辐射(包括水汽和云)为64个单位。此值比大气吸收太阳辐射多30个单位,这一亏损由来自地面的感热和潜热通量的30个单位来平衡。故就全球平均来说,大气处于净辐射冷却,它被云、降水区释放的凝结潜热和下垫面向上传输的感热所平衡。

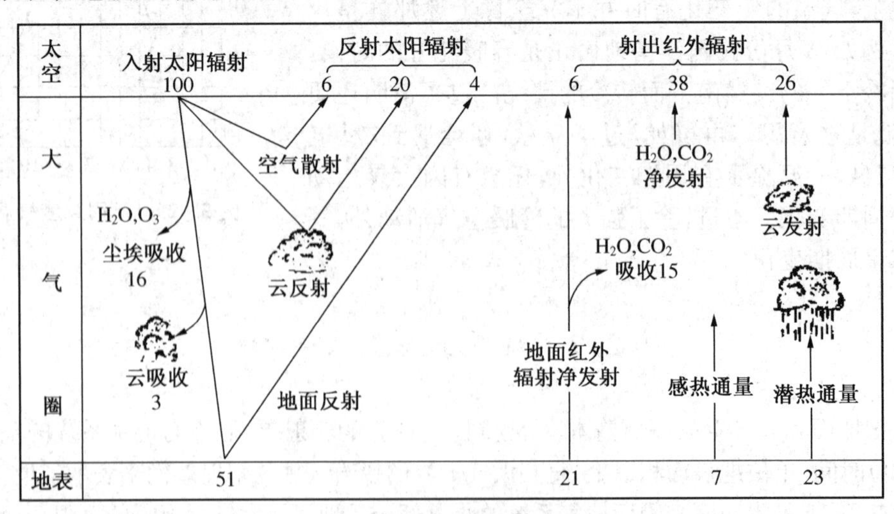

图2-30 地气系统能量平衡

图 2-30 中影响地气系统能量平衡过程中的很多因子之间存在着复杂的相互作用，如温室气体含量增加，使向下长波辐射增加而使全球增暖，全球气温增加使极区海冰融化，这将使全球地面反射减小，使地面获得的太阳辐射进一步增加。相关讨论可参见第七章。

小　结

本章介绍了辐射的基本概念和定律、大气对太阳辐射的吸收和散射、地面辐射和地表辐射平衡等辐射影响气候的一系列过程。

到达地表的太阳直接辐射受诸多因子影响，包括日地距离、太阳高度角、大气透明系数等。大气透明系数体现了大气对太阳辐射的吸收和散射削弱。太阳直接辐射和天空散射辐射之和即为总辐射，是地表能量的主要来源。地面吸收总辐射的同时通过放射长波辐射和其他过程损失能量。地面能量收支的不平衡造成了地面气温随时间而变化。

一个地区在一日之内到达地表的太阳辐射总量（辐射日总量）是形成这个地区气候的最根本因素。辐射日总量随时间的变化是形成一年四季的直接原因。

习　题

2-1　直径为 1 m 的球体，如果其温度为 80 ℃，则在一天中该物体放射的辐射能有多少？

2-2　一不透明物体的辐射通量密度为 1 396.5 $W \cdot m^{-2}$，反射率为 0.3，试求其温度为多少摄氏度？

2-3　一个物体的温度为 300 ℃，其最大辐射能量所对应的波长为多少？

2-4　试证明黑体辐射通量密度分布曲线的极大值与其绝对温度的五次方成正比。

2-5　太阳直径约为 1.4×10^6 km，日地平均距离为 1.49×10^8 km，设太阳为黑体，太阳常数为 1 370 $W \cdot m^{-2}$，试计算太阳表面温度（K）。

2-6　若大气透明系数为 0.8，求南京地区（$\varphi=32°N$）夏至中午时刻入射到地表水平面上的辐射通量密度。（$\delta=23°27'$，$r/r_0=1.016$）

2-7　若不计地球大气的影响，地球一年能收到多少太阳辐射能？

2-8　若不计大气的影响，计算春分日赤道上的太阳直接辐射日总量。

2-9　若视大气为一薄层，它对太阳辐射的吸收率为 0.1，对地球辐射的吸收率为 0.8，设地表面具有黑体性质，试计算地球表面和大气的辐射平衡温度。

2-10　日地距离一年中相对变化最大可达 3.3%，试求一年中地球辐射（平衡）温度相对变化可达多少？

2-11　太阳直径约为 1.4×10^6 km，日地平均距离为 1.49×10^8 km，设太阳为黑体，有效温度为 5 700 K，若太阳常数增加 5%，那么，太阳表面的有效温度将增加多少？

2-12　设地面气温为 27 ℃，地面气压为 1 000 hPa，大气为均质大气，对某波长的吸收系数为 $10^{-2}\ m^2 \cdot kg^{-1}$，试计算太阳高度角为 70°时该波长的光通过大气时的光学厚度、大气质量数、透明度。

2-13　一个具有黑体性质的人造地球卫星，质量为 100 kg，半径为 1 m，比热为 $10^3\ J \cdot kg^{-1} \cdot K^{-1}$，试问卫星刚移出地球阴影时的增温率（$℃ \cdot s^{-1}$）？

2-14　地面温度为 27 ℃，水汽压为 12 hPa，低云量 1.0，求大气逆辐射。

第三章

大气热力学

大气是一个热力系统，发生在大气中的各种热力学过程和状态变化可以广泛地应用热力学定律和方法来进行研究。大气热力学在定量理解从小到云微物理过程，大到大气环流的大气现象中都起着重要作用。

第二章已对地表和空气如何被加热、地球—太阳系统在造成气温季节变化和日变化中的作用进行了介绍，而本章将继续介绍控制气温空间变化的因子和世界海平面平均气温分布。

表征湿度含量的水汽在大气中的含量虽然很小，但它是参与大气变化过程的最重要的气体，其中最明显的例子是云和降水的形成直接与水汽及其相变有关。然而，云和降水的形成首先必须通过空气的垂直运动，而空气的垂直运动又是在一定的大气层结稳定度条件下才能产生。同时，温度、湿度和稳定度之间还存在着互相依存和互相影响的关系。这些就是本章所要涉及的内容。

§3.1　大气温度

世界上每天都有成千上万个气象站提供观测温度数据资料，这些数据是气象学家和气候学家所需要的基本资料之一。在理论研究和实际应用中，通常需要根据这些原始数据求出日平均气温、月平均气温、年平均气温和相应的变化范围，以及气温极值等统计量。

一、平均气温和气温极值

日平均气温是一昼夜的24次、8次或4次观测值的平均数据。**月平均气温**是1月内各天日平均气温相加，然后除以该月的天数所得的值。12个月的月平均气温相加，再除以12，所得结果就是**年平均气温**。

气温的平均值作为比较时特别有用。例如，当听到气象报告说“上月是记录上最暖的二月”，或“今天广州比北京暖10 ℃”，这些数据都是采用的平均值，前者为月平均，后者指日平均。此外，温度变化范围（幅度）也是有用的统计量，因为它们是了解某地或某地区天气和气候的必要内容。

某气象要素的极值是指自有观测记录以来该气象要素的极端数值或在某特定时段的极端数值。实际应用中，常用的极值有两种：平均极值和极端极值。前者是指对每天观测到的某项极值（如最高温度）进行旬、月、年或多年平均的结果，例如，北京在1951～1970年的20年间，7月份平均最高气温为31.1 ℃，1月份平均最低气温为－10.0 ℃；而后者是以某要素在某时段内的全部极值观测记录中挑选出的最极端的数值。

表3-1所列为世界各地的极端最高气温。58 ℃的世界最高气温出现在北非撒哈拉沙漠地区——利比亚的阿齐济耶（Azizia）；我国的最高气温出现在新疆吐鲁番，其值（49.6 ℃）与欧

洲最高气温(50 ℃)和南美最高气温(49 ℃)近似相同。极端最低气温的世界纪录为−88.3 ℃，它出现在1960年8月24日南极洲的东方站;我国的极端最低气温为−52.3 ℃,出现在1969年2月13日黑龙江省的漠河站。

表3-1　极端最高气温

区域	最高温度/℃	发生地点	出现时间	高度/m
非洲	58	Azizia,利比亚	1922年9月13日	114
北美	57	Death Valley,加利福尼亚州	1913年7月10日	−53
亚洲	54	Tirat Tsvi,以色列	1942年6月21日	−217
澳大利亚	53	Cloncurry,昆士兰州	1889年1月16日	187
欧洲	50	Seville,西班牙	1881年8月4日	8
中国	49.6	吐鲁番,新疆	1975年7月13日	
南美	49	Rivadavia,阿根廷	1905年12月11日	203
亚洲	42	Tuguegarao,菲律宾	1912年4月29日	22
南极洲	15	Vanda站	1974年1月5日	8

二、影响地面气温的因子

根据天气辐射可知,造成地区气温空间变化的主要原因是各地(不同纬度)接收到的太阳辐射不同,因为太阳角度和日照时间是纬度的函数。除此以外,对气温有强烈影响的因子还包括:① 水、陆加热率差异;② 洋流影响;③ 高度;④ 地理位置。

1. 水、陆加热率差异

地球表面的加热(或冷却)控制着其上面空气的加热(或冷却),为了了解气温的变化,必须知道不同下垫面的受热性质。陆面与水面的受热区别主要体现在三个方面。

(1) 对太阳辐射的吸收、反射和透射率差异导致太阳能在陆面和水面分布厚度的不同。在同样的太阳辐射强度下,水面吸收的太阳辐射能要大于陆面吸收的太阳能,因为陆面对太阳辐射的反射率大于水面。然而,由于陆面不透明,水面相当透明,它允许部分太阳辐射穿透一定深度;再加上陆面为固体,热量主要依靠传导向下传播,而液态水具有流动性,能以更有效的方式传递热量,如波浪、湍流和对流等。因此,陆地接收的太阳辐射集中在地表很薄的一层,以致地表能够急剧增温,而水面接收的太阳辐射分布在较厚的层次,故水温不易增高。

(2) 水的比热平均要比陆地大3倍,因此,对于等量的水、陆两面,上升相同温度时,水比陆地要吸收更多的热量。

(3) 水面的蒸发大于陆面的蒸发,导致水体失热过多,水温不易升高。

以上各种因子的综合结果,使得水体增温缓慢,能储存更多的热能,同时其冷却也比陆地缓慢。图3-1是说明水、陆对气温影响的一个例子——两个纬度近似相同的沿海和内陆城市月平均气温的年变化。由图可见,内陆城市比沿海城市有更大的温度极值,即气温年变化幅度更大,冬季(1月份)内陆城市气温比沿海城市低,而夏季(7月份)却比沿海城市高。

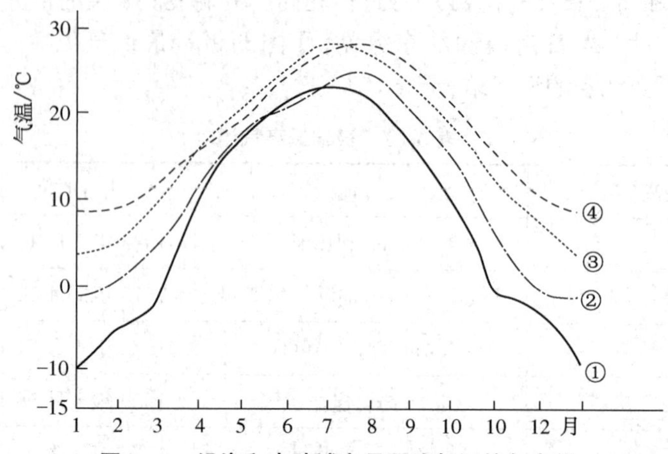

图 3-1 沿海和内陆城市月平均气温的年变化

①—民勤(内陆 38.38°N,103.05°E);②—大连(沿海 38.54°N,121.38°E);③—长沙(内陆 28.12°N,113.04°E);④—温州(沿海 28.01°N,120.40°E)

资料取自 1989 年气象观测月报表。

由于南半球与北半球的水、陆分布比例不同(北半球水域面积占 61%,而南半球水域面积高达 81%),结果,南半球气温的平均年变化幅度(年较差)明显小于北半球(见表 3-2)。

表 3-2 南、北半球气温的平均年较差(℃)

纬度	气温的平均年较差/℃		纬度	气温的平均年较差/℃	
	北半球	南半球		北半球	南半球
0	0	0	60	30	11
15	3	4	75	32	26
30	13	7	90	40	31
45	23	6			

2. 洋流影响

洋流分为冷、暖两种,向极地流动的为暖洋流,而向赤道流动的为冷洋流。冷、暖洋流会对其邻近陆地的气温产生不同的影响。在同一纬度,处于暖洋流一侧、受暖洋流影响的陆地某处,气温将要比不受暖洋流影响的某地高好几度;相反,受冷洋流影响的地方,其气温要比不受冷洋流影响的地方低好几度。例如,受暖湾流(Gulf Stream)影响的伦敦(北纬 51°N)1 月份平均气温比不受暖洋流影响的纽约(北纬 40°N)高 4.5 ℃。受美国西海岸冷性加利福尼亚洋流的影响,加利福尼亚南部沿海的夏季气温要比美国东海岸(不受此冷洋流影响)纬度相当的地方低 6 ℃或更多。

3. 高度

显然,测站高度对平均气温有影响,因为气温随高度平均按 0.65 ℃ · $(100\ m)^{-1}$ 递减率下降,高度增加,气温将降低。例如,厄瓜多尔海拔 12 m 的夸亚基尔年平均气温为 25.5 ℃,与其相邻的海拔 2 800 m 的基多(Quito)年平均气温只有 13.3 ℃。然而,按平均气温递减率计算,Quito 的气温应该比夸亚基尔低 18.2 ℃,而现在仅比其低 12.2 ℃。这表明,高山站的实际气温要比按平均递减率计算的结果高。

4. 地理位置

地理位置可对气温产生大的影响。例如，盛行向岸风的沿海站，因受海洋气流影响具有凉夏、暖冬的温度特征；而盛行离岸风的沿海站有着更多的陆地温度特征。

三、全球海平面气温分布

气温的分布通常以等温线图表示，等温线即某平面上气温相等的各点的连线。利用1月份(代表冬季)和7月份(代表夏季)世界海平面平均气温的等温线图(如图3-2和图3-3)能够清楚地反映全球气温分布类型，以及纬度、水陆分布和洋流等控制因子对气温分布的影响。这里选用海平面的目的是为了消除高度因子对气温的影响。

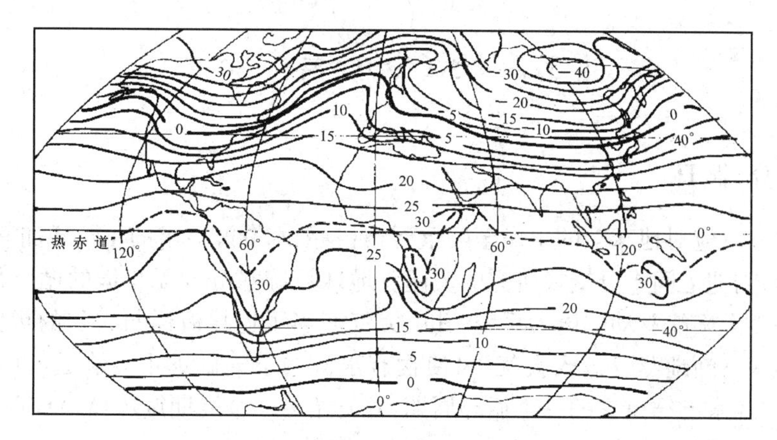

图3-2　1月份世界海平面平均气温(℃)分布

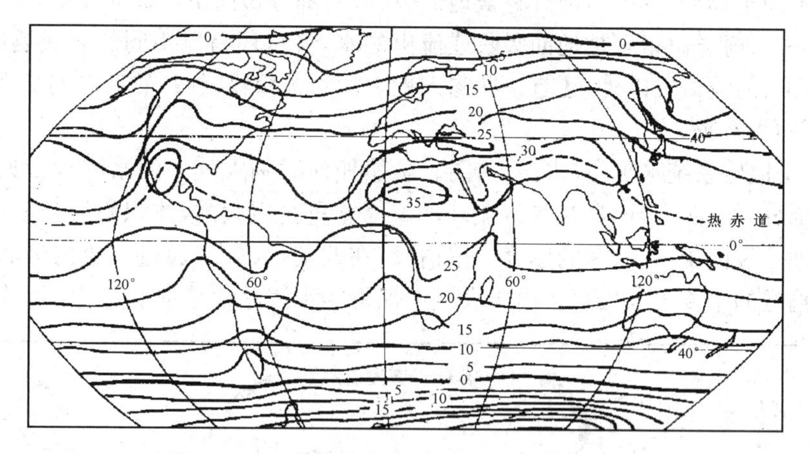

图3-3　7月份世界海平面平均气温(℃)分布

由图3-2和图3-3可以看出海平面气温分布的基本特征如下。

(1) 等温线大部分(尤其是南半球)趋向于接近东西向排列，同时温度从赤道向极地降低。这说明地表和大气加热过程中起主要作用的入射太阳辐射是纬度的函数。如果地球表面到处均匀，而且空气没有相对于地表的运动，那么，等温线将与纬圈平行，温度将规律地随纬度增加而减少。此外，在北半球，等温线1月份比7月份密集，说明北半球的南北温差冬季大于夏季。这是由于太阳直射点位置1月份位于南半球、7月份位于北半球的缘故。

(2) 海陆加热率差异和洋流影响使冬季北半球等温线在大陆上向赤道方向凸出，海洋上

向极地方向凸出,而夏季则相反。南半球因陆地面积小,海洋面积大,等温线较平直,在有陆地的地方,等温线也发生与北半球类似的弯曲情况。

(3) 将各经线上具有最高气温的各点的连线称为**热赤道**。然而,热赤道并非位于赤道,而是1月份位于5°N~10°N,7月份北移至20°N。这是由于北半球陆地面积广大,使气温强烈受热,以及夏季太阳直射点位置北移所致。

(4) 赤道附近的气温年变化很小,随着纬度的增加,年变化幅度也增大。气温年变化幅度还随着大陆度的增加而增大。说明纬度和大陆度对气温年度化影响的最典型例子是位于西伯利亚60°N附近,远离水域影响的雅库茨克城市,其气温年较差高达62.2℃,是世界上气温年较差最高地区之一。

§3.2 水(分)循环·相变

一、水(分)循环

适宜的水分供应对地球上的生命至关重要,对有限水资源需求的不断增加,引起了科学家对海洋、大气与陆地之间水分交换研究的关注。地球系统水分的无止境的循环称为水(分)循环。水循环是由太阳能驱动的庞大系统,其中大气充当了连接海洋与大陆的重要作用。来自海洋和大陆的水不断地蒸发进入大气,风使含有水汽的空气做远距离输送,直至云和降水形成;降入海洋的降水已结束它的一个循环周期,并开始另一个周期循环,然而,降至陆地的降水必须通过不同的途径返回到海洋。

一旦降水降于陆面,其中一部分将被地面吸收,一部分做向下和横向流动,最后渗入湖泊、河流,或直接进入海洋。很多被地面吸收或流出的水,最后还是以不同的方式返回到大气;除了从土壤、湖泊、河流蒸发以外,还有一些渗入地表的水被植物吸收,然后它们又被释放进入大气,这一过程称为蒸腾。

图3-4是地球系统水平衡(水循环)图。虽然任何时刻大气中的水汽含量只占地球总水量的很少一部分,但在一年内通过大气循环的绝对水量是巨大的,体积约为$3.8\times10^5\ km^3$,足以覆盖整个地球表面100 cm深的厚度。据估计,在北美,大气中通过气流携带的水分比全部陆地上河流输送的水要多6倍多。由于大气中保留的水汽总量基本不变,因此,全球的平均降

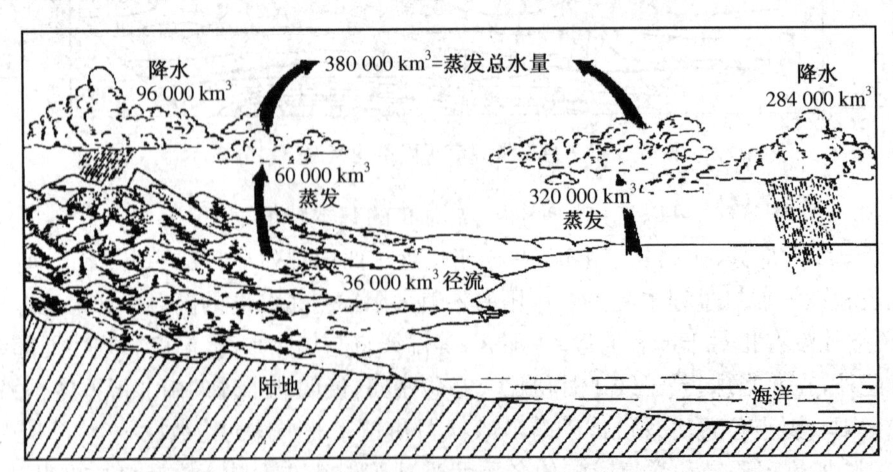

图3-4 地球系统水平衡

水量必须等于蒸发的水量。然而，将全球大陆合起来计算，其降水量超过蒸发量；与此相反，海洋上的蒸发却超过降水。由于世界海平面不断下降，因此，海上的降水损失必须由陆面"跑出来"的水来平衡。

总之，水循环是水从海洋到大气，由大气到陆地，再由陆地回到海洋的持续运动。这种水循环运动是保持行星表面水分分布的关键，它与所有的大气现象有着错综复杂的关系。

二、水的相变和相平衡

1. 相变

干洁大气的所有成分(见表 1-2)在大气的温、压范围内总保持为气体状态，然而水汽则不同，它能在所处的温、压条件下从一种状态(固态、液态或气态)转变到另一种状态。由于水汽具备这种相变能力，使其既能作为气体离开海洋，又能作为液体再返回，从而使水分循环得以存在。相态变化需要热量的吸收或释放(如图 3-5)。

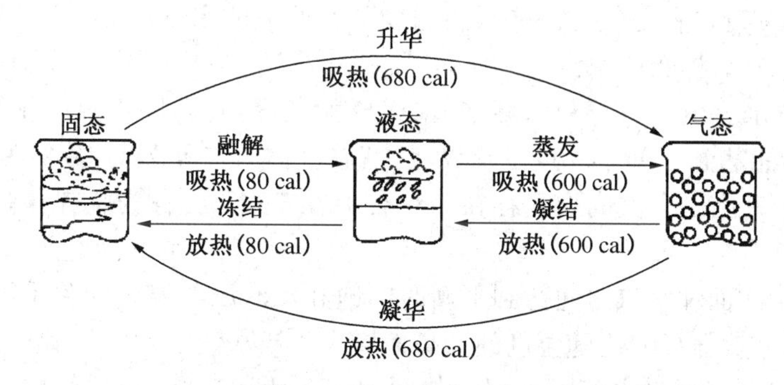

图 3-5 相态变化示意图

(1) **潜热** 在相态变化之中，供给物质的热量并非用于物质的温度变化。例如，当热量加到盛有冰、水(0 ℃)的玻璃杯时，其温度在冰全部融化以前是保持不变的。外界所给的热能被用于瓦解冰的内部晶体结构，使其融化。在这里，由于热能不产生温度变化，所以称之为潜(隐藏的意思)热。以后还可以看到，潜热在很多大气过程中起着重要作用。

(2) **蒸发** 从液态到气态的转化过程叫蒸发。蒸发(汽化)潜热定义为单位质量物质由液态转化为气态而不改变其温度时所需的热量。对于水物质来说，在 1 个大气压时和 100 ℃时，蒸发潜热 (汽化潜热)为 2.25×10^6 J·kg^{-1}，在 1 个大气压时和 0 ℃时，蒸发潜热为 2.5×10^6 J·kg^{-1}，在蒸发过程中，水分子吸收的能量，仅用来使水分子运动加剧、逃逸液态水表面而成为气体。在这一过程中，只是温度较高(运动较快)的那些分子能从水表面逸出，被保留下来的水的平均分子运动速度(和温度)被减小，所以通常说"蒸发是一个冷却过程"。

(3) **凝结** 凝结是指水汽转变成液态水的过程。为了发生凝结，水分子必须释放凝结潜热——相当于蒸发过程中吸收的能量。凝结潜热定义为单位质量物质由气态转化液态而不改变其温度时所需的热量。水在 1 个大气压时和 0 ℃时的凝结潜热为 2.5×10^6 J·kg^{-1}。云和雾的形成离不开凝结，而潜热的释放在强天气(雷暴、台风等)形成过程中起着重要的作用，同时，还能将大量来自热带的热量向极地输送。

(4) **融解和冻结** 融解是固态转变为液态的过程，单位质量物质由固态转化为液态而不改变其温度时所需的热量称为融解潜热。在 1 个大气压和 0 ℃时，冰的融解潜热为 3.34×10^5 J·kg^{-1}。冻结是与融解相反的过程，冻结潜热与融解潜热相等。

(5) **升华与凝华**　升华是用来描述固态直接转化为气态(不通过液态)的过程。例如，干冰(固态 CO_2)升华成气体的现象。而凝华是用来表示升华的相反过程，即水汽直接转化为固态的过程。例如，水汽在固体物(如草地或玻璃窗)上凝华，通常称这些凝华物为白霜，简称霜。冰箱内积聚的霜更为人们所常见。由图 3-5 可以清楚地看到，升华或凝华过程的能量收支等于融解和蒸发，或凝结和冻结两个过程的能量之和。

2. 相(态)平衡

相变过程中，常常会发生某一种稳定状态，其中相(态)的转变完全停止，于是在这个系统中便出现**相(态)平衡**。在相(态)平衡情况下，物质分子的交换仍可以不断地进行，但是分子从一种态到另一种态的转变就不发生了。

根据分子物理学和热力学理论，物质的相态及其变化由温度和压强决定。图 3-6 是由实验得出的纯水的相平衡图。图中曲线 OA 表示水与水汽共存时，饱和水汽压(E)与温度(t)的关系曲线，称为蒸发(或汽化)线。由图可见，饱和水汽压随温度的升高而增大。OA 线之左是液态，OA 线之右是气态。如果某温度下水面上的水汽压 $e<E$(如图中点 1 所示)，则出现蒸发，一部分水将变成水汽；如若水面上的水汽压 $e>E$(图中点 2 所示)，则一部分水汽将凝结，转化成水。由于一部分水凝结，水汽压就减小，直至图中点 2 下降到 OA 线上点 3 所示的状态，才能达到平衡。A 点是临界点，其温度称为临界温度，数值为 374 ℃，如果温度高于临界温度，只能以水汽的形式存在。A 点所对应的压强称为临界压强，其值等于 218 大气压。

曲线 OB 表示冰面和水汽之间达到平衡时的饱和水汽压与温度的关系，称为升华线。同样，冰面上的饱和水汽压(E_i)也随温度的增高而增大。当水汽压 $e<E_i$(如图中点 4 所示)，则出现升华，冰将变成水汽；当水汽压 $e>E_i$(如图中点 5 所示)，则出现凝华，水汽将转化成冰。曲线 OC 表示水和冰之间达到平衡时的曲线，称为融解线。

曲线 OA、OB、OC 相交于一点，在这一点上，水汽、水和冰三相共存，故称为**三相点**。三相点的温度为 0.007 5 ℃，压强为 6.11 hPa。

如果很小心地使水冷却，则纯水可以在 0.007 5 ℃以下并不冻结，这时的水称为过冷水，过冷水的饱和水汽压与温度的关系如 OB' 线表示。过冷水与水汽的平衡称为亚稳平衡。

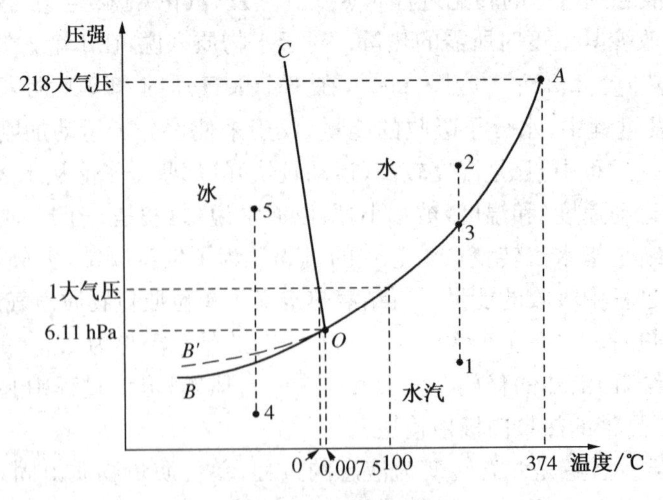

图 3-6　水的相平衡图

三、饱和水汽压与温度的关系

由前面可知,水面和冰面上的饱和水汽压都随温度升高而增加,下面将首先从相变热力学来推导表示饱和水汽压 E 与温度 T 的一般关系式——克拉珀龙-克劳修斯方程,然后分别给出水面、冰面及液滴表面饱和水汽压与温度的表达式。

1. 克拉珀龙-克劳修斯(Clapeyron-Clausius)方程

对于只考虑体积膨胀、压缩做功,满足无摩擦准静态过程的封闭系统,热力学第一定律可以写成

$$dQ = dU + dW = dU + pdV \tag{3-1}$$

式中,dQ 为加给系统的热量;dU 为系统的内能变化;$dW = pdV$ 是系统对外所做的功。

热力学第二定律的表达式为

$$dS \geqslant \frac{dQ}{T} \tag{3-2}$$

式中,dS 为系统熵的变化。

对于可逆过程,或系统处于某一平衡态,上式取等号,将其代入式(3-1),可得

$$TdS = dU + pdV \tag{3-3}$$

引入

$$G = U - TS + pV \tag{3-4}$$

G 称为吉布斯(Gibbs)函数(也叫吉布斯自由能或自由焓)。

对 G 求微分,并利用式(3-3),则有

$$dG = -SdT + Vdp \tag{3-5}$$

若温度和压强不变,则 $dG=0$,即处于平衡状态的闭合系统,在等温等压过程中,吉布斯函数为常数。然而,对于不可逆过程,在等温等压条件下,有 $dG<0$。这说明,在等温等压不可逆过程中,系统总是自发地向吉布斯自由能减少的方向进行,到达平衡态时,吉布斯自由能的数值最小($dG=0$)。

通常相变过程都是在等温等压下进行的。现在引入化学势的定义,即1个摩尔物质的吉布斯函数称为化学势(也称为热力位势),用 μ 表示,即

$$\mu = u - Ts + pv \tag{3-6}$$

$$d\mu = -sdT + vdp \tag{3-7}$$

热力学中常把只含一种化学成分的系统称为单元系。现在讨论由液态水和水汽组成的两相单元系统。可以证明,在两相平衡时,有

$$T_1 = T_2$$

$$\mu_1 = \mu_2 \tag{3-8}$$

这里,下标1和2分别表示水和水汽。假设水面是平面,则力学平衡条件为 $p_1 = p_2$。若保持两相平衡,而 T 和 p 有一微小改变 dT 和 dp 时,则在 $T+dT$,$p+dp$ 状态下有

$$\mu_1 + d\mu_1 = \mu_2 + d\mu_2$$

比较式(3－8)可得，$d\mu_1=d\mu_2$，再根据式(3－7)，可导出

$$\frac{dp}{dT}=\frac{s_2-s_1}{v_2-v_1} \tag{3-9}$$

在相变过程中，当水在等温等压下转变为水汽时，熵的变化(s_2-s_1)是由于蒸发潜热 L 传递给系统而产生的。利用式(3－6)，可将式(3－8)写成

$$u_1-Ts_1+pv_1=u_2-Ts_2+pv_2$$

于是

$$s_1-s_2=\frac{(u_2+pv_2)-(u_1+pv_1)}{T}$$

$$=\frac{h_2-h_1}{T}=\frac{L}{T} \tag{3-10}$$

式中，h_1 和 h_2 分别为水和水汽的**比焓**(比焓的定义为 h＝u＋pv)。

根据热力学第一定律，在等压过程中，系统焓的增加等于它所吸收的热量，在等温等压的水-汽相变过程中，系统焓的增加等于它吸收的(汽化)潜热 L。

式(3－10)代入式(3－9)，则得

$$\frac{dp}{dT}=\frac{L}{T(v_2-v_1)} \tag{3-11}$$

此式首先由克拉珀龙得到，并由克劳修斯从热力学理论导出，因此，称为**克拉珀龙-克劳修斯方程**。

通常以 E 表示饱和水汽压，并以 α_l 和 α_v 表示液态水和水汽的比容。由于 $\alpha_v \gg \alpha_l$，因此可取

$$\alpha_v-\alpha_l\approx\alpha_v=\frac{R_vT}{E}$$

代入式(3－11)，并以 dE 代替 dp，即得

$$\frac{dE}{dT}=\frac{LE}{R_vT^2} \tag{3-12}$$

式(3－12)是克拉珀龙-克劳修斯方程的近似形式，并在热力学与云、雾降水物理学中得到广泛应用。

2. 纯水平面上的饱和水汽压

假设汽化潜热 L 为常数，对式(3－12)积分则可得到

$$E=E_0\exp\left[\frac{L}{R_v}\left(\frac{1}{T_0}-\frac{1}{T}\right)\right] \tag{3-13}$$

式中 E 的单位为 hPa，T_0＝273.15 K；E_o 是该温度下的饱和水汽压，其值等于 6.11 hPa，将 T_0 等数值代入式(3－13)，得：

$$\ln\frac{E}{6.11}\approx 5\,420\left(\frac{1}{273}-\frac{1}{T}\right) \tag{3-13'}$$

3. 冰面上的饱和水汽压

为了获得冰面上的饱和水汽压 E_i 与温度 T 的关系，只要将式(3－12)中的蒸发潜热 L 换成升华潜热 $L_s=L+L_d$(L_d 为融解潜热)，然后积分，即得

$$E_i = E_0 \exp\left[\frac{L+L_d}{R_v}\left(\frac{1}{T_0}-\frac{1}{T}\right)\right] \tag{3-14}$$

当 $t<0$ 时，$E_i/E<1$，即在同一温度($t<0$ ℃)下，冰面上的饱和水汽压 E_i 总是小于过冷却水面上的饱和水汽压 E。

4. 球形液滴表面的饱和水汽压

自然界中很少出现纯净水，在云、雾降水等水成物的形成过程中，凝结、蒸发等相变过程多出现在球形水滴表面，其内部常溶有溶质，有时表面还带有电荷。球形液滴表面的饱和水汽压不同于水平面上的水的饱和水汽压。

(1) 球形纯水滴表面的饱和水汽压 E_r　利用吉布斯自由能 G 可以导出 E_r 与温度的关系如下(这里不做推导)

$$E_r = E\exp\left(\frac{2\sigma}{R_v T \rho_w r}\right) = E\exp\frac{c_r}{r} \tag{3-15}$$

此式即为经典的开尔文(Kelvin)公式，又称汤姆逊(Thomson)公式。

式中，E 为水平面上的饱和水汽压；σ 为水滴的表面张力系数；ρ_w 为水滴密度；r 为球形水滴的半径。

当 $r<10^{-6}$ cm 时，式(3－15)可近似写为

$$E_r \approx E\left(1+\frac{c_r}{r}\right) \tag{3-16}$$

当 $T=273$ K 时，$c_r \approx 1.2\times10^{-7}$ cm。

由式(3－15)和式(3－16)可见：对于凸面水滴，如雾滴、云滴、雨滴等，$r>0$，故 $E_r>E$，r 越小，E_r 越大，即水滴越小，要达到平衡所需的水汽压就越大。因此，水滴越小，越容易蒸发。对于凹面(如土壤、毛织物等的毛细孔隙)，$r<0$，故 $E_r<E$，而且 $|r|$ 越小(即凹的程度越大)，E_r 也越小。因此，在 $|r|$ 很小的凹面上，相对湿度小于 100%时就可以发生凝结。

(2) 球形溶液滴面的饱和水汽压 $E_{r,n}$　水是一种良好的溶剂，大气中的水滴几乎总是溶有盐或酸的混合物。瑞典气象学家 H·寇拉(H. Kohler)首先导出了 $E_{r,n}$ 与纯水平面上饱和水汽压 E 之间的关系：

$$E_{r,n} = \left(1+\frac{c_r}{r}\right)\left(1-\frac{c_n}{r^3}\right)E \tag{3-17}$$

若略去 $\frac{1}{r^4}$ 项，则有

$$E_{r,n} \approx \left(1+\frac{c_r}{r}-\frac{c_n}{r^3}\right)E \tag{3-18}$$

式中，$c_n=\frac{3}{4}\frac{m_2 M_1}{\pi\rho_L M_2}i$；其中 m_2 为溶质的质量；M_1 和 M_2 分别为溶剂(如水)和溶质的摩尔质量；ρ_L 是溶剂的密度；i 是范德霍夫(Vant Hoff)因子，是由溶质的化学性质和解离度决定的。

比较式(3-18)与式(3-16)可以看到,$(-c_n/r^3)$表示溶液(浓度)对饱和水汽压的影响,这种溶液效应与曲率效应(c_r/r)相反,它使液滴表面饱和水汽压减小,即$E_{r,n}<E$。但是这种影响随着r的增大而减少,因为对于一定的c_n,当r增大时,浓度变稀,$E_{r,n}$将增大。

(3) 荷电水滴表面的饱和水汽压$E_{r,q}$　设水滴的荷电总量q_e等于ν个元量电荷e,即$q_e=\nu e$,则利用吉布斯函数导出半径为r的带电水滴的$E_{r,q}$的表达式为

$$E_{r,q}=E\exp\left(\frac{c_r}{r}-\frac{c_q\nu^2}{r^4}\right) \tag{3-19}$$

式中,$c_q=\dfrac{e^2}{8\pi\rho_w R_v T}$。

式(3-19)也称为汤姆逊公式,它表明,水滴带电类似于水滴含有溶质,会使水滴表面的饱和水汽压降低。但是,电荷对E的影响并不大,若令$\nu=1$,则当$r>10^{-6}$cm时曲率影响起主要作用,只有当$r<10^{-6}$cm时电荷影响才能超过曲率影响。

§3.3 热流量方程

热流量方程是热力学第一定律在大气热力学过程中的具体应用形式。热力学第一定律指出:任意一孤立系统由状态Ⅰ微小变化至状态Ⅱ时,从外界吸收的热量dQ,等于该系统内能的变化dU和对外做功dW之和,即

$$\mathrm{d}Q=\mathrm{d}U+\mathrm{d}W \tag{3-20}$$ [①]

将其应用于大气时,通常假设:(1) 将大气看作理想气体;(2) 热力学过程是无摩擦准静态过程,且满足准静力条件;(3) 只考虑空气膨胀、压缩所做的功。

根据假设(1),理想气体的内能与体积无关,只是温度的函数,因此,系统内能的变化dU可写成

$$\mathrm{d}U=mc_v\mathrm{d}T \tag{3-21}$$

式中,c_v为**定容比热**。

由假设(2),空气微团(系统)内部压强p与外界环境压强p_e相等,即$p=p_e$,因此,系统抵抗外界压力所做的功为

$$\mathrm{d}W=p\mathrm{d}V \tag{3-22}$$

将式(3-21)和式(3-22)代入式(3-20),并考虑单位质量的空气,则得

$$\mathrm{d}Q=c_v\mathrm{d}T+p\mathrm{d}\alpha \tag{3-23}$$

因为大气探测项目中没有比容α,上式不便于直接应用,因此,通常用状态方程来消去上式中的α。对状态方程取微分,并代入上式,则可得

$$\mathrm{d}Q=(c_v+R)\mathrm{d}T-\alpha\mathrm{d}p=c_p\mathrm{d}T-RT\frac{\mathrm{d}p}{p} \tag{3-24}$$

---

① U是状态函数,与过程路径无关,而Q和W非状态函数,它们与过程路径有关,因此,严格讲应该写成$\delta Q=\mathrm{d}U+\delta W$。

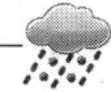

式中，c_p是**定压比热**，$c_p = c_v + R$。

这就是大气科学中常用的热力学第一定律表达式，也称为**大气热流量方程**。

由大气热流量方程可得到以温度表述的热量方程。式(3-24)同时除以 $\mathrm{d}t$ 并交换式中各项的位置，得

$$\frac{\mathrm{d}T}{\mathrm{d}t} = \frac{\alpha}{c_p}\frac{\mathrm{d}p}{\mathrm{d}t} + \frac{J}{c_p} \tag{3-25}$$

式中，$J = \mathrm{d}Q/\mathrm{d}t$，为非绝热加热率。上式右边第一项代表热胀冷缩产生的温度变率，右边第二项代表非绝热加热的热源和热汇效应，如对太阳辐射的吸收、长波辐射的吸收以及潜热释放等。上式可转换为温度的欧拉时间变率

$$\frac{\partial T}{\partial t} = -V \cdot \nabla T + \frac{\alpha}{c_p}\frac{\mathrm{d}p}{\mathrm{d}t} + \frac{J}{c_p} \tag{3-26}$$

上式右边第一项为温度的水平平流项。

§3.4　绝热过程和绝热温度变化

系统与外界无热量交换的过程叫**绝热过程**。由式(3-24)可知，在绝热过程中，温度的改变完全由外界气压的改变所决定。大气中，特别是在自由大气中，当空气做“快速”垂直运动时，由于气压随高度变化很快，气块的温度随着外界气压的变化在很短时间内就发生很大的变化，而在这较短的时间内，气块与周围空气之间的热交换对气块状态变化的影响要远比气压变化造成的影响小，因此，可以忽略气块与周围环境之间的热交换，将气块垂直运动看作绝热运动。当然，在大气边界层，尤其是近地层几十米的气层内，湍流热交换很强；在平流层内，辐射影响显著；以及在那些时间比较长的过程中，热量交换的累计效应较明显。这些情况下的大气过程不能认为是绝热的。

气象上，在讨论空气热状态和热力学过程时，常将空气分为未饱和湿空气与饱和湿空气两大类，下面分别讨论它们的绝热过程。

一、干绝热过程

干绝热过程是指在绝热过程中，气块内的水汽始终未达到饱和、没有相变发生的过程。

1. 干绝热方程

对于绝热过程，$\mathrm{d}Q=0$，单位质量未饱和湿空气的热流量方程式(3-24)可写成

$$c_p\frac{\mathrm{d}T}{T} = R\frac{\mathrm{d}p}{p} \tag{3-27}$$

对上式从初态 P_0，T_0 到状态 P，T 进行积分，得

$$\frac{T}{T_0} = \left(\frac{p}{p_0}\right)^{R/c_p} = \left(\frac{p}{p_0}\right)^{\kappa} \tag{3-28}$$

式中，$\kappa = \dfrac{R}{c_p}$。

式(3-28)就是未饱和湿空气的绝热方程，也称为**泊松(Poisson)方程**。

未饱和湿空气的 κ 与干空气的 $\kappa_d\left(=\frac{R_d}{c_{pd}}\right)$ 差值很小，因为

$$\kappa=\frac{R}{c_p}=\frac{R_d(1+0.608q)}{c_{pd}(1+0.837q)}\approx(1-0.229q)\kappa_d$$

一般情况下，比湿 q 小于 0.04，可以取 $\kappa\approx\kappa_d=0.286$，于是式(3-28)可以写成

$$\frac{T}{T_0}=\left(\frac{p}{p_0}\right)^{R_d/c_{pd}}=\left(\frac{p}{p_0}\right)^{\kappa_d}=\left(\frac{p}{p_0}\right)^{0.286} \tag{3-29}$$

这说明，未饱和湿空气的绝热方程与干空气绝热方程相当接近，可以用同一方程式(3-29)来描述。

2. 干绝热(温度)递减率

在静力平衡大气中，未饱和湿空气在绝热上升(或下降)过程中，由于外界气压变化引起体积的膨胀(或压缩)，其温度也随之发生变化。这种做干绝热升降运动的气块的温度随高度的变化率 $\gamma_d=-\frac{\mathrm{d}T}{\mathrm{d}z}$ 称为**干绝热递减率**。

由式(3-27)，可将气块的温度变化 $\mathrm{d}T$ 与气压变化的关系写为

$$\mathrm{d}T=\frac{R_dT}{c_{pd}}\frac{\mathrm{d}p}{p} \tag{3-30}$$

根据准静力条件($p=p_e$，$\mathrm{d}p=\mathrm{d}p_e$)，可将静力方程和状态方程分别写为 $\mathrm{d}p=\mathrm{d}p_e=-\rho_eg\,\mathrm{d}z$ 和 $\rho_e=\frac{p}{R_dT_e}$，代入式(3-30)，则有

$$\mathrm{d}T=-\frac{g}{c_{pd}}\frac{T}{T_e}\mathrm{d}z$$

因此

$$\gamma_d=-\frac{\mathrm{d}T}{\mathrm{d}z}=\frac{g}{c_{pd}}\frac{T}{T_e}\approx\frac{g}{c_{pd}}\approx 9.8\ \mathrm{K\cdot km^{-1}}=0.98\ ℃\cdot(100\ \mathrm{m})^{-1} \tag{3-31}$$

式(3-31)表明，未饱和湿空气绝热上升时，每升高 100 m，其温度下降 0.98 ℃；同理，每下降100 m，温度升高 1 ℃。

3. 位温

气块在干绝热过程中，虽然与外界无热量交换，但是其温度却随着气压变化而发生改变。为了比较不同气压情况下气块的热状态，气象上引入“位温”这个概念。

位温的定义是气块沿干绝热过程移动到 1 000 hPa 时所具有的温度，以 θ 表示。根据干绝热方程式(3-29)，位温的表达式为

$$\theta=T\left(\frac{1\,000}{p}\right)^{\kappa} \tag{3-32}$$

位温在干绝热过程中是不变的，其证明如下。

对式(3-32)两边取对数，然后微分，可以得到

$$\frac{\mathrm{d}\theta}{\theta}=\frac{\mathrm{d}T}{T}-\frac{R_d}{c_{pd}}\frac{\mathrm{d}p}{p}$$

将此式两边乘 $c_{pd}T$，然后与热流量方程式(3-24)进行比较，并近似取 $c_p=c_{pd}$，$R=R_d$，则得

$$dQ \approx c_{pd}T\frac{d\theta}{\theta} \tag{3-33}$$

式(3-33)是热流量方程的另一种表达形式。

可以看到：(1) 在绝热过程中，由于 $dQ=0$，因此 $d\theta=0$，θ 等于常数，也就是说，干绝热过程中位温 θ 是保守量，干绝热过程就是等 θ 过程；(2) 对于非绝热过程(位温显然不保守)，可以由位温的变化来判断气块的热量收支。当位温增加时，气块有热量收入；位温降低时，有热量放出。

同样可以定义一个虚位温 θ_v

$$\theta_v = T_v\left(\frac{1\,000}{p}\right)^{\kappa} \tag{3-34}$$

虚位温和位温的关系是：

$$\theta_v = T(1+0.608q)\left(\frac{1\,000}{p}\right)^{\kappa} = \theta(1+0.608q) \tag{3-35}$$

4. 位温梯度

位温梯度是指位温的垂直梯度$\frac{\partial\theta}{\partial z}$，表示位温的垂直分布。下面将推导位温垂直分布与气温垂直分布的关系。

对位温表达式(3-32)取对数，再对高度 z 微分，并利用静力方程和干空气状态方程，有

$$\frac{1}{\theta}\frac{\partial\theta}{\partial z} = \frac{1}{T}\frac{\partial T}{\partial z} - \frac{\kappa}{p}\frac{\partial p}{\partial z} = \frac{1}{T}\frac{\partial T}{\partial z} + \frac{1}{c_{pd}}\frac{g}{T} = -\frac{\gamma}{T} + \frac{\gamma_d}{T}$$

于是

$$\frac{\partial\theta}{\partial z} = \frac{\theta}{T}(\gamma_d - \gamma) \tag{3-36}$$

式中，$\gamma=-\frac{\partial T}{\partial z}$为大气温度直减率。

以后可以看到，由于式(3-36)的成立，位温梯度$\frac{\partial\theta}{\partial z}$也能用于判断大气静力稳定度。

5. 抬升凝结高度(Z_c)

未饱和湿空气块绝热上升时，随着气压和温度的降低，气块的水汽压 e 和饱和水汽压也降低，与此相应露点温度 T_d 也将降低。然而，由于气块的干绝热温度递减率远大于其露点温度递减率，温度和露点将逐渐接近，达某高度 Z_c 时，温度与露点相等，这时气块的水汽压 e 正好等于该温度下的饱和水汽压，气块达饱和状态而开始凝结。因此，称未饱和湿空气上升到达饱和的高度 Z_c 为**抬升凝结高度**(简称凝结高度)，则可以作为云底高度的近似。

为了推导凝结高度的计算公式，必须首先求出**露点温度递减率** γ_τ。在干绝热过程中，比湿 q 为保守量，对 $q=0.622\frac{e}{P}$取对数，并对高度求导，得

$$\frac{1}{e}\frac{de}{dz} = \frac{1}{p}\frac{dp}{dz} \tag{3-37}$$

由于水汽压与露点温度下的饱和水汽压相等，即 $e=E(T_d)$，因此，克拉珀龙-克劳修斯方程式(3-12)可以改写为

$$\frac{\mathrm{d}e}{\mathrm{d}T_d}=\frac{Le}{R_v T_d{}^2} \tag{3-38}$$

根据式(3-37)和式(3-38)，并利用静力方程和状态方程，可得

$$\gamma_\tau=-\frac{\mathrm{d}T}{\mathrm{d}z}=-\frac{\mathrm{d}T_d}{\mathrm{d}e}\frac{\mathrm{d}e}{\mathrm{d}z}=\frac{gR_v}{LR_d}\frac{T_d{}^2}{T} \tag{3-39}$$

以常数 g,L,R_v 和 R_d 的数值代入上式，并取 $\frac{T_d}{T}\approx 1$，$T_d\approx 273\ \mathrm{K}$，则有

$$\gamma_\tau=6.28\times 10^{-8}\frac{T_d{}^2}{T}=0.17\ ℃\cdot(100\ \mathrm{m})^{-1} \tag{3-39'}$$

设 T_0 和 T_{d0} 分别为起始高度气块的温度和露点，则气块干绝热上升到凝结高度 Z_c 时的温度和露点分别为

$$T(Z_c)=T_o-\gamma_d Z_c$$

$$T_d(Z_c)=T_{d0}-\gamma_\tau Z_c$$

式中抬升凝结高度 Z_c 是相对于地面的高度，凝结高度上气块的温度与露点相等，即 $T(Z_c)=T_d(Z_c)$，因此，凝结高度 Z_c(米)可由下式计算

$$Z_c=\frac{T_0-T_{d0}}{\gamma_d-\gamma_\tau}\approx 123(T_0-T_{d0}) \tag{3-40}$$

二、饱和湿空气的绝热过程

未饱和湿空气上升时，先按干绝热过程降温，到达凝结高度水汽达饱和时就开始出现凝结。如果饱和气块继续上升，其绝热过程就称为湿绝热过程。湿绝热过程中饱和气块内有水的相变。通常将湿绝热过程分为两种情况进行讨论：(1) 可逆的饱和过程，简称**湿绝热**过程，是指凝结高度以上凝结出来的水滴或冰晶不脱离原气块，始终跟随气块上升或下降，由于气块水分总量不变，凝结释放的潜热又全部保留在气块内部，因此，过程沿相反方向进行(下降)时，气块的垂直增温率与上升时的递减率相同，即过程可逆；(2) **假绝热**过程，在这过程中，一旦有水汽凝结物(水滴或冰晶)出现，它们就全部从气块中降落，由于凝结物的降落，使气块的下降过程按干绝热递减率(它大于上升过程中的湿绝热递减率)增温，无法回到原来的状态，是一个不可逆过程，又因凝结物的脱离使气块失去一部分热量，严格说来是非绝热的，所以称为假绝热过程。实际大气过程既不是可逆的湿绝热过程，也不是完全的假绝热过程，通常介于两者之间。

1. 湿绝热方程

可逆的湿绝热过程是一个等熵过程，因此，可以利用熵函数来推导湿绝热方程。

含有液态水(不含固态水)的饱和湿空气块是一个二元多相体系，它含有干空气、水汽和液态水，其中干空气的质量不变，水汽和液态水可以相互转变。为简单起见，假设液态水的界面是平面。

该系统的比熵 s 是干空气、水汽和液态水的熵之和，即

$$s = S_d + S_v + S_l = m_d s_d + m_v s_v + m_w s_l \tag{3-41}$$

式中，S_d, S_v, S_l 分别为干空气、水汽和液态水的熵，s_d, s_v, s_l 为相应的比熵；m_d, m_v, m_l 为干空气、水汽和液态水的质量；总质量 $m=m_d+m_v+m_l=m_d+m_l$ 为单位质量。

对 S_d, S_v, S_w 分别求微分，有

$$dS_i = \left(\frac{\partial S_i}{\partial T}\right)_{p,m} dT + \left(\frac{\partial S_i}{\partial p}\right)_{T,m} dp + s_i dm_i \tag{3-42}$$

式中，下标 i 分别代表干空气(d)、水汽(v)和液态水(l)。

根据热流量方程式(3-24)和$\left(\frac{\partial S_i}{\partial T}\right)_{p,m}$，$\left(\frac{\partial S_i}{\partial P}\right)_{T,m}$的热力学关系，利用克拉珀龙-克劳修斯方程，以及描述 L_v 随温度变化的方程$\frac{dL_v}{dT}=c_{pv}-c_l$ 可以推导出

$$ds = (m_d c_{pd} + m_w c_l) d\ln T - m_d R_d d\ln p_d + d\left(\frac{m_v L_v}{T}\right) \tag{3-43}$$

式中，$m_w=m_v+m_l$。

因为湿绝热过程是等熵过程，所以式(3-43)变为

$$(m_d c_{pd} + m_w c_l) d\ln T - m_d R_d d\ln p_d + d\left(\frac{m_v L_v}{T}\right) = 0$$

上式除以 m_d，就得到湿绝热方程

$$(c_{pd} + r_w c_l) d\ln T - R_d d\ln p_d + d\left(\frac{r_s L_v}{T}\right) = 0 \tag{3-44}$$

式中，r_w 为水物质(包括水汽和液态水)的混合比；r_s 是湿空气的饱和混合比。

2. 假绝热方程

假绝热过程中，由于凝结的液态水立即全部脱离系统，但释放的潜热仍留在气块中，因此，可以近似当作绝热过程($dQ\approx 0$)，而且熵近似不变。于是，只要将式(3-44)中的 r_t 改为 r_s 就可以得到假绝热方程

$$(c_{pd} + r_s c_l) d\ln T - R_d d\ln p_d + d\left(\frac{r_s L_v}{T}\right) = 0 \tag{3-45}$$

通常 $r_s c_l \ll c_{pd}$，因此，假定 $c_{pd}+r_s c_l \approx c_{pd}$，得到假绝热方程的近似表达式

$$c_{pd} d\ln T - R_d d\ln p_d + d\left(\frac{r_s L_v}{T}\right) = 0 \tag{3-46}$$

若水的汽化潜热 L_v 随温度 T 的变化缓慢，可将其视为常数，并略去高价小量$\frac{r_s L_v}{T^2}dT$ 项，则上式进一步简化为

$$c_{pd} dT - R_d T d\ln p_d + L_v dr_s = 0 \tag{3-47}$$

3. 湿绝热温度递减率

理论上，在假绝热上升过程中，由于凝结液态水立即脱离气块，而没有将潜热释放给系统，

因此,在上升过程中气块的降温要比可逆湿绝热过程的降温大。但实际上仍有部分潜热留于气块,因此,两者的区别不大,可将湿绝热上升过程和假绝热上升过程视为等价。然而在下降过程中,两者差别较大,可逆的饱和绝热过程仍然是湿绝热过程,而假绝热过程则是干绝热变化过程。

由于计算湿绝热方程式(3-44)比假绝热方程式(3-47)要复杂得多,而湿绝热上升过程与假绝热上升过程差别不大,因此,常用假绝热方程式(3-47)来讨论气块上升阶段的湿绝热过程。下面就从式(3-47)出发,用类似推导干绝热温度递减率 γ_d 的方法来推导**湿绝热温度递减率** γ_m。

假设饱和气块满足准静力条件,并取 $R_e \approx R_d$, $T_e \approx T$, $\frac{\mathrm{d}p_e}{p_e} \approx \frac{\mathrm{d}p}{p}$,则静力方程可写为

$$\frac{\mathrm{d}p}{\mathrm{d}z} = -\rho_e g \approx -\frac{pg}{R_d T}$$

代入式(3-47)可得

$$\mathrm{d}T = \frac{R_d T}{c_{pd}} \mathrm{d}\ln p - \frac{L_v}{c_{pd}} \mathrm{d}r_s = -\frac{g}{c_{pd}} \mathrm{d}z - \frac{L_v}{c_{pd}} \mathrm{d}r_s$$

于是,湿绝热递减率 γ_m 为

$$\gamma_m = -\frac{\mathrm{d}T}{\mathrm{d}z} = \gamma_d + \frac{L_v}{c_{pd}} \frac{\mathrm{d}r_s}{\mathrm{d}z} \tag{3-48}$$

式中,$\mathrm{d}r_s$ 是上升过程中因凝结而减少的水汽量。

因为$\frac{\mathrm{d}r_s}{\mathrm{d}z} < 0$,故有 $\gamma_m < \gamma_d$。利用公式 $r_s = 0.622 \frac{E}{p}$,可将式(3-48)写为

$$\gamma_m = \gamma_d \frac{p+a}{p+b} \tag{3-49}$$

式中,$a = 0.622 \frac{L_v E}{RT}$;$b = 0.622 \frac{L_v}{c_{pd}} \frac{\mathrm{d}E}{\mathrm{d}T} \approx 0.622 \frac{E L_v^2}{c_{pd} R_v T^2}$。

根据式(3-49),由饱和湿空气的温度和压强就能求出相应的 γ_m。γ_m 与 γ_d 相比,至少有两点区别:(1) $\gamma_m < \gamma_d$;(2) $\gamma_d = \frac{g}{c_{pd}}$是常数,而 γ_m 是 P,T 的函数。高温时,r_s 和 E 值大,γ_m 值小;随着温度的降低,水汽含量逐渐减少,γ_m 逐渐向 γ_d 接近。

4. 假相当位温和假相当温度

(1) 假相当位温(θ_{se}) 在干绝热过程中,位温 θ 不变,利用 θ 的保守性可以跟踪未饱和空气的运动,识别运动过程中的气块。但在凝结高度以上的湿绝热过程中,由于凝结和凝结物的降落,位温 θ 不再保守,不能用来表征饱和湿空气的热力学性质。但这时却存在另一个保守量——假相当位温(θ_{se}),它能用来跟踪饱和湿空气的运动。

在湿绝热过程中,由于释放凝结潜热,系统得到的热量 $\mathrm{d}Q = -L\mathrm{d}r_s$,将其代入热流量方程式(3-33),可以得到

$$-L_v \frac{\mathrm{d}r_s}{c_{pd} T} = \frac{\mathrm{d}\theta}{\theta} \tag{3-50}$$

可见,在湿绝热上升过程中,由于凝结($\mathrm{d}r_s < 0$)释放潜热,使位温随着高度的增加而升高($\mathrm{d}\theta > 0$)。为了便于对上式积分,取$\frac{\mathrm{d}r_s}{T} \approx \mathrm{d}\left(\frac{r_s}{T}\right)$,并取 L_v 为常数,则式(3-50)可改写为

$$-\mathrm{d}\left(\frac{L_v r_s}{c_{pd}T}\right)\approx\frac{\mathrm{d}\theta}{\theta} \tag{3-51}$$

将上式从凝结高度(温度为 T_c,位温为 θ_c)积分至 $r_s=0$ 的高度,并定义气块假绝热上升至水汽全部凝结时得到的最大 θ 值为**假相当位温 $\boldsymbol{\theta}_{se}$**,则得

$$-\frac{L_v r_s}{c_{pd}T_c}=\ln\frac{\theta_c}{\theta_{se}}$$

于是 θ_{se} 的定义式可写为

$$\theta_{se}=\theta_c\exp\left(\frac{L_v r_s}{c_{pd}T_c}\right) \tag{3-52}$$

按照前面所给出的位温的定义,θ_{se} 就是湿空气在上升过程中(先为干绝热上升,凝结高度以上按湿绝热上升)至所含水汽全部凝结、降落,潜热全部释放后,再按干绝热过程下降到 1 000 hPa 时的温度,也是湿空气的最大可能位温。由式(3-52)可见,θ_{se} 是气块温度和饱和混合比 r_s 的函数,不管空气处于未饱和前的干绝热过程中,还是在饱和的湿绝热过程中,其值都不变,是个保守量,这在下一节热力学图表中能直观地看到。

(2) 假相当温度(T_{se})　类似于干绝热过程中位温与温度的概念和关系,与假相当位温相对应的是假相当温度。**假相当温度**(T_{se})的定义是:饱和湿空气假绝热上升至 $r_s=0$,然后干绝热下降到起始高度(或气压)时所具有的温度。

由 θ_{se} 和 T_{se} 的定义可知,θ_{se} 与 T_{se} 的关系跟 θ 与 T 的关系都是和干绝热过程相联系的,因此,它们都满足泊松方程,即有

$$\theta_{se}=T_{se}\left(\frac{1\,000}{p}\right)^{\kappa} \tag{3-53}$$

式(3-53)与位温表达式(3-32)相比,得

$$\frac{\theta_{se}}{\theta}=\frac{T_{se}}{T}$$

以 θ_{se} 的定义式(3-52)代入上式,可得 T_{se} 与 T 的关系式

$$T_{se}=T\exp\left(\frac{L_v r_s}{c_{pd}T}\right) \tag{3-54}$$

部分欧美国家习惯使用**相当位温** θ_e,其定义假相当位温 θ_{se} 类似:

$$\theta_e=\theta_c\exp\left(\frac{L_v q_s}{c_p T_c}\right) \tag{3-55}$$

在气块绝热或假绝热上升和下降过程中,**湿静力能**(MSE)是守恒量

$$\mathrm{MSE}=c_pT+\varphi+L_vq \tag{3-56}$$

式中,T 为气块温度;φ 为重力位势;q 为比湿。上式中右边第一项为单位空气质量的焓,第二项为位能,第三项为潜热项。前两项又称为**干静力能**。当气块干绝热上升时,焓转化为位能,潜热保持不变。在湿绝热上升过程中,位能增加,而焓和潜热都减小,但三项之和确保持不变。

5. 焚风效应

焚风是气流越过山后在背风坡形成的干热风。它有可能使植物、庄稼枯死,森林出现火灾。焚风是自然界中存在的一种假绝热过程。如图 3-7 所示,当气流遇山被迫抬升时,若其

凝结高度低于山脉高度，则山前气流先按干绝热递减率 γ_d 降温，至凝结高度，达饱和后，水汽开始凝结，并进而形成云和降水，这时空气按湿绝热递减率(γ_m)缓慢降温。当气流过山顶沿山坡下滑时，因凝结物大多在迎风坡作为雨降落，背山坡空气在开始下滑的短时间内，会因保留在气块中的一小部分凝结物的蒸发而按湿绝热递减率增温。但在以后的大部分时间内，则以干绝热变温率增温。结果，越山气流到达山下时，其温度就会比越山前高得多，而湿度却小得多，从而形成焚风现象。若给定空气越山前的温度、湿度、山的高度和水汽凝结形成降水降落的百分比，则可以利用现有的热力学知识计算出背风坡焚风的温度和湿度。

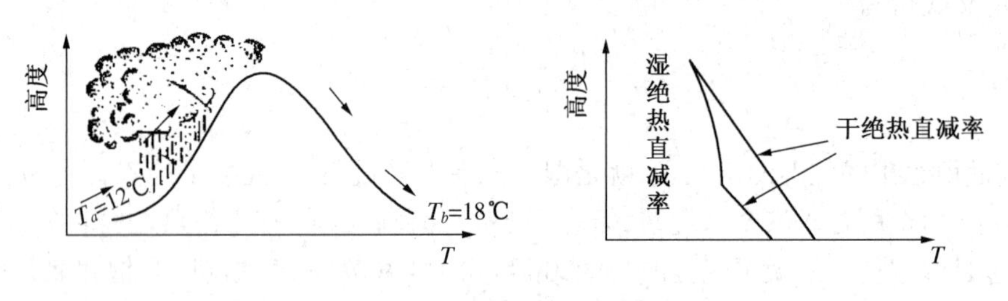

图 3-7　焚风成因示意图

§3.5　热力学图解

大气的热力状态、热力过程，以及在热力过程中各种物理量的变化等，可以从理论上通过数学公式进行计算，然而利用图解法要简便得多，而且直观清晰，不仅能用于分析研究，更适合于日常的气象业务工作。热力学图解的种类很多，但是无论哪一种热力学图解，都是把常用的热力学公式预先给定各种可能的参数作成图表。

很多大气过程可以看成是绝热过程或假绝热过程，因此，大气热力学图解主要用来描述大气的绝热过程，常用的热力学图解有温度-对数压力图(又称埃玛图)、温熵图、斜埃玛图、假绝热图等。为了使热力学图表的用处更大、使用更方便，且计算比较精确，热力学图表的结构应满足以下要求：

① 为了便于在热力学图上反映系统做功和能量的变化，要求图上过程曲线所围的面积大小能代表功和能量的多少；

② 坐标最好是能实测到的气象要素或是其简单的函数；

③ 图上的主要线条尽可能为直线或近似为直线；

④ 图上各组线条之间的夹角尽可能大，以便准确读数。

一般绝热图上的基本线条有等温线、等压线、干绝热线、湿绝热线以及饱和比湿线。

温度-对数压力图应用广泛，这里仅对此图解进行介绍。

一、温度-对数压力图(T-$\ln p$ 图)结构

热力学中最简单的能量图解是 p　α 图解，但是气象观测中不能直接观测空气的比容，不能以 p、α 直接作为大气热力学图解的坐标。然而可以证明，如果一个热力学图表的坐标系为

$$\begin{cases} x=x(p,\alpha) \\ y=y(p,\alpha) \end{cases}$$

只要它对于 $p-\alpha$ 图解的雅可比值为某一非零常数 D，即

$$J=\frac{\partial x}{\partial \alpha}\frac{\partial y}{\partial p}-\frac{\partial x}{\partial p}\frac{\partial y}{\partial \alpha}=D \tag{3-57}$$

则该图也是一个能量图解，图上过程曲线所围的面积同样表示功和能量。

1. 坐标系

温度-对数压力图又称埃玛图(Emagram)(见附录二附图 1)，其坐标系为

$$\begin{cases}x=T\\y=-\ln p\end{cases}$$

纵坐标所示的气压向上减小，这与实际大气的情况相同，便于应用。此外，采用对数压力坐标的另一个优点是相差 K 倍的任何两根等压线之间的距离相等，因而可以用 1 000～200 hPa之间的等压线来代替 250～50 hPa 之间的等压线，这样，T-ln p 图就不至于太大。

2. 基本线条

(1) 等温线——平行于纵坐标的一组等间隔直线。

(2) 等压线——平行于横坐标的一组直线。

在纵坐标的左侧标有 1 000～200 hPa 之间每隔 100 hPa 的等压线数值，右侧括号内标有 250～50 hPa 之间的等压线数值。

(3) 干绝热线——即等位温线，是一组近似为直线的对数曲线。

对泊松方程求对数

$$\ln\theta=\ln T+\kappa\ln\left(\frac{1\,000}{p}\right)$$

将 $x=T, y=-\ln p$ 代入上式，得

$$y=\frac{1}{\kappa}(\ln\theta-\ln x)-\ln 1\,000 \tag{3-58}$$

在干绝热过程中，θ 为保守量。取一组不同的 θ 值就能得到一组等位温线，它是一组对数曲线，其斜率为

$$\frac{\mathrm{d}y}{\mathrm{d}x}=-\frac{1}{\kappa x}=-\frac{1}{\kappa T}$$

当温度变化范围不大时，斜率变化也不大，所以干绝热线近似为直线。

(4) 等饱和比湿线——一组近似为直线的双曲线。

按定义，饱和比湿 $q_s\approx 622\dfrac{E}{p}(\mathrm{g\cdot kg^{-1}})$。为了获得等饱和比湿线，只要取 $q_s=$常数，然后对上式取对数、微分，并利用克拉珀龙-克劳修斯方程的近似式 $\dfrac{\mathrm{d}E}{\mathrm{d}T}=\dfrac{L_vE}{R_vT^2}$，便可以得到

$$\mathrm{d}(\ln p)=-\frac{L_v}{R_v}\mathrm{d}\left(\frac{1}{T}\right)$$

对上式积分，则可得

$$\ln\frac{p}{p_o}=-\frac{L_v}{R_v}\left(\frac{1}{T}-\frac{1}{T_o}\right)$$

以 $x=T, y=-\ln p$ 代入上式，即得

$$y-y_0=\frac{L_v}{R_v}\left(\frac{1}{x}-\frac{1}{x_0}\right) \tag{3-59}$$

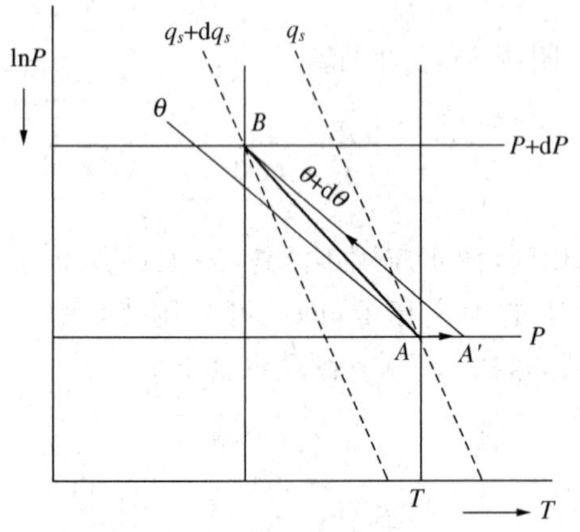

这就是等饱和比湿线所满足的双曲线方程，它在大气的温、压范围内近似为直线。

(5) 假绝热线——虚曲线。

由于饱和湿空气的绝热上升过程中，可逆湿绝热过程和假绝热过程差别不大，可以用假绝热过程来代替，一般 T-$\ln p$ 图上只绘制假绝热线。而且该曲线不是根据假绝热方程作出，而是根据物理过程的分析逐段画出来的。其思路是将假绝热过程近似处理成一个等压凝结过程加上一个干绝热过程(如图 3-8)，具体作法如下。

图 3-8　假绝热线的绘制

将点 $A(T,p,q)$ 到点 $B(T+\Delta T,p+\Delta p,q_s+\Delta q_s)$ 这一段假绝热线的绘制分为两步进行。第一步，假设饱和气块由 A 到 B 的全部可凝结水汽先在点 A 等压凝结，释放的潜热使空气增温至点 $A'(T',P,q_s+\Delta q_s)$，其中 $T'=T+\left(\frac{-L_v\Delta q_s}{c_{pd}}\right)$。这时点 A' 的比湿 $(q_s+\Delta q_s)<q_s$，不饱和。第二步，将不饱和气块 A' 干绝热上升到与等饱和比湿线 $(q_s+\Delta q_s)$ 相交，得到点 $B(T+\Delta T,p+\Delta p,q_s+\Delta q_s)$。$A$ 与 B 点的连线就是状态 A 与 B 之间的假绝热线。

以点 B 为起点重复以上制作 AB 线的方法，即可得到点 B 上面的点 C。继续这样的过程就可以得到整个假绝热线。这种近似的绘图方法所引起的误差，从能量角度上看，等于三角形 $AA'B$ 面积所代表的能量。为了减小这种误差，作图时必须尽量减小 Δq_s。

假绝热过程中，θ_{se} 近似为常数，因此，假绝热线也是等 θ_{se} 线。

二、T-$\ln p$ 图的应用

T-$\ln p$ 图中绘有标明绝热过程的多种温湿参量等值线，因此，可以利用气象观测中的探空资料 T,p,T_d(或 f)，在图上绘制温湿层结曲线和状态曲线，查算各种温湿特征量，以及等压面厚度等。这种直观、简便的图解方法在实际工作中得到广泛应用。

1. 点绘层结曲线

将高空观测所得的气压、温度值点绘在 T-$\ln p$ 图上，连接各点即得**温度层结曲线**。由于高度与气压存在一定的关系，因此，可以把温度随气压的分布 $T(p)$ 看作温度随高度的分布 $T(z)$，层结曲线也就是 $\frac{\partial T}{\partial z}$ 的图解表示。

若把高空观测的露点或相对湿度值点绘在 T-$\ln p$ 图上，连接成曲线就得到表示湿度分布的层结曲线。

2. 作绝热过程的状态曲线

状态曲线表示空气上升下降过程中状态(温度)的变化，它是未饱和湿空气先沿干绝热线上升至凝结高度，然后沿湿绝热线上升所构成的曲线。

3. 求温湿特征量——以某一状态点 $A(p,t,t_d)$ 为例

(1) 位温(θ)　通过点 A 的干绝热线与 1 000 hPa 等压线相交点所对应的温度，即为点 A

空气的位温。因为图中干绝热线上注有 θ 值，所以实际操作时，只要直接读取通过点 A 的干绝热线上的位温数值即可。例如，当点 A 的 $p=1\ 010$ hPa，$t=22$ ℃时，则 $\theta=21.5$ ℃。

(2) 饱和比湿(q_s)和比湿(q)　为求取点 $A(1\ 010,22,14)$ 的饱和比湿，只要读取通过该点的等饱和比湿线的数值(没有等饱和比湿线通过时，采用内插法)即可。本例点 A 的 $q_s=16.4\ \text{g}\cdot\text{kg}^{-1}$。

因为比湿 $q=622\dfrac{e(t)}{p}=622\dfrac{E(t_d)}{p}$，所以通过($p,t_d$)点的饱和比湿即为实际比湿。由点 A 的 $p=1\ 010$ hPa，$t=22$ ℃，$t_d=14$ ℃求得 $q=9.9\ \text{g}\cdot\text{kg}^{-1}$。

(3) 相对湿度(f)　可以采用图解法和公式相结合的方法，先由图求出 q 和 q_s，再由公式 $f=\dfrac{q}{q_s}\times 100\%$ 算出相对湿度。以上面求出的 $q_s=16.4\ \text{g}\cdot\text{kg}^{-1}$，$q=9.9\ \text{g}\cdot\text{kg}^{-1}$ 代入，即可得 $f=60\%$。

相对湿度也可完全用图解法求取，但它不如上述图解与计算并用的方法简便易记，这里不作赘述。

(4) 凝结高度(z_c)　由于通过(p,t_d)点的饱和比湿就是状态 $A(p,t,t_d)$ 点的实际比湿 q，因此，由 $A(p,t)$ 点沿干绝热线上升，直到与通过(p,t_d)点的等饱和比湿线相交所得交点，即为凝结高度。仍以 $p=1\ 010$ hPa，$t=22$ ℃，$t_d=14$ ℃为例，由前面所求得的 $q=9.9\ \text{g}\cdot\text{kg}^{-1}$，可求得凝结高度 $z_c=893$ hPa。

(5) 假相当位温(θ_{se})　θ_{se} 可以根据其定义求取，即气块 $A(p,t,t_d)$ 沿干绝热线上升到凝结高度 B 点后，再沿湿绝热线上升，直至水汽全部凝结(即 θ_{se} 线与 θ 线平行时)，再沿干绝热线下降到1 000 hPa时的温度就是 θ_{se}。

由于 θ_{se} 在干、湿绝热过程中不变，湿绝热线就是等 θ_{se} 线，图中每根湿绝热线上都标有 θ_{se} 值，因此，可以利用 θ_{se} 的保守性简化求取的步骤，只要读出凝结高度 B 点的 θ_{se} 值即可。用此方法可以方便地得出状态 A(1 010 hPa，22 ℃，14 ℃)的 $\theta_{se}=52$ ℃。

(6) 饱和水汽压(E)和实际水汽压(e)　因为 $q_s=622\dfrac{E}{p}$，当 $p=622$ hPa 时，饱和比湿 $q_s(\text{g}\cdot\text{kg}^{-1})$ 的值与饱和水汽压 E(hPa)的数值相等，利用这一特点，可以按如下方法求饱和汽压(E)。

沿着状态点 $A(p,t)$ 的等温线上升(t 不变，E 则不变)，直至与 $p=622$ hPa 等压线相交于 D 点(如图 3-9)，则通过 D 点的饱和比湿线 q_s 的数值就是 A 点的饱和水汽压(E)。

求取实际水汽压(e)的方法与求 E 的方法类似。利用 $q=622\dfrac{e}{p}=622\dfrac{E(t_d)}{p}$，只要沿通过 $A'(p,t_d)$ 点的等温线上升到与 $p=622$ hPa 等压线相交于 D' 点，则该点等饱和比湿线(q_s)的数值就是状态 $A(P,t,t_d)$ 的实际水汽压。若取 $p=950$ hPa，$t=20$ ℃，$t_d=12$ ℃，用上述方法求出 $q_{SD}=24\ \text{g}\cdot\text{kg}^{-1}$，$q_{SD'}=14\ \text{g}\cdot\text{kg}^{-1}$，因此，$E=24$ hPa，$e=14$ hPa。

(7) 假湿球位温(θ_{sw})和假湿球温度(T_{sw})　**假湿球位温**的定义是：空气由状态(p,t,t_d)按干绝热上升到凝结高度后，再沿湿绝热线下降到 1 000 hPa 时所具有的温度。在 T-ln$p$ 图(如图 3-10)上求 θ_{sw}，就是从 A 点出发，沿干绝热线上升到凝结高度 B，再沿湿绝热线下降到 1 000 hPa的 F 点所具有的温度。根据此定义和求法可以清楚地看到 θ_{sw} 在干、湿绝热过程中都是不变的，因此，它与 θ_{se} 一样都被广泛应用于气团和锋面分析中。

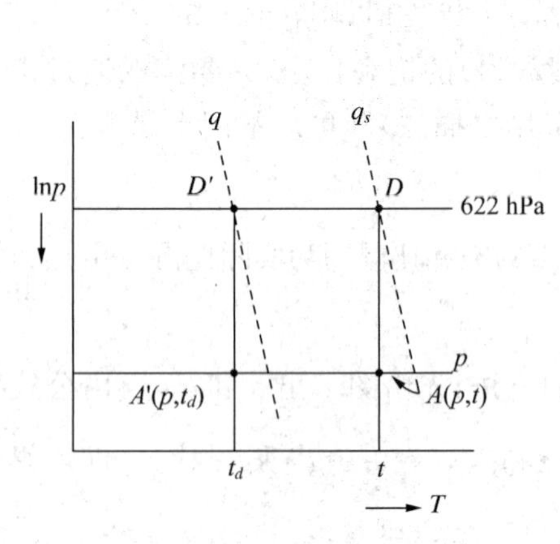

图 3-9　E 和 e 的求取

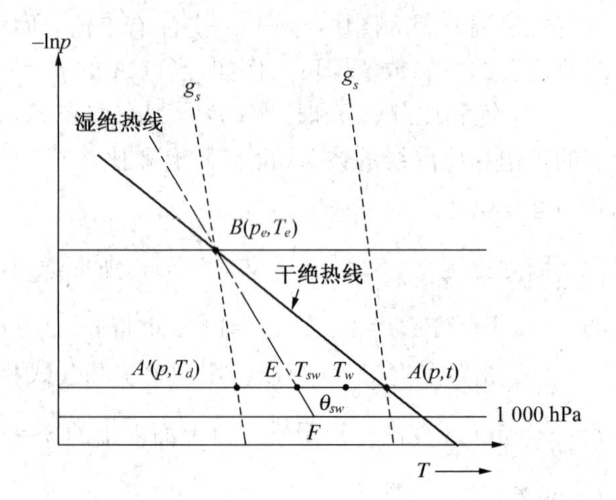

图 3-10　θ_{sw} 和 T_{sw} 的定义和求法

显然，**假湿球温度 T_{sw}**，是从凝结高度 B 点沿湿绝热线下降到原来的高度 E 点时所得到的温度(如图 3-10)。

从理论上可以推出 θ_{sw} 与 θ_{se}，T_{sw} 与 T_w(湿球温度)之间的关系

$$\theta_{se}=\theta_{sw}\exp[L_v q_s(\theta_{sw})/c_{pd}\theta_{sw}]\approx\theta_{sw}+\frac{L_v q_s(\theta_{sw})}{c_{pd}}$$

$$T_w-T_{sw}=\frac{L_v[q_s(T_{sw})-q_{sw}(T_w)]}{c_{pd}}+\frac{W}{c_{pd}}\approx\frac{W}{c_{pd}}>0$$

式中，W 是系统在回路 ABEA 循环(如图 3-10)中对外所做的功。

(8) 虚温(T_v)　由虚温的定义 $T_v=T\left(1+0.378\dfrac{e}{p}\right)$，可得虚温差

$$\Delta T_v=T_v-T=0.378\frac{e}{p}T=0.378\frac{E}{p}\frac{e}{E}=\Delta T_{vs}f$$

式中，ΔT_{vs} 为饱和虚温差。

在 T-ln$p$ 图的各等压面(1 000 hPa，900 hPa，800 hPa，700 hPa，…)上，相邻两根短竖线之间的温度差表示饱和虚温差 ΔT_{vs}。因此，若已知状态 $A(p,t,f)$，则可由 ΔT_{vs} 求出 ΔT_v，最后由 $T_v=T+\Delta T_v$ 求得虚温 T_v。

若已知状态点的 p,T,T_d，则可以利用露点时的饱和虚温差 ΔT_{vs} 求出 T_v。

4. 求等压面间的厚度和高度

以位势米为单位的压高公式 $H_2-H_1=67.4\,\overline{T}\lg\dfrac{p_1}{p_2}$ 表明：给定不同的 $\overline{T}$ 值，可预先计算等压面 p_1 与 p_2 之间的厚度。采用在 T-ln$p$ 图上以小黄点上的数值表示的方法预先计算出的各标准等压面之间(1 000～850 hPa，850～700 hPa，700～500 hPa 等)的厚度。

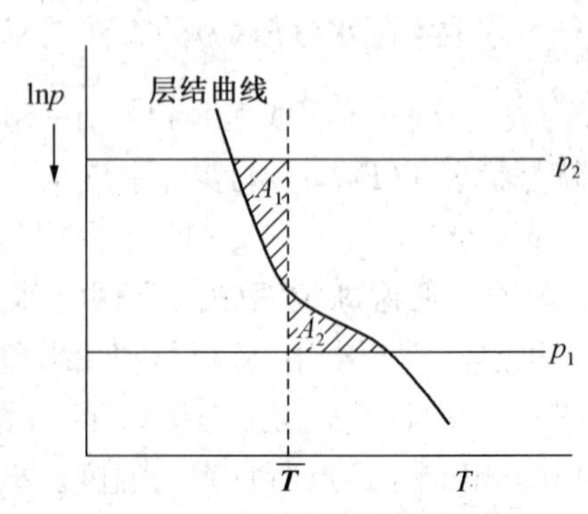

图 3-11　等面积法求 $\overline{T}$

若要求等压面 $p_1=850$ hPa 与 $p_2=700$ hPa 之间的厚度 H_{850}^{700}，则要首先根据层结曲线，利用等面积法(面积 $A_1=A_2$)求出 p_1 与 p_2 间的平均温度 $\overline{T}$(如图 3-11)，然

后在T-ln$p$图上读取对应于$\overline{T}$的 850～700 hPa 间的厚度。

如果要计算某地 500 hPa 等压面高度 H_{500}，则可利用下式实现

$$H_{500}=H_0+H_{p_0}^{1000}+H_{1000}^{850}+H_{850}^{700}+H_{700}^{500}$$

式中，H_0 是海拔高度；p_0 为本站气压；$H_{p_0}^{1000}$ 为 1 000 hPa 等压面距该站的高度，可由气压阶公式计算或查表 1－5 求得；而 H_{1000}^{850}，H_{850}^{700} 和 H_{700}^{500} 则可按像求取 H_{850}^{700} 的方法在T-ln$p$图上求取。

§3.6　大气静力稳定度

前面已指出，当空气绝热上升至凝结高度后开始凝结，继续上升就可能形成云和降水。那么，为什么空气有时能上升而有时却不能？为什么空气上升时，所形成的云和降水的类型、大小以及强度又那么多变？这与大气层结的稳定度密切相关。例如，各种雾、层状云、连续性降水都发生在较为稳定的大气中；而对流云、阵性降水，以及龙卷、冰雹等强对流天气都发生在不稳定大气层结中。

一、大气静力稳定度的概念

大气层结是指大气中温度和湿度的垂直分布，大气稳定度有静力稳定度和动力稳定度之分。这里所说的**静力稳定度**是指处于静力平衡状态的大气中，一旦空气团块受到外力（动力或热力）因子的扰动而离开原来位置，则产生垂直运动。当除去外力后，空气能保持其原位、或上升或下降的这种趋势，则称为大气静力稳定度。具体而言，假如有一块空气受外力作用，产生垂直运动，当外力除去后，可能出现以下 3 种情况：① 若气块逐渐减速，趋于回到原位，这时气块所处的气层，对于该气块而言是**稳定**的；② 若气块仍按原方向加速运动，而大气是**不稳定**的；③ 若气块既无回到原位又无继续向前的运动趋势，即被推到哪里就停在哪里，则称此大气为**中性**气层。

可见，大气稳定度是一种表示大气层结对气块能否产生对流的潜在能力的量度。但必须注意，大气稳定度并不是表示气层中已经存在的铅直运动，而是用来描述大气层结对于气块在受外力扰动而产生垂直运动时将起到什么影响（如加速、减速或等速）。这种影响只有当气块受到外界扰动后才能表现出来。

二、判断静力稳定度的基本方法——气块法

研究大气稳定度的首要任务在于事先找出是否有利于气块垂直运动发展的判据。分析大气静力稳定度的方法有气块法和薄层法。虽然薄层法比气块法有所改进，但是得出的判据与气块法基本相似，而气块法要比薄层法简单明了，因此，气象上普遍采用气块法。

气块法是假设气块在垂直运动中满足以下假定：① 气块做垂直运动时，周围的环境大气仍保持静力平衡状态；② 气块与周围环境之间无混合，即不发生质量和热量的交换；③ 在任一时刻气块的气压 p 与同高度环境空气的气压 p_e 相等，即符合准静力条件。

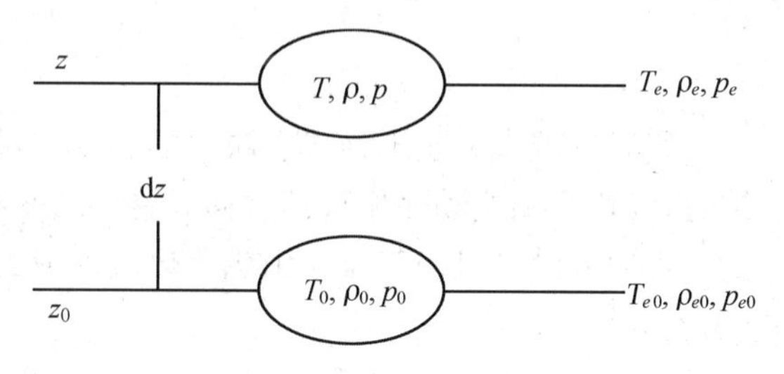

图 3－12　受垂直扰动后气块受力分析

如图 3－12 所示，在静力平衡的气层中任

取一个气块，其高度为 z_0，温度 T_0，气压 p_0 和密度 ρ_0 与环境空气的温度 T_{e0}、气压 p_{e0} 和密度 ρ_{e0} 相同。设此气块受外力作用产生一个铅直位移 dz 到达高度 z 时，其温度、气压和密度分别变为 T, p, ρ，而 z 处环境空气的温度、气压、密度分别为 T_e, p_e, ρ_e。若除去外力，气块是否继续上升，只要判断其是否有加速度 $\frac{dw}{dt}$？方向如何？为此，必须分析 z 高度处在垂直方向气块的受力情况。下面分两种情况进行讨论。

1. 干空气和未饱和湿空气的稳定度判据

气块在垂直方向上受两个力的作用：一个是重力 ρg，垂直向下；另一个是阿基米德浮力 $\rho_e g$，垂直向上。因此，气块在垂直方向所受的净作用力为 $f=\rho_e g-\rho g=(\rho_e-\rho)g$。由牛顿第二定律可知，气块在垂直方向的加速度为

$$\frac{dw}{dt}=\frac{f}{\rho}=\left(\frac{\rho_e-\rho}{\rho}\right)g \tag{3-60}$$

利用状态方程 $\rho=\frac{p}{R_dT}$，$\rho_e=\frac{p_e}{R_dT_e}$ 以及准静力条件 $p=p_e$，上式改写为

$$\frac{dw}{dt}=\left(\frac{T-T_e}{T_e}\right)g \tag{3-61}$$

上式表明：气块温度比环境空气温度高时，气块将加速向上运动；相反，气块温度比环境空气温度低时，将获得向下加速度，使得原先向上的加速度减小；当气块内外无水平温差时，则气块无垂直加速度。

实际应用时，为了便于判断稳定度，对式(3-61)做进一步变换。

利用干绝热递减率 $\gamma=-\frac{dT}{dz}$ 和气温直减率 $\gamma=-\frac{\partial T_e}{\partial z}$，有

$$T=T_o-\gamma_d dz$$

$$T_e=T_o-\gamma dz$$

代入式(3-61)，则得

$$\frac{dw}{dt}=\frac{(\gamma-\gamma_d)}{T_e}g\,dz \tag{3-62}$$

式(3-62)是判断静力稳定度的基本公式。

由式(3-62)可得未饱和湿空气的稳定度判据为

$$\gamma\begin{cases}>\gamma_d & \text{不稳定}\\=\gamma_d & \text{中性}\\<\gamma_d & \text{稳定}\end{cases} \tag{3-63}$$

气温递减率大于干绝热递减率的温度层结现象称为**超绝热**，属于不稳定层结。在稳定层结时，气块受到扰动而作垂直位移时将围绕平衡位置振荡，产生所谓的**重力内波**。最容易观测到的重力内波是过山气流在山脉背风坡形成的波动，若在振荡的上升区达到凝结，还会形成波状云。

在实际工作中，可以利用点绘在 T-$\ln p$ 图上的层结曲线 γ 与状态曲线（即干绝热线 γ_d）相

比较来判断稳定度。图 3－13(a)～(c)分别表示与 $\gamma>\gamma_d$，$\gamma<\gamma_d$ 和 $\gamma=\gamma_d$ 相对应的 3 种稳定度层结。

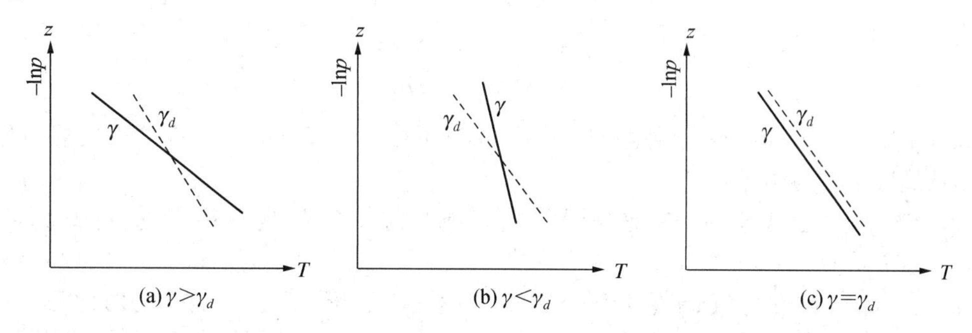

图 3－13　在 T-ln$p$ 图上利用 γ 与 γ_d 判断大气静力稳定度

2. 饱和湿空气的稳定度判据

饱和湿空气绝热上升时，其温度随高度的变化率由湿绝热递减率 γ_m 决定，因此，只要将式(3－62)中的 γ_d 换成 γ_m，即可得到饱和湿空气的稳定度判断：

$$\gamma\begin{cases}>\gamma_m & \text{不稳定}\\ =\gamma_m & \text{中性}\\ <\gamma_m & \text{稳定}\end{cases}\tag{3-64}$$

3. 利用 θ 和 θ_{se} 的垂直分布判断大气稳定度

对于未饱和湿空气，利用位温表达式(3－32)和垂直加速度公式(3－61)可以得到

$$\frac{\mathrm{d}w}{\mathrm{d}t}=\frac{(\theta-\theta_e)}{\theta}g=-\frac{g}{\theta}\left(\frac{\partial\theta}{\partial z}\mathrm{d}z-\mathrm{d}\theta\right)\tag{3-65}$$

式中，θ_e 为环境空气的位温。

由于干绝热过程中 $\mathrm{d}\theta=0$，因此有

$$\frac{\mathrm{d}w}{\mathrm{d}t}=-\frac{g}{\theta}\frac{\partial\theta}{\partial z}\mathrm{d}z\tag{3-66}$$

由式(3－66)可得出未饱和空气的稳定度判据

$$\frac{\partial\theta}{\partial z}\begin{cases}<0 & \text{不稳定}\\ =0 & \text{中性}\\ >0 & \text{稳定}\end{cases}\tag{3-67}$$

这种稳定度判据也可以由式(3－36)，即$\frac{\partial\theta}{\partial z}=\frac{\theta}{T}(\gamma_d-\gamma)$获得。

对于饱和湿空气，在湿绝热过程中 $\mathrm{d}\theta\neq0$，这时可将式(3－51)

$$\mathrm{d}\theta\approx-\theta\mathrm{d}\left(\frac{L_v r_s}{c_{pd}T}\right)\approx-\theta\frac{\partial}{\partial z}\left(\frac{L_v r_s}{c_{pd}T}\right)\mathrm{d}z$$

代入式(3－65)，并利用 θ_{se} 的定义式，则可得到

$$\frac{\mathrm{d}w}{\mathrm{d}t}=-g\left[\frac{1}{\theta}\frac{\partial\theta}{\partial z}+\frac{\partial}{\partial z}\left(\frac{L_v r_s}{c_{pd}T}\right)\right]\mathrm{d}z=-\frac{g}{\theta_{se}}\frac{\partial\theta_{se}}{\partial z}\mathrm{d}z\tag{3-68}$$

于是饱和湿空气的稳定度判据为

$$\frac{\partial \theta_{se}}{\partial z}\begin{cases} <0 & \text{不稳定} \\ =0 & \text{中性} \\ >0 & \text{稳定} \end{cases} \tag{3-69}$$

综合干空气和饱和湿空气的稳定度判据式(3-63)和式(3-64)，可以把大气静力稳定度判据归纳成以下5种情况：

(1) $\gamma>\gamma_d$，对于干空气、未饱和湿空气和饱和湿空气都是不稳定的，称其为**绝对不稳定**；

(2) $\gamma<\gamma_m$，对于干空气、未饱和湿空气和饱和湿空气都是稳定的，称为**绝对稳定**；

(3) $\gamma_m<\gamma<\gamma_d$，对干空气、未饱和湿空气是稳定的，而对饱和湿空气则是不稳定的，称为**条件性不稳定**；

(4) $\gamma=\gamma_d$，对干空气、未饱和湿空气为中性，而对饱和湿空气为不稳定；

(5) $\gamma=\gamma_m$，对干空气、未饱和湿空气是稳定的，而对饱和湿空气是中性层结。

实际大气中，$\gamma>\gamma_d$(绝对不稳定)的情况出现很少，一般只出现在晴朗的白天(尤其是炎热的夏季)近地面气层；$\gamma<\gamma_m$(绝对稳定)层结通常出现在晴朗的夜间；而大多数情况则属于条件性不稳定层结。

三、不稳定能量与对流

利用γ与γ_d(或γ_m)的比较判断大气稳定度的方法只适用于薄气层。当气层比较厚，或者要考虑自地面以上整层大气的稳定度时，由于大气温度的垂直分布随高度而变，γ不是常数，使上述判据受到限制。为此，引入不稳定能量的概念来讨论较厚气层的稳定度判断，进而介绍热对流的产生及其预报。

1. 不稳定能量

条件不稳定层结下对流运动能否发展，要看大气内部的不稳定能量而定。**不稳定能量**是气层中可能供给单位质量气块上升运动的能量，是采用单位质量上升气块受到重力和浮力的合力(**净举力**)所做的功来度量的。由式(3-61)可知，单位质量气块所受的净举力为$\frac{T-T_e}{T_e}g_0$，显然，在气块上升过程中，此力随高度而改变，当气块从高度z_0上升到z时，气层对它所做的功为

$$W=\int_{z_0}^{z}\frac{T-T_e}{T_e}g\,\mathrm{d}z \tag{3-70}$$

得$\frac{\mathrm{d}w}{\mathrm{d}t}=(T-T_e)g/T_e$和$\mathrm{d}z=w\mathrm{d}t$，代入上式可得

$$W=\int_{t_0}^{t}\frac{\mathrm{d}w}{\mathrm{d}t}\cdot w\mathrm{d}t=\int_{w_0}^{w}w\mathrm{d}w=\frac{1}{2}(W^2-W_0^2)=\Delta E \tag{3-70'}$$

可见，净举力对气块所做的功等于气块动能的增量ΔE。当$T>T_e$时，$W>0$，$\Delta E>0$，气层对气块具有正的不稳定能量，有利于受扰动气块的加速运动，因而气层是不稳定的；当$T<T_e$时，$W<0$，$\Delta E<0$，气层对气块具有负的不稳定能量，对受扰动气块的垂直运动具有抑制作用，气层是稳定的；当$T=T_e$时，气层对气块的垂直运动既不有利也不抑制，即气层属于中性层结。

2. 利用T-$\ln p$分析气层的不稳定能量

以静力方程和状态方程代入式(3-70)，得

$$W = \int_{p_0}^{p} \frac{T - T_e}{T_e} R_d T_e \mathrm{d}(-\ln p)$$

$$= R_d \int_{p_0}^{p} T\mathrm{d}(-\ln p) - \int_{p_0}^{p} R_d T_e \mathrm{d}(-\ln p) = R_d(S_1 - S_2) \tag{3-71}$$

式中，S_1 为 T-$\ln p$ 图中状态曲线与纵轴以及 p_0，p 等压线所包围的面积；S_2 为层结曲线与纵轴以及 p_0，p 等压线所包围之面积；$(S_1 - S_2)$为等压线 p_0，p 与状态曲线和层结曲线所围的面积。

可见，气层 $p_0 \sim p$ 间的不稳定能量与 T-$\ln p$ 图中状态曲线和层结曲线围成的面积成正比。因此，可以根据上升气块的状态曲线和大气的层结曲线之间的配置，具体分析不稳定能量的大小和正负，并将厚气层分成 3 种基本类型(如图 3-14)。

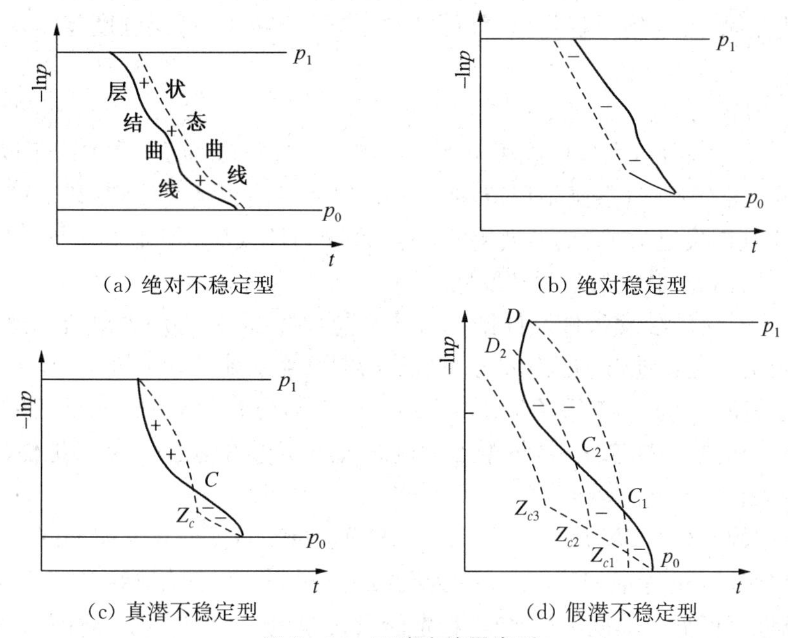

图 3-14　不稳定能量类型

(1) **绝对不稳定型**　状态曲线位于层结曲线的右侧，气块温度始终高于环境温度($T > T_e$)，整个气层具有正不稳定能量。这时只要在起始高度上有一微小扰动就能发生对流，如图 3-14(a)所示。

(2) **绝对稳定型**　状态曲线位于层结曲线左侧，整个气层具有负不稳定能量。这时气块受扰动产生的垂直运动受到阻碍难以形成对流，如图 3-14(b)所示。

(3) **潜在不稳定型**　状态曲线与层结曲线在起始高度以上出现几个交点，气层既有正不稳定能量，又有负不稳定能量。如图 3-14(c)所示的 C 点以下为负不稳定能量，气块必须靠外力才能抬升，当气块越过 C 点，就可以从大气中获得正不稳定能量而自由上升，因此，称 C 点为**自由对流高度**。

根据正、负不稳定能量的大小比例，又可将潜在不稳定型分为真潜不稳定和假潜不稳定两种。若 C 点以上的正面积大于 C 点以下的负面积(如图 3-14(c))，这时 C 点较低，气块易被抬升到自由对流高度(C 点)，然后获得正能量而形成对流，因此，称为**真潜不稳定**。若 C 点以上的正面积小于 C 点以下的负面积(如图 3-14(d))，则气块难以突破负面积而到达 C 点，到

达 C 点后正不稳定能量也不大，仍难有较强的上升运动发展，故称为**假潜不稳定**。

目前在强对流天气的分析预报中，更多地采用**对流有效位能** CAPE(Convective Available Potential Energy)或浮力能来称呼图 3-14 中的正不稳定能量，而将自由对流高度 C 点下方的负不稳定能量称为**对流抑制能量** CIN(Convective Inhibition)。CIN 的物理意义是：处于大气底部的气块要能到达自由对流高度，至少需要从其他途径获得的能量下限。CAPE 和 CIN 已成为强对流天气分析的常用参数。

必须指出，不稳定能量的类型不仅与气层的温度层结有关，而且还与空气的湿度有关。在相同的温度层结下，若上升气块的初始湿度较大，则凝结高度和自由对流高度就较低，在气层 $p_0 \sim p_1$ 之间容易形成真潜不稳定；若上升气块湿度较小，凝结高度和自由对流高度就较高，容易出现假潜不稳定；如果空气湿度太小，凝结高度更高，气块的状态曲线将会全部位于层结曲线左侧，形成绝对稳定型(如图 3-14(d))。可见，低层湿度越大，越有利于对流的发生。

3. 热对流的预测

由以上讨论可以看出，大气中能否出现对流，对流的强弱如何，通常取决于以下 3 个条件：① 大气层结的不稳定度，气层越不稳定，或正不稳定能量面积越大，越有利于对流发生；② 水汽条件，低层空气湿度越大，凝结高度越低，越有利于对流发生；③ 必须有促使空气抬升的外力，外力越大，越有利于对流的产生和发展。

外力是产生对流的触发条件。根据外力的不同，对流可分为**动力对流**和**热力对流** 2 种。锋面抬升、气流流经起伏地形和流场的水平辐合等是产生对流的动力因子，而地面受热不均是产生热力对流的原因。夏季午后经常会由于地面受热不均而产生热对流云，甚至发展成热雷雨。利用绝热图和温、湿探空资料，根据当天最高气温 T_{max} 的预报可粗略地估计对流云的生成时间、云高和云厚。

图 3-15 中的曲线 ACN 是早晨的层结曲线，而曲线 AZ_cCE 是状态曲线。其中 T_{d0} 为露点，点线是相应于 T_{d0} 的等饱和比湿线；Z_c 为凝结高度；AZ_c 为干绝热线；Z_cCE 为湿绝热线；C 为自由对流高度。可见，早晨低空为负不稳定能量，C 点以上为正不稳定能量，气层 $p_0 \sim p$ 为真潜不稳定。日出后，太阳辐射使地面以及近地层空气逐渐增温(由 T_0 增至 $T_1, T_2, \cdots, T_g$)，并使近地层气温递减率趋于 γ_{d0}。随着时间的推移，被地表增温的气层逐渐增厚，近地层的温度层结曲线依次变为 $T_1F, T_2G, \cdots, T_gH$。若空气的比湿不变，则当地面气温增至 T_g 时，底层的负能量面积全部消失(因为这时层结曲线 T_gH 就是干绝热状态曲线)。这时地面空气稍受扰动就能沿干绝热线上升至 H 点。H 点称为**对流凝结高度**，它既具有凝结高度的性质，又具有自由对流高度的作用。在 H 点以上，气块将沿湿绝热线上升，直至与层结曲线相交于 E' 点。T_g 称为**对流温度**，可以看成是发展热对流的一个地面临界温度。地面气温如果能升高到 T_g，则有可能发展成为对流云。确定 T_g 的方法为：求出通过地面露点温度的等饱和比湿线和温度层结曲线的交点 H，则过 H 点的干绝热线与 p_0 等压线的交点所对应的温度即为 T_g。如果预报当天的地面最高气温 T_{max} 大于 T_g，而且 H 点以上是正不稳定能量面积，则可预报有热对流云发生和发展的可能。地面气温 T_0 增至 T_g 的时间就是积云开始出现的时间，H 为云底高度，$H \sim E'$ 的厚度为积云厚度。

必须指出，以上只是根据早晨的层结曲线对局地热对流积云的预测，而且还假设空气湿度不变。实际预报时应对当天以及前几天的天气状况及其演变做具体分析。

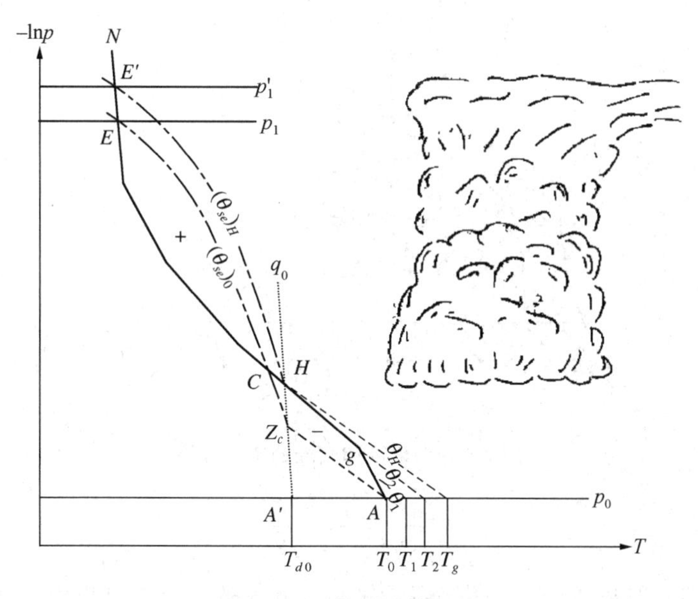

图 3-15　热对流的预测

四、稳定度的变化

由稳定度判据可知，大气稳定度取决于($\gamma-\gamma_d$)或(和)($\gamma-\gamma_m$)，而 γ_d 为常数，γ_m 一般(除了夹卷过程外)变化也不大，因此，稳定度将取决于环境大气温度递减率 γ。虽然每日温度变化在稳定度变化中起着重要作用，但很多稳定度变化是由空气运动(水平运动和垂直运动)造成的，因为空气运动能使气温递减率 γ 发生改变。另外，空气的夹卷能影响气块的状态曲线，从而使大气层结稳定度发生改变。

1. 空气的水平运动对稳定度的影响

空气的冷、暖平流和干、湿平流都会造成大气稳定度的变化，尤其是高、低层出现不同的平流差异时，影响更大。

当暖(湿)空气平流到冷(干)地面上时，会使气层的稳定度增加，甚至出现**平流逆温**，从而形成平流雾；相反，当干(冷)气流平流至暖(湿)水面时，气层的温度直减率 γ 会大幅度地增加而使 $\gamma>\gamma_d$，层结变得不稳定，通常会产生云和降水。如果在大气低层出现暖(湿)平流，高层有冷(干)平流，则未来的不稳定度将大大增加，在适当的外力冲击下，常常造成严重的雷雨、冰雹、暴雨等强对流天气。

2. 整层空气抬升或下沉时稳定度的变化

大气中常常会出现大范围气层的垂直升降运动。例如，气层(团)遇到大尺度山地或锋面时会被迫抬升；在大尺度高压系统内有气层的下沉辐散，在发展的气旋(低压)中有较强的辐合上升运动。气层的上升和下沉会使其中的 γ 发生变化，从而引起气层稳定度的变化。下面分2种情况进行讨论，并假设：① 气层在升降过程中是绝热的，总质量保持不变；② 气层内部不发生湍流混合，也不发生翻滚现象，因此，气层内部的相对位置不变。

(1) 气层升降过程中始终为未饱和状态　如图 3-16 所示，若设某气层从气压 p_1(高度 z_1)垂直下降至气压 p_2(高度 z_2)，下降前后气层的温度直减率、厚度、面积、密度分别为 γ_1，Δz_1，A_1，ρ_1 和 γ_2，Δz_2，A_2，ρ_2。根据质量守恒定律，由 $\rho_1 A_1 \Delta z_1=\rho_2 A_2 \Delta z_2$，可利用状态方程 $p=$

$\rho R_d T$，得到

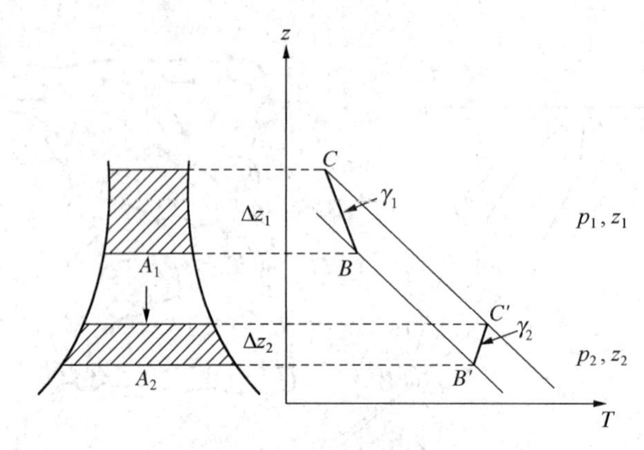

图 3-16　未饱和气层的垂直升降

$$\frac{\Delta z_1}{\Delta z_2}=\frac{p_2 A_2 T_1}{p_1 A_1 T_2} \tag{3-72}$$

设气层下界的位温为 θ，上界的位温为 $\theta+\Delta\theta$。在干绝热升降过程中，气层位温及上、下界位温差不变。利用位温梯度与 $(\gamma_d-\gamma)$ 的关系式(3-36)可得

$$\frac{\Delta z_1}{\Delta z_2}=\frac{T_1(\gamma_d-\gamma_2)}{T_2(\gamma_d-\gamma_1)}$$

代入式(3-72)，则有

$$\frac{\gamma_d-\gamma_2}{\gamma_d-\gamma_1}=\frac{p_2 A_2}{p_1 A_1}$$

将其改写为

$$\gamma_2=\gamma_d-(\gamma_d-\gamma_1)\frac{p_2 A_2}{p_1 A_1}=\gamma_1+(\gamma_d-\gamma_1)\left(1-\frac{p_2 A_2}{p_1 A_1}\right) \tag{3-73}$$

此式可用来讨论气层垂直升降后稳定度的变化。

① 若 $\gamma_1<\gamma_d$，即原气层为稳定层结，气层被抬升时，因伴有水平辐合 $(A_2<A_1)$，使 $p_2A_2<p_1A_1$，导致气层的温度递减率增大 $(\gamma_2>\gamma_1)$，于是稳定度减小；相反，气层下沉时引起辐散，$\gamma_2<\gamma_1$，使稳定度增加，甚至形成逆温层 $(\gamma_2<0)$。

② $\gamma_1>\gamma_d$，原气层为绝对不稳定层结，这时情况与①相反，但这种情况很少出现。

③ $\gamma_1=\gamma_d$，原气层为中性层结，这时 $\gamma_2=\gamma_1=\gamma_d$，即气层上升或下降时，其温度递减率不变，对气层稳定度没有影响。

(2) 气层抬升过程中达到饱和的情况　这种情况通常用绝热图来讨论。为方便起见，假设抬升前气层内 $\gamma=0$，为绝对稳定层结。由于气层垂直温度分布的情况不同，抬升后其稳定度的变化可能出现以下 3 种情况。

① 对流性不稳定。如图 3-17(a)所示，设气层 AB 的湿度分布随高度的增加而降低(即下湿上干)，底部和顶部的饱和比湿分别为 q_{SA} 和 q_{SB}，则气层被抬升后，底层先达饱和，达饱和后就沿湿绝热线上升，而未达饱和的顶层空气仍沿干绝热线上升，到一定高度后顶层才达饱和，这时整层空气的层结曲线变为 $A'B'$。显然，在上升过程中，气层顶部和底部的温差加大，使原稳定层结变为不稳定层结。这种由于整层空气抬升而发展起来的不稳定，称为**对流性不**

稳定或**位势不稳定**。由图 3－17(a)可以看出，A'点的θ_{se}(或θ_{sw})大于B'点的θ_{se}(或θ_{sw})，即$\dfrac{\partial\theta_{se}}{\partial z}\left(\text{或}\dfrac{\partial\theta_{sw}}{\partial z}\right)<0$。

② 对流性稳定。在图 3－17(b)中，气层的温度分布与图 3－17(a)相反，呈下干上湿的情况。这时，气层上升过程中，高层先达饱和，低层后达饱和。于是气层在抬升并逐步到达饱和的过程中，气层顶与底的温差减小，由等温变为逆温，层结变得更稳定，则称该气层为**对流性**(**或位势**)**稳定**，其判据为$\dfrac{\partial\theta_{se}}{\partial z}\left(\text{或}\dfrac{\partial\theta_{sw}}{\partial z}\right)>0$。

③ 对流中性。如图 3－17(c)所示，当未饱和气层沿干绝热线上升后，底层和顶层同时达到饱和，它们的凝结高度在同一条湿绝热线上，上升后气层的温度递减率变得与γ_m一致(即$\gamma=\gamma_m$)，气层由原来的绝对稳定($\gamma=0$)变成中性平衡，因此称为**对流**(**或位势**)**中性**气层，其判据为$\dfrac{\partial\theta_{se}}{\partial z}\left(\text{或}\dfrac{\partial\theta_{sw}}{\partial z}\right)=0$。

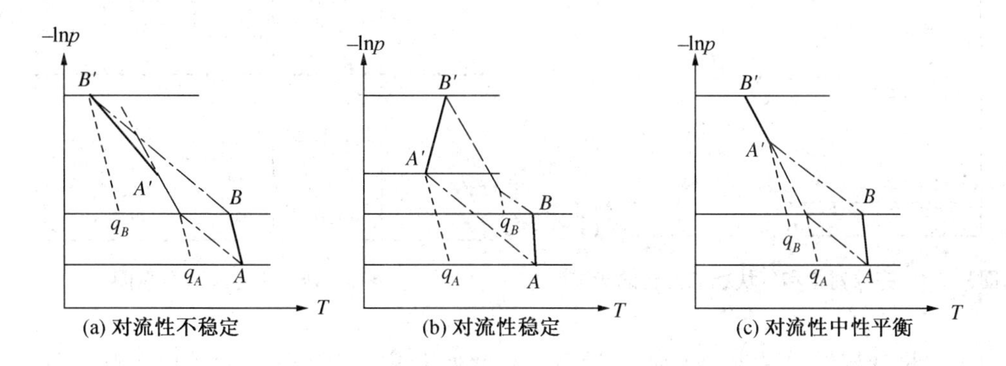

图 3－17　气层抬升与对流性稳定度

(实线为层结曲线，虚线为湿绝热线，点划线为干绝热线，点线为饱和比湿线)

综上所述，对流性稳定度的判据可归纳为：

$$\frac{\partial\theta_{se}}{\partial z}\left(\text{或}\frac{\partial\theta_{sw}}{\partial z}\right)\begin{cases}<0 & \text{对流性不稳定}\\=0 & \text{对流性中性平衡}\\>0 & \text{对流性稳定}\end{cases}\tag{3-74}$$

对流性不稳定和条件性不稳定相似，它们都是潜在性不稳定，其稳定与否不仅和温度层结有关，还取决于湿度条件(特别是低层的水汽条件)。对流性不稳定与条件性不稳定的区别在于：前者的实现要求有大范围的空气整层抬升运动作为触发机制，因此，要有天气系统的配合或大地形的作用，造成的对流性天气往往比较强烈，范围也较大；而后者的实现只要局地的热力或动力因子对个别气块进行抬升即可，它往往造成局地性雷雨天气。

3. 夹卷作用对稳定度的影响

夹卷过程是指气块上升过程中，由侧向卷入(由于湍流混合作用也会流出一些空气)环境空气并与之混合的过程。在气块法中假设气块孤立上升，不与周围空气相混合，这与实际情况不符合。观测事实指出，云内温度递减率远大于湿绝热递减率，云内含水量小于湿绝热凝结水量。这说明夹卷过程确实存在。

夹卷作用会影响上升气流的温度和湿度变化，即影响气块的状态曲线，从而影响层结稳定度。下面以饱和湿空气块上升过程中的夹卷为例进行讨论。

(1) 定性分析。设 $p_0 \sim p_2$ 之间的层结曲线为 AB(如图3-18),无夹卷作用时,自 A 点上升的气块在 $p_0 \sim p_1$ 间的状态曲线为湿绝热线 AC_1。当有夹卷存在时,由于卷入的周围空气比气块冷,当气块从 p_0 上升到 p_1 时,气块温度将降低到 D_1 点所对应的温度;另一方面,由于卷入的空气较干(为未饱和空气),使得原饱和气块变成不饱和,原先在饱和气块中凝结出来的水将要蒸发,使上升气块的温度进一步降低至 E_1 点。气块继续从 E_1 点上升时,将重复以上情况。最后,夹卷过程使气块的状态曲线变成 AE_1E_2(以 γ_c 表示)。γ_c 位于湿绝热线(γ_m)和层结曲线(γ)之间,这表明夹卷作用使正不稳定能量面积变小,不稳定度降低。

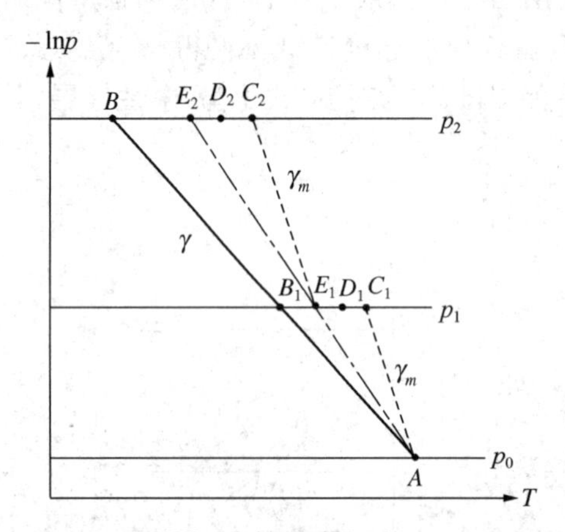

图3-18　夹卷对饱和气块状态变化的影响

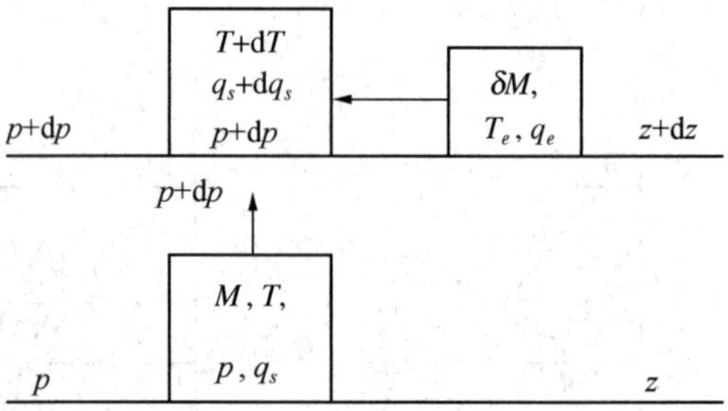

图 3-19　夹卷混合示意图

(2) 定量计算。如图 3-19 所示,设在 z 高度处上升的饱和气块的质量为 M,温度为 T,混合比为 r。气块上升至($z+\mathrm{d}z$)高度时吸入四周未饱和空气的质量为 $\mathrm{d}M$,其温度为 T_e,混合比为 r_e。混合平衡后饱和气块的温度、气压和饱和混合比分别为($T+\mathrm{d}T$),($p+\mathrm{d}p$),($r_s+\mathrm{d}r_s$)。

根据夹卷过程(上升、夹卷、混合)中系统的热量收支,利用热力学第一定律、准静力条件和状态方程,可以推导出(请读者自行练习)考虑夹卷影响后,上升(饱和)气块的温度递减率为

$$\begin{aligned}\gamma_c &= -\frac{\mathrm{d}T}{\mathrm{d}z} = \frac{g}{c_p}\frac{T_v}{T_{ve}} + \frac{L_v}{c_p}\frac{\mathrm{d}r_s}{\mathrm{d}z} + \frac{L_v(r_s - r_e)}{M_{c_p}}\frac{\mathrm{d}M}{\mathrm{d}z} + (T - T_e)\frac{\mathrm{d}M}{M\mathrm{d}z} \\ &= \gamma_m + \frac{L_v(r_s - r_e)}{Mc_p}\frac{\mathrm{d}M}{\mathrm{d}z} + (T - T_e)\frac{\mathrm{d}M}{M\mathrm{d}z}\end{aligned} \tag{3-75}$$

由式(3-75)可以看到

① 对于上升的饱和湿空气来说,卷入的环境空气一般为冷而干的空气,故 $T_e < T$,$r_e < r_s$,而 $\frac{\mathrm{d}M}{\mathrm{d}z} > 0$,所以,考虑夹卷作用后,饱和湿空气垂直上升的温度递减率(γ_c)将大于湿绝热递减率(γ_m)。因此,当温度层结(γ)不变时,夹卷作用使气层的不稳定度减小,从而影响对流及积云的发展。例如,对热对流进行预测时,若考虑夹卷作用,对流凝结高度(H)以上的湿绝热状态曲线将向层结曲线靠拢,使不稳定能量面积缩小,对流上限降低,因此,对流强度减弱。

② 对未饱和空气而言，式(3-75)等号右侧只有第一项和第四项，于是

$$\gamma_c = -\frac{\mathrm{d}T}{\mathrm{d}z} = \gamma_d + (T - T_e)\frac{\mathrm{d}M}{M\mathrm{d}z} > r_d \tag{3-76}$$

③ 夹卷过程对上升气块温度变化率的影响还与**夹卷率** $I\left(=\frac{1}{M}\frac{\mathrm{d}M}{\mathrm{d}z}\right)$有关，$I$ 越大，则对$\frac{\mathrm{d}T}{\mathrm{d}z}$的影响也越大。

小　　结

(1) 大气成分中只有水汽存在相态变化。大气中水的相变(蒸发、凝结、升华、凝华、冻结以及云、雾、降水的形成)和水分输送在地球系统水循环中起着不可缺少的纽带作用。

(2) 热流量方程 $\mathrm{d}Q = c_p\mathrm{d}T - RT\frac{\mathrm{d}p}{p}$是热力学第一定律在气象上具体应用的基本表达式，由其出发可以研究大气中的各种热力学过程。

(3) 干绝热和湿绝热过程是大气多种热力过程中最为重要的过程。根据绝热上升过程中凝结物是否降落，又将湿绝热过程分为(可逆)湿绝热和(不可逆)假绝热过程。实际工作中常用热力学图解来分析计算热力学过程中温、压、湿等要素的变化及其相互之间的关系。同时，它也是用于分析大气温、湿层结和不稳定能量，一种预报雷雨、冰雹等强对流的基本图表。

(4) 大气静力稳定度是一种表示大气能否发展对流的潜在能力的量度。通常采用气块法，比较绝热上升和下降过程中气块温度递减率与环境大气温度递减率来判断薄气层的稳定度，分为绝对稳定、绝对不稳定以及条件性不稳定三种类型；根据不稳定能量的正负和大小判断厚气层的稳定度，分为绝对稳定、绝对不稳定和潜在(真潜和假潜)不稳定三类。真潜不稳定气层在外力抬升作用下能发展对流，形成对流云。

(5) 影响稳定度的因子很多。冷、暖平流以及整层气层的抬升和下沉会使气层的层结发生变化，从而改变稳定度。由气层抬升而发展起来的不稳定，称为对流性不稳定，它也是一种潜在不稳定。夹卷过程使上升气块的温度递减率增大，从而使气层的不稳定能量减小，导致不稳定度的降低。

习　　题

3-1　试述陆面增温与冷却的关系，它与海面增温和冷却的关系有何区别？

3-2　说明水循环的具体过程。

3-3　空气上升时为何会冷却？又为何会发生凝结？

3-4　γ、γ_d 和 γ_m 有何区别？在干、湿绝热过程中分别有哪些保守量？

3-5　一未饱和湿空气块从 $p=1\,000$ hPa，$T=27$ ℃处上升，至 700 hPa 处达饱和，问在 1 000 hPa处的水汽压是多少？

3-6　空气微团的比湿为 7‰，上升到凝结高度后，继续上升至 510 hPa 处时比湿为 2.5‰，求未达凝结高度以前以及在 $P=510$ hPa 处的位温。

3-7　未饱和气块的起始气压 $p_o=1\,000$ hPa，温度 $T_0=280$ K，比湿 $q=2.5\times10^{-3}$ g·kg^{-1}。

试计算该气块绝热上升到 600 m 处的水汽压和饱和水汽压。

3-8　未饱和湿空气块的绝对温度为 T_0、水汽压为 e_0，绝热上升到凝结高度时的绝对温度为 T_c，饱和水汽压为 E_c，证明下式成立。

$$\frac{T_c}{T_0}=\left(\frac{E_c}{e_0}\right)^{\frac{R_d}{c_{pd}}}$$

3-9　气压为 950 hPa、温度为 −3 ℃、水汽压为 3.62 hPa 的未饱和湿空气的位温是多少？

3-10　初始温度为 27 ℃的干空气微团，从 1 000 hPa 绝热上升到 500 hPa，其终止温度为多少摄氏度？

3-11　近地层空气微团的气压、温度、湿度分别为 1 000 hPa，25 ℃，16.3 $\mathrm{g\cdot kg^{-1}}$，试计算凝结高度（单位为米）。

3-12　有一未饱和湿空气经一座高 3 000 m 的高山，已知气温 $t_0=20$ ℃，露点 $\tau_0=15$ ℃，试问：(1) 凝结高度等于多少？

(2) 在山顶处的温度等于多少？

(3) 在背风山麓处温度等于多少？（假设 $\gamma_m=0.5$ ℃ · 100 $\mathrm{m^{-1}}$，凝结出来的水全部下降掉）

3-13　已知空气微团的 $p=990$ hPa，$t=25$ ℃，$\tau=10$ ℃，求

(1) 在该状态的 $\theta, q_s, f, Z_c, \theta_{se}, \theta_{sw}, e, E$ 和 T_v；

(2) 该空气微团上升到凝结高度时的 p, T, f, θ 和 θ_{se}。

3-14　在 950 hPa 处有一空气微团，其温度为 14 ℃，比湿为 8 $\mathrm{g\cdot kg^{-1}}$，试用图解法求出：

(1) 该微团的 θ_{se} 和 θ_{sw} 等于多少？

(2) 若空气微团翻越一座高 700 hPa 的山，在凝结出的水汽中有 70% 掉出空气微团，则空气微团在山的另一侧回到 960 hPa 高度上时，其温度、位温、比湿(q)、假相当位温(θ_{se})和假湿球位温(θ_{sw})为多少？

3-15　设未饱和湿空气微团的凝结高度为 Z_c，环境大气的气温直减率为 γ($\gamma_m<\gamma<\gamma_d$，γ 和 γ_m 为常数)，试证该空气微团的自由对流高度 Z_f 可表达为

$$Z_f=Z_c\frac{\gamma_d-\gamma_m}{\gamma-\gamma_m}$$

3-16　设有一未饱和气层，气温直减率 $\gamma=0.5$ ℃ · 100 $\mathrm{m^{-1}}$，其底面积为 A，气压为 p，做干绝热下降运动，下沉中无翻滚混合现象，下沉后底面积增大 10%，问该气层底(330 hPa)下降到何高度(hPa)之下，才出现逆温？

3-17　某空气微团的起始状态为(p_0, T_0, f_0)，试证明在未饱和绝热过程中相对湿度满足以下方程式

$$\ln\left(\frac{f}{f_0}\right)=\frac{c_p}{R}\ln\frac{T}{T_0}+\frac{L_v}{R_v}\left(\frac{1}{T}-\frac{1}{T_0}\right)$$

3-18　某日早晨甲、乙两站的探空记录如下：如果当天最高气温甲站可能为 35 ℃，乙站可能为 30 ℃。设在升温过程中，地面(1 001 hPa)露点和高空层结不变，试问哪个站可能形成积状云？

甲站：

p/hPa	t/℃	τ/℃
1 001	22	19.5
954	23	14
850	17	6
761	12	−2
700	7	−9
576	−11	−23
500	−13	−25
483	−13	−25
400	−24	−35
300	−30	—

乙站：

p/hPa	t/℃	τ/℃
1 001	22	10
952	22	8
850	17	−1
759	11	−7
700	6	−12
627	−2	−19
500	−13	−31
400	−26	—

第四章

大气动力学

地球大气处于不断地运动之中，其时空尺度的范围非常宽广，小到分子的个别无序运动，大到遍及全球的纬向环流；其运动状态复杂多样，有水平运动和垂直运动，有层流、湍流和波动，有直线、曲线和涡旋运动。大气运动对大气中的水分、热量输送，以及天气、气候的形成、演变起着重要的作用，研究大气运动的规律是大气科学的重要课题之一。

§4.1　大气运动方程

大气运动方程是牛顿第二定律应用于大气运动的数学表达式。由于地球的自转，描述大气相对于地面的运动方程的矢量形式与绝对坐标系中的牛顿第二定律有所区别。当取不同的相对坐标系统时，又可以得到不同的大气运动方程形式。

一、运动方程的矢量形式

1. 绝对运动方程

牛顿第二定律仅适用于绝对坐标系，即静止或做匀速运动的坐标系，对单位质量的物体，该定律的表达式为 $\boldsymbol{F}=\boldsymbol{a}=\frac{\mathrm{d}\boldsymbol{V}_a}{\mathrm{d}t}$，式中 $\boldsymbol{V}_a$ 为绝对速度。

空气运动是相对于地面而言的(即坐标系固定在地面上)，若不考虑地球的旋转运动，大气运动方程可直接用牛顿第二定律来描述，其中作用力 $\boldsymbol{F}$ 包括：气压梯度力 $-\frac{1}{\rho}\nabla p$、地心引力 $\boldsymbol{G}$ 和摩擦力 $\boldsymbol{F}_r$。因此，大气绝对运动方程可写为

$$\frac{\mathrm{d}\boldsymbol{V}_a}{\mathrm{d}t}=-\frac{1}{\rho}\nabla p+\boldsymbol{G}+\boldsymbol{F}_r \tag{4-1}$$

2. 相对运动方程

实际上，地球有围绕自身的自转运动和绕太阳的公转运动，即对太阳(恒星)而言，地球有加速度(主要由自转运动形成)。固定在地球上的坐标系是相对坐标系，因此，必须将方程式(4-1)转换成相对坐标系中的表达形式。

如图 4-1 所示，设 t_0 时刻空气和观测者位于 P 点，Δt 时间后空气移至 P_a，而观测者随地球旋转至 P_e，因此，空气的绝对位移为 $\overrightarrow{PP_a}$，相对位移为 $\overrightarrow{P_eP_a}$，地球自转引起的相对坐标的位移(称为牵连位移)为 $\overrightarrow{PP_e}$，三者的关系为：$\Delta_a\boldsymbol{r}=\Delta_e\boldsymbol{r}+\Delta\boldsymbol{r}$，两边除以 Δt，并取 $\Delta t\to 0$，则可得

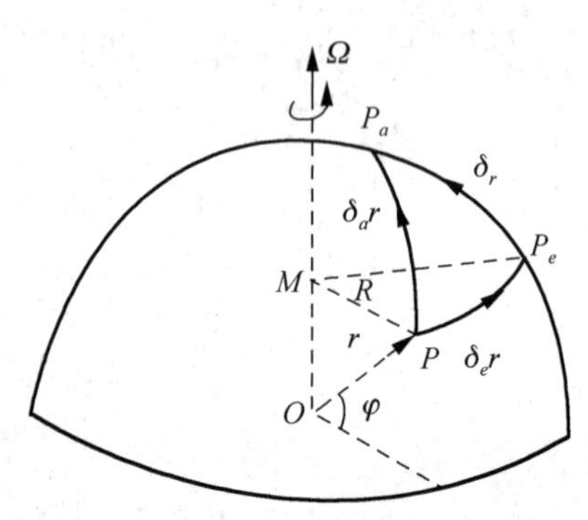

图 4-1　绝对运动与相对运动的关系

$$\boldsymbol{V}_a=\boldsymbol{V}_a+\boldsymbol{V}_e=\boldsymbol{V}_r+\boldsymbol{\Omega}\wedge\boldsymbol{r} \tag{4-2}$$

式中，$\boldsymbol{V}_r$ 为相对速度；$\boldsymbol{V}_e$ 是相对坐标以角速度 $\boldsymbol{\Omega}$(**地球自转角速度**)旋转产生的线速度，称为牵连速度，$\boldsymbol{V}_e=\boldsymbol{\Omega}\wedge\boldsymbol{r}$，其中 Ω 的值为

$$\Omega=2\pi/(24\times3\,600)(\mathrm{s}^{-1})\approx7.3\times10^{-5}(\mathrm{s}^{-1})$$

可以证明下列微分算符对任何矢量都成立

$$\frac{\mathrm{d}_a}{\mathrm{d}t}=\frac{\mathrm{d}_r}{\mathrm{d}t}+\boldsymbol{\Omega}\wedge \tag{4-3}$$

式中下标 a 和 r 分别表示绝对和相对坐标系。若将此算符用于绝对速度矢量 $\boldsymbol{V}_a$，并利用式(4－2)，则有

$$\frac{\mathrm{d}_a\boldsymbol{V}_a}{\mathrm{d}t}=\left(\frac{\mathrm{d}_r}{\mathrm{d}t}+\boldsymbol{\Omega}\wedge\right)\boldsymbol{V}_a=\frac{\mathrm{d}\boldsymbol{V}}{\mathrm{d}t}+2\boldsymbol{\Omega}\wedge\boldsymbol{V}+\boldsymbol{\Omega}\wedge(\boldsymbol{\Omega}\wedge\boldsymbol{r}) \tag{4-4}$$

式中，已将相对速度 $\boldsymbol{V}_r$ 的下标“r”省略(以后都这样处理)。

将式(4－4)代入式(4－1)，即可得大气相对运动方程

$$\frac{\mathrm{d}\boldsymbol{V}}{\mathrm{d}t}=-\frac{1}{\rho}\nabla p+\boldsymbol{G}+\boldsymbol{F}-2\boldsymbol{\Omega}\wedge\boldsymbol{V}-\boldsymbol{\Omega}\wedge(\boldsymbol{\Omega}\wedge\boldsymbol{r}) \tag{4-5}$$

式中右端前三项为真实存在的力，后两项是地球自转引起的科里奥利力(简称科氏力)和离心力，它们是非惯性坐标系中空气所受的惯性力(虚拟力)。

二、作用于地球大气的力

1．气压梯度力($\boldsymbol{p}_G$)

气压梯度力由气压分布的不均匀造成，其物理含义可通过微体元与周围大气之间的压力作用来考虑。如图 4－2 所示，有一空气微体元 $\mathrm{d}v=\mathrm{d}x\mathrm{d}y\mathrm{d}z$，其各个界面上都受到周围空气对它施加的压力。例如，在 x 方向，作用于微体元左、右侧面 $\mathrm{d}y\mathrm{d}z$ 上的压力分别为 $p\mathrm{d}y\mathrm{d}z$ 和 $\left(p+\frac{\partial p}{\partial x}\mathrm{d}x\right)\mathrm{d}y\mathrm{d}z$，两者方向相反。因此，气块沿 x 方向所受净压力为$-\frac{\partial p}{\partial x}\mathrm{d}x\mathrm{d}y\mathrm{d}z$，除以气块质量 $\rho\mathrm{d}x\mathrm{d}y\mathrm{d}z$，则得到沿 x 方向的单位质量的气压梯度力为$-\frac{1}{\rho}\frac{\partial p}{\partial x}$。同理可得 y 和 z 方向上的气压梯度力分别为$-\frac{1}{\rho}\frac{\partial p}{\partial y}$和$-\frac{1}{\rho}\frac{\partial p}{\partial z}$。于是单位质量空气所受到的气压梯度力为

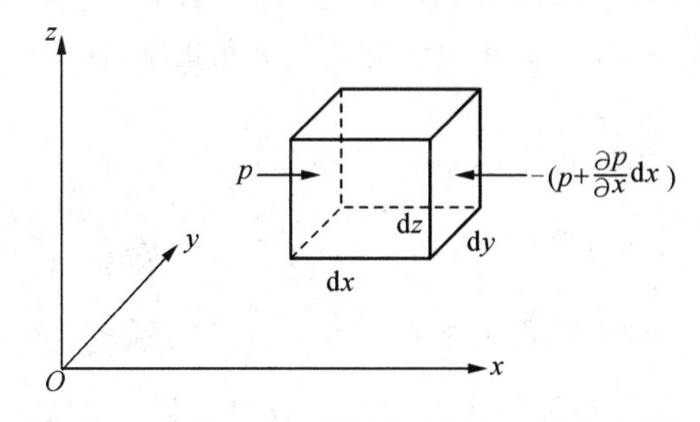

图 4－2　作用于空气微体元上的气压梯度力分析

$$\boldsymbol{p}_G=-\frac{1}{\rho}\nabla p=-\frac{1}{\rho}\left(\frac{\partial p}{\partial x}\boldsymbol{i}+\frac{\partial p}{\partial y}\boldsymbol{j}+\frac{\partial p}{\partial z}\boldsymbol{k}\right) \tag{4-6}$$

其大小与气压梯度($-\nabla p$)成正比,方向与气压梯度一致,由高压指向低压。上式中前两项为水平气压梯度力。在大气中,垂直方向的气压梯度力通常与重力相平衡,因此,水平方向的气压梯度力可以说是空气水平运动的原动力。

根据静力方程、位势 Φ 及位势高度的定义,水平气压梯度力还可表示为

$$P_G=-g\nabla z=-\nabla\Phi=-g_0\nabla H \tag{4-7}$$

2. 地转偏向力($\boldsymbol{D}$)

地转偏向力又称科里奥利力(**科氏力**),是法国气象学家 Coriolis 于 1835 年提出的。这里用 $\boldsymbol{D}$ 表示,根据式(4-5),有

$$\boldsymbol{D}=-2\boldsymbol{\Omega}\wedge\boldsymbol{V}=2\boldsymbol{V}\wedge\boldsymbol{\Omega} \tag{4-8}$$

可见,产生科氏力的条件是:① 坐标系随地球转动;② 空气微团相对于该旋转坐标系有运动,即速度 $\boldsymbol{V}\neq\boldsymbol{0}$。

科氏力的方向垂直于 $\boldsymbol{\Omega}$ 和 $\boldsymbol{V}$ 组成的平面,在北半球指向 $\boldsymbol{V}$ 的右侧,在南半球指向 $\boldsymbol{V}$ 的左侧。由于 $\boldsymbol{D}$ 垂直于 $\boldsymbol{V}$,因此,科氏力只能改变空气运动的方向,不能改变其速率,所以称之为地转偏向力。由于科氏力与地球的自转角速度 $\boldsymbol{\Omega}$ 相垂直,因此,科氏力 $\boldsymbol{D}$ 总位于纬圈平面内。

3. 离心力($\boldsymbol{C}$)、地心引力($\boldsymbol{G}$)和重力($\boldsymbol{g}$)

(1) 离心力

$$\boldsymbol{C}=-\boldsymbol{\Omega}\wedge(\boldsymbol{\Omega}\wedge\boldsymbol{r}) \tag{4-9}$$

根据图 4-1 所示,可将地球上某点 P 的矢径 $\boldsymbol{r}$ 写为 $\boldsymbol{r}=\boldsymbol{OM}+\boldsymbol{R}$,于是

$$\boldsymbol{\Omega}\wedge\boldsymbol{r}=\boldsymbol{\Omega}\wedge(\boldsymbol{OM}+\boldsymbol{R})=\boldsymbol{\Omega}\wedge\boldsymbol{OM}+\boldsymbol{\Omega}\wedge\boldsymbol{R}=\boldsymbol{\Omega}\wedge\boldsymbol{R}$$

将其代入式(4-9),并利用三重矢量积演算公式,可得离心力的一般表达式

$$\boldsymbol{C}=-\boldsymbol{\Omega}\wedge(\boldsymbol{\Omega}\wedge\boldsymbol{r})=\boldsymbol{\Omega}^2\boldsymbol{R} \tag{4-10}$$

式中,$\boldsymbol{R}$ 是 P 点在纬圈平面上的径向量。此式表明,离心力的方向与地轴垂直,沿径向量 $\boldsymbol{R}$ 指向外;离心力的大小为 Ω^2R,其值随纬度而变,在极地 $C=0$,在赤道 $C=\Omega^2 r$。

(2) 重力

地球是个椭球体,空气微团所受的重力 $\boldsymbol{g}$ 是地心引力与离心力的合力,即 $\boldsymbol{g}=\boldsymbol{G}+\boldsymbol{C}$。由于地心引力约为离心力的千倍,因此,重力 $\boldsymbol{g}$ 的大小与地心引力 $\boldsymbol{G}$ 相差不大;重力 $\boldsymbol{g}$ 的方向垂直于地球表面,但不通过地心,然而由于 $\boldsymbol{g}$ 和 $\boldsymbol{G}$ 之间的夹角很小,通常可将重力 $\boldsymbol{g}$ 近似看作指向球心。

重力 g 的大小是纬度 φ 和高度 z 的函数,具体表达式为

$$g_{\varphi,z}=g_{45°,0}(1-a\cos2\varphi)(1-bz) \tag{4-11}$$

式中,$g_{45°,0}$ 为纬度 45°处海平面上的重力加速度;$a=\frac{1}{2}\Omega^2 r/g_{45°,0}=0.002\ 65$;$b=\frac{2}{r}=3.14\times10^{-7}\mathrm{m}^{-1}$,这里 r 为地球半径。在气象工作中通常忽略 g 随 φ 和 z 的变化,即取 $g=g_{45°,0}=9.8\ \mathrm{m\cdot s^{-2}}$。

根据以上分析，可将式(4－5)所示的运动方程矢量形式写成

$$\frac{\mathrm{d}\boldsymbol{V}}{\mathrm{d}t}=-\frac{1}{\rho}\nabla p+2\boldsymbol{V}\wedge\boldsymbol{\Omega}+\boldsymbol{g}+\boldsymbol{F}_{\mathrm{r}} \tag{4-12}$$

4．摩擦力($\boldsymbol{F}_r$)

摩擦力是较难讨论的复杂问题，包括外摩擦和内摩擦两种力。**外摩擦力** $\boldsymbol{F}_{ro}$是指空气与地表之间的摩擦力(又称为地面摩擦力)。空气在地面运动时，受到地面摩擦力的方向与空气的运动方向相反，其大小与空气的运动速度成正比，即

$$\boldsymbol{F}_{ro}=-k_F\boldsymbol{V} \tag{4-13}$$

式中 k_F 为摩擦系数。

内摩擦力 F_{ri}是空气之间的相对运动产生的摩擦力，包括分子摩擦和湍流摩擦两部分，这两种摩擦分别由分子黏性力(也称黏性应力)和湍流应力产生。

分子黏性力是由流速不同的流体(液体气体)之间，分子不规则运动引起分子动量交换而作用在流体界面上的应力。**湍流应力**是流速不同的流体之间由湍流运动引起的湍流动量交换而作用在流体界面上的应力。下面以分子内摩擦力为例做简单推导。

如图 4－3 所示，若垂直方向(z)的流体作用于体元中心的 x 方向的应力为 τ_{zx}，则体元顶部受到的应力可近似写为 $\tau_{zx}+\frac{\partial\tau_{zx}}{\partial z}\frac{\mathrm{d}z}{2}$，而作用于底部的应力为 $\tau_{zx}-\frac{\partial\tau_{zx}}{\partial z}\frac{\mathrm{d}z}{2}$。于是，在 x 方向作用于小体元的净应力为两者之差，即 $\frac{\partial\tau_{zx}}{\partial z}\mathrm{d}z\mathrm{d}y\mathrm{d}x$。除以体元的质量 $\rho\mathrm{d}x\mathrm{d}y\mathrm{d}z$ 就得到单位质量流体所受的垂直方向流体作用于 x 方向的分子黏性应力为$\frac{1}{\rho}\frac{\partial\tau_{zx}}{\partial z}$。

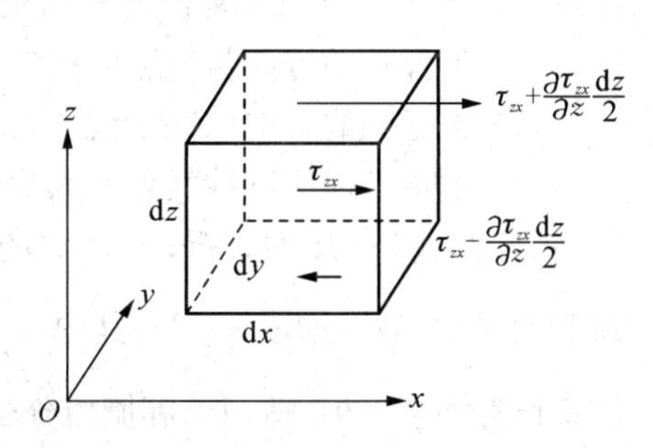

图 4－3　作用于流体元上的切应力

将流体力学中关于不可压缩黏性流体的牛顿定律

$$\tau_{zx}=\mu\frac{\partial u}{\partial z} \tag{4-14}$$

代入上式，则有

$$\frac{1}{\rho}\frac{\partial\tau_{zx}}{\partial z}=\frac{1}{\rho}\frac{\partial}{\partial z}\left(\mu\frac{\partial u}{\partial z}\right) \tag{4-15}$$

式中，μ 为分子黏滞系数。

再考虑 x 和 y 方向的流体在 x 方向作用于小体元的应力，则小体元所受的 x 方向的摩擦力为

$$\frac{1}{\rho}\left(\frac{\partial\tau_{xx}}{\partial x}+\frac{\partial\tau_{yx}}{\partial y}+\frac{\partial\tau_{zx}}{\partial z}\right)=\frac{1}{\rho}\left[\frac{\partial}{\partial x}\left(\mu\frac{\partial u}{\partial x}\right)+\frac{\partial}{\partial y}\left(\mu\frac{\partial u}{\partial y}\right)+\frac{\partial}{\partial z}\left(\mu\frac{\partial u}{\partial z}\right)\right]=\nu\nabla^2 u \tag{4-16}$$

式中，ν 为分子运动学黏滞系数(简称动黏系数)，$\nu=\frac{\mu}{\rho}$；∇^2为拉普拉斯算符。

$$\nabla^2=\frac{\partial^2}{\partial x^2}+\frac{\partial^2}{\partial y^2}+\frac{\partial^2}{\partial z^2} \tag{4-17}$$

同样可导出 y 和 z 方向的分子摩擦力为 $\nu\nabla^2 v$ 和 $\nu\nabla^2 w$。因此，由三个方向合成的分子摩擦力矢量形式为

$$\boldsymbol{F}_{\mathrm{rim}} = \nu\nabla^2 \mathbf{V} \tag{4-18}$$

大气中分子黏性力很小，通常可以不考虑，但在行星边界层(1.5 km 以下)，大气经常处于湍流状态，湍流摩擦力不能忽略。

湍流摩擦力的推导和表达式与分子摩擦力类似，模仿分子黏性，引进湍流黏性系数 A 和湍流动黏系数 K(或称为交换系数)，它们分别与分子黏性系数 μ 和分子动黏系数 ν 相对应，并具有相同的量纲。于是湍流摩擦力可表示为

$$\boldsymbol{F}_{\mathrm{rit}} = K\nabla^2 \mathbf{V} \tag{4-19}$$

三、标准坐标系中运动方程的分量形式

运动方程的矢量形式具有简洁和便于物理解释的特点。但在实际应用中，由于运动的水平分量和垂直分量相差很大，使用矢量形式的运动方程并不方便，一般将其展开成不同坐标系中的标量形式。气象上常用的坐标系有三类：

(1) 坐标轴的方向与气流的流向无关，如标准坐标、球坐标和柱坐标系等；

(2) 坐标轴的方向取决于流向，自然坐标系就属此类；

(3) 垂直坐标用某种气象要素表示，如 (x, y, p) 坐标系(简称 p 坐标)中的垂直坐标为气压 p，它适用于等压面分析；(x, y, σ) 坐标系(简称 σ 坐标，或称地形坐标)中，垂直坐标 σ 是气压和地形的函数，如取 $\sigma=\dfrac{p}{p_s}$，其中 p_s 为地面气压，这种坐标便于反映地形特征；而 θ 坐标系则取 θ 作为垂直坐标，适用于等熵面分析。

以上诸类坐标系中，球坐标系最为完善，它能反映地球的球面性。然而，球坐标系应用比较麻烦，因此，除了考虑全球范围或极地地区的大气运动问题时必须用球坐标系外，通常采用一种局地直角坐标系，气象上称之为标准坐标系。这种坐标系既具有一般直角坐标的特点，又含有部分球坐标特点，故便于使用。

1. 坐标的取法

标准坐标系 (x, y, z) 取地球上某指定点 p 为原点；其 x 轴沿该点指向正东(与纬圈相切)；y 轴指向正北(与经圈相切)；z 轴指向天顶，与 $x-y$ 平面相垂直(如图 4-4)。这种坐标系是一种在地球上可随意移动的直角坐标系，当然，由一点移到另一点时，坐标轴也随之发生变化。

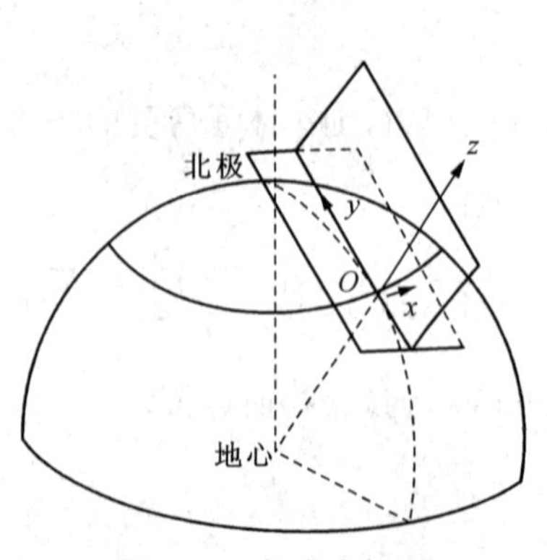

图 4-4　标准坐标系

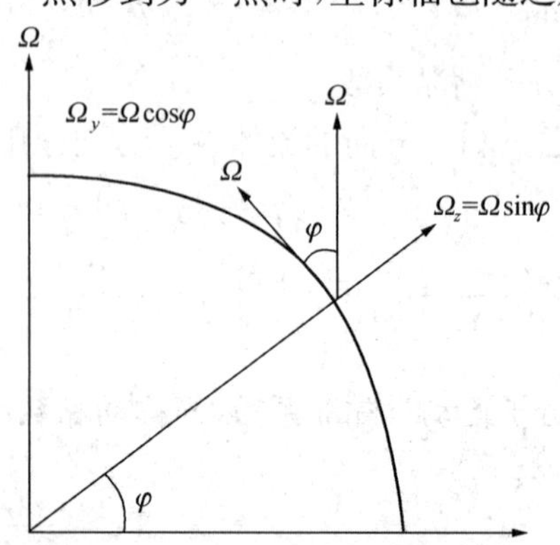

图 4-5　标准坐标系中 Ω 的分量

2. 运动方程的分量形式

为获得标准坐标系中运动方程的分量形式，只要将运动方程矢量形式式(4-11)的各项拆成该坐标系的3个轴向($\boldsymbol{i},\boldsymbol{j},\boldsymbol{k}$方向)的标量形式，然后按$\boldsymbol{i},\boldsymbol{j},\boldsymbol{k}$方向写出3个运动方程分量形式即可。

如图4-5所示，在标准坐标系中，地球自转角速度$\boldsymbol{\Omega}=\Omega\cos\varphi\boldsymbol{j}+\Omega\sin\varphi\boldsymbol{k}$，于是科氏力为

$$\begin{aligned}\boldsymbol{D}&=2\boldsymbol{V}\wedge\boldsymbol{\Omega}=2(u\boldsymbol{i}+v\boldsymbol{j}+w\boldsymbol{k})\wedge\boldsymbol{\Omega}\\&=2(v\Omega\sin\varphi-w\Omega\cos\varphi)\boldsymbol{i}-2u\Omega\sin\varphi\boldsymbol{j}+2u\Omega\cos\varphi\boldsymbol{k}\end{aligned}\tag{4-20}$$

重力$\boldsymbol{g}$垂直于地面，指向球心，即$\boldsymbol{g}=-g\boldsymbol{k}$。因此，标准坐标系中运动方程的分量形式为

$$\begin{cases}\dfrac{\mathrm{d}u}{\mathrm{d}t}=-\dfrac{1}{\rho}\dfrac{\partial p}{\partial x}+2\Omega(v\sin\varphi-w\cos\varphi)+F_{rx}\\[2ex]\dfrac{\mathrm{d}v}{\mathrm{d}t}=-\dfrac{1}{\rho}\dfrac{\partial p}{\partial y}-2\Omega u\sin\varphi+F_{ry}\\[2ex]\dfrac{\mathrm{d}w}{\mathrm{d}t}=-\dfrac{1}{\rho}\dfrac{\partial p}{\partial z}+2\Omega u\cos\varphi+F_{rz}-g\end{cases}\tag{4-21}$$

标准坐标系实际上是将地球表面看成平面，即没有考虑地球的球面性，它与球坐标之间的差异随着纬度(φ)的增加而增大。因此，标准坐标系只适用于中、低纬度局部地区的大气运动。

四、连续方程

前面已经利用牛顿第二定律讨论了地球大气的运动方程，或称之为动量方程。下面将讨论另一个基本物理定律——质量守恒定律，其数学表达式就是连续方程。

根据质量守恒定律，一个给定的空气块在运动过程中，无论其体积和形状发生什么样的变化，它所含的质量却保持不变。现考虑一个空气微体元$\mathrm{d}\tau(=\mathrm{d}x\mathrm{d}y\mathrm{d}z)$的质量收支(如图4-6)。由于空气运动，单位时间通过A面流入体元的空气质量为$\left[\rho u-\dfrac{\partial(\rho u)}{\partial x}\dfrac{\mathrm{d}x}{2}\right]\mathrm{d}y\mathrm{d}z$，单位时间从$B$面流出的空气质量为$\left[\rho u+\dfrac{\partial(\rho u)}{\partial x}\dfrac{\mathrm{d}x}{2}\right]\mathrm{d}y\mathrm{d}z$，于是沿$x$方向的质量净流入率为

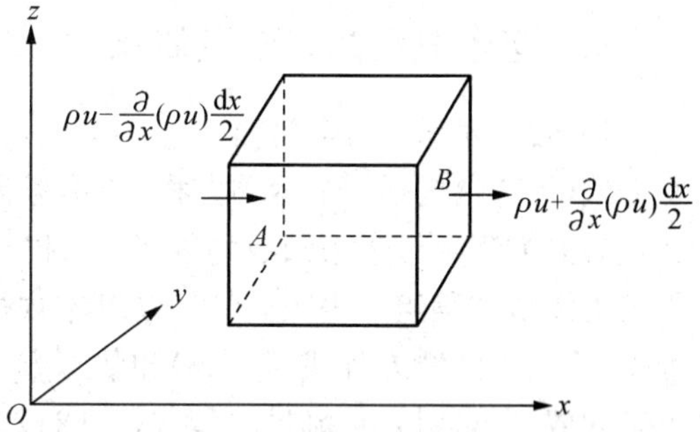

图4-6　沿x方向流入、流出微体元的质量

$$\left[\rho u-\frac{\partial(\rho u)}{\partial x}\frac{\mathrm{d}x}{2}\right]\mathrm{d}y\mathrm{d}z-\left[\rho u+\frac{\partial(\rho u)}{\partial x}\frac{\mathrm{d}x}{2}\right]\mathrm{d}y\mathrm{d}z=-\frac{\partial(\rho u)}{\partial x}\mathrm{d}x\mathrm{d}y\mathrm{d}z$$

同理可得y和z方向的质量净流入率分别为$-\dfrac{\partial(\rho v)}{\partial y}\mathrm{d}y\mathrm{d}x\mathrm{d}z$和$-\dfrac{\partial(\rho w)}{\partial z}\mathrm{d}z\mathrm{d}x\mathrm{d}y$。因此，单位体积空气质量的净流入率为

$$-\left[\frac{\partial(\rho u)}{\partial x}+\frac{\partial(\rho v)}{\partial y}+\frac{\partial(\rho w)}{\partial z}\right]=-\nabla\cdot(\rho\boldsymbol{V})$$

按质量守恒定律，上式应该等于单位体积内空气质量的增加率，也就是空气密度随时间的

变化$\frac{\partial \rho}{\partial t}$，即$-\nabla \cdot (\rho \boldsymbol{V})=\frac{\partial \rho}{\partial t}$，通常写成如下形式

$$\frac{\partial \rho}{\partial t}+\nabla \cdot (\rho \boldsymbol{V})=0 \tag{4-22}$$

这就是(质量)**连续方程**。

若将上式中的$\nabla \cdot (\rho \boldsymbol{V})$展开，则上式左侧变为

$$\frac{\partial \rho}{\partial t}+\rho\left(\frac{\partial u}{\partial x}+\frac{\partial v}{\partial y}+\frac{\partial w}{\partial z}\right)+u\frac{\partial \rho}{\partial x}+v\frac{\partial \rho}{\partial y}+w\frac{\partial \rho}{\partial z}=\frac{\mathrm{d}\rho}{\mathrm{d}t}+\rho\nabla \cdot \boldsymbol{V}$$

于是式(4-22)变为

$$\frac{\mathrm{d}\rho}{\mathrm{d}t}+\rho\nabla \cdot \boldsymbol{V}=0 \tag{4-23}$$

式(4-22)和式(4-23)是连续方程的两种表达形式，它们反映了空气密度与速度分布之间的关系。其中，$\nabla \cdot \boldsymbol{V}=\frac{\partial u}{\partial x}+\frac{\partial v}{\partial y}+\frac{\partial w}{\partial z}$是速度矢量场的散度，它是气象上的一个重要物理量。当$\nabla \cdot \boldsymbol{V}>0$，称为**辐散**；$\nabla \cdot \boldsymbol{V}<0$，称为**辐合**。

若流体是不可压缩的，那么在运动过程中其密度保持不变，即$\frac{\mathrm{d}\rho}{\mathrm{d}t}=0$，则连续方程式(4-23)简化为

$$\nabla \cdot \boldsymbol{V}=\frac{\partial u}{\partial x}+\frac{\partial v}{\partial y}+\frac{\partial w}{\partial z}=0 \tag{4-24}$$

这就是不可压缩流体的连续方程，它表明不可压缩流体是三维无辐散的。

五、运动方程的闭合及简化

1. 运动方程的闭合问题

式(4-21)包括3个运动方程，若不考虑摩擦力$\boldsymbol{F}_r$，则未知数就有5个，因此不能求解。因为只有当方程数等于未知数的数目时，才能通过这个方程组求解出所有的未知数，并称这种方程组为**闭合方程组**。表征大气运动基本规律的闭合方程组包括哪些方程呢？除了3个运动方程外，再引入连续方程式(4-23)和状态方程式(1-4)，这样，虽然有5个方程，但又多出了一个未知数T，再引入热流量方程式(3-24)，则又多出一个未知数Q。若热流量Q为空间和时间变量的已知函数，或系统与外界的热量交换$\mathrm{d}Q$与系统的温度改变$\mathrm{d}T$成比例(称为多元过程)，则以上6个方程就构成大气运动闭合方程组。该方程组在一定的边界条件和初始条件下就可以求解。

2. 运动方程的简化——尺度分析

大气运动具有很宽的尺度谱，从几千千米以上的行星波到几厘米的湍流小涡旋。不同尺度的运动具有不同的特征，影响运动的因子也各不相同。方程式(4-21)几乎可以描写各种尺度的大气运动。但是，如果要考虑影响所有尺度的所有因子，方程太复杂，难以求解；而且不分轻重、主次地描述和求解方程，反而不能突出所研究的对象。因此，人们在研究大气运动时，往往不是同时考虑大气中所有类型的运动，而是分别讨论大气运动中的某一特殊现象。针对某种尺度的特殊现象，把它从尺度比它大很多或小很多的现象中隔离出来，把尺度比它大得多的

运动看成是定常的背景场，而把尺度比它小得多的运动看成是无法分辨的扰动运动。

(1) 尺度分析的基本概念和方法　对各种运动的分析结果表明，运动的特征与运动的水平尺度最为密切。大多数情况下，运动的水平尺度一经确定，运动的其他主要特征量也就随之而定。因此，一般根据水平尺度的大小可以把大气中的主要运动系统分成大、中、小和微尺度系统4类。

① **大尺度**系统　水平尺度空间为几千千米，垂直空间占整个对流层，生命史一般在5天以上，水平风速为每秒十几米，垂直速度为1～5 cm·s^{-1}。

② **中尺度**系统　水平尺度为几百千米，垂直空间占大部分对流层，生命史约为1～5天，水平风速为5～20 m·s^{-1}，垂直速度为10 cm·s^{-1}。

③ **小尺度**系统　水平尺度为几十千米，垂直尺度为几千米到十几千米，有些小尺度系统垂直尺度可伸展至整个对流层，有些热力环流如海陆风等，垂直尺度只有几百米至千余米，生命史一般为十几小时，风速可达10～25 m·s^{-1}，垂直速度为每秒几十厘米。

④ **微尺度**系统　水平和垂直范围均为几千米，生命史仅几个小时，垂直速度很强，可达每秒几米，水平风速的变化范围比较大。

从以上分类可以看到：尺度越大，则生命史越长，垂直速度越小；水平尺度越小，生命史则越短，垂直速度也越大。

为了表征某一物理量在一定的物理过程中的数值大小，并对同一过程中的不同物理量和同一物理量在不同过程中的大小进行比较，通常引入概量和特征量的概念。

概量是用于表示某一物理量在某一特定的物理过程中可能出现的大概数值范围。其表示方法是将物理量变化范围的上、下限化成最接近的10的幂次数，若化成10的n次幂后，上、下限吻合(即一致)，则概量为10^n；若不吻合，则用10^n～10^{n+1}表示(以5×10^n为上界，$<5\times10^n$时取为10^n，$\geqslant5\times10^n$时取为10^{n+1})。例如，风速概量为10^0～10^1 m·s^{-1}，表示风速范围为0.5～49 m·s^{-1}；气温概量为10^2 K，相当于223～323 K。

特征量(又称特征尺度)为最能代表某个物理量在某一物理过程中的数值。它与概量的含义不同，但都是有因次(量纲)和大小的量，而且它们的数值常具有同阶大小，因此，实际应用中两者可以通用。气象上一般将概量作为该物理量的特征量值。

假定用L,H,V,W和τ分别表示大气运动的水平尺度、垂直尺度、水平风速、垂直速度和时间的特征量，那么上面所分的4类运动系统的主要特征量见表4-1所示。

表4-1　大气运动系统的主要特征量

系统类型	特征量				
	L/m	H/m	V/(m·s^{-1})	W/(m·s^{-1})	τ/s
大尺度系统	10^6	10^4	10^1	10^{-2}	10^5
中尺度系统	10^5	10^4	10^1	10^{-2}	10^5
小尺度系统	10^4	10^3～10^4	10^1～10^2	10^{-1}	10^4
微尺度系统	10^2～10^3	10^3	10^0～10^1	10^{-1}～10^0	10^2～10^4

在运动方程中，还包含$\rho,\Delta V,p,\Delta p$等物理量及其随时间和空间变化的尺度，其中p的概量对所有类型的运动都为10^3 hPa，ρ可以通过状态方程确定。实际观测表明，对于速度的时、空变化，经L或H距离后，速度改变量的量级与速度本身的尺度相同，即$\frac{\partial V}{\partial z}\sim\frac{V}{H}$，$\left(\frac{\partial V}{\partial x},\frac{\partial V}{\partial y}\right)\sim$

$\frac{V}{L}$；气压经 L 距离后的改变量要小于其本身的量级，而在垂直方向经 H 距离后的改变量能达到其本身的量级，即 $\Delta p<p$，$\left(\frac{\partial p}{\partial x},\frac{\partial p}{\partial y}\right)\sim\frac{\Delta p}{L}$。对大、中、小尺度系统，$\Delta p$ 的量级可以相同，但水平尺度 L 却相差很大，因此$\frac{\Delta p}{L}$可相差几个量级。尺度越大，$\left(\frac{\partial p}{\partial x},\frac{\partial p}{\partial y}\right)$越小，而$\frac{\partial p}{\partial z}\approx\frac{p_0}{H}$，因为地面气压约为1 000 hPa，对流层顶的 $p\approx100\sim200$ hPa，Δp 的量级与地面气压 p_0 的概量相同。

由此可见，除微尺度系统外，气压在垂直方向的梯度$\left(\frac{\partial p}{\partial z}\right)$要比水平方向的梯度$\left(\frac{\partial p}{\partial x}或\frac{\partial p}{\partial y}\right)$大，而且尺度越大，$\frac{\partial p}{\partial z}$比$\frac{\partial p}{\partial x}\left(或\frac{\partial p}{\partial y}\right)$大得越多。

尺度分析就是对不同尺度的运动，通过比较表征运动的各要素的特征尺度的大小，区分影响运动过程的主、次因素，略去次要项，保留主要项，从而简化运动方程组。

(2) 运动方程的简化　任一(有量纲的)物理量都可以写成一个有量纲的特征量(其大小等于此物理量的概量)和一个无量纲数(比值)(其概量为 1)的乘积。如速度 $V=6\ \text{m}\cdot\text{s}^{-1}$，若选特征量 $U\approx10^1\ \text{m}\cdot\text{s}^{-1}$，则 V 可写为 $V=V'U$，其中 $V'=\frac{V}{U}=0.6$(概量为 1)，是一个无因次比例数，用来确定该物理量 V 的具体大小。因此，可以按这种方法将运动方程组化成无量纲方程组，在该方程组中，每个方程的各项系数都由运动的特征量和物理常数所组成。针对不同类型的运动，可以估计出各项系数的数量级。然后按不同的(精度)要求根据各项系数的量级大小做不同的取舍，使方程得到简化。

为简单起见，不考虑摩擦力对大气的作用，这时方程式(4-21)可写成

$$\begin{cases}\frac{\mathrm{d}u}{\mathrm{d}t}-fv+\tilde{f}w=-\frac{1}{\rho}\frac{\partial p}{\partial x}\\ \frac{\mathrm{d}v}{\mathrm{d}t}+fu=-\frac{1}{\rho}\frac{\partial p}{\partial y}\\ \frac{\mathrm{d}w}{\mathrm{d}t}-\tilde{f}u=-\frac{\partial p}{\partial z}-\rho g\end{cases}\tag{4-25}$$

式中，$f=2\Omega\sin\varphi$，$\tilde{f}=2\Omega\cos\varphi$，称为**科氏参数**。

对于中纬度大尺度运动，可取 $\varphi=45^\circ$，$f=2\Omega\sin\varphi=2\Omega\cos\varphi=\tilde{f}\approx10^{-4}\ \text{s}^{-1}$。将式(4-25)化成无量纲方程组后，比较各方程中各项系数的概量大小，做不同的舍取，即可达到简化的目的。

若仅保留方程中概量最大的项，其余项(比其小一个量级以上)都略去，则可得到一级近似的运动方程组

$$\begin{cases}fv=\frac{1}{\rho}\frac{\partial p}{\partial x}\\ fu=-\frac{1}{\rho}\frac{\partial p}{\partial y}\\ \frac{\partial p}{\partial z}=-\rho g\end{cases}\tag{4-26}$$

若在简化中保留概量最大项和比最大项小一个量级的项即得到大气运动的二级近似方程

$$\begin{cases}\dfrac{\mathrm{d}u}{\mathrm{d}t}-fv=-\dfrac{1}{\rho}\dfrac{\partial p}{\partial x}\\ \dfrac{\mathrm{d}v}{\mathrm{d}t}+fu=-\dfrac{1}{\rho}\dfrac{\partial p}{\partial y}\\ \dfrac{\partial p}{\partial z}=-\rho g\end{cases}\tag{4-27}$$

式(4-27)是自由大气动力学的基础方程。

用类似的方法同样可以得到中尺度和小尺度运动的一级和二级近似运动方程。这些运动方程的尺度分析和简化表明：在垂直方向，大气高度精确地满足准静力方程（除水平尺度 $L<10^2$ m 外）；各种尺度的一级近似都不包含时间偏导数项，即大气运动处于准定常状态；大尺度运动表现为一种平衡运动，如方程式(4-26)所示，空气在运动方向上没有加速度。

§4.2　自由大气中的平衡运动

1～1.5 km 以上的大气中摩擦力很小，可以不予考虑，故称之为**自由大气**。在静力平衡下，作用于自由大气水平运动的各种力（气压梯度力、科氏力和惯性力）相互平衡时，运动速度保持不变（加速度等于零）的运动称为平衡运动。

一、地转风

自由大气中，水平气压梯度力与水平科氏力平衡下形成的水平匀速直线运动称为**地转风**，通常用 $\boldsymbol{V}_g$ 表示。

地转风的标量形式可直接从式(4-28)获得

$$\begin{cases}u_g=-\dfrac{1}{f\rho}\dfrac{\partial p}{\partial y}\\ v_g=\dfrac{1}{f\rho}\dfrac{\partial p}{\partial x}\end{cases}\tag{4-28}$$

地转风的矢量形式可以根据上式和矢量运算法则导出

$$\begin{aligned}\boldsymbol{V}_g&=u_g\boldsymbol{i}+v_g\boldsymbol{j}=-\frac{1}{f\rho}\frac{\partial p}{\partial y}\boldsymbol{i}+\frac{1}{f\rho}\frac{\partial p}{\partial x}\boldsymbol{j}\\&=\frac{1}{f\rho}\boldsymbol{k}\wedge\left(\frac{\partial p}{\partial x}\boldsymbol{i}+\frac{\partial p}{\partial y}\boldsymbol{j}\right)=\frac{1}{f\rho}\boldsymbol{k}\wedge\nabla_h p\end{aligned}$$

因此有

$$\boldsymbol{V}_g=\frac{1}{f\rho}\boldsymbol{k}\wedge\nabla_h p\tag{4-28$'$}$$

式中，∇_h 表示水平梯度。

式(4-28′)表明，地转风的方向与等压线平行，在北半球（$f>0$），背风而立，高压在右，低压在左；在南半球（$f<0$），背风而立，高压在左，低压在右（如图 4-7）。这种地转运动的风场与气压场关系首先由白贝罗(Buys-Bullot)注意到，因此常称之为**白贝罗风压定律**。

显然，地转风的大小与水平气压梯度的大小 $\nabla_h p$ 成正比，因此，在天气图上可以看到，等压线越密，地转风速越大。地转风大小还与地转参数 f 和空气密度 ρ 成反比，因此，赤道地区由

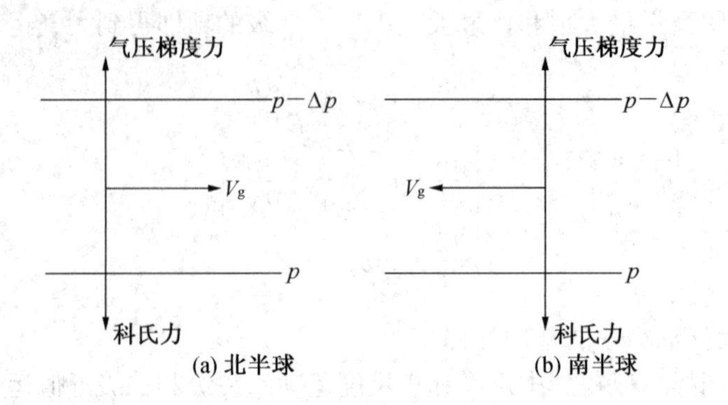

图 4－7　地转平衡的风压关系

于科氏力为零，地转关系不成立。当$\nabla_h p$一定时，高纬地区（φ和f值大）的地转风速将比低纬地区小，然而实际情况是高纬地区的风速往往比低纬地区的大，这是由于高纬地区的$\nabla_h p$通常比低纬地区大得多的缘故。若$\nabla_h p$和f不变，则空气密度ρ随高度增加而减小，故地转风会随高度增加而增大。

地转风抓住了自由大气中风压场之间的基本联系。除了极地和赤道附近地区以外，由于自由大气中的实际风与地转风相当近似，因此，常用地转风代替实际风。

二、梯度风

地转风是大尺度运动的最简单近似，但只能描述空气的匀速直线运动。然而，空气运动通常是曲线运动，为此，需要引入梯度风概念。

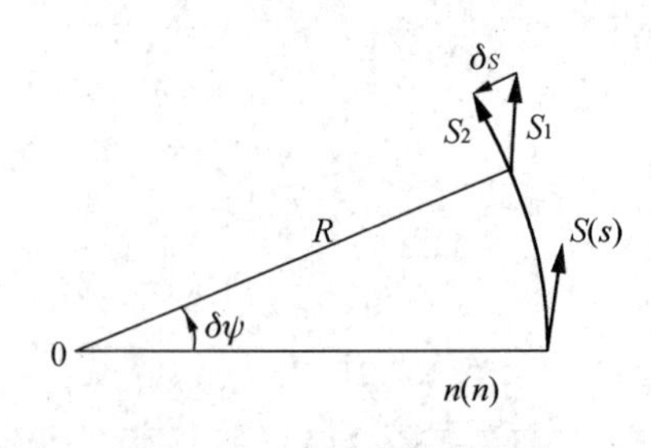

图 4－8　水平自然坐标系

梯度风是水平气压梯度力、水平科氏力和离心力相平衡下的无切向加速度的空气水平运动，常用$\mathbf{V}_{gr}$表示。梯度风也是一种简化的大气运动，当等压线呈弯曲状态时，用梯度风近似比用地转风近似更为合理。

描述曲线运动采用自然坐标系更为方便。自然坐标系（如图 4－8）坐标的取法为：坐标原点为运动着的空气质点，而取空气质点运动的方向为s轴，与s轴垂直，指向s轴左方的（即左法线）为n轴，它们的单位矢量分别为$\boldsymbol{s}$，$\boldsymbol{n}$。

1. 自然坐标系中的水平运动方程

在自然坐标系中，空气的水平运动速度总沿$\boldsymbol{s}$方向，即

$$\mathbf{V}_h = V_h \boldsymbol{s} \tag{4-29}$$

加速度可写成

$$\frac{\mathrm{d}\mathbf{V}_h}{\mathrm{d}t} = \frac{\mathrm{d}V_h}{\mathrm{d}t}\boldsymbol{s} + V_h \frac{\mathrm{d}\boldsymbol{s}}{\mathrm{d}t} \tag{4-30}$$

由图 4－8 可得到运动方向上单位矢量的变化（$\Delta\boldsymbol{s}$）与运动的方向角变化（$\Delta\psi$）之间的关系为$\Delta\boldsymbol{s} = \Delta\psi\boldsymbol{n}$，而$\Delta\psi$与空气运动的路径变化$\Delta s$和（迹线）曲率半径$R$之间的关系为$\Delta\psi = \dfrac{\Delta s}{R}$，因此

$$\frac{d\boldsymbol{s}}{dt}=\lim_{\Delta t\to 0}\frac{\Delta\psi}{\Delta t}\boldsymbol{n}=\frac{1}{R}\frac{ds}{dt}\boldsymbol{n}=\frac{V_h}{R}\boldsymbol{n} \tag{4-31}$$

当曲率中心在 $\boldsymbol{n}$ 指向一侧时，定义 $R>0$，并称空气运动路径呈气旋性弯曲(空气做逆时针方向旋转)；相反，若曲率中心在 $\boldsymbol{n}$ 的反方向时，定义 $R<0$，空气运动路径呈反气旋性弯曲(空气做顺时针旋转)。

将式(4－31)代入式(4－30)中可得到

$$\frac{d\boldsymbol{V}_h}{dt}=\frac{dV_h}{dt}\boldsymbol{s}+\frac{V_h^2}{R}\boldsymbol{n} \tag{4-32}$$

式中，右端第一项为切向加速度，第二项为向心加速度。

在自然坐标系中，水平气压梯度力为

$$-\frac{1}{\rho}\nabla_h p=-\frac{1}{\rho}\left(\frac{\partial p}{\partial s}\boldsymbol{s}+\frac{\partial p}{\partial n}\boldsymbol{n}\right) \tag{4-33}$$

水平科氏力为

$$f\boldsymbol{V}_h\wedge\boldsymbol{k}=fV_h\boldsymbol{s}\wedge\boldsymbol{k}=-fV_h\boldsymbol{n} \tag{4-34}$$

因此，自然坐标系中的水平运动方程为

$$\begin{cases}\dfrac{dV_h}{dt}=-\dfrac{1}{\rho}\dfrac{\partial p}{\partial s}\\[2mm]\dfrac{V_h^2}{R}=-\dfrac{1}{\rho}\dfrac{\partial p}{\partial n}-fV_h\end{cases} \tag{4-35}$$

2. 梯度风方程

根据梯度风定义，式(4－35)就是梯度风方程，可写为

$$-\frac{V_{gr}^2}{R}-\frac{1}{\rho}\frac{\partial p}{\partial n}-fV_{gr}=0 \tag{4-36}$$

当 $R\to\infty$ 时，上式即变为地转平衡关系，因此，地转风是梯度风的一种特例。

3. 梯度风性质

空气做水平曲线运动时，其运动方向有 2 种情况：一种是围绕曲率中心做逆时针旋转，这时的梯度风称为气旋式梯度风；另一种是围绕曲率中心做顺时针旋转的反气旋式梯度风。下面以北半球为例进行分析。

(1) **气旋式梯度风**　$R>0$，$\boldsymbol{n}$ 指向曲率中心，因为 $f>0$，根据梯度风方程式(4－36)，离心力和科氏力 $\left(-\frac{V_{gr}^2}{R}\text{和}-fV_{gr}\right)$ 均小于零，指向圆外。因此，必须求出气压梯度力 $\left(-\frac{1}{\rho}\frac{\partial p}{\partial n}\right)$ 大于零，指向圆内，即中心为低压(如图 4－9)。这时风压场的配置符合风压定律，离心力和科氏力之合力与气压梯度力相平衡。

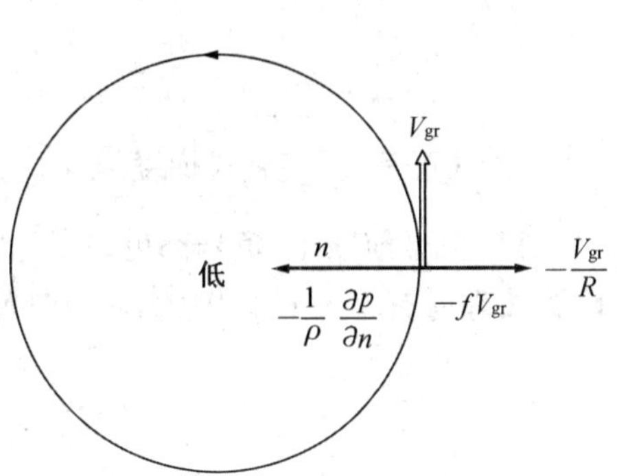

图 4－9　气旋式梯度风

(2) **反气旋式梯度风**　$R<0$，$\boldsymbol{n}$ 指向圆外，离心力 $-\frac{V_{gr}^2}{R}>0$，指向圆外；因 $f>0$，故科氏力 $-fV_{gr}<0$，指

向圆内。由式(4－36)可知，这时气压梯度力的方向(符号)可能有以下两种情况：

① 若科氏力大于离心力$\left(即|-fV_{gr}|>\left|-\frac{V_{gr}^2}{R}\right|\right)$，两力之合力指向圆内，则气压梯度力必须指向圆外，即$-\frac{1}{\rho}\frac{\partial p}{\partial n}>0$，中心为高压，如图4－10(a)所示。风压场关系符合风压定律。

② 若离心力大于科氏力，两力之合力指向圆外，则气压梯度力必须指向圆内，即$-\frac{1}{\rho}\frac{\partial p}{\partial n}<0$，中心为低压，如图4－10(b)所示。这时风压场关系不符合风压定律，因此称为**反常低压**。这种情况一般只能在尺度很小时(如龙卷风)才能出现，因此，可以说在绝大多数情况下，白贝罗风压定律仍然适用于梯度风。

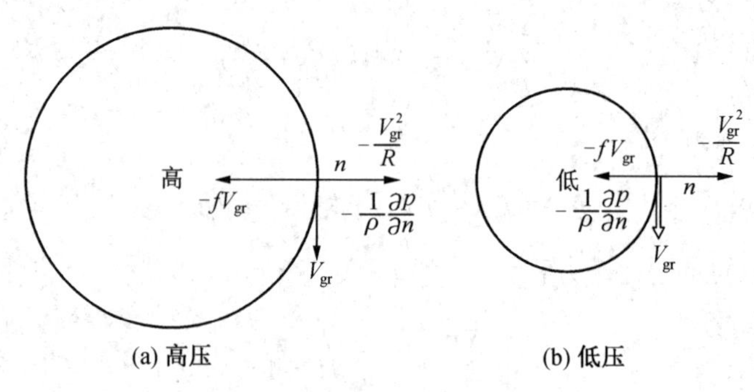

图4－10　反气旋式梯度风

4. 梯度风风速

由方程式(4－36)可求得梯度风的风速

$$V_{gr}=-\frac{fR}{2}\pm\sqrt{\frac{f^2R^2}{4}-\frac{R}{\rho}\frac{\partial p}{\partial n}} \tag{4-37}$$

由该式可得到2个非负的实数根。

(1) 气旋式梯度风V_c　因为$R>0$和$-\frac{1}{\rho}\frac{\partial p}{\partial n}>0$，因此，式(4－37)根号内的值大于零，而且开根后的值大于第一项$\frac{fR}{2}$的值，故根号前必须取正号(才能使$V_{gr}>0$)，即

$$V_c=-\frac{fR}{2}+\sqrt{\frac{f^2R^2}{4}-\frac{R}{\rho}\frac{\partial p}{\partial n}} \tag{4-38}$$

(2) (正常)反气旋式梯度风V_{ac}　对正常的反气旋式梯度风，$R<0$，$-\frac{1}{\rho}\frac{\partial p}{\partial n}>0$，似乎式(4－37)根号前取正、负号都可以，但实际不然。若取正号，当$|R|\to\infty$时，$V_{ac}\to\infty$，这不合理。因为按理应有$V_{ac}\to V_g$，因此，对反气旋式梯度风式(4－37)根号前应取负号，即

$$V_{ac}=-\frac{fR}{2}-\sqrt{\frac{f^2R^2}{4}-\frac{R}{\rho}\frac{\partial p}{\partial n}} \tag{4-39}$$

为了让式(4－39)根号内不出现负值，反气旋风的气压梯度$\left|\frac{\partial p}{\partial n}\right|$不能超过某一临界值

$\left|\frac{\partial p}{\partial n}\right|_{\max}$，根据$\frac{f^2R^2}{4}-\frac{|R|}{\rho}\left|\frac{\partial p}{\partial n}\right|_{\max}=0$即可求得

$$\left|\frac{\partial p}{\partial n}\right|_{\max}=\frac{f^2|R|\rho}{4}=\Omega^2\sin^2\varphi|R|\rho \tag{4-40}$$

利用式(4-40)可以解释天气图上所反映的一些风压分布现象。

5. 梯度风与地转风的关系

从地转风的矢量形式出发，很容易获得地转风在自然坐标中的表达式

$$\boldsymbol{V}_{\mathrm{g}}=\frac{1}{f\rho}\boldsymbol{k}\wedge\nabla_h p=\frac{1}{f\rho}\boldsymbol{k}\wedge\left(\frac{\partial p}{\partial s}\boldsymbol{s}+\frac{\partial p}{\partial n}\boldsymbol{n}\right)=-\frac{1}{f\rho}\frac{\partial p}{\partial n}\boldsymbol{s} \tag{4-41}$$

上式代入梯度风方程式(4-36)，即可得

$$V_{\mathrm{gr}}=V_{\mathrm{g}}-\frac{1}{f}\frac{V_{\mathrm{gr}}^2}{R}=V_{\mathrm{g}}-\frac{1}{f}V_{\mathrm{gr}}^2K_h \tag{4-42}$$

式中，K_h 是空气运动轨迹的曲率。当 $K_h=0$ 时，$V_{\mathrm{gr}}=V_{\mathrm{g}}$，梯度风转化为地转风。

利用式(4-42)可以解释天气图上表现出来的一些天气现象。例如，在纬度和气压梯度力相同的情况下，为什么气旋中的梯度风比反气旋中的小？而在纬度和梯度风速相同的情况下，气旋内的等压线要比反气旋内的等压线密集？

三、地面摩擦力对风的影响

在边界层内，与地面接触的气流受到的地面摩擦力(即外摩擦力)$\boldsymbol{F}_{r0}=-k_F\boldsymbol{V}$ 的影响而不满足地转风原理。这是因为气流受摩擦力影响将减速，水平地转偏向力也相应减小，不足以和气压梯度力相平衡。如图4-11(a)所示，减小后的地转偏向力与摩擦力的合力同气压梯度力平衡，结果气流将穿越等压线吹向低压一侧。这样，风压关系变为：在北半球，背风而立，高压在右后侧，低压在左前侧。

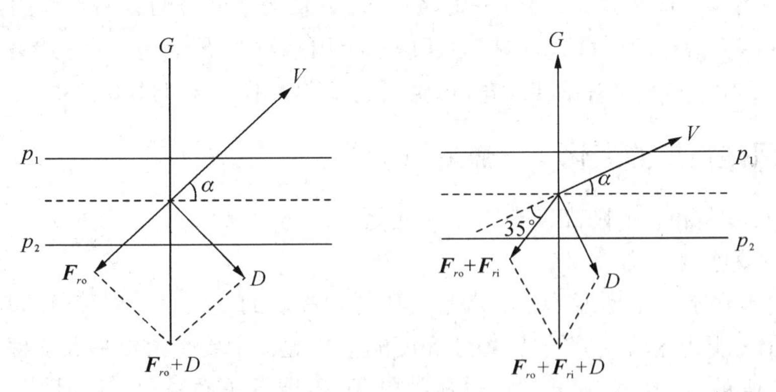

(a) 外摩擦力F_{ro}的影响　　(b) 外摩擦力与内摩擦力$(F_{ro}+F_{ri})$的影响

图4-11　摩擦力对风的影响

如图4-11(a)所示，设等压线为东西走向的直线(即与 x 轴平行)，则地转风风向与 x 轴一致，风速为$V_g=u_g=-\frac{1}{f\rho}\frac{\partial p}{\partial y}$。地面摩擦力沿 x，y 的分量为$F_{\mathrm{rox}}=-k_Fu$，$F_{\mathrm{roy}}=-k_Fv$。当各力达到平衡时，无加速度的水平运动方程式(4-21)的二级近似形式可写为

$$
\begin{cases}
0 = fv - k_F u \\
0 = - fu - \dfrac{1}{\rho}\dfrac{\partial p}{\partial y} - k_F v
\end{cases}
\tag{4-43}
$$

由上式可以解出

$$
\begin{cases}
u = - \dfrac{f}{f + k_F^2}\left(\dfrac{1}{\rho}\dfrac{\partial p}{\partial y}\right) \\
v = - \dfrac{k_F}{f^2 + k_F^2}\left(\dfrac{1}{\rho}\dfrac{\partial p}{\partial y}\right)
\end{cases}
\tag{4-44}
$$

其总风速为

$$
v = \sqrt{u^2 + v^2} = \frac{1}{\sqrt{f^2 + k_F^2}}\left(\frac{1}{\rho}\frac{\partial p}{\partial y}\right) \tag{4-44$'$}
$$

由上式可见，摩擦力的影响使风速减小。在中纬度地区，陆地上的地面风速约为对应的地转风速的35%～45%，海洋上为地转风速的60%～70%。

风向与等压线的夹角α可用下式表示

$$
\tan\alpha = \frac{v}{u} = \frac{k_F}{f} \tag{4-45}
$$

可见，当$k_F \neq 0$时，空气不再沿x轴运动，而是斜穿等压线，并且吹向低压一侧。夹角α的大小与k_F和f有关，其中k_F与地面性质、风速有关，f与纬度有关。在中纬地区，内陆摩擦力大，夹角α约为35%～45°；海洋上摩擦力小，α为15%～20°。

在弯曲等压线的气压场中，可以得到与平直等压线类似的结论，即风速比该气压场相应的梯度风小些，风向偏向低压一方。在北半球气旋中，空气按反时针方向向低压中心辐合，在反气旋中，空气按顺时针方向向外辐散。

图4-11(a)所示方向和式(4-43)～式(4-45)中假定摩擦力的方向与风向正相反，这是因为仅考虑外摩擦力的缘故，实际上摩擦力还应加上内摩擦力F_{ri}。这样，总摩擦力F_r的方向将要比外摩擦力F_{r0}的方向向右偏转一角度，通常为35°(如图4-11(b))。

四、地转风随高度的变化——热成风

实际大气中，风向和风速随高度有明显的变化。

1. 地转风随高度变化的原因

地转风取决于水平气压梯度，因此，水平气压场随高度的变化就是地转风随高度变化的原因。那么，又是什么原因造成水平气压场随高度的变化呢？主要是由水平温度梯度引起的。

如图4-12所示，若地面($z=z_0$处)气压处处相等，即等压面p_0与等高面重合，地转风等于零。但水平温度不相等，设A点处的气柱比B点冷，即$T_A<T_B$(故$\rho_A>\rho_B$)，那么A点上空的气压随高度下降的速度要比B点快，即$\left(\dfrac{\partial p}{\partial z}\right)_A > \left(\dfrac{\partial p}{\partial z}\right)_B$，或者说，$B$点上空单位气压高度差比$A$点上空的大，于是等压面向$A$点发生倾斜。这时，等压面将与等高面相交，使在某高度z_1处A,B两地的气压不再相同，$p_A(z_1)<p_B(z_2)$，即暖区的气压高于冷区，产生水平气压梯度，从而使地转风从零(z_0高度)变为$\mathbf{V}_{g1}$。当高度增至z_2时，等压面倾斜的坡度更大，水平气压梯

度力和地转风也随之增大。这种由于水平温度梯度所引起的上、下气层之间的地转风矢量差，称为**热成风**。热成风的数学表达式随着坐标系的不同而不同。

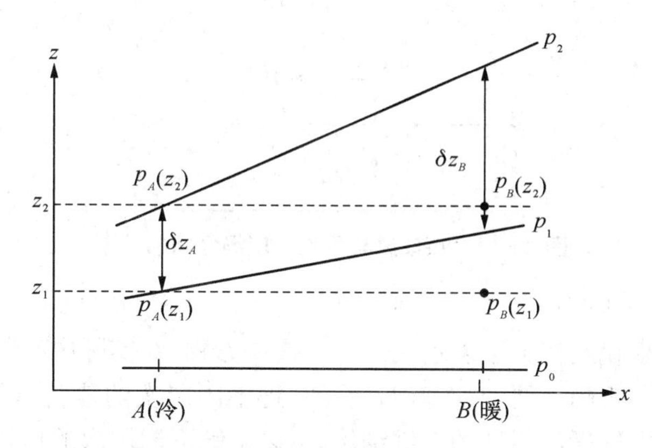

图 4－12　热成风的形成

2. 标准坐标系中的热成风方程

按热成风的定义，热成风 $\boldsymbol{V}_T$ 可以写成

$$\boldsymbol{V}_T=\boldsymbol{V}_g(z_2)-\boldsymbol{V}_g(z_1) \tag{4-46}$$

由地转风矢量形式式(4－28′)可写出地转风随高度的变化率(也称为地转风垂直切变)

$$\frac{\partial \boldsymbol{V}_g}{\partial z}=\frac{\boldsymbol{k}}{f}\wedge\left[\nabla_h p\frac{\partial}{\partial z}\left(\frac{1}{\rho}\right)+\frac{1}{\rho}\nabla_h\left(\frac{\partial p}{\partial z}\right)\right]$$

利用静力方程和状态方程，展开上式，经整理后得到

$$\frac{\partial \boldsymbol{V}_g}{\partial z}=\frac{1}{fT}\boldsymbol{k}\wedge\left[g\nabla_h T+\frac{1}{\rho}\frac{\partial T}{\partial z}\nabla_h p\right] \tag{4-47}$$

式(4－47)表明，引起地转风随高度变化的原因有两个：水平温度梯度$\nabla_h T$ 和水平气压梯度$\nabla_h p$。然而由于$\nabla_h p$ 比$\nabla_h T$ 通常要小两个量级，从而使$\frac{1}{\rho}\frac{\partial T}{\partial z}\nabla_h p$ 比 $g\nabla_h T$ 小两个量级，因此，地转风随高度的变化主要由$\nabla_h T$ 引起。略去$\nabla_h p$ 项，则可得

$$\frac{\partial \boldsymbol{V}_g}{\partial z}\approx\frac{g}{fT}\boldsymbol{k}\wedge\nabla_h T \tag{4-48}$$

将此式从 z_1 积分到 z_2，则得气层 $z_1\sim z_2$ 间的热成风

$$\boldsymbol{V}_T=\boldsymbol{V}_g(z_2)-\boldsymbol{V}_g(z_1)\approx\frac{g}{f}\frac{z_2-z_1}{\overline{T}}\boldsymbol{k}\wedge\nabla_h\overline{T} \tag{4-49}$$

式中，$\overline{T}$ 为气层($z_1\sim z_2$)的平均温度。

可见，热成风平行于气层的平均温度等值线，在北半球，背热成风而立，右手为高温区，左手为低温区(如图 4－13)；南半球则相反。热成风的大小与气层平均温度的水平梯度和气层厚度成正比，与纬度的正弦及平均温度成反比。

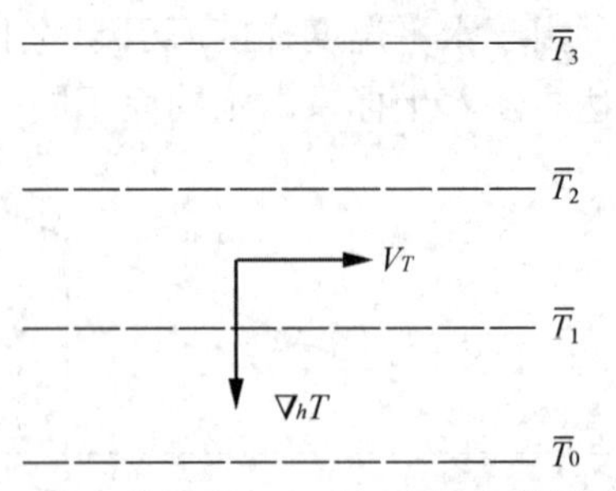

图 4－13　热成风与平均温度场之间的关系

3. 热成风方程的应用

地转风随高度的变化及其数学表达式——热成风方程，在实际中有着广泛的应用。首先，热成风方程是天气图分析的主要理论基础，由于它把不同层次的地转风与平均温度的水平分布联系起来，因此，根据气压和温度的三维结构，可以了解不同层次的地转风。例如，若已知某一高度的地转风和两个高度间的平均温度场，则可求另一高度上的地转风。相反，若将不同层次的实测风近似当作地转风，则可根据风场推出气压和温度场结构。另一方面，热成风关系还可以定性地解释一些天气现象。例如，为什么北半球对流圈内西风（分量）向上增加？以至于在对流层顶附近形成西风急流？

显然，北半球平均温度分布为南高北低（即南暖北冷），若假设等温线为平直东西向分布（不考虑东西向温差），则热成风 $\mathbf{V}_T$ 方向总是自西向东吹，但气压场的分布，也即地转风情况却经常不同，下面分三种情况进行分析。

（1）若低层地转风 $\mathbf{V}_g$ 为西风，这时等压线呈东西向分布，其值为南高北低。由于热成风方向与地转风方向一致，因此，随着高度的增加，地转风方向不变，但风速不断增大（如图4－14(a)）。

（2）若低层大气吹东风，这时由于热成风方向与地转风方向相反，东风将随高度减少，至某一高度 z 处东风减小为零，再向上将转为西风，并且随着高度的增加西风不断增大（如图4－14(b)）。

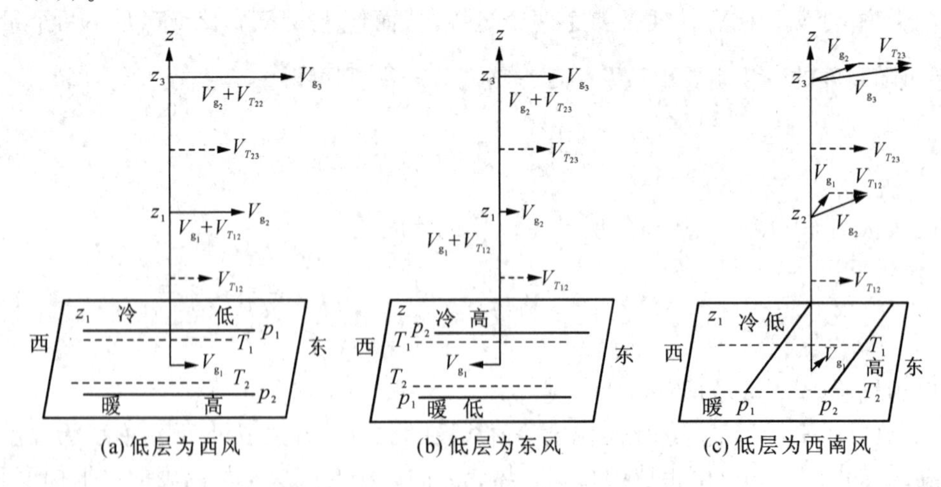

图 4－14　北半球地转风随高度变化的几种类型

（3）若低层为西南风（有暖平流），这时等压线与等温线不再平行，热成风与地转风之间有一定夹角，而且热成风指向地转风的右侧，于是地转风将随着高度的增加向右偏转（做顺时针旋转），即地转风随高度的增加，风速不断加大，风向逐渐偏西（如图 4－14(c)）。若低层地转风为偏北风（有冷平流），则地转风将随高度做逆时针旋转，逐渐变为西风，风速不断增大。同理可以讨论低层其他方向的地转风随高度的变化，总会在某一高度以上转变为偏西风，其风速随高度不断增大，以致在对流层顶附近出现西风急流。

热成风还可以用来估算气层中的温度平流，在北半球，若地转风从低层（p_1）到高层（p_2）随高度增加呈逆时针偏转（如图 4－15(a)），则表明在这一层中平均风从冷区吹向暖区，是冷平流；反之，如果随高度增加地转风呈顺时针偏转（如图 4－15(b)），则是暖平流。

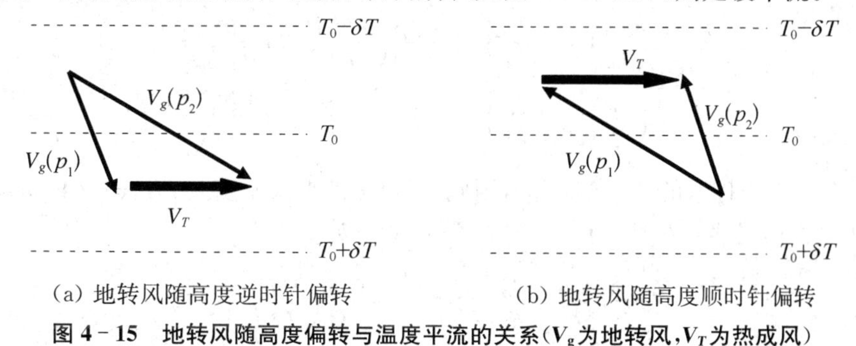

(a) 地转风随高度逆时针偏转　　(b) 地转风随高度顺时针偏转

图 4－15　地转风随高度偏转与温度平流的关系（V_g为地转风，V_T为热成风）

五、旋衡风

在实际大气中，在小尺度和微尺度的闭合气压系统中，存在一种平衡关系——旋衡平衡，如龙卷风，它是一种强旋转风环流，中心为低压，直径只有几百米，在此类环流中，相比于气压梯度力和离心力，科氏力是可以忽略的小量，此时气压梯度力和离心力相平衡，称为**旋衡平衡**，即：

$$\frac{V^2}{r}=\left|\frac{1}{\rho}\frac{\partial p}{\partial r}\right| \tag{4-50}$$

相应地，风速为：

$$V=\sqrt{\left|\frac{r}{\rho}\frac{\partial p}{\partial r}\right|} \tag{4-51}$$

在此类环流中，气旋式旋转或反气旋式旋转都是可能的，这种以强旋转方式达到平衡关系的环流称为**旋衡风**，其中反气旋式旋转即前文所说的反常低压。观测表明，在龙卷风中仍以气旋式旋转为主，尺度更小的水龙卷和尘旋风则无明显的方向性。

六、p 坐标系中的地转风、热成风和梯度风方程

前面已介绍了标准坐标系（简称 z 坐标系）中自由大气的诸平衡运动方程，由于高空天气图皆为等压面图，显然用 p 坐标系中的运动方程来分析等压面图上的大气运动要方便得多，为此，必须将 z 坐标系中的运动方程转换为 p 坐标系中的表达式。这在理论上是可行的，由静力方程可以看出，p 是 z 的连续、单值函数，即有 $p=p(x,y,z;t)$，而 $z=z(x,y,p;t)$，因此，可以用 p 代替 z 作为垂直坐标。任何一个物理量 F 在这两种坐标系中可以分别表示为 $F(x,y,z;t)$ 和 $F(x,y,p;t)$，当自变量 z 和 p 相互交换时，这些函数仍然相等，即

$$F(x,y,p;t)=F[x,y,z(x,y,p;t);t] \tag{4-52}$$

由式(4－52)可以求出 p 坐标系和 z 坐标系中物理量 F 的偏微商和全微商关系，利用这些关系便可将 z 坐标中的运动方程转换成 p 坐标系中的形式。根据物理分析和数学推导，得到 z 坐标与 p 坐标系中的偏微商关系为

$$\left(\frac{\partial F}{\partial S}\right)_z=\left(\frac{\partial F}{\partial S}\right)_p+\rho\frac{\partial F}{\partial p}\left(\frac{\partial \Phi}{\partial S}\right)_p \tag{4-53}$$

式中 S 代表 x，y 或 t，若取 $F=p$，S 为 x 和 y，则可得水平气压梯度的转换关系

$$\begin{cases}\left(\frac{\partial p}{\partial x}\right)_z=\left(\frac{\partial p}{\partial x}\right)_p+\rho\frac{\partial p}{\partial p}\left(\frac{\partial \Phi}{\partial x}\right)_p=\rho\left(\frac{\partial \Phi}{\partial x}\right)_p\\ \left(\frac{\partial p}{\partial y}\right)_z=\left(\frac{\partial p}{\partial y}\right)_p+\rho\frac{\partial p}{\partial p}\left(\frac{\partial \Phi}{\partial y}\right)_p=\rho\left(\frac{\partial \Phi}{\partial y}\right)_p\end{cases} \tag{4-54}$$

p 坐标系与 z 坐标系的 x，y 轴相同，因此，科氏力的形式不变，由方程式(4－54)和 z 坐标系中的地转风方程式(4－24)即可得 p 坐标系中的地转风方程

$$\begin{cases}u_g=-\frac{1}{f}\left(\frac{\partial \Phi}{\partial y}\right)_p=-\frac{9.8}{f}\left(\frac{\partial H}{\partial y}\right)_p\\ v_g=\frac{1}{f}\left(\frac{\partial \Phi}{\partial x}\right)_p=\frac{9.8}{f}\left(\frac{\partial H}{\partial x}\right)_p\end{cases} \tag{4-55}$$

式中，H 为位势高度。

式(4－55)的矢量形式为

$$\boldsymbol{V}_g=u_g\boldsymbol{i}+u_g\boldsymbol{j}=\frac{1}{f}\boldsymbol{k}\wedge\nabla_p\Phi=\frac{9.8}{f}\boldsymbol{k}\wedge\nabla_p H \tag{4-56}$$

根据式(4－55)可得热成风方程

$$\boldsymbol{V}_T=\boldsymbol{V}_{g2}-\boldsymbol{V}_{g1}=\frac{1}{f}\boldsymbol{k}\wedge\nabla_p(\Phi_2-\Phi_1)$$

$$=\frac{9.8}{f}\boldsymbol{k}\wedge\nabla_p(H_2-H_1) \tag{4-57}$$

式中，(H_2-H_1)为等压面 p_2 和 p_1 间的位势高度差(也称位势厚度)；$\nabla_p(H_2-H_1)$是两等压面之间位势高度差的水平梯度(又称厚度梯度)。

若将以位势米表示的压高公式(1－48)代入式(4－57)，则可得到热成风的另一表达式

$$\boldsymbol{V}_T=\frac{R}{f}\ln\frac{p_1}{p_2}\boldsymbol{k}\wedge\nabla_p\overline{T} \tag{4-58}$$

为了获得 p 坐标系中的梯度风方程，将式(4－48)中的 F 取为 p，S 取为自然坐标系中的 n，则有 $\left(\frac{\partial p}{\partial n}\right)_z=\rho\left(\frac{\partial \Phi}{\partial n}\right)_p$，然后将其代入式(4－36)，即可得

$$V_{gr}^2+fRV_{gr}+R\left(\frac{\partial \Phi}{\partial n}\right)_p=0 \tag{4-59}$$

由以上可以看到：(1) p 坐标系中的热成风表达式是严格的等式，而 z 坐标系中的热成风公式

(4－49)是略去了式(4－47)中的$\frac{1}{fT}\boldsymbol{k}\wedge\frac{1}{\rho}\frac{\partial T}{\partial z}\nabla_h p$项以后得到的近似表达式;(2) p坐标系中的地转风、热成风和梯度风公式中都不出现密度ρ(ρ已包含在$\nabla_p\Phi$中)。因此,用p坐标系计算和讨论地转风及其随高度的变化比z坐标更好,既方便又严格。

§4.3　地转偏差和垂直运动

地转风是严格的平衡运动,实际情况表明,中纬度自由大气中的大尺度运动基本上符合地转运动,但在等压线曲率较大或者沿气流方向等压线分布很不均匀时,实际风与地转风之间的差别较大。这种差异程度随纬度、季节和高度而变,中纬度地区冬季可达20%～30%,夏季可达30%～40%,且纬度低时差异更大,低层差异比高层大。

一、地转偏差

不考虑摩擦作用时,实际风与地转风的矢量差称为**地转偏差**,其定义式为

$$\boldsymbol{V}_D=\boldsymbol{V}_h-\boldsymbol{V}_g \tag{4-60}$$

不考虑摩擦作用时,水平运动方程的矢量形式为

$$\frac{\mathrm{d}\boldsymbol{V}_h}{\mathrm{d}t}=-\frac{1}{\rho}\nabla_h p+f\boldsymbol{V}_h\wedge\boldsymbol{k}$$

上式两边用矢量$\boldsymbol{k}$叉乘,则有

$$\boldsymbol{k}\wedge\frac{\mathrm{d}\boldsymbol{V}_h}{\mathrm{d}t}=f\boldsymbol{V}_h-\frac{1}{\rho}\boldsymbol{k}\wedge\nabla_h p=f(\boldsymbol{V}_h-\boldsymbol{V}_g)=f\boldsymbol{V}_D$$

因此

$$\boldsymbol{V}_D=\frac{1}{f}\boldsymbol{k}\wedge\frac{\mathrm{d}\boldsymbol{V}_h}{\mathrm{d}t} \tag{4-61}$$

式(4－61)表明,地转偏差$\boldsymbol{V}_D$的方向与水平加速度$\frac{\mathrm{d}\boldsymbol{V}_h}{\mathrm{d}t}$相垂直,并指向$\frac{\mathrm{d}\boldsymbol{V}_h}{\mathrm{d}t}$的左侧,$\boldsymbol{V}_D$的大小与$\frac{\mathrm{d}\boldsymbol{V}_h}{\mathrm{d}t}$成正比。虽然地转偏差相对于地转风的比值$|\boldsymbol{V}_D|/|\boldsymbol{V}_g|$一般很小,但却体现了运动的不平衡性,这是引起天气系统发生发展的一个重要因子。

下面具体分析地转偏差的各种形式及其产生原因。为方便起见,将$\frac{\mathrm{d}\boldsymbol{V}_h}{\mathrm{d}t}$在自然坐标系中展开

$$\frac{\mathrm{d}\boldsymbol{V}_h}{\mathrm{d}t}=\frac{\partial\boldsymbol{V}_h}{\partial t}+\boldsymbol{V}_h\frac{\partial\boldsymbol{V}_h}{\partial s}+w\frac{\partial\boldsymbol{V}_h}{\partial z}$$

并将上式右端的$\boldsymbol{V}_h$近似用地转风$\boldsymbol{V}_g$代替,则可得

$$\boldsymbol{V}_D=\frac{1}{f}\boldsymbol{k}\wedge\left(\frac{\partial\boldsymbol{V}_g}{\partial t}+\boldsymbol{V}_g\frac{\partial\boldsymbol{V}_g}{\partial s}+w\frac{\partial\boldsymbol{V}_g}{\partial z}\right)=\boldsymbol{V}_{D1}+\boldsymbol{V}_{D2}+\boldsymbol{V}_{D3} \tag{4-62}$$

这里,$\boldsymbol{V}_{D1}$,$\boldsymbol{V}_{D2}$和$\boldsymbol{V}_{D3}$分别是局地加速度、平流加速度和对流加速度所产生的地转偏差。

(1) $\boldsymbol{V}_{D1}$可用下式表示

$$\boldsymbol{V}_{D1}=\frac{1}{f}\boldsymbol{k}\wedge\frac{\partial \boldsymbol{V}_g}{\partial t}=\frac{1}{f}\boldsymbol{k}\wedge\frac{\partial}{\partial t}\left(\frac{1}{f\rho}\boldsymbol{k}\wedge\nabla_h p\right)=-\frac{1}{\rho f^2}\nabla_h\left(\frac{\partial p}{\partial t}\right) \tag{4-63}$$

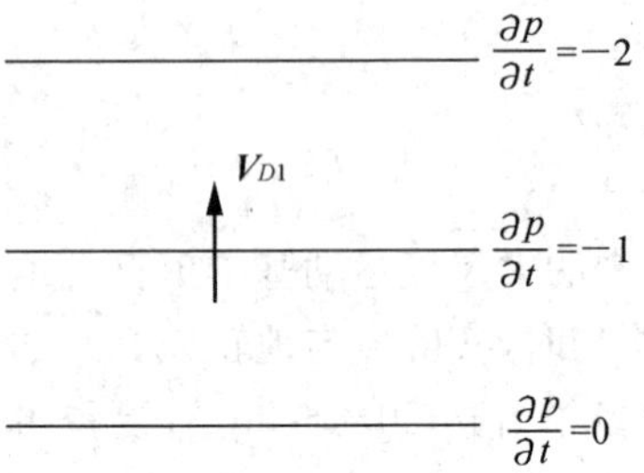

$\frac{\partial p}{\partial t}=-2$

V_{D1}

$\frac{\partial p}{\partial t}=-1$

$\frac{\partial p}{\partial t}=0$

图 4-16　变压风($\boldsymbol{V}_{D1}$)

通常称$\boldsymbol{V}_{D1}$为**"变压风"**,其大小与等变压线的梯度成正比;方向与等变压线垂直,并指向低变压区(如图 4-16)。

(2) $\boldsymbol{V}_{D2}$可分解成两部分

$$\boldsymbol{V}_{D2}=\frac{\boldsymbol{V}_g}{f}\boldsymbol{k}\wedge\left(\frac{\partial \boldsymbol{V}_g}{\partial s}\boldsymbol{s}+\boldsymbol{V}_g\frac{\partial \boldsymbol{s}}{\partial s}\right)=\frac{\boldsymbol{V}_g}{f}\frac{\partial \boldsymbol{V}_g}{\partial s}\boldsymbol{n}-\frac{\boldsymbol{V}_g^{\,2}}{fR_s}\boldsymbol{s}=\boldsymbol{V}'_{D2}+\boldsymbol{V}''_{D2} \tag{4-64}$$

式中,$\boldsymbol{s}$ 和 $\boldsymbol{n}$ 分别为流线方向和流线左法线方向的单位矢量;R_s 是流线的曲率半径;右端第一项 $\boldsymbol{V}'_{D2}$表示地转风速沿流线的变化所引起的法向地转偏差;第二项 $\boldsymbol{V}''_{D2}$是因流线弯曲而产生的切向地转偏差。

图 4-17 和图 4-18 分别表示等压线沿流线方向呈辐合、辐散情况和等压线有弯曲情况下所引起的地转偏差(即 $\boldsymbol{V}'_{D2}$和 $\boldsymbol{V}''_{D2}$)。

在等压线分布不平行时,空气从等压线较密区流向等压线较稀区,流动空气的速度因惯性而暂时保持不变,就会比等压线较疏区气压梯度下的风速为大,由于地转偏向力超过了气压梯度力,在北半球空气必定要向右偏转,使之趋向于气压较高的一侧(如图 4-17(b))。这种风速比新环境气压梯度下的地转风速为大的风叫作**超地转风**,而当空气从等压线较疏区流向等压线较密区(如图 4-17(a))。流动空气的速度因惯性暂时保持不变,就会比等压线较密区气压梯度下的风速为小,由于气压梯度力超过地转偏向力,在北半球空气必定向左偏转,使之趋向气压较低的一侧。这种风速比新环境气压梯度下的地转风速为小的风叫作**次地转风**。

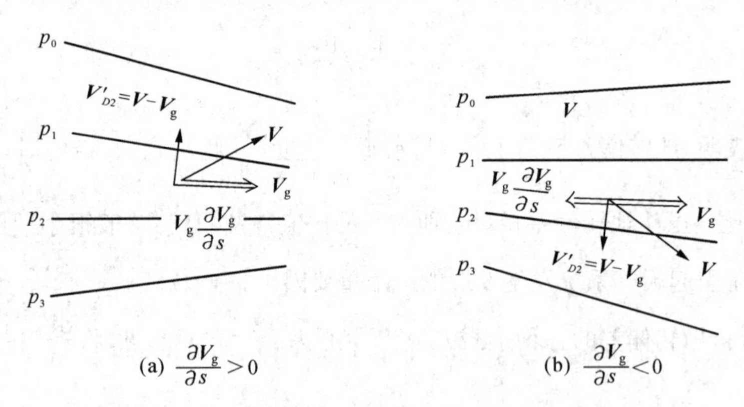

图 4-17　由气压梯度水平变化所引起的法向地转偏差($\boldsymbol{V}'_{D2}$)

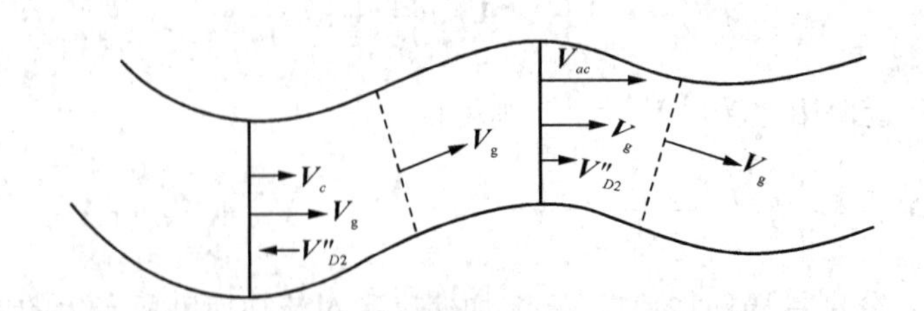

图 4-18　由等压线弯曲引起的切向地转偏差($\boldsymbol{V}''_{D2}$)

（3）$\boldsymbol{V}_{D3}$可用下式表示

$$\boldsymbol{V}_{D3}=\frac{w}{f}\boldsymbol{k}\wedge\frac{\partial \boldsymbol{V}_g}{\partial z} \tag{4-65}$$

因此，可以看出$\boldsymbol{V}_{D3}$是由垂直运动w和地转风随高度的变化$\frac{\partial \boldsymbol{V}_g}{\partial z}$所引起的。如图4-19所示，若$w>0$，即有垂直上升运动时，加速度矢量$w\frac{\partial \boldsymbol{V}_g}{\partial z}$的方向与上、下两高度上地转风的矢量差（即热成风）$\Delta\boldsymbol{V}_g=\boldsymbol{V}_T=\boldsymbol{V}_{g2}-\boldsymbol{V}_{g1}$相同；若$w<0$，有垂直下沉运动时，则加速度矢量与热成风方向相反，而地转偏差$\boldsymbol{V}_{D3}$的方向指向加速度矢量$w\frac{\partial \boldsymbol{V}_g}{\partial z}$的左方。

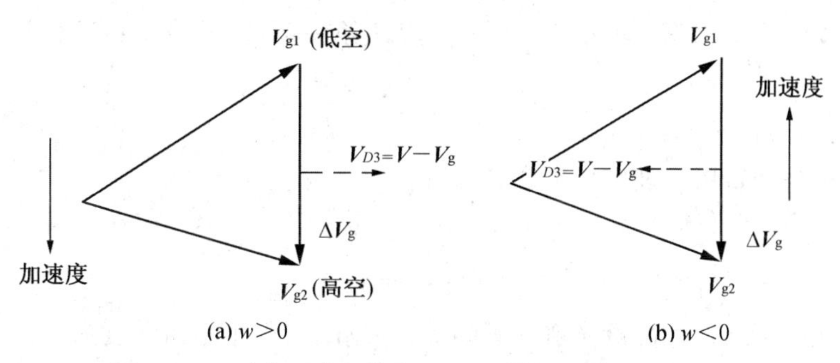

图4-19　垂直运动和热成风作用引起的地转偏差（$\boldsymbol{V}_{D3}$）

二、大气的垂直运动

空气运动可以分为水平运动和垂直运动。由运动方程的尺度分析可知，空气运动基本上是准水平的，其垂直运动速度很小（10^{-2} m · s^{-1}），然而垂直运动却与大气中云雨降水的形成和发展以及天气变化有着密切的关系。

按运动尺度和垂直运动的成因，通常可将垂直运动分为2类：对流性垂直运动（简称对流）和系统性垂直运动。

1. 对流

对流通常是指由热力作用引起的垂直运动，其特点是范围小，发生、发展的时间短，垂直运动的速度较大，能引起阵性降水、雷暴、冰雹和龙卷风等不稳定天气。

对小尺度垂直运动，不考虑摩擦力时，运动方程可简化为

$$\frac{\mathrm{d}w}{\mathrm{d}t}=-\frac{1}{\rho}\frac{\partial p}{\partial z}-g \tag{4-66}$$

当某地气块吸收外界热量或其内部有不稳定能量和潜热释放而加热，其密度ρ将比周围空气的密度ρ_e为小，这时单位质量气块所受的气压梯度力为$\frac{1}{\rho}\frac{\partial p}{\partial z}$，重力为$g$。将$-\frac{\partial p}{\partial z}=\rho_e g$（即气块所受的浮力）代入式(4-66)，并利用状态方程和准静力条件，则可得

$$\frac{\mathrm{d}w}{\mathrm{d}t}=\frac{\rho_e}{\rho}g-g=\left(\frac{\rho_e}{\rho}-1\right)g=\left(\frac{T}{Te}-1\right)g \tag{4-67}$$

可见，当气块比周围空气暖时，气块获得上升加速度，产生上升运动；当气块比周围空气冷

时，气块获得下降加速度，产生下沉运动。这就是热力对流。

2. 系统性垂直运动

系统性垂直运动通常是指由于水平气流的辐合、辐散，锋面强迫抬升及地形抬升等动力作用引起的大范围上升或下沉运动，其特点是垂直速度小、持续时间长，能造成大范围层云和连续性降水，对天气的形成和演变产生很大影响。

系统性垂直运动速度可以采用运动学方法，通过连续方程来确定。对连续方程式(4-22)从0→z积分，并取$z=0$处的$w=0$，则有

$$\rho w=-\int_0^z\left[\left(\frac{\partial p}{\partial t}+u\frac{\partial p}{\partial x}+v\frac{\partial p}{\partial y}\right)+\rho\left(\frac{\partial u}{\partial x}+\frac{\partial v}{\partial y}\right)\right]\mathrm{d}z \tag{4-68}$$

上式右端第一项的概量比第二项小1～2量级，略去第一项，则可得w的近似计算式

$$w=-\frac{1}{\rho}\int_0^z\rho\left(\frac{\partial u}{\partial x}+\frac{\partial v}{\partial y}\right)\mathrm{d}z \tag{4-69}$$

若将水平风分解为地转风与地转偏差之和，即

$$\begin{cases}u=u_{\mathrm{g}}+u_D\\ v=v_{\mathrm{g}}+v_D\end{cases}$$

利用地转风公式(4-28)，并假设f和ρ不随x，y变化，可得水平风散度为

$$\frac{\partial u}{\partial x}+\frac{\partial v}{\partial y}=\left(-\frac{1}{f\rho}\frac{\partial^2 p}{\partial x\partial y}+\frac{1}{f\rho}\frac{\partial^2 p}{\partial x\partial y}\right)+\left(\frac{\partial u_D}{\partial x}+\frac{\partial v_D}{\partial y}\right)=\frac{\partial u_D}{\partial x}+\frac{\partial v_D}{\partial y}$$

上式代入式(4-69)，则可得

$$w=-\frac{1}{\rho}\int_0^z\rho\left(\frac{\partial u_D}{\partial x}+\frac{\partial v_D}{\partial y}\right)\mathrm{d}z \tag{4-69$'$}$$

由式(4-69)和式(4-69′)可以看出：

(1) 空气的垂直运动是由水平气流的辐合、辐散所引起的，其实质是由地转偏差的散度所造成的；

(2) 地转运动近似为水平无辐散运动。

§4.4 环流与涡度

大气运动的形式是多种多样的，除了直线运动外，大气运动还具有明显的涡旋特征，例如台风、龙卷、气旋、反气旋等涡旋运动。大气涡旋运动是由大气的斜压性、地转偏向力和黏滞力作用引起的。环流和涡度是研究流体旋转运动的两个主要物理量。

一、环流与环流定理

1. 环流的概念

环流是描述流体某一个有限面积旋转的总趋势，其定义为流体质量速度矢量的环流积分，即速度的切向分量沿某一闭合曲线的线积分，用C表示

$$C=\oint_L\boldsymbol{V}\cdot\delta\boldsymbol{r}=\oint_L v\cos\alpha\delta r \tag{4-70}$$

式中，α 为速度矢量与线元的夹角；L 是某一时刻空气质点所组成的任一闭合物质线。由于空气质点在不断地运动，因此，闭合曲线 L 的形状、大小和位置随时间而改变，但组成这一闭合曲线的空气质点保持不变。

若考虑水平风速引起的环流，式(4-70)可以写为

$$C=\oint(u\mathrm{d}x+v\mathrm{d}y) \tag{4-71}$$

环流是一个标量，它不仅表示某一时刻闭合曲线 L 上全部空气质点沿 L 运动的总趋势，而且还表示 L 所包围的面积内全部空气旋转运动的总趋势。当 $C>0$ 时，表示 L 所包围的这块流体总的旋转方向是逆时针的，为气旋式环流；当 $C<0$ 时，表示这块流体总的来说有顺时针旋转的趋势，即为反气旋式环流。

2. 环流定理

为了研究环流随时间的变化，将式(4-70)对时间求微商，则有

$$\begin{aligned}\frac{\mathrm{d}c}{\mathrm{d}t}&=\frac{\mathrm{d}}{\mathrm{d}t}\oint_L \boldsymbol{V}\cdot\delta\boldsymbol{r}=\oint_L\frac{\mathrm{d}\boldsymbol{V}}{\mathrm{d}t}\cdot\delta\boldsymbol{r}+\oint_L\boldsymbol{V}\cdot\frac{\mathrm{d}}{\mathrm{d}t}(\delta\boldsymbol{r})\\&=\oint_L\frac{\mathrm{d}\boldsymbol{V}}{\mathrm{d}t}\cdot\delta\boldsymbol{r}+\oint_L\delta\left(\frac{V^2}{2}\right)=\oint_L\frac{\mathrm{d}\boldsymbol{V}}{\mathrm{d}t}\cdot\delta\boldsymbol{r}\end{aligned} \tag{4-72}$$

上式表明，环流加速度等于加速度的环流，即环流变化是力对空气做功的结果。若将运动方程式(4-12)略去摩擦力 $\boldsymbol{F}_r$ 以后代入式(4-72)，可得

$$\frac{\mathrm{d}c}{\mathrm{d}t}=\oint_L-\frac{1}{\rho}\nabla p\cdot\delta\boldsymbol{r}+2\oint_L(\boldsymbol{V}\wedge\boldsymbol{\Omega})\cdot\delta\boldsymbol{r}+\oint_L\boldsymbol{g}\cdot\delta\boldsymbol{r}$$

上式右端最后一项 $\oint_L\boldsymbol{g}\cdot\delta\boldsymbol{r}=0$，于是

$$\frac{\mathrm{d}c}{\mathrm{d}t}=\oint_L\left(-\frac{1}{\rho}\nabla p\right)\cdot\delta\boldsymbol{r}+2\oint_L(\boldsymbol{V}\wedge\boldsymbol{\Omega})\cdot\delta\boldsymbol{r} \tag{4-73}$$

此式即**环流动力学定理**，也称皮叶克尼斯(V. Bjerkness)定理。它表明，相对环流加速度 $\frac{\mathrm{d}c}{\mathrm{d}t}$ 由气压梯度力和科氏力作用产生。

(1) 气压梯度力引起的环流变化　气压梯度力与地球转动无关，由其造成的环流加速度称为绝对环流加速度，可写为

$$\frac{\mathrm{d}c_a}{\mathrm{d}t}=-\oint_L\frac{1}{\rho}\nabla p\cdot\delta\boldsymbol{r}=-\oint_L\frac{1}{\rho}\delta p=-\oint_L\alpha\delta p \tag{4-74}$$

可见，在不考虑摩擦力的情况下，绝对环流加速度完全由 ρ(或 α)和 p 确定。为了具体分析绝对环流加速度，必须引入正压大气和斜压大气。

正压大气　如果大气密度的空间分布只是气压的函数，称这样的大气为正压大气。在正压大气中，$\rho=\rho(p)$ 或 $\alpha=\alpha(p)$，故等压面与等密度面(或等比容面)互相平行或重合。由状态方程可知，这时等压面就是等温面，即等压面上温度分布均匀，两等压面之间的厚度相等，等压面坡度不随高度改变，热成风为零。

斜压大气　密度分布不完全由气压分布决定，还与其他气压要素(如温度)有关的大气称为斜压大气。在斜压大气中，$\rho=\rho(p,T)$ 或 $\alpha=\alpha(p,T)$，等压面与等密度面(或等容面)相互交

割，在空间形成许多**力管**(压容管或压温管)。这时等压面上有温度梯度，等压面坡度随高度有变化，于是地转风随高度发生变化，即有热成风存在。大气的斜压性愈强，温度的水平梯度就愈大，热成风则愈强。

① 正压大气中的绝对环流加速度

对于正压大气，式(4-74)变为

$$\frac{dc_a}{dt}=\oint_L \alpha\delta p=-\oint_L \delta F(p)=0 \tag{4-75}$$

式中，F(p)是 α(p)的原函数。

此式即**开尔文(Kelvin)定理**，其表明，在正压和无摩擦条件下，绝对环流加速度为零，即绝对环流守恒，气压梯度力对环流不起作用。

② 斜压大气中的绝对环流加速度

在斜压大气中，等压面与等容面在空间形成许多力管，图 4-20 是空间力管剖面(平面)图，它假设每相邻两根等值线相差为一个单位。为计算方便，将闭合线环流取为分别与等压线和等容线重合的矩形，于是绝对环流加速度的大小可以用下式计算

$$\begin{aligned}\frac{dc_a}{dt}&=-\oint_L \alpha\delta p=-\left(\int_1^2\alpha\delta p+\int_2^3\alpha\delta p+\int_3^4\alpha\delta p+\int_4^1\alpha\delta p\right)\\&=-\left(\int_1^2\alpha\delta p+\int_3^4\alpha\delta p\right)=-[(\alpha+n)(p-m-p)-\alpha(p-m-p)]=mn\end{aligned} \tag{4-76}$$

式中，m 和 n 为闭合环线所包含的等压面和等容面数目；mn 是环线包含的力管(压容管)数。由此式可知，在斜压大气中，绝对环流加速度的大小等于闭合环线所包含的力管数目。

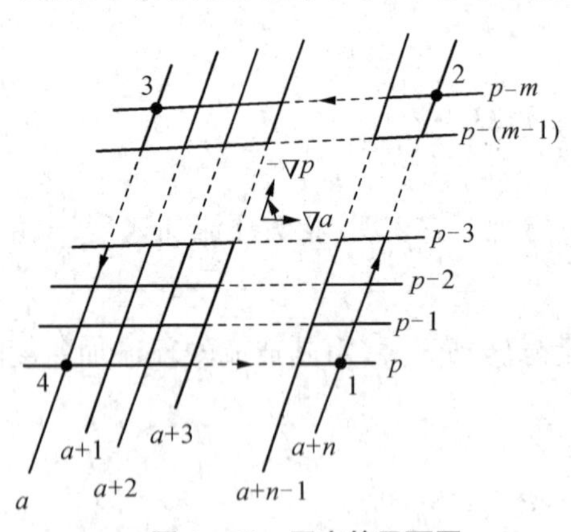

图 4-20 压容管平面图

为了确定环流加速度的方向，利用 Stokes 定理将环流线积分转变成面积分

$$\frac{dc_a}{dt}=\oint_L(-\alpha\nabla p)\cdot\delta \boldsymbol{r}=\iint_S \nabla\alpha\wedge(-\nabla p)\cdot\delta \boldsymbol{s} \tag{4-77}$$

式中，s 是闭合环线 L 所围的面积，$\delta \boldsymbol{s}$ 为面积元矢，其方向按周界右手螺旋法则确定。从$\nabla\alpha$ 方向以最小角度转到$(-\nabla p)$方向，若呈逆时针方向，则环流加速度为正，表示气旋性环流增加，如图 4-20 所示；相反，若由$\nabla\alpha$方向转向$(-\nabla p)$方向时呈顺时针方向，则环流加速度为负值。

海陆风(或山谷风)现象可以用斜压大气中的绝对环流定理(即力管效应)来解释。在沿海地区低层大气中，白天风常从海上吹向陆地(即海风)，夜间风从陆地吹向海洋(为陆风)，这就是**海陆风**，它是由海陆下垫面热力差异所形成的一种中尺度地方性环流。白天，陆地增温快，从而陆地上空的密度小，比容 α 大，$\frac{\partial p}{\partial z}$ 值小，因此，形成图 4-21(a)所示的压容管以及低层大气由海面吹向陆地的风，即海风，高层气流方向相反；到夜晚，由于陆地散热快于海洋，沿海地区大气中将出现与白天相反的力管场，形成低空由陆地吹向海洋的陆风(如图 4-21(b))。

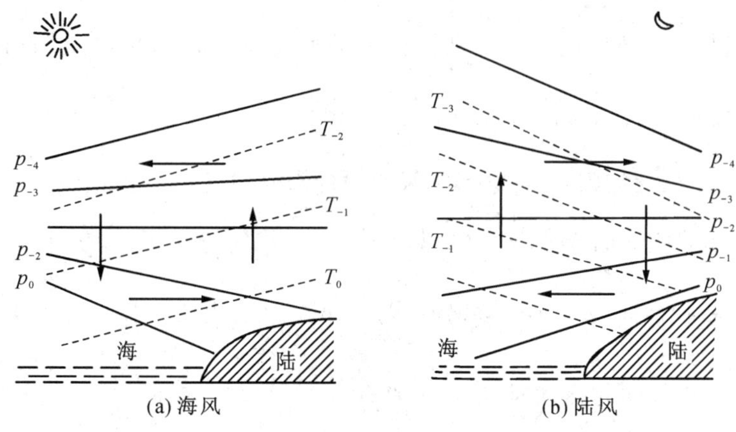

图 4-21　海陆风(环流)

(2) 科氏力引起的环流变化　式(4-73)右侧第二项 $2\oint_2(\boldsymbol{V}\wedge\boldsymbol{\Omega})\cdot\delta\boldsymbol{r}$ 是科氏力引起的相对环流变化,若将式(4-73)写为

$$\frac{\mathrm{d}c}{\mathrm{d}t}=\oint_L\left(-\frac{1}{\rho}\nabla p\right)\cdot\delta\boldsymbol{r}+2\oint_L(\boldsymbol{V}\wedge\boldsymbol{\Omega})\cdot\delta\boldsymbol{r}=\frac{\mathrm{d}c_a}{\mathrm{d}t}-\frac{\mathrm{d}c_e}{\mathrm{d}t}\tag{4-78}$$

式中,c_e 为牵连环流;$\frac{\mathrm{d}c_e}{\mathrm{d}t}$为牵连环流加速度。

利用矢量运算规则(叉乘与点乘的互换关系),$\frac{\mathrm{d}c_e}{\mathrm{d}t}$可写为

$$\frac{\mathrm{d}c_e}{\mathrm{d}t}=2\oint_L(\boldsymbol{\Omega}\wedge\boldsymbol{V})\cdot\delta\boldsymbol{r}=2\boldsymbol{\Omega}\cdot\oint_L\boldsymbol{V}\wedge\delta\boldsymbol{r}=2\boldsymbol{\Omega}\cdot\frac{\mathrm{d}\boldsymbol{A}}{\mathrm{d}t}\tag{4-79}$$

式中,$\boldsymbol{V}\wedge\delta\boldsymbol{r}$ 是单位时间内线元 $\delta\boldsymbol{r}$ 的面积增量(如图 4-22);A 表示环线 L 所包围的面积。

设地球表面空间上任意闭合曲线 L 所围的面积 A 的法线方向 $\boldsymbol{A}$ 与 $\boldsymbol{\Omega}$ 的夹角为 θ,如图 4-23所示,则

$$\frac{\mathrm{d}c_e}{\mathrm{d}t}=2\boldsymbol{\Omega}\cdot\frac{\mathrm{d}\boldsymbol{A}}{\mathrm{d}t}=2\frac{\mathrm{d}}{\mathrm{d}t}(\boldsymbol{\Omega}\cdot\boldsymbol{A})=2\frac{\mathrm{d}}{\mathrm{d}t}(\Omega A\cos\theta)=2\Omega\frac{\mathrm{d}A'}{\mathrm{d}t}\tag{4-80}$$

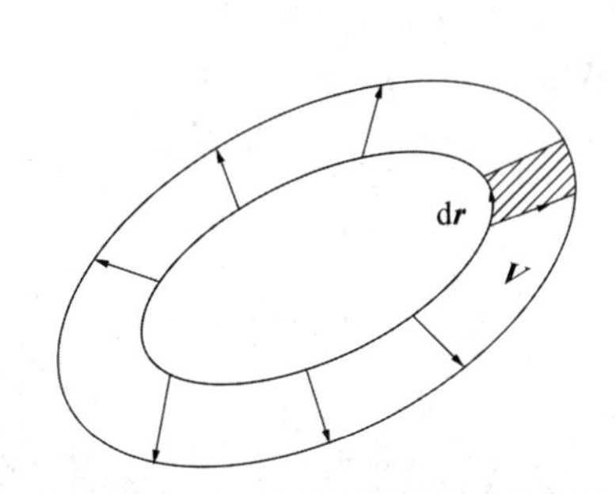

图 4-22　闭合环线所围面积的增量

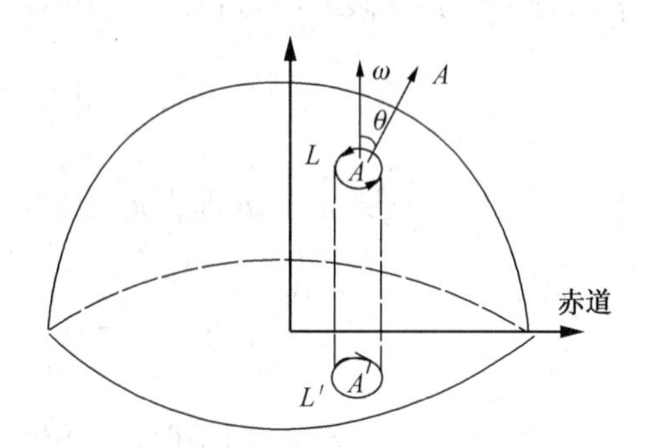

图 4-23　闭合环线所围面积 A 在赤道平面上的投影 A′

式中,A'是面积 A 在赤道上的投影,$A'=A\cos\theta=A\sin\varphi$。

式(4－80)式表明：

① 牵连环流加速度可以用环线 L 所围面积的变化率在赤道面上的投影确定。若$\frac{\mathrm{d}A'}{\mathrm{d}t}>0$，则$\frac{\mathrm{d}c_e}{\mathrm{d}t}>0$；相反，当$\frac{\mathrm{d}A'}{\mathrm{d}t}<0$，则$\frac{\mathrm{d}c_e}{\mathrm{d}t}<0$。

② 引起面积 A'变化的因子有两个：空气的辐合辐散和空气的南北运动。

若假设$\frac{\mathrm{d}c_a}{\mathrm{d}t}=0$，当空气辐合时，$\frac{\mathrm{d}A'}{\mathrm{d}t}<0$，从而$\frac{\mathrm{d}c_e}{\mathrm{d}t}<0$，根据式(4－78)，$\frac{\mathrm{d}c}{\mathrm{d}t}>0$，即产生气旋性环流加速度，使气旋性环流加强；当空气辐散时，$\frac{\mathrm{d}A'}{\mathrm{d}t}>0$，$\frac{\mathrm{d}c_e}{\mathrm{d}t}>0$，$\frac{\mathrm{d}c}{\mathrm{d}t}<0$，则反气旋性环流得以加强。

当环流运动的空气向北运动时，纬度 φ 将增加，$\frac{\mathrm{d}A'}{\mathrm{d}t}>0$，从而$\frac{\mathrm{d}c_e}{\mathrm{d}t}>0$，根据式(4－78)，得$\frac{\mathrm{d}c}{\mathrm{d}t}<0$，即有反气旋性加速度产生，反气旋环流得以加强；相反，当空气向南运动时，$\frac{\mathrm{d}A'}{\mathrm{d}t}<0$，$\frac{\mathrm{d}c}{\mathrm{d}t}>0$，气旋性环流加强。

二、涡度

1. 涡度的概念

涡度(又称旋度)是描述流体个别质点旋转运动的微观量，涡度可以用两种方法来定义。一种是定义涡度为速度的旋度，用 ω 表示

$$\omega=\nabla\wedge\boldsymbol{V}=\xi\boldsymbol{i}+\eta\boldsymbol{j}+\zeta\boldsymbol{k}=\left(\frac{\partial w}{\partial y}-\frac{\partial v}{\partial z}\right)\boldsymbol{i}+\left(\frac{\partial u}{\partial z}-\frac{\partial w}{\partial x}\right)\boldsymbol{j}+\left(\frac{\partial v}{\partial x}-\frac{\partial u}{\partial y}\right)\boldsymbol{k}\quad(4-81)$$

由于大气运动主要是水平的，涡度的水平分量 ξ 和 η 远比垂直分量 ζ 小，因此，在气象上，一般只考虑涡度的垂直分量，即围绕垂直轴旋转的涡度分量 ζ。

而另一种定义是根据涡度与环流的关系。按斯托克斯公式，可将环流与涡度联系起来，即

$$\oint_L\boldsymbol{V}\cdot\delta\boldsymbol{r}=\iint_s\nabla\wedge\boldsymbol{V}\cdot\delta\boldsymbol{s}=\iint_s\nabla\wedge\boldsymbol{V}\cdot\boldsymbol{n}\delta s$$

这里 s 为 L 所围面积；$\boldsymbol{n}$ 是面积元 δs 的法线方向。

若闭合环线 L 无限缩小，则 δs 也无限缩小，于是$\nabla\wedge\boldsymbol{V}$ 在 δs 积分域上可近似为常数，因此

$$\oint_L\boldsymbol{V}\cdot\delta\boldsymbol{r}=\iint_s\nabla\wedge\boldsymbol{V}\cdot\boldsymbol{n}\delta s=(\nabla\wedge\boldsymbol{V})_n s$$

若 L 和 δs 取在 $x-y$ 平面内，$\boldsymbol{n}$ 即为 $\boldsymbol{k}$，上式可写成

$$\zeta=(\nabla\wedge\boldsymbol{V})_k=\lim_{s\to 0}\frac{\oint_L\boldsymbol{V}\cdot\delta\boldsymbol{r}}{s}\quad(4-82)$$

此式就是涡度的第二种定义，即涡度是单位面积上的环流。它是表示无限小空气元量绕其自身的中心轴旋转的物理量。

对于一个以角速度 ω 绕 z 轴旋转的固体圆盘，其速度分布为 $u=-\omega y$，$v=\omega x$，则

$$\zeta=\frac{\partial v}{\partial x}-\frac{\partial u}{\partial y}=2\omega \tag{4-83}$$

其垂直涡度正好等于转动角速度的2倍。然而，对于空气元量来说，角速度并非整体一致，而是指当面元无限趋于中心点时的极限值。

涡度是矢量，其方向由右手旋转法则确定：反时针旋转为正；顺时针旋转为负。

2. 自然坐标系中的垂直涡度表达式

在自然坐标中，垂直涡度可写成

$$\begin{aligned}\zeta&=\boldsymbol{k}\cdot(\nabla\wedge\boldsymbol{V}_h)=\boldsymbol{k}\cdot\left[\left(\frac{\partial}{\partial s}\boldsymbol{s}+\frac{\partial}{\partial n}\boldsymbol{n}\right)\wedge\boldsymbol{V}_h\boldsymbol{s}\right]\\&=\boldsymbol{k}\cdot\left[\frac{\partial\boldsymbol{V}_h}{\partial s}\boldsymbol{s}\wedge\boldsymbol{s}+\boldsymbol{s}\wedge\boldsymbol{V}_h\frac{\partial\boldsymbol{s}}{\partial s}+\frac{\partial\boldsymbol{V}_h}{\partial n}\boldsymbol{n}\wedge\boldsymbol{s}+\boldsymbol{V}_h\boldsymbol{n}\wedge\frac{\partial\boldsymbol{s}}{\partial n}\right]\end{aligned}$$

将$\frac{\partial\boldsymbol{s}}{\partial s}=\frac{1}{R_s}\boldsymbol{n}$和$\frac{\partial\boldsymbol{s}}{\partial n}=\frac{1}{R_n}\boldsymbol{n}$代入上式，则得

$$\zeta=\frac{V_h}{R_s}-\frac{\partial V_h}{\partial n} \tag{4-84}$$

式中，R_s为流线的曲率半径。$\frac{V_h}{R_s}$为曲率涡度，它是由流线的弯曲而引起的，当空气做逆时针旋转时，$R_s>0$，涡度为正，即$\zeta>0$；相反，则$\zeta<0$。第二项$\left(-\frac{\partial V_h}{\partial n}\right)$称为切变涡度，其正负取决于风速分布的切变情况，若$\frac{\partial V_h}{\partial n}<0$，则产生正的切变涡度（$\zeta>0$），若$\frac{\partial V_h}{\partial n}>0$，则产生负的切变涡度（$\zeta<0$）。由此可见，存在涡旋运动的流场并不一定具有弯曲的流线。

利用自然坐标中涡度的表达式，可直接根据天气图上等压线（近似当作流线）的曲率和风的分布（切变）定性地判断涡度的正负，这在日常预报工作中很有用。

涡度是速度的旋度，因此，涡度也有**绝对涡度**ζ_a和**相对涡度**ζ之分，它们之间的关系为$\zeta_a=\zeta+\zeta_e$，其中**牵连涡度**$\zeta_e=2\Omega_z=2\Omega\sin\varphi=f$，因此有

$$\zeta_a=\zeta+f \tag{4-85}$$

由于地转参数f随纬度的增加而增大，因此，当绝对涡度不变，空气向北运动时，相对涡度将减小；相反，空气向南运动时，其涡度将增加，这与上面分析空气南北运动时环流变化的影响结果一致。

§4.5　大气环流

大气环流没有十分明确、公认的定义，通常所说的大气环流是指大范围（全球、半球，对流层、平流层或整层大气）的大气运动（平均）状态或某一时段的变化过程。也有人认为大气环流是大气中各种气流的综合。大气环流是地—气系统进行热量、水分、动量等交换和能量转换的重要机制，也是这些物理量输送、平衡和转换的重要结果。因此，大气环流是各种天气系统形成和活动的基础，是各地天气变化、气候形成和演变的重要背景条件。

一、大气环流的理想化模型

影响大气环流的因子，也就是形成和影响大气运动的因子，主要包括太阳辐射、地球自转、地球表面的不均匀性、地面摩擦力以及大气本身的尺度和物理特性等几个基本因子。

若不考虑地球自转，又假设地球表面均匀，则形成如图 4－24 所示的单圈径向环流，它首先由 G・哈特莱(George Hadley，1735 年)提出。赤道地区因太阳辐射净收入而被加热，空气膨胀上升，由于空气在赤道上空堆积而使气压高于极地上空。在气压梯度力的作用下，赤道上空的空气向极地流动。在地面，因赤道地区上空有空气流出而降压，形成赤道低压；同时在极地上空形成极地高压。因此，低空气流从极地吹向赤道，这样便在南、北半球上各形成一个单圈径向环流。

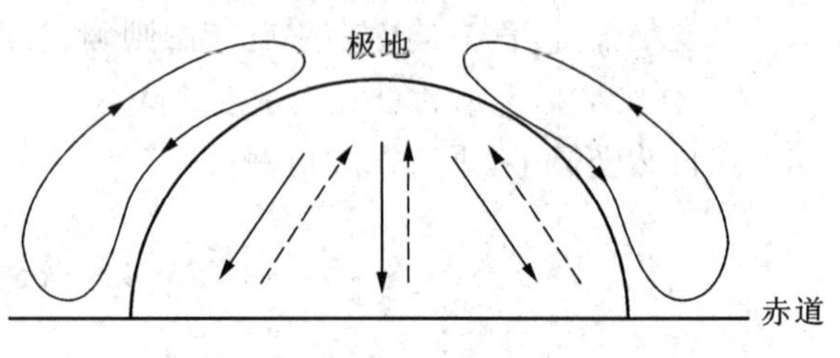

图 4－24　单圈径向环流模式

当考虑地球自转，但仍假设地表均匀时，则形成**三圈环流模式**(如图 4－25)：

(1) 由于气流受偏向力作用，使赤道地区由地面上升至高空的气流向北运动时发生偏转，至 20°N～30°N 时，气流变成自西向东的纬向环流，这样就阻碍了低纬高空大气的继续北流，从而使大气在那里堆积，并辐射冷却而下降，在近地面形成副热带高压。

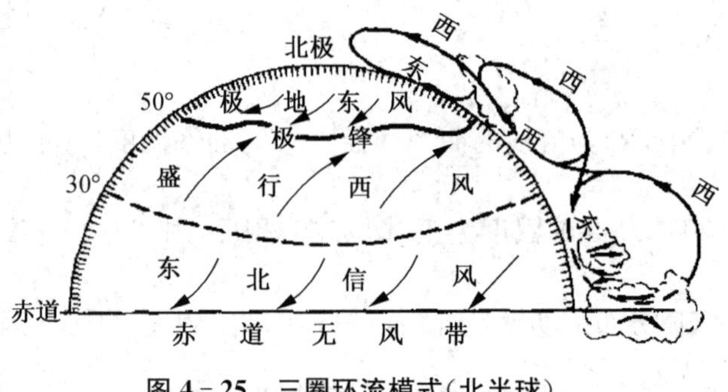

图 4－25　三圈环流模式(北半球)

(2) 地面副热带高压的空气分南、北两支流动，流向赤道的一支在偏向力作用下形成东北信风带，并与南半球的东南信风带汇合形成赤道辐合带，同时在 30°N 与赤道之间的径圈剖面上形成一个环流圈，很像哈特莱的全球单圈环流模型，因此，通常称其为**哈特莱环流**。

(3) 副高和极地高压之间(60°N 附近)相对是一个低压带，称为副极地低压带。从副高低层流向极地的暖空气在科氏力的作用下形成西南风(称为西风带)。

(4) 从极地低层流向低纬的冷空气在科氏力作用下形成东北风(即极地东风带)。

(5) 两股冷暖气流在 60°N 附近相遇形成极锋。

(6) 从副高北上的暖空气沿极锋向极地滑升，到高空分成南、北两支，北支流向极地，并下降循环形成**极地环流**圈；在极锋上空向南流的一支气流在副热带高压带地区与信风环流上空向北流动的气流相遇而辐合下降，形成一个逆环流圈，称为**弗雷尔环流**。其结果是在赤道与极地之间形成三圈径向环流，同时在近地面形成 3 个纬向风带——极地东风带、中纬度西风带和低纬度信风带，以及 4 个气压带——极地高压带、副极地低压带、副热带高压带与赤道辐合带(赤道低压带)。

三圈环流模式大体上反映了大气环流的最基本情况：赤道与两极之间的温差是引起和维持大气环流的根本原因；地转偏向力使赤道和两极间温差所引起的径向环流变为纬向环流；大气环流的基本形势是以纬向气流为主。

二、大气环流的平均状况

实际上，每一时刻的大气环流由于海陆分布和地形等影响与上述理想化模式有很大差异，南北半球的环流分布也不对称。大气运动状态千变万化，为了从这些随时间和空间不断变化的复杂环流状态中找出大气环流的主要规律，通常采用气压场和风场的时间或空间平均来反映大气环流中比较稳定的特征。

图 4－26 是常年平均 1 月和 7 月海平面气压场。可以看到，地面环流的不均匀性非常突出，呈现出许多闭合的高低压系统。在北半球，冬季和夏季的气压系统几乎完全相反。冬季，亚洲大陆为一庞大的冷高压，中心位于蒙古的贝加尔湖地区；北美冷高压较弱；北太平洋和北大西洋为强大的气旋（阿留申低压和冰岛低压）。夏季则相反，亚洲大陆为一庞大热低压，中心位于印度北部；北美大陆低压也较弱；海上则为副热带高压所控制。在南半球，三大洋（南太平洋、南大西洋、南印度洋）的副热带高压冬夏位置变化不大；大陆上夏季出现较弱的低压。

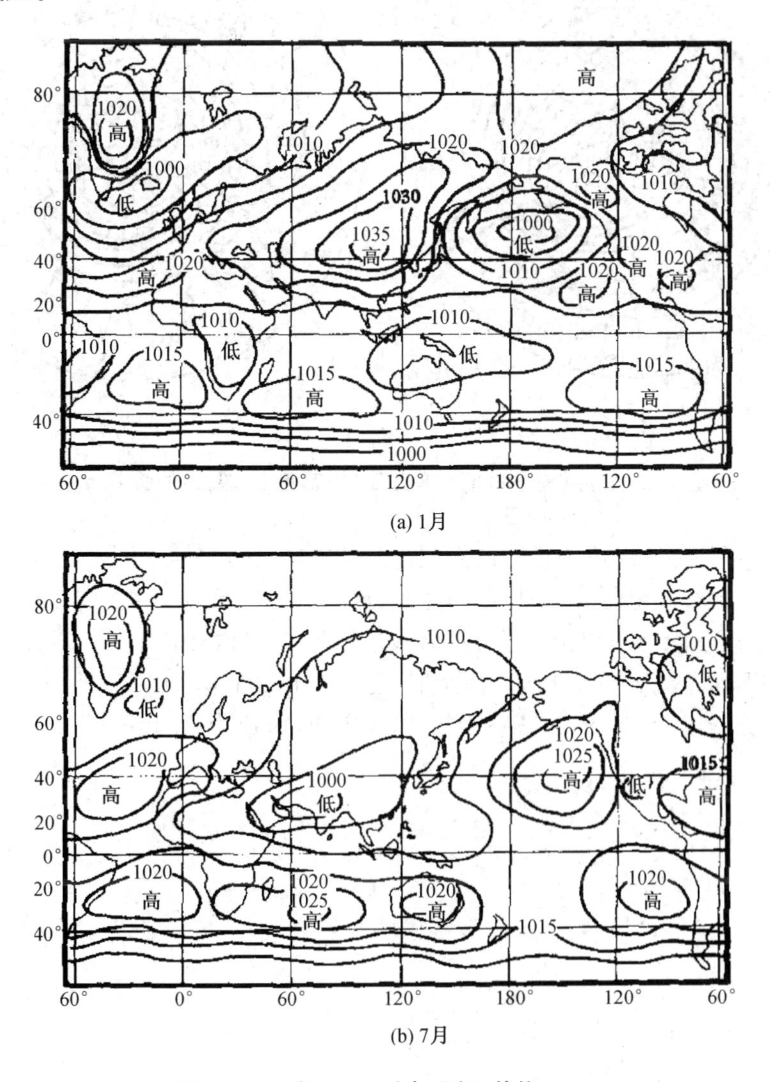

图 4－26　海平面平均气压场（单位：hPa）

在对流层中、上部，无论南半球或北半球，水平环流大体上沿纬圈方向绕地极运行，南半球更为显著。北半球中层对流层环流(如图 4－27)的特征为冬季 500 hPa 等压面图上中高纬度存在 3 个行星尺度的平均槽脊：一个在亚洲东岸，由鄂霍次克海向日本和我国东海岸倾斜的东亚大槽；另一个是位于北美东部，自美洲大湖区向低纬度西南倾斜的北美大槽；第三个是位于西欧，自欧洲的白海向西南方倾斜的欧洲浅槽。在 3 个槽之间并列着 3 个脊，分别位于亚洲大陆贝加尔湖区、欧洲西岸和北美西岸。脊的强度比槽弱得多。纬度降低时，槽脊位置有变化，强度变化较弱，在更低纬度则为弱小的副热带高压。夏季情况与冬季有很大不同，在中高纬度西风带上出现了 4 个槽，即原东亚大槽东移入海，北美大槽略向东移，冬季贝加尔湖以西的脊区和欧洲西海岸的脊区均变为槽区。在低纬度则出现 3 个(分别位于太平洋、大西洋和北美大陆)较为强大的闭合的副热带高压单体。

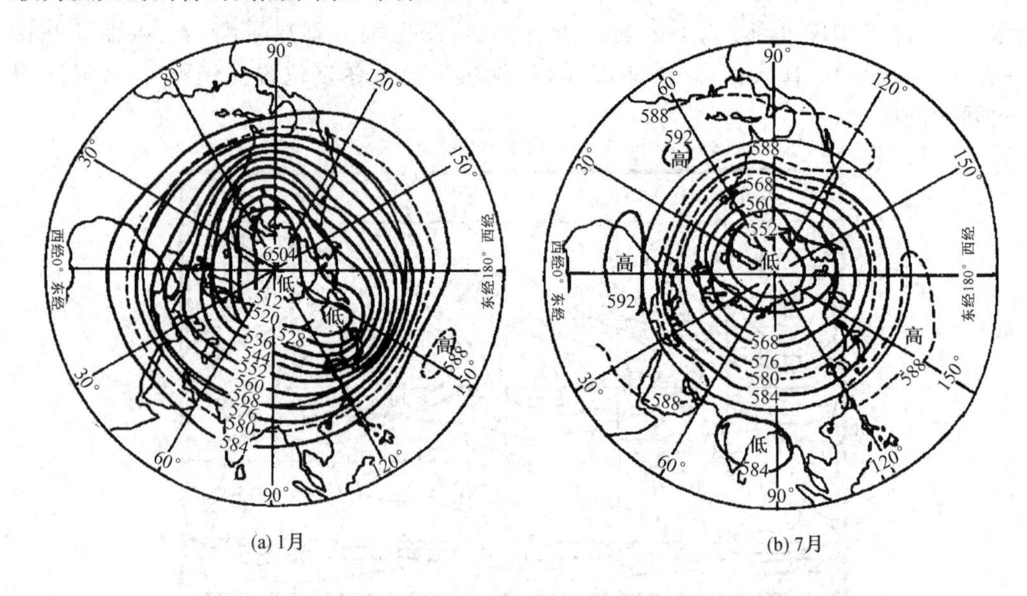

(a) 1月　　(b) 7月

图 4－27　北半球 500 hPa 等压面平均高度图(单位：位势 10 m)

图 4－28 是平均纬向风速的径向剖面图。其基本特点是：在赤道附近地区，冬季均为深厚的东风层，所占据的纬距范围，夏季比冬季宽；极地低层冬夏皆为浅薄的弱东风层，其厚度和强度都是冬季大于夏季；中纬度地区，整个对流层都是西风，其南北宽度随高度而扩大，风速随高度而增加，存在西风急流。在北半球，冬季西风急流中心位于 27°N 上空的 200 hPa 处，风速约为 40 m・s^{-1}；夏季位于 42°N 的 200～300 hPa 之间，风速为 15 m・s^{-1}。南半球情况与此类似。

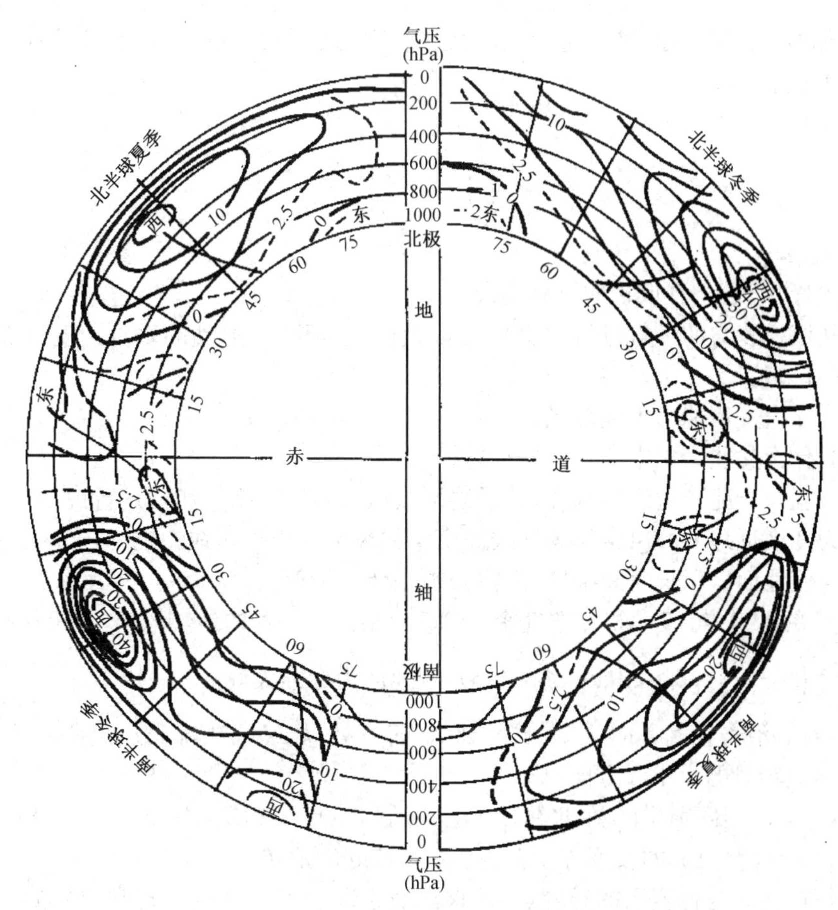

图 4-28 沿纬圈平均的平均纬向风速的径向剖面图

(实线为西风,虚线为东风,风速单位:m·s^{-1})

小 结

(1) 大气运动方程组与一般流体力学方程组有以下主要区别:① 多了一个科氏力;② 大气的湍流黏性比分子黏性大得多,后者通常可以忽略;③ 大气是有层结的,必须考虑浮力;④ 大气是可压缩的,有时又可当成不可压缩处理。

(2) 尺度分析是简化运动方程的基本方法。通过尺度分析,能抓住本质,略去次要项。例如,大尺度运动表现为一种准水平、平衡运动,常满足地转风、梯度风和热成风规律;在垂直方向大气以很高的精度满足准静力方程。

(3) 在边界层大气中,必须考虑地面与大气之间的摩擦(外摩擦)以及气层之间的湍流摩擦(内摩擦)对大气运动的影响。Ekman 螺线是对湍流大气运动方程进行简化后,得出的边界层大气中风随高度变化的规律。

(4) 大气运动通常分为水平运动和垂直运动加以讨论。大尺度运动以水平运动为主要特征,中、小尺度运动具有较大的垂直运动。垂直运动在云、雨的形成和发展以及天气变化中起着重要作用,垂直运动与水平运动之间存在着密切的关系。

(5) 大气运动具有明显的涡旋特征,环流和涡度是表征旋转运动的主要物理量。正压大气中，引起(相对)环流变化的唯一原因是科氏力，而在斜压大气中，气压梯度力和科氏力都能造成环流的变化。

习　题

4-1　根据本章原理，解释或说明下列情况。

(1) 气压梯度力的垂直分量比水平分量大得多，但大气运动的垂直速度却比水平速度小得多。

(2) 在赤道上不能出现地转风。

(3) 为什么愈往高压中心，水平气压梯度愈小？

(4) 气温差异能产生气压差异，并最终形成风(列举1～2个实例进行说明)。

(5) 为什么近地面的风穿越等压线而高空的风平行于等压线？

(6) 为使地面低压长时间维持，高空必须是什么情形？

4-2　试计算在北纬90°，60°，30°，空气密度为 $1.0\ \mathrm{kg\cdot m^{-3}}$ 处的地转风速，假定该高度上的气压梯度 $\left(-\dfrac{\Delta p}{\Delta n}\right)=2.0\ \mathrm{hPa}\cdot(111\ \mathrm{km})^{-1}$，地面为标准大气。

4-3　在北半球，沿着径圈方向从57.5°N到52.5°N处，如气压升高1%，温度保持在7 ℃，试求平均地转风的大小和方向。

4-4　在700 hPa等压面图上，在北纬30°处，相距1 000 km两点的高度差为40 m位势，试问：(1) 该处等压面的坡度等于多少？(2) 该处的地转风速为多少？

4-5　试比较地转风与梯度风的异同点，并求出对于同一气压梯度下正常反气旋中的梯度风速与相应条件下地转风速之比的最大值。

4-6　试计算纬度60°N处的气旋和反气旋中的梯度风速以及地转风速。已知：空气密度为 $1.0\ \mathrm{kg\cdot m^{-3}}$，曲率半径为300 km，水平气压梯度为 $0.5\ \mathrm{hPa}\cdot(111\ \mathrm{km})^{-1}$。

4-7　某处气压为850 hPa，气温为0 ℃，该地上空另一高度气压为500 hPa，气温为−20 ℃，当这两个高度上的水平气压梯度相同时，其地转风速之比为多少？如条件不变，850 hPa处的风速为 $10\ \mathrm{m\cdot s^{-1}}$ 时，500 hPa处的风速是多少？

4-8　700 hPa和500 hPa气层间的平均温度向东每100 km降低3 ℃，若700 hPa的地转风风向为SE，风速为 $20\ \mathrm{m\cdot s^{-1}}$，试求500 hPa上的地转风和风向。取地转参数 $f=10^{-4}\ \mathrm{s^{-1}}$。

4-9　根据图中温(虚线)压(实线)场分布，讨论：

(1) $A,B,C,D,\cdots$ 各点风随高度的变化；

(2) 沿 BD,FH,JL,NP 铅直剖面上的气压分布。

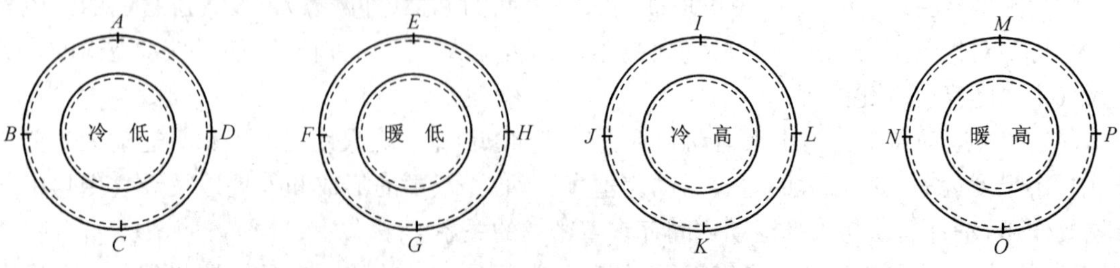

习题4-9图

4－10　在大气边界层中，若等压线呈直线分布，试证明风速与水平气压梯度力的交角 α 可由下式表示

$$\tan\alpha=\frac{2\Omega\sin\varphi}{k}$$

式中，Ω 为地球自转角速度；k 为外摩擦系数。当 $\varphi=30°\mathrm{N}$，$k=6.0\times10^{-5}\ \mathrm{s}^{-1}$时，交角 α 等于多少？

4－11　设南京(32°N)地面气压场为平直等压线，地面摩擦力与风向相反，地面为西北风，风速为 $6\ \mathrm{m\cdot s^{-1}}$，风与等压线的夹角为 30°，试求气压梯度力和地面摩擦力，并作图示之。

4－12　一个地球静止卫星，观测到一个巨大的积雨云砧，其面积在 10 min 内增大了 20%，如果这个面积的增长能代表 300 hPa(9 km)～100 hPa(16 km)气层内的平均水平散度，试计算300 hPa面上的垂直速度(假定 100 hPa 面上的垂直速度为零)。

4－13　已知地面 1.5 km 和 3 km 高度上的水平散度值分别为 $0.9\times10^{-5}\ \mathrm{s}^{-1}$，$0.6\times10^{-5}\ \mathrm{s}^{-1}$ 和 $0.3\times10^{-5}\ \mathrm{s}^{-1}$，若设地面垂直速度 $w=0$，试分别计算 1.5 km 和 3 km 高度上的垂直速度(单位：$\mathrm{cm\cdot s^{-1}}$)。

4－14　设开始时纬度 30°N 处有一半径为 100 km 的静止空气圆柱，当其半径膨胀到原来的两倍时，其圆周上的平均切线速度为多少？

4－15　纬度 φ 处有一台风，其半径为 r_0，切向速度为 V_0，当它移动到 φ_1 处时，半径变为 r_1，试求此时的切向速度 V_1。

第五章

大气边界层

大气边界层是指直接受地面影响的那部分对流层，它响应地面作用的时间尺度为一小时或更短，它的厚度为几百米到几公里。大气边界层是流体边界层在真实大气中的具体体现，但大气边界层与一般流体边界层不同，它受到更多的动力和热力过程的影响，包括了太阳辐射的日变化、地球表面和大气内部的摩擦力、大气自身的层结特征和地球自转等。湍流是大气边界层运动的主要特征之一，湍流交换在大气的动量、热量、水汽及其他微量气体的输送过程中起重要作用。边界层中大气的热量和水分主要来源于下垫面，即地球表面，而动量主要来源于上层大气的运动。

§5.1 大气边界层基本特征

一、大气边界层的结构和分类

根据湍流摩擦力、气压梯度力和科里奥利力(科氏力)对不同层次空气运动作用的大小，可以把大气边界层分为三层(如图 5-1)：

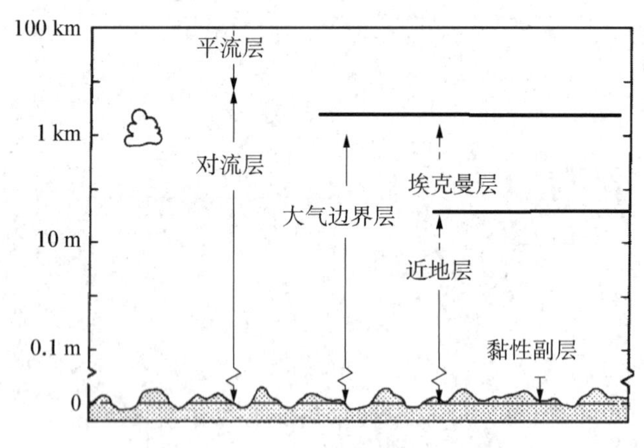

图 5-1　大气边界层的基本分层

(1) **黏性副层**，这是紧靠地面的薄层，它的典型厚度小于 1 cm。该层内分子黏性力比湍流切应力大得多，在大多数大气科学的实际问题中该层可以忽略不计。

(2) **近地面层**，从黏性副层到大约 50～100 m 高度的一层，该层中大气运动具有明显的湍流性质，并且湍流通量值随高度变化很小，因此，可假设这一层湍流通量近似不变，故也称为常通量层或常应力层。

(3) **上部摩擦层**或埃克曼层，这一层的范围是从近地面层顶到大气边界层顶(大约

1～1.5 km)的高度，在该层中，湍流摩擦力、气压梯度力和科氏力的数量级相当，都不能忽略。

边界层以上的大气层称为**自由大气**。在自由大气中，气压梯度力和科氏力达到平衡，空气运动符合地转风近似，下垫面的影响可以忽略不计。

大气边界层按其热力学性质及相应的湍流特征可分为不稳定边界层、中性边界层和稳定边界层三类。不稳定大气边界层是由于地面加热大气，大气出现不稳定层结所形成的。中性大气边界是指整个低层大气自下而上保持中性层结，浮力对湍流运动的贡献非常微弱而可以忽略的情形，在实际大气中，中性边界层很罕见。稳定大气边界层是伴随着地面辐射降温出现逆温层结而形成的，一般出现在夜间，因此，稳定大气边界又称为夜间边界层。由于太阳辐射的日变化特征导致地球表面热状况有明显的日变化，相应的大气边界层也有明显的日变化特征(如图 5－2)。图中夜间稳定边界层上方仍保留相当厚度的白天混合层中部的等虚位温分布，称为**残余层**。

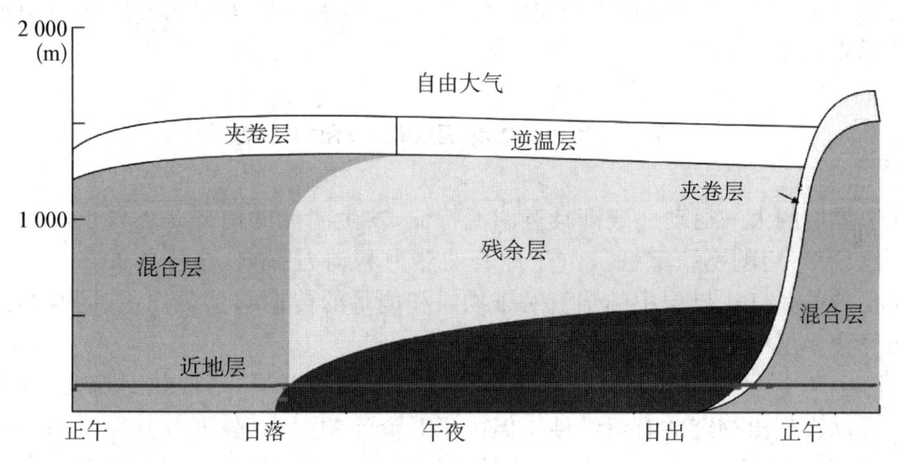

图 5－2　大气边界层高度

大气边界层是整个大气层中最靠近地球表面的层次，地球表面的影响和变化通过大气边界层传输到上层大气中。这个过程主要通过湍流涡旋实现。边界层大气中的湍流涡旋的空间和时间尺度跨度都非常大，小到毫米量级，大到与边界层厚度相当(可以到公里量级)；时间尺度小到几分钟大到数个小时(与大气边界层日变化的时间尺度对应)。在不稳定大气边界层条件下，其湍流涡旋主尺度在空间上可以与边界层厚度相当，下垫表面的影响达到边界层顶只需半小时左右。稳定大气边界层条件下，湍流涡旋主尺度往往小于边界层的厚度。当大气边界层处于相当稳定的状况时，热力湍流的产生受到抑制，湍流经常出现时间上的间歇性和空间上的不连续性，使下垫表面的影响达到边界层顶的时间明显减慢，可能需要几个小时左右，因此，稳定边界层的发展速度明显慢于不稳定大气边界层。

二、边界层气象要素和边界层结构的日变化

大气边界层的基本特征是气象要素具有明显的日变化，这是因为大气边界层是对流层中最靠近地球表面的气层，通过湍流交换，白天地面获得的太阳辐射能以感热和潜热的形式向上输送，加热上面的空气；夜间地面的辐射冷却同样也逐渐影响到它上面的大气，这种日夜交替的热量输送过程是造成大气边界层内温度具有明显的日变化的直接原因。

边界层的厚度(或者高度)发展具有明显的日变化,其厚度低的时候只有几十米,高的时候可达 2 km 以上甚至更高,在地面加热过程的驱动下,白天边界层的发展比较迅速,中午时达到它的最大高度,底层为超绝热分布,中层为混合层,顶部出现逆温,称作边界层顶部逆温,或称作卷夹层(如图 5-2)。与大气边界层日变化相类似,陆地大气边界层也有季节变化特征,一般为夏季(干季)高于冬季(湿季)。

三、大气边界层的运动特征

与自由大气相比,边界层内的大气运动特征更加复杂,风在边界层中常以三种形式出现:平均风、湍流和波动,边界层中的大气运动是三者叠加的结果。边界层中的平均风有两个最重要的特点:① 具有明显的日变化;② 风速和风向以及与此有关的边界层属性具有明显的垂直梯度。例如,由于下垫表面的摩擦作用,风速在接近地面处为零值,随着高度增加逐渐变化到边界层顶的地转风速值。平均风速通常的数量级是 $2\sim10\ \mathrm{m\cdot s^{-1}}$。边界层内的平均垂直气流很小,一般数量级在毫米到厘米之间,但在地形起伏的影响下距地也可产生较强的垂直气流。

§5.2 大气边界层运动的控制方程

大气边界层的大气运动一般都具有湍流特征,发生湍流的前提是大气层具有较强的风剪切,以及具有一定的不稳定性。由于地表的热力和动力影响,这些条件在大气边界层中经常是满足的。大气边界层中的湍流对于物质和能量的传输起重要作用,同时湍流传输过程又对大气边界层的形成起到关键作用。

在实际大气中,由于温度的不同而导致密度与浮力的差异,形成热对流,这种由热力作用驱动的流动表现出一定的有组织性。但由于对流泡的大小、强度及其在时间和空间都呈现随机性,这种流动本质上也是湍流。此外,对流泡内外的剪切、卷夹和掺混亦表现为明显的湍流。不稳定边界层和积云中的湍流主要由这种热力作用产生。

大气波动在夜间稳定边界层中常可观测到,大气湍流和波动叠加在平均风上均表现为平均风的起伏和扰动,但是只要将平均部分和扰动部分分开,对风速测量的序列进行相关分析和谱分析,两者是很容易加以区分的。

一、湍流

流体的流动形式可以分为**层流**与**湍流**。层流是气流的一种有规则运动,运动质点的轨迹和流线是光滑的曲线,各层之间没有混合现象;而湍流则是一种复杂,看起来无规则的运动。在大气边界层内,由于地面摩擦和气层间的黏性影响,空气运动是一种存在强烈混合、流体质点运动路径不规则的湍流运动。

由于湍流运动的存在,瞬时风速(u)随时间变化极不规则,这是大气湍流运动的标志(如图 5-3)。工厂里烟囱冒出的烟流轨迹就是一个非常好的例子,烟流涡旋翻滚,烟气边缘不断向四周扩散,清楚地说明大气湍流的存在(如图 5-4)。

湍流运动究竟是怎样的一种运动呢? 1959 年兴兹(J. O. Hinze)指出:"湍流是这样一种不规则运动,其流场的各种特性是时间和空间的随机变量,因此,其统计平均值是有规律

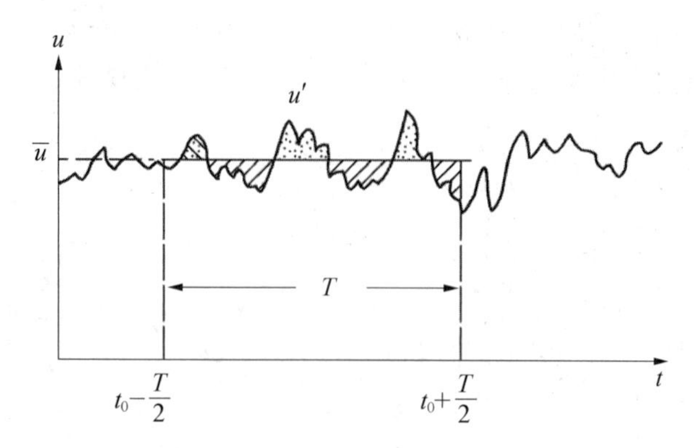

图 5-3　瞬时风速(u)、平均风速($\overline{u}$)和脉动风速(u')

图 5-4　湍流影响下的烟羽扩散(张宁拍摄)

性的。”湍流运动的数学处理方法最初由雷诺提出。他把湍流运动看成两种运动的组合,即在某一段时间(或一个空间区域)上的平均运动上叠加快速变化、起伏不规则的脉动运动,即

$$u=\overline{u}+u' \quad v=\overline{v}+v' \quad w=\overline{w}+w' \tag{5-1}$$

式中 u,v,w 分别为 x,y,z 方向上的瞬时风速,$\overline{u},\overline{v},\overline{w}$和 u',v',w'分别为相应的平均风速和脉动风速。在气象上平均风速一般指的是时间平均风速,对某一固定点(x,y,z),以某一时刻 t_0为中心,在时间间隔 T 内求平均(如图 5-3)。

二、大气湍流运动方程

大量研究表明,湍流运动的内部结构虽然十分复杂,在湍流运动影响下单个流体质点的运动规律杂乱无章,关注单个流体质点的运动意义不大,但是研究运动质点的平均规律是有意义的,它的平均运动规律仍然服从运动方程,也就是说建立湍流运动方程需要对运动方程取平均。

将不可压缩黏性流体的黏性力表达式和摩擦力 F_r 加入大尺度大气运动方程，并利用连续方程按照平均值运算法则，略去分子黏性应力，最后可导出大气湍流平均运动方程（雷诺方程）

$$\frac{\mathrm{d}\,\overline{u}}{\mathrm{d}t}=-\frac{1}{\rho}\frac{\partial\,\overline{p}}{\partial x}+f\,\overline{v}+\frac{1}{\rho}\left[\frac{\partial}{\partial x}(-\rho\overline{u'^2})+\frac{\partial}{\partial y}(-\rho\overline{u'v'})+\frac{\partial}{\partial z}(-\rho\overline{u'w'})\right] \quad (5-2a)$$

$$\frac{\mathrm{d}\,\overline{v}}{\mathrm{d}t}=-\frac{1}{\rho}\frac{\partial\,\overline{p}}{\partial y}-f\,\overline{u}+\frac{1}{\rho}\left[\frac{\partial}{\partial x}(-\rho\overline{v'u'})+\frac{\partial}{\partial y}(-\rho\overline{v'^2})+\frac{\partial}{\partial z}(-\rho\overline{v'w'})\right] \quad (5-2b)$$

$$\frac{\mathrm{d}\,\overline{w}}{\mathrm{d}t}=-\frac{1}{\rho}\frac{\partial\,\overline{p}}{\partial z}-g+\tilde{f}\,\overline{u}+\frac{1}{\rho}\left[\frac{\partial}{\partial x}(-\rho\overline{w'u'})+\frac{\partial}{\partial y}(-\rho\overline{w'v'})+\frac{\partial}{\partial z}(-\rho\overline{w'^2})\right] \quad (5-2c)$$

方程（5－2）比自由大气运动方程增加了一组**湍流应力**（也称为**雷诺应力**）项

$$\begin{array}{lll}\tau'_{xx}=-\rho\overline{u'^2} & \tau'_{xy}=-\rho\overline{u'v'} & \tau'_{xz}=-\rho\overline{u'w'}\\ \tau'_{yx}=-\rho\overline{v'u'} & \tau'_{yy}=-\rho\overline{v'^2} & \tau'_{yz}=-\rho\overline{v'w'}\\ \tau'_{zx}=-\rho\overline{w'u'} & \tau'_{zy}=-\rho\overline{w'v'} & \tau'_{zz}=-\rho\overline{w'^2}\end{array} \quad (5-3)$$

湍流应力（即雷诺应力）是由于湍流脉动引起的动量输送（通量），也是湍流脉动引起的流体之间的附加应力。为简便起见，以后雷诺方程中的$\overline{u}$，$\overline{v}$，$\overline{w}$，$\overline{p}$等平均量皆用 u，v，w，p 表示。

三、湍流运动方程组的闭合

三个湍流运动方程（5－2）和一个相应的连续方程所包含的未知数，除了$\overline{u}$，$\overline{v}$，$\overline{w}$，$\overline{p}$以外（假设 ρ 已知），还有六个未知的雷诺应力（因为九个应力中，$\tau'_{xy}=\tau'_{yx}$，$\tau'_{xz}=\tau'_{zx}$，$\tau'_{yz}=\tau'_{zy}$），方程组不闭合，不能求解；而如果再次应用方程（5－2）中的方法获得雷诺应力项的控制方程，则又会带来更多的未知变量，这个问题被称为湍流（不）闭合问题。为了使方程组闭合，需要对湍流过程进行参数化，通常采用湍流半经验理论，将湍流应力与平均速度分布联系起来。例如常用的一阶闭合（K 闭合）

$$\tau'_{zx}=-\rho\overline{w'u'}=\rho K_m\frac{\partial\,\overline{u}}{\partial z} \quad (5-4)$$

式中 K_m 为湍流动量垂直交换系数。

§5.3　近地面层及其廓线规律

近地面层是大气边界层中最靠近地面的数米或数十米的气层；受地面摩擦作用，导致风速、温度等气象要素随高度变化显著的气层；湍流通量大于大气边界层其他部位，几乎不随高度变化的气层。

一、近地面层的定义和厚度

在近地面层中，湍流切应力远大于科氏力和气压梯度力，因此，可以只考虑湍流运动的影响。大气的垂直结构主要依赖于垂直方向的湍流输送。归纳起来，近地面层有下列几个重要的特点：

（1）动量、热量和水汽垂直通量随高度的变化与通量值本身相比很小，一般小于 10%，因

此，可认为各种通量近似为常值。

(2) 近底层内各个气象要素随高度变化比边界层的中、上部要显著。

(3) 大气运动尺度较小，科氏力随高度的变化可略去不计，因此风向随高度几乎无变化。

中性大气边界层的近地面厚度约为大气边界层高度的 1/10。在地面粗糙度大的地方或层结不稳定时，近地层厚度可以达到 100～200 m；反之，在粗糙度小的地面或层结稳定的夜间，近地面层厚度可能很浅薄。

在无剧烈天气过程影响的时候，均匀平坦地表的近地面层内，动量、热量和水汽乃至其他物质的湍流输送，垂直输送湍流通量随高度近似不变，这是近地面层的一个重要性质。虽然近地面层中具有的常通量性质是一个近似假设，但它的引入为大气边界层的研究带来很大好处，可以简化问题。在理论研究中，可以把湍流作为近地面层主要的甚至唯一的直接因子进行讨论，并且认为湍流的垂直通量是常值；在实验观测中，某一高度湍流通量的测量结果可以代表另一高度或地面的值。

二、近地面层莫宁-奥布霍夫相似性理论

莫宁-奥布霍夫相似性理论利用相似性观点和量纲分析的方法，论述了切应力和浮力对近地面层湍流输送的影响，建立了近地层气象要素廓线规律的普遍表达式。

莫宁-奥布霍夫相似性理论的基本前提：

(1) 近地面层内气流为不可压缩性流动，密度变化仅仅由温度变化引起，且只体现在引起浮力密度偏差，即满足 Boussinesq 近似。

(2) 近地面层流动属于发展湍流的流动，与动量、热量和物质的湍流输送相比，分子黏性、传导和扩散作用可以忽略。

(3) 近地面层满足常通量近似，非定常性、水平非均匀性和辐射热量通量的散度可以忽略，气压梯度力和地转偏向力可以视为外部因子，湍流通量及其导出参量决定了近地面层湍流特征和风速、温度、湿度等气象要素廓线的内在联系。

近地面层中湍流动量通量为常量，设风速 u 沿平均风方向，湍流切应力 τ(动量通量)可以写为

$$\tau = -\rho\overline{u'w'} \approx \rho u_*^2 \tag{5-5}$$

式中，$u_* = \sqrt{\dfrac{\tau}{\rho}}$，称为**摩擦速度**。根据湍流混合长理论，有

$$u_*^2 = K_m \frac{\partial \overline{u}}{\partial z} \tag{5-6}$$

式中的 K_m 是动量湍流交换系数，它与分子运动的黏性系数 v 不同，它不是常数，而是与湍流强弱以及不同尺度的湍流能量分配有关，基于混合长理论，混合长 l_m 或湍涡尺度应与离地面高度 z 成正比，所以有 $l_m = \kappa z$。系数 K_m 可写成

$$K_m = \kappa u_* z \tag{5-7}$$

其中 κ 称为**卡门常数**，一般取 0. 4。

类似于(5-5)式，湍流**感热通量** $H(=\rho c_p\overline{w'\theta'})$ 和**潜热通量** $LE(=L_v\overline{w'q'})$ 可表示为

$$H = \rho c_p\overline{w'\theta'} \approx -\rho c_p u_* \theta_* \tag{5-8a}$$

$$LE = L_v \overline{w'q'} \approx -L_v u_* q_* \tag{5-8b}$$

若将 $\overline{w'\theta'}$ 和水汽通量 $\overline{w'q'}$（或潜热通量 $L_v \overline{w'q'}$）也以同样的方式表述，则有

$$\overline{u'w'} = -K_m \frac{\partial \bar{u}}{\partial z} = -u_*^2 \tag{5-9a}$$

$$\overline{w'\theta'} = -K_h \frac{\partial \bar{\theta}}{\partial z} = -u_* \theta_* \tag{5-9b}$$

$$\overline{w'q'} = -K_q \frac{\partial \bar{q}}{\partial z} = -u_* q_* \tag{5-9c}$$

式中 K_h 和 K_q 分别是感热和水汽的湍流扩散系数。由(5-9b)和(5-9c)式可定义特征位温和特征比湿，即

$$\theta_* = -\frac{\overline{w'\theta'}}{u_*} \tag{5-10a}$$

$$q_* = -\frac{\overline{w'q'}}{u_*} \tag{5-10b}$$

特征量 u_*，θ_* 和 q_* 表示了湍流垂直输送的强度，在近地面层内，它们是近似于与高度无关的物理量。

莫宁与奥布霍夫认为：对于水平均匀定常的近地面层，其运动学和热力学结构仅决定于湍流状况。他们将 u_*，$\overline{w'\theta'}$ 以及浮力因子 g/θ 进行组合，得到一个具有长度量纲的特征量 L，现通称作**莫宁-奥布霍夫长度**，定义为

$$L = -\frac{u_*^3}{\kappa \dfrac{g}{\theta} \overline{w'\theta'}} = \frac{u_*^2}{\kappa \dfrac{g}{\theta} \theta_*} \tag{5-11}$$

莫宁-奥布霍夫长度 L 反映了雷诺应力做功和浮力做功的相对大小，是与大气层结密切相关的量。公式前取“－”号是为了后续推演和表达式简洁。由(5-9b)可知，当大气层结稳定时，$\frac{\partial \bar{\theta}}{\partial z} > 0$，$\overline{w'\theta'} < 0$，$L > 0$；不稳定时，$\frac{\partial \bar{\theta}}{\partial z} < 0$，$\overline{w'\theta'} > 0$，$L < 0$；中性时，$\frac{\partial \bar{\theta}}{\partial z} = 0$，$\overline{w'\theta'} = 0$，$L \to \infty$。实用中直接用 L 不大方便，往往用无因次量 z/L 代替 L 作为稳定度的参量，z/L 为无量纲稳定度因子，根据 L 或者 z/L 的数值，可以发现：

(1) $L>0$ 或 $z/L>0$：稳定层结，L 数值越小或 z/L 越大，越稳定；

(2) $L<0$ 或 $z/L<0$：不稳定层结，$|L|$ 数值越小或 $|z/L|$ 越大，越不稳定；

(3) $|L| \to \infty$ 或，$|z/L| = 0$：中性层结。

近地面层风速、温度和湿度无量纲化的普遍廓线方程的微分形式可写为

$$\frac{K^z}{u_*} \frac{\partial \bar{u}}{\partial z} = \varphi_m\left(\frac{z}{L}\right) \tag{5-12a}$$

$$\frac{K^z}{\theta_*} \frac{\partial \bar{\theta}}{\partial z} = \varphi_h\left(\frac{z}{L}\right) \tag{5-12b}$$

$$\frac{K^z}{q_*} \frac{\partial q}{\partial z} = \varphi_q\left(\frac{z}{L}\right) \tag{5-12c}$$

并有

$$K_m = \frac{\kappa u_* z}{\varphi_m\left(\frac{z}{L}\right)} \tag{5-13a}$$

$$K_h = \frac{\kappa u_* z}{\varphi_h\left(\frac{z}{L}\right)} \tag{5-13b}$$

$$K_q = \frac{\kappa u_* z}{\varphi_q\left(\frac{z}{L}\right)} \tag{5-13c}$$

以上方程中除卡曼常数 κ（一般取 0.4）外，只包含平均气象要素值、高度和各要素的通量，也叫作通量-廓线关系。大气层结呈中性时，

$$\varphi_m(0) = \varphi_h(0) = \varphi_q(0) = 1$$

对方程(5-12a)进行积分，令 $\zeta = z / L$，得到通量-廓线关系的积分形式。风速廓线的积分形式可写成

$$\bar{u} = \frac{u_*}{\kappa}\left[\ln\frac{z}{z_0} - \Psi_m(\zeta)\right] \tag{5-14}$$

式中 $\Psi_m(\zeta)$ 是平均风速对数廓线的稳定度修正参数，可求出位温廓线为

$$\bar{\theta} - \bar{\theta}_0 = \frac{\theta_*}{\kappa}\left[\ln\frac{z}{z_0} - \Psi_h(\zeta)\right] \tag{5-15}$$

其中

$$\psi_h(\zeta) = \int_{\zeta_0}^{\zeta}[1 - \varphi_h(\zeta)]\mathrm{d}\ln\zeta \tag{5-16}$$

位温廓线的稳定度修正函数 $\Psi_h(\zeta)$ 同 $\Psi_m(\zeta)$ 的含义一样。中性时 $\varphi_m(0) = \varphi_h(0) = 1$，故 $\Psi_m(0) = \Psi_h(0) = 0$。

三、地表空气动力学参数特征

近中性条件下 $\Psi_m(0) = \Psi_h(0) = 0$。通量-廓线关系(5-14)式可写为

$$\bar{u} = \frac{u_*}{\kappa}\ln\frac{z}{z_0} \tag{5-17}$$

式中 z_0 是**地表粗糙度**，是近中性条件下平均风速等于零的高度，是大气边界层湍流属性参数化过程中常用的基本参数。

各种下垫面的 z_0 值变动幅度很大，从城市中心和山区的米数量级大小，到无风无水面、冰面和雪面的几分之几，甚至百分之毫米，粗糙度的大小将影响流动的性质。

在陆地下垫面上，当粗糙元彼此靠得足够近时，下垫面的顶部也如同发生了位置的抬升，此时通量-廓线关系的表达式需要做一定的修正，我们引入动力学**零平面位移** d 来修正通量-廓线关系，其积分形式为

$$\overline{u}=\frac{u_*}{\kappa}\left[\ln\frac{z-d}{z_0}-\Psi_m(\zeta)\right] \tag{5-18a}$$

$$\overline{\theta}=\frac{\theta_*}{\kappa}\left[\ln\frac{z-d}{z_0}-\Psi_h(\zeta)\right] \tag{5-18b}$$

其中 $\zeta=\frac{z-d}{L}$。

零平面位移 d 和地表粗糙度一样，也是描述下垫面空气动力学特征的重要物理量，是大气边界层下垫面湍流通量参数化过程中常用的基本参数，其物理意义是：气流与下垫面的作用相当于发生在这一高度上，粗糙度也变成是在这一高度上的物理属性。确定零平面位移 d 的传统方法是利用多层观测数据根据近地面风廓线方程求得。

§5.4 不同层结的大气边界层

一、中性大气边界层

当大气热力层结为中性时，浮力对湍流的贡献可以忽略，大气边界层中唯一的湍流产生机制是剪切作用，即风剪切和表面应力。中性大气边界层一般出现在有浓厚云层的大风天气条件下。在清晨和黄昏不稳定边界层与稳定边界层的转换期间，大气边界层具有比较强的非定常特征，因此，很难定义为中性大气边界层。典型的中性大气边界层是不容易观测到的，但因为中性大气边界层在理论上比较简单，所以它仍是研究边界层物理的基础。

二、不稳定边界层（对流边界层、混合层）

晴朗白天中纬度陆地上的大气边界层基本上都属于不稳定的类型。在 5.1 小节中讨论大气边界层昼夜演变过程时讲到：白天小风少云的天气下，太阳对下垫表面的增热导致感热通量向上的输送，逐渐形成不稳定层结的大气边界层。由于地面加热而触发的对流热泡是不稳定大气边界层湍流的原动力，它们的对流上升和下沉决定了边界层动力学结构的基本面貌，因此，不稳定大气边界层常称为**对流边界层**（Convective Boundary Layer，简称 CBL）。而大尺度强湍流的驱动，使其具有垂直方向的强烈混合，因此，通常又称为混合层（或广义混合层，与图 5-5中的狭义混合层有所区别）。

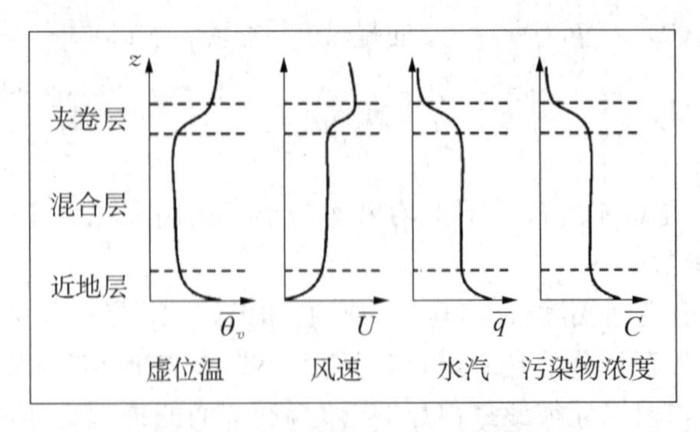

图 5-5 对流边界层气象要素分布

对流边界层与中性大气边界层不同，对流边界层的发展不是依赖于较强的风切变形成的

动力驱动，而是在近地面层保持一定的虚位温递减率形成的热力驱动。地面输送的感热通量是不稳定大气边界层湍流能量的主要来源，热力驱动占主要地位。

各种气象要素除了在近地面层存在明显的梯度外，由于强烈的混合作用，对流边界层的主体部分各种气象要素的梯度都很小。中等以上程度的不稳定边界层，温度和风速随高度的变化接近均匀分布，湍流通量随高度近似线性变化。

对流热泡在对流边界层顶的上升冲击，引发自由大气空气团向下卷入边界层，形成了所谓的卷夹层。卷夹层以上是无湍流或很弱湍流的自由大气。对流热泡尺度大、寿命长、携带的湍流能量也大，由对流热泡破碎产生的各次级湍流涡旋也异常活跃，导致对流边界层内各气象属性的垂直分布比较均匀，具有整体的空间结构及较强的时间相关。

在对流边界层中，浮力是驱动湍流的主要机制。它的最大湍涡尺度往往可以达到边界层厚度的数量级，称为**热泡**(thermal)。热泡的下部往往由许多尺度稍小的热烟羽(plume)构成。它们使对流边界层内的各种湍流特征量保持很强的相关。热泡和烟羽在对流边界层中约占有42%的水平面积，其余空间则被相对弱的下曳气流所充斥。

各种气象要素的垂直分布廓线如图 5－5 所示。依其分布特征，对流边界层从下往上可分为近地面层、混合层和卷夹层三个副区。近地面超绝热层、中层混合层以及顶部卷夹层相互关联强烈影响对流边界层的结构和发展。近地面层在边界层底部，大致占据对流层厚度的 5%～10%。其底层呈现明显的超绝热层结，其厚度与 L 值的大小相当，莫宁-奥布霍夫相似理论仍然适用。混合层(ML)(狭义)指对流边界层的中部，其厚度约占整个边界层的 50%～80%。该层强烈的垂直混合使风速、位温和比湿等要素的垂直梯度接近于零；同时各个湍流二阶通量随高度呈线性关系。卷夹层是混合层顶部的逆温层，静力稳定区，其厚度约为整个边界层的10%～40%。对流热泡在混合层内持有的对流能量使它能够向上超射一个短距离，进入自由大气。这个超射现象称为对流贯穿。因对流热泡在自由大气中的温度较低，具有负浮力，故又会回到混合层内，并将部分热的自由大气向下卷夹进入混合层，这就形成了一个平均厚度约为 ML 厚度 40%的卷夹层。

三、稳定边界层

如果边界层内位温随着高度增加而升高，就成为**稳定边界层**(Stable Boundary Layer，简称为 SBL)。形成稳定边界层有多种原因，夜间地表辐射冷却形成的逆位温层结，就是常见的稳定边界层；另外，若有暖平流流经冷的下垫面，也能形成稳定边界层。在稳定边界层中，湍流热交换自上向下输送能量。通常，稳定边界层的厚度大约为 100～500 m。

稳定边界层的一般特征可归纳为以下几点：

(1) 稳定边界层的共同特征是有逆温层，此时浮力的作用不但不能给湍流补充动能，相反，湍流微团在垂直运动中因反抗重力做功而损失动能，所以湍流能量很弱。但因为还有切应力的作用，所以湍流不会完全消失，而是在弱的水平上维持，在大气边界层中仍是一个不可忽视的因子。这种情况下，湍流热交换过程并不占优势，而其他的热交换过程，例如辐射、平流、气层的抬升及地形的影响，与湍流热交换过程的影响相当。

(2) 理论分析和实验事实均表明，当浮力引起的湍流动能损失达到切应力产生动能的 1/5 左右，湍流便会因连续不断地耗散而衰竭，此时湍流结构在时间和空间上出现不连续，形成所谓的间歇性湍流或波与间歇性湍流共存。

(3) 因湍流很弱，湍涡尺度小，边界层不同层次之间的相互作用减弱，地面强迫对边界层的响应放缓。下垫表面的强制作用达到边界层顶所需要的时间尺度可长达数个小时,形成分层式湍流,故边界层往往不能作为整体处理。例如,由地面参量计算的莫宁-奥布霍夫长度值不能代表边界层中、上层的情况。

(4) 各种特征量在边界层顶没有明显的过渡特征,难以确定层顶的位置。

由于湍流弱,其他的热力学和动力学因子的作用会突显出来,并与湍流相互作用而构成稳定边界层的特征。因此,随着热力学和动力学因子大小的变化,稳定边界层就会发生相应的变化,增加了稳定边界层研究的复杂性和难度。而且,由于湍流及其他各项因子的量都比较小,使实际观测的精确度受到影响,不易将它们的数值特征从观测误差中分离。

比较有利的条件只有一点:稳定边界层发展的中、后期,边界层内的各种过程随时间变化较弱,可以视为平稳过程。

稳定大气边界层各种特征量的典型廓线如图 5-6 所示。由于较弱的涡动黏性扩散,边界层内存在较强的逆温和逆湿梯度以及较强的风速切变。而风速廓线最明显的特征是边界层顶附近出现的风速极大值,形成所谓的低空急流现象。

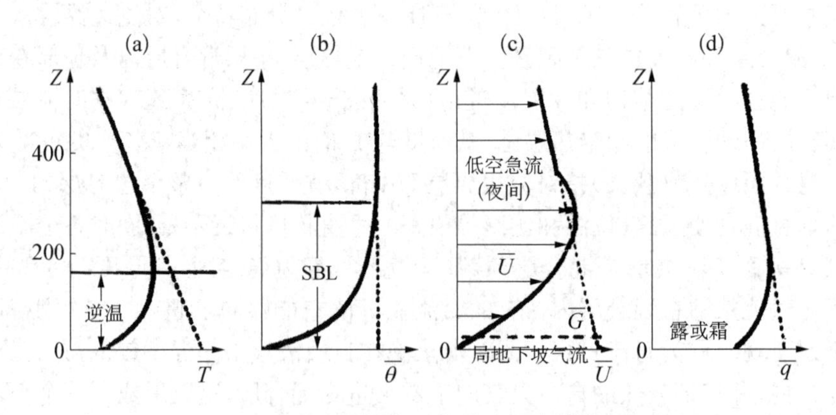

图 5-6　稳定大气边界层各种特征量的典型廓线

低空急流是指在低空数百米至一千米高度上出现的风速特大区域,其最大风速值会超过 $10\sim20\ \mathrm{m\cdot s^{-1}}$以上,并在最大风速上、下保持较强的风速切变。大多数在夜间形成,也叫夜间急流。形成急流的原因很多,常见的有以下几种情况:① 稳定边界层的惯性振荡;② 边界层内存在较强的热成风;③ 急行冷锋过境;④ 过山气流。

§5.5　埃克曼层

一、埃克曼螺线

在自由大气中,水平气压梯度力与科氏力二者平衡,形成地转风,且风与等压线平行。而在大气边界层中,必须要考虑湍流摩擦力(湍流黏性力)的作用。埃克曼层中的空气运动是水平气压梯度力、科氏力与湍流摩擦力三者之间平衡的结果,因此风向会偏离等压线,且偏向低压。图 5-7 给出风速矢量端迹图。由图可见,平均风随高度而增加,风矢量随高度顺时针旋转而呈螺旋状,逐渐趋近于地转风。而后随高度增加,风速风向围绕地转风做螺旋式摆动,这条端迹图称为**埃克曼螺线**。埃克曼层是指大气层结为中性,湍流动力黏性系数 K_m 为常数,大尺度运动处于气压梯度力、科氏力和湍流摩擦力三力平衡,且水平气压梯度力不随高度变化（因而地转风不随高度变化）的理想大气边界层。埃克曼螺线是一种非常理想的风廓线，实际大气要复杂得多，它并不能总是满足定常、水平均匀和正压条件，因此，实测的风廓线往往是与埃克曼螺线有偏差的。

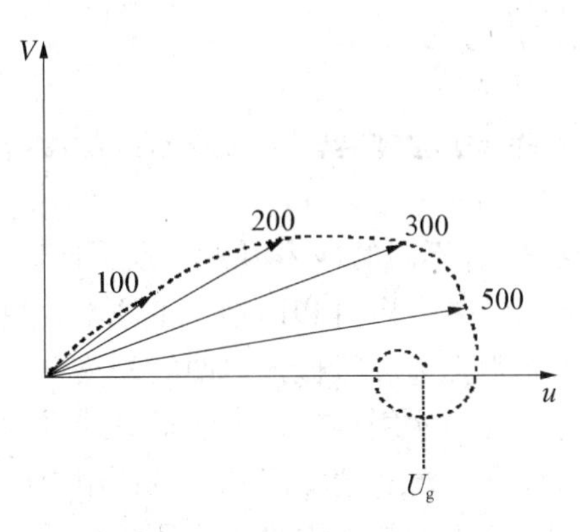

图 5－7　埃克曼螺线示意图

二、埃克曼抽吸

边界层中空气将穿越等压线从高压区流向低压区，并在低压区引起质量辐合的上升运动。边界层顶部的垂直运动速度和地转风涡度成正比，即流场的涡度通过湍流摩擦作用可以在埃克曼层顶产生垂直运动，并在边界层内诱发出垂直环流，即所谓边界层的次级环流。在低压区，边界层顶有上升运动；而高压区，有下沉运动。此环流引起边界层和自由大气之间的空气质量交换，包括其中的水汽和其他痕量物质。这种作用称为**埃克曼抽吸**或**埃克曼泵**(Ekman pumping)。

§5.6　逆温层

对流层大气的温度一般随高度降低，但是有些条件下，在某一高度上可能出现气温随高度增加的现象，出现这一现象的气层被称为逆温层。逆温层是绝对稳定的局地层结，因此，对空气的上下交换有强烈的抑制作用。很多边界层内的大气污染现象都和逆温层的存在有关。形成逆温层的原因主要有：

(1) 湍流逆温：由于低层空气的湍流混合作用而形成的逆温。当气层的气温直减率小于干绝热直减率时，经湍流混合后，气层的温度分布逐渐接近干绝热直减率，因湍流上升的空气按干绝热直减率降低温度。空气上升到混合层顶部时，它的温度比周围的气温低，混合的结果使上层气温降低；空气下沉时则情况刚好相反，致使下层气温升高。这样就在边界层顶部湍流减弱的层次形成逆温层。

(2) 辐射逆温：白天由于地表吸收太阳辐射而迅速增温，导致低层大气温度升高，到了夜间地面长波辐射降温导致近底层大气出现逆温结构，在日出后逆温层又迅速消失。在晴朗无风的夜晚最容易出现辐射逆温，逆温层厚度可以从几米到几百米。

(3) 下沉逆温：由于空气下沉造成的逆温，一般出现在高压天气控制下，范围大，厚度大，通常不接地。

(4) 地形逆温：由于局地特殊地形条件导致的逆温，例如，在盆地或者山谷地区，山体高处的空气由于辐射冷却而下沉到谷底，将谷底暖空气强迫抬升到高处而形成逆温结构。

(5) 平流逆温:当暖空气平流移动到较冷的地面或者水体上时,出现上层空气比下层暖的现象,从而形成暖平流逆温。

(6) 锋面逆温:锋面是冷暖空气交接的倾斜面,无论是冷锋还是暖锋,暖空气总出现在冷空气上空,因而导致逆温结构出现。

§5.7 非均匀下垫面的边界层次级环流

实际的地球表面是复杂多变的,不同的地表覆盖导致了地球表面不同区域的动力和热力性质差异很大,例如陆地—海洋、城市—乡村和山地—平原等,这些下垫面的非均匀会诱生边界层次级环流。它们可以分为热力强迫和机械强迫两类。热力强迫次级环流的产生主要是由于地面热量的差异。经典的热力强迫次级环流系统包括海陆风、城市热岛、山谷风。机械强迫次级环流主要是由于稳定的大气层结流和地形阻塞相互作用而产生的。经典的系统包括背风波、上坡和下坡风、山谷尾流等。常见的热力强迫次级环流包括:

(1) 海陆风:海陆风是由水陆热力差异引起的。由于水的热容量大,陆地热容量小,因此一日之内海水表面的温度变化不会超过 2 ℃而陆地白天增温很快,夜间又很快冷却。尤其在无云晴朗天气伴随有弱的大尺度流的天气条件下,这种昼夜变化更加明显,在海岸地区可以观测到地表空气温度的昼夜变化达 10 ℃～20 ℃。结果引起了海陆的温度差异,这种温度差异诱生中尺度环流,我们称之为**海陆风环流**(如图 5-8)。

海陆风环流影响范围局限于沿海,风向转换以一天为周期。白天,陆地增温比海面增温快,陆面气温高于海面气温,较暖的空气在陆地上升,较冷的空气在海面下沉,在近地面较冷的空气从海面吹向陆地,叫海风,上层则有较暖的空气从陆地流向海洋;夜间,由于陆地冷却,海面降温缓慢,海面气温高于陆面,海岸和附近海面间形成与白天相反的环流,气流由陆地吹向海面,为陆风。通常陆风比海风弱。相同的热力环流在足够大的湖泊周围也会发生。白天,风从湖面吹向内陆叫湖风;夜间,风从内陆吹向湖面叫陆风。

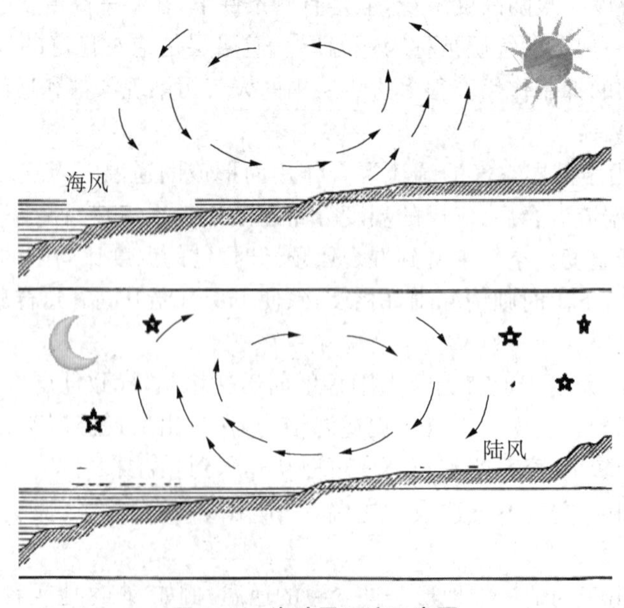

图 5-8　海陆风环流示意图

(2) 城市热岛环流

城市热岛环流与海陆风环流类似，由于城市和乡村之间加热和冷却不同而产生和维持**城市热岛环流**。在城市及其郊区，由于下垫面的改变，扰动了自然的辐射平衡，例如沥青和水泥路面替代了乡间地面上的植被，改变了地表收支和热通量强度。同时城市人类活动排放的大量废热也加剧了城市热岛。在存在弱的大尺度流和晴朗无风天气时，在大城市和周围乡村会产生较大温度差，从而产生城市热岛环流。城市热岛环流是暖空气从城市上升，较冷的空气在乡村下沉。近地面空气由乡村向城市辐合，上层由城市向周围辐散(如图 5-9)。这个环流可以达到逆温层底的高度，在城市中心形成"城市穹窿"。

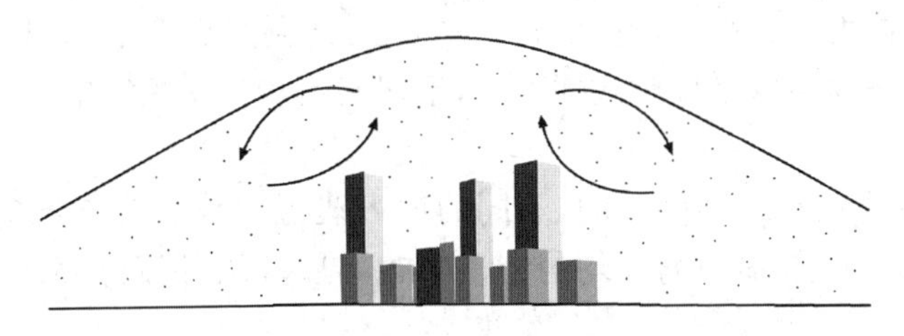

图 5-9　城市热岛环流示意图

(3) 山谷风环流

山谷风是由于山坡昼夜加热和冷却不同而发展起来的山地局地环流(如图 5-10)。在山地区域，日出以后南向的山坡受热，其上空气增温很快。而山谷中同一高度上的空气，由于距地面较远，增温较慢，因而产生由山谷指向山坡的气压梯度力，风由山谷吹向山坡，这就是谷风。夜间，山坡辐射冷却，气温降低很快，而谷中同一高度的空气冷却较慢，因而形成与白天相反的热力环流，下层由山坡吹向山谷，这就是山风。

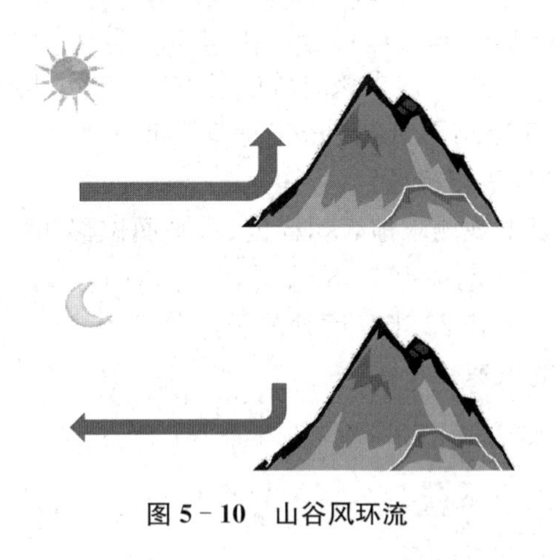

图 5-10　山谷风环流

小　　结

(1) 根据湍流摩擦力、气压梯度力和科里奥利力(科氏力)对不同层次空气运动作用的大小，可以把大气边界层分为粘性副层、近地面层和上部摩擦层或埃克曼层。

(2) 大气边界层的基本特征是气象要素具有明显的日变化。大气边界层按其热力学性质及相应的湍流特征可分为不稳定边界层、中性边界层和稳定边界层三类。

(3) 在近地面层中，湍流切应力远大于科氏力和气压梯度力，因此可以只考虑湍流运动的影响。大气的垂直结构主要依赖于垂直方向的湍流输送。动量、热量和水汽垂直通量随高度的变化与通量值本身相比很小，可认为各种通量近似为常值。

(4) 莫宁-奥布霍夫相似性理论利用相似性观点和量纲分析的方法，论述了切应力和浮力对近地面层湍流输送的影响，建立了近地层气象要素廓线规律的普遍表达式。莫宁-奥布霍夫长度反映了雷诺应力做功和浮力做功的相对大小，是与大气层结密切相关的量。

(5) 埃克曼层是指大气层结为中性，湍流动力黏性系数为常数，大尺度运动处于气压梯度力、科氏力和湍流摩擦力三力平衡，且水平气压梯度力不随高度变化的理想大气边界层。随高度增加，风速风向围绕地转风做螺旋式摆动，这条端迹图称为埃克曼螺线。埃克曼螺线是一种非常理想的风廓线。

(6) 实际的地球表面是复杂多变的，不同的地表覆盖导致了地球表面不同区域的动力和热力性质差异很大，这些下垫面的非均匀会诱生边界层次级环流，如海陆风、城市热岛、山谷风等。

习　题

6-1　大气边界层中的运动特征与自由大气之间有什么区别，为什么？

6-2　在一个有大气层并自转的星球上，其地表净辐射一直是正值，是否会有边界层，它的混合层高度是否一直增加？

6-3　在边界层某一高度上每 2 秒钟观测一次瞬时风速，得到十组观测结果，如下：u=(5,6,5,4,7,4,5,6,3,4)$\mathrm{m\cdot s^{-1}}$；v=(1,−2,1,0,2,2,3,2,1,−1)$\mathrm{m\cdot s^{-1}}$；w=(0.4,−1,1,0,−2,−1,2,1,0.5,$\mathrm{m\cdot s^{-1}}$。求该时段内各方向上的平均风速和雷诺应力。

6-4　已知在某地中性大气层结下观测到 $u_*=0.2\ \mathrm{m\cdot s^{-1}}$，d=0，10 m 处的平均风速为 5 $\mathrm{m\cdot s^{-1}}$，求该地的地表粗糙度。

6-5　利用中性近地层的以下观测求地表粗糙度、零平面位移和摩擦速度。
z=(5,8,10,20,30,50)m；u=(3.48,4.34,4.66,5.50,5.93,6.45)$\mathrm{m\cdot s^{-1}}$。

6-6　在中性情况下测得 5 米和 20 米高度处的风速分别为 2 $\mathrm{m\cdot s^{-1}}$和 4 $\mathrm{m\cdot s^{-1}}$，试估算 50 米和 100 米高度上的风速。

第六章 云、雾和降水物理学

大气中的云、雾和降水(雨、雪、冰雹等)是最引人注目的,可观测到的天气现象。云是潮湿空气在上升过程中膨胀冷却,使空气中的水汽达到饱和及过饱和时,在**凝结核**上凝结成云滴(温度高于 0 ℃),或(和)由冰核作用经冻结和凝华生成**冰晶**(温度在 0 ℃以下)而形成的。它是由悬浮在空中的大量水滴或(和)冰晶组成的气溶胶体,及地的便是雾。当云中的水滴增长到足够大时,就会从空中降落而产生降水。

云、雾和降水物理学(简称云物理学)是以大气热力学和动力学为基础,研究云、雾和降水的形成过程、发展规律以及如何影响、控制它们的一门学科。云和降水与天气、气候密切相关,大部分灾害性天气,如暴雨、雷暴、冰雹、台风、龙卷风和雾障等都和云雨过程有关;云和降水也是地—气系统的动量、热量、水分传输和平衡的关键因素。另一方面,云和降水本身又是航空运输的重大障碍,它对飞机的起飞、着陆与航行带来很大影响。

§6.1 云的分类、形成和特征

一、云的分类

自然界的云以千姿百态、瞬息多变的外貌吸引着人们的注意,同时又给云的观测与研究带来很多困难。因此,对云进行科学的分类是气象观测和云物理研究不可缺少的基础工作。最早的云分类是由德国的拉马尔克(Lamarck,1802)和英国的霍华尔德(L. Howard,1803)提出来的,他们将云分成 4 大类:卷云、积云、层云和雨云。以后贝吉隆(T. Bergeron,1934)根据云的形成把云分成积状云、波状云和层状云 3 类。1956 年和 1975 年世界气象组织(WMO)在他们的基础上,根据云的出现高度分成高云、中云、低云和直展云等 4 族,在各云族中又按其形成分成 10 属(见表 6 - 1),并出版了“国际云图”。

表 6 - 1 云的国际分类

云 族	出现高度	云 属
高 云	>6 000 m	卷云(Ci)、卷积云(Cc)、卷层云(Cs)
中 云	2 000~6 000 m	高积云(Ac)、高层云(As)
低 云	<2 000 m	层积云(Sc)、雨层云(Ns)、层云(St)
直展云		积云(Cu)、积雨云(Cb)

我国气象观测中采用的云分类(请参见《中国云图》)与表 6 - 1 所示的国际分类略有不同:(1) 按云底高度将云分为高、中、低云 3 族,而将直展云族(即积云和积雨云属)并入低云族;

(2) 各族云的云底高度(H)规定如下:$H>5\,000$ m 为**高云**,2 500 m$<H<5\,000$ m 为**中云**,$H<2\,500$ m 为**低云**。

在云和降水物理学中,通常按云的物理特征进行分类,分类方法有:

(1) 按云形成的物理过程和动力特征,分为**积状云**(对流云)以及**层状云**和**波状云**;

(2) 按云体温度分为**暖云**(云体温度高于 0 ℃)和**冷云**(温度低于 0 ℃的云);

(3) 按云的微结构特征,分为**水云**(完全由水滴组成)、**冰云**(完全由冰晶组成)和**混合云**(由水滴和冰晶混合组成)。

二、云的形成条件和宏观过程

1. 云的形成条件

云(雾)滴是大气中水汽含量达到(并超过)饱和时生成的。使大气中水汽由未饱和达到饱和有两个途径:一是降低空气温度;二是增加空气中的水汽。由第一和第三章可知,在水汽含量不变的情况下,当气块温度下降时,由于饱和水汽压值随温度降低,就可能达到饱和。一般而言,云主要是靠潮湿空气在上升运动过程中,气块绝热膨胀降温,达到饱和而生成的。不同形式的上升运动生成不同性状的云。因此,充足的水汽和上升运动是形成云的必要条件。

2. 形成云的一般过程

形成云的一般过程可以分为两类:(1) 冷却过程;(2) 既降温又增加水汽的过程。

➢ 冷却过程

对于单位质量的空气,热力学第一定律可以写成下列形式

$$\frac{\mathrm{d}T}{\mathrm{d}t}=\frac{1}{c_{pd}}\frac{\mathrm{d}Q}{\mathrm{d}t}+\frac{R_dT}{c_{pd}p}\frac{\mathrm{d}p}{\mathrm{d}t} \tag{6-1}$$

其中$\frac{\mathrm{d}p}{\mathrm{d}t}$可以写为

$$\frac{\mathrm{d}p}{\mathrm{d}t}=\frac{\partial p}{\partial t}+\mathbf{V}_h\cdot\nabla_h p+w\frac{\partial p}{\partial z} \tag{6-2}$$

假设满足静力平衡条件,将式(6-2)代入式(6-1),则得

$$\frac{\mathrm{d}T}{\mathrm{d}t}=\frac{1}{c_{pd}}\frac{\mathrm{d}Q}{\mathrm{d}t}+\frac{R_dT}{c_{pd}}\frac{\partial p}{\partial t}+\frac{R_dT}{c_{pd}p}\mathbf{V}_h\cdot\nabla_h p-\gamma_d w \tag{6-3}$$

上式右边第一项为非绝热交换项,第二项是由于局地气压改变而引起的温度变化项,第三项是气压梯度力做功而引起的温度变化项,第四项是由于空气上升时气压降低、绝热膨胀引起的冷却项。第二、第三项的作用与第一、第四项相比很小,可以忽略不计。因此,大气中的冷却过程主要分为两类:绝热冷却和非绝热冷却过程。

(1) 绝热冷却过程　空气绝热上升引起的冷却,对云的形成起着重要作用。例如,当垂直气流速度为 3 cm·s^{-1}时,冷却率可达 1 ℃·h^{-1}。在一定的水汽条件下,只要具有充分的上升运动,就可以发生凝结,形成云。大气中绝热上升运动的具体形式主要有以下几种。

① 气块沿斜面(锋面、山坡)的爬升。气块沿锋面的滑升运动,一般范围广、时间长,虽然速度不大(约为 10 cm·s^{-1}),然而能形成大范围的锋面云系,包括 Ci,Cs,As,Ns,Sc 等,甚至 Cb 云。云系的具体排列、分布及强度取决于锋面类型(冷锋、暖锋、静止锋或锢囚锋)、锋面坡度、强度和移动速度等(参见第九章图 9-12～图 9-14)。锋面云系降水是中、高纬度大气降

水的主要源泉。

气流流经山坡时，如果山地很大，气流不能绕过而必须翻越时，空气沿着迎风坡上升，顺着背风坡下降。气流绝热上升的降温率取决于气流的速度和山坡的坡度。迎风坡一侧往往有大片层状云产生，当气层处于位势不稳定状态时，可能发展对流云。

② 对流运动。大气中的对流运动由地表受热不均匀和大气层结不稳定引起。夏季，当地面受日光强烈地加热，空气层结变得很不稳定的时候，就有一股股的热对流泡向上冲冒。如果条件合适，上升气流可以发展得很强，速度达到每秒几米到几十米的量级，因此，降温率很大。对流运动往往产生水平范围不大，但垂直厚度相当大的积状云（淡积云、浓积云和积雨云），它是低纬度夏季和中纬度地区的重要降水源泉。

对流运动也能发生在位势不稳定气层的气流辐合带中，这时因整层气层抬升往往形成范围较大的对流云系，它们排列成带，产生雷暴，甚至冰雹和龙卷等强烈天气，天气学上称其为**飑线**。

③ 波状运动。形成波状运动（即波动）的原因主要有两种：一种是由于密度和风速的不同，上下两层空气之间的界面（如逆温层常常是空气密度和气流速度不同的界面）受外力扰动后，在重力作用下形成的波动，称为**重力波**；另一种是由气流越山而形成的波动，这种波动包括**地形波**（又称山波，是指直接靠近山顶上方的波动）和**背风波**（指出现在山脉下风方向延伸很远的波动）。

在波动气流的作用下，空气产生上升和下降运动，当水汽充沛时，在波峰处因空气上升冷却而形成云，在波谷处因空气下沉增温而无云形成，结果形成波状云。

(2) 非绝热冷却过程。主要是指辐射冷却过程。地面和大气的长波辐射使空气冷却，其冷却率一般为每昼夜 1 ℃～2 ℃，有时可达 6 ℃或更大。单由辐射冷却形成的云很少，往往有其他因子（例如湍流运动和对流运动的热交换）交叉在一起。然而在云层形成以后，云体的长波辐射一方面使云顶失热而强烈冷却，导致云层加厚，另一方面由于云底吸热增温，在云内发展起不稳定层，使云变形。

➢ 既降温又增加水汽的过程

当温度和湿度不同的两块未饱和空气发生混合时，混合后其温度和湿度将发生改变，有可能降温和达到饱和，从而形成云或雾。

(1) 垂直混合（湍流混合）　大气边界层内垂直方向的湍流混合会使边界层顶部附近形成逆温，称为**湍流逆温**。在紧贴湍流逆温层的底部，空气因增湿、降温，可能出现凝结而成云。

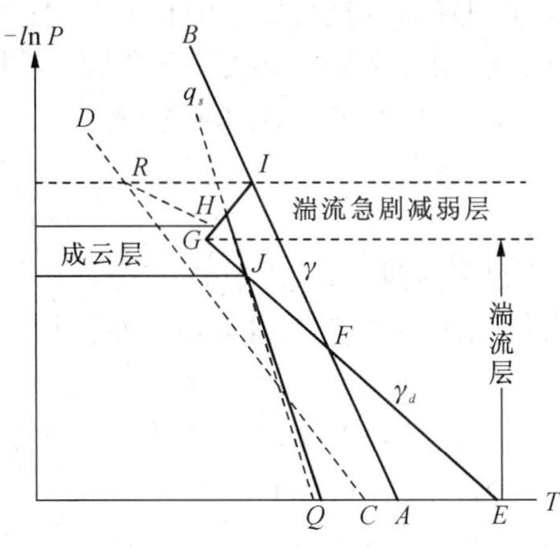

图 6-1　湍流逆温及其成云层的形成

湍流逆温形成的物理过程可以用图 6-1 来说明。图中 AB 和 CD 线为气层初始的温度和露点垂直分布曲线，气温直减率为 $\gamma(\gamma<\gamma_d)$。因未饱和湿空气在绝热升降过程中温度按干绝热直减率（γ_d）变化，因此，当气块上升到湍流层上部时，其温度比周围空气的温度低，混合后，上层空气要降温；反之，当空气下沉时，会使下层空气增温。经过充分的湍流混合后，湍流层内的温度垂直分布曲线变为 EG，使原来的气温直减率趋近于干绝热直减率。在湍流急剧减弱层内，因上升运动引起的降温作用随高度增高而迅速减小，以致形成一逆温层 GI。

湍流逆温出现的高度随湍流层的厚薄而定：湍流

强时，湍流层厚，它所在的高度就高；反之，高度就低。湍流逆温通常位于摩擦层的中上部，其厚度不大，一般约几十米。从湿度垂直分布来看，在逆温层以下，经过强烈的湍流混合，气层中水汽的垂直分布已较均匀，露点温度的垂直分布曲线由 CD 变为 QJ，大体上平行于等饱和比湿线。在 J 点因为温度和露点相等，再往上就出现凝结，直至 H 点，在 H 点以上温度和露点差又越来越大。故自 J 至 H 大致为成云层。有无成云层要视初始露点垂直分布情况而定，如果混合层中湿度较大，并且湍流混合充分，往往可以发生凝结，有利于层云或层积云的形成。

(2) 水平混合　当湿度和温度不同的两个气块发生水平混合后，可能达到饱和状态，其过程如图 6-2 所示。气块 A 和 B 原来都不饱和，但很潮湿，它们的温度、湿度（水汽压）和质量分别为 T_1, e_1, M_1 和 T_2, e_2, M_2，混合后空气的温度 T 和湿度 e 将变为

$$T = \frac{M_1 T_1 + M_2 T_2}{M_1 + M_2} \tag{6-4}$$

$$e = \frac{M_1 e_1 + M_2 e_2}{M_1 + M_2} \tag{6-5}$$

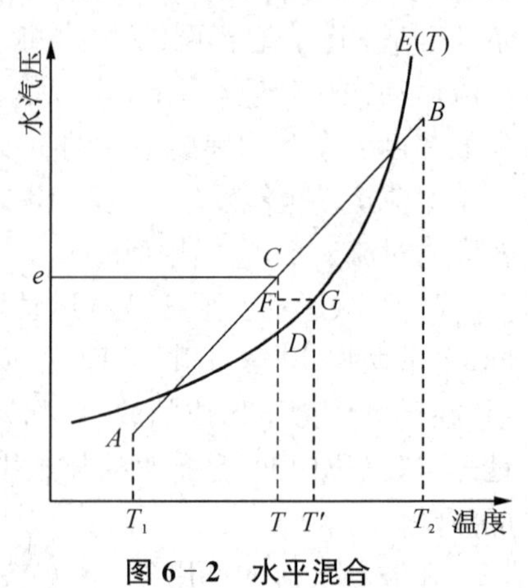

图 6-2　水平混合

如图 6-2 所见，混合后的状态点 $C(T, e)$ 已在饱和水汽压曲线 $E(T)$ 的左上侧，即为过饱和状态，CD 就是过饱和量。在大气凝结核的作用下，有可能出现雾。但是，凝结释放潜热会使气温增高（假设增至 T'），因此，当过饱和量 CD 中的 CF 部分凝结成雾后，F 点的水汽压值已经和 T' 的饱和水汽压 $E(T')$ 相当，即完全混合后的状态应由 G 点表示，这时混合空气中的雾将不再增加。

必须指出，通过混合过程形成云的情况是十分少见的，因为为了凝结出一定水量形成云，必须要求有很大的 $\Delta T = T_2 - T_1$，但这通常是达不到的，所以混合过程在云的形成过程中仅是辅助性的，然而混合过程在海洋上冷暖洋流交汇处雾的形成过程中却起着较大的作用。

三、主要云属的宏观和微观特征

1. 积状云

积状云（有时简称积云）是大气对流运动的产物，故又称对流云。这里所指的积状云包括淡积云、浓积云和积雨云，它们是孤立、分散而有垂直发展的云块。发展旺盛的积云常伴有雷暴、暴雨、冰雹、龙卷风等灾害性天气，给人类生命财产、工农业生产和交通运输等带来严重威胁。

➢ 宏观特征和生命史

积云都出现在不稳定的大气中。当大气具有潜在的不稳定能量时，气块受热力或动力作用抬升到自由对流高度后便能继续上升而形成积云。各种积云的生成与发展主要取决于大气中不稳定能量的大小

(1) **淡积云**　当大气中的不稳定能量较小时只能形成淡积云。淡积云的云底高度通常为 500～1 200 m，云体厚度为几百米到 2 km，云中上升气流的速度不大，一般不超过 5 m·s^{-1}。

(2) **浓积云**　当大气中具有较大的不稳定能量时，可由淡积云发展为浓积云。成熟阶段的浓积云厚度可达 4 000～5 000 m。在中纬度地区，即使在暖季里，云顶也可伸展到 0 ℃高度

以上，因此，浓积云云顶常由过冷却水滴组成。云内上升气流速度比淡积云的大得多，可达 $15 \sim 20\ \mathrm{m \cdot s^{-1}}$。

（3）**积雨云**　积雨云形成在暖湿而具有很大不稳定能量并有适当抬升力的大气中。发展成熟的积雨云通常产生雷电、大风、暴雨及冰雹等，因此，它也称为雷暴云。

对积云发展过程的系统研究始于 20 世纪 40 年代。拜尔斯（Byers）和布拉哈姆（Braham）根据 1946～1947 年美国“雷暴计划”在美国南部地区对夏季雷暴云结构和演变过程的观测资料，按照积云发展过程中占主要地位的垂直气流情况，将典型的对流单体的发展生命史分为形成、成熟和消散阶段（如图 6－3）。这里所说的**对流单体**是指积云内由一支上升气流，或一支上升气流和一支下沉气流组成的实体。一个雷暴云（积雨云）可以是只由一个对流单体组成的单体雷暴云，也可以是由多个对流单体组成的多单体雷暴云。

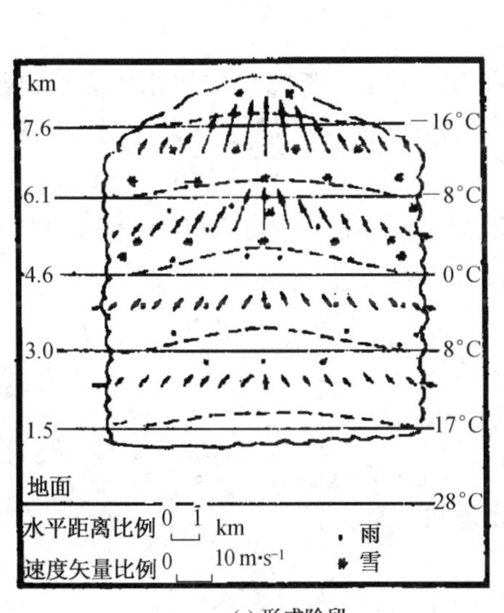

(a) 形成阶段

(b) 成熟阶段

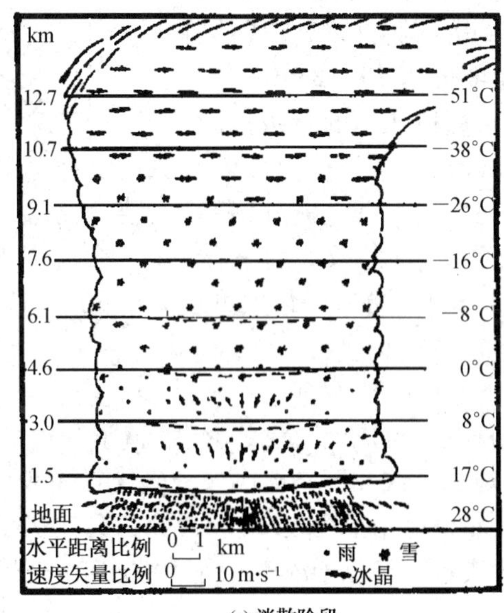

(c) 消散阶段

图 6－3　对流单体发展的三个阶段

① 形成阶段　这是从初始淡积云发展成浓积云的阶段，一般需 10～15 min。其特征是云体轮廓清楚，呈花椰菜状。云内都是上升气流，最大上升气流区出现在云体上部的中央。云的下部四周有空气辐合上升进入云内，为积云发展提供所需的潮湿空气。由于云内大量水汽凝结，释放潜热，云内气温高于周围空气的温度，这种温度分布有利于上升气流的进一步发展。因上升气流托住云滴，一般无降水。

② 成熟阶段　从浓积云向积雨云发展的阶段。云内有组织的下沉气流和云下降水的出现是这一阶段的开始。随着时间的推移，下沉气流的范围逐渐扩大。降水的拖曳作用是造成下沉气流的主要原因。云中下沉冷空气随降水倾泻至地面后向四周辐散，在上升与下沉气流的交界处形成冷暖空气的交界面，称为**雷暴锋**。云内上升气流区的气温仍高于环境温度，而下沉气流区相反，云内温度低于云外。

成熟阶段的持续时间约为 15～30 min。云顶可达 12 km，有的甚至高达 18 km。降水形态在地面为雨，中层为雨夹雪，高层为雪。

③ 消散阶段　当云内上升气流逐渐减弱，下沉气流逐渐遍布整块积雨云后，断绝了维持积雨云发展的潮湿空气，积雨云便进入减弱、消散阶段，云内外温度渐趋一致；云体退化，上部成为伪卷云，中部成为高层云。

上述对流单体生命史可以看作中纬度地区雷暴云发展的平均或典型情况。多单体雷暴云中每一个单体也大体上经历上面所述的三个阶段。

➢ 积状云中的流场

积云内部的上升和下沉气流对积云发展起着重要作用。上升气流的强弱和方向决定着积云发展的兴衰，垂直气流速度的大小和分布随着积云发展阶段的不同而不同。一般地，积云内部上升气流速度随高度分布的平均情况(如图 6－4)是：上升气流速度从云底向上增加，至云的中上部达极大，后续向上又减小，呈抛物线形。在积雨云的形成阶段，云内为系统的上升气流，平均速度约为每秒几米；在成熟阶段，云体前部的上升气流速度可达 15～25 $m \cdot s^{-1}$，云体后部的下沉气流速度为每秒几米的量级；而在消散阶段，云内主要为下沉气流。

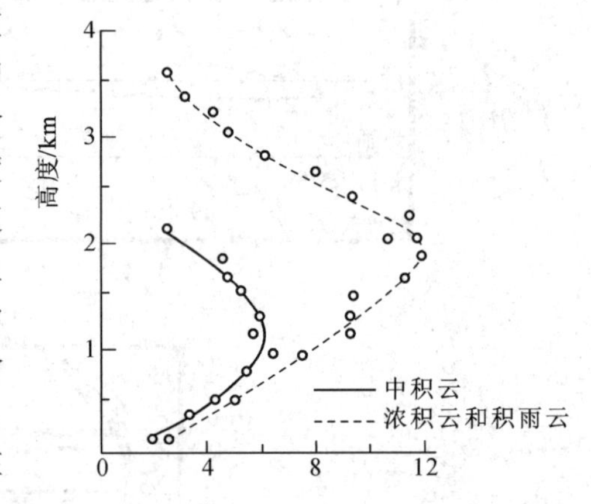

图 6－4　积云中平均上升气流速度随高度的分布(前苏联)

积云中除了有系统的上升和下沉气流外，积云内外还存在着强烈的湍流运动，可危及飞行安全。云内湍流交换系数 K 值约为 150 $m^2 \cdot s^{-1}$，最大可达 500 $m^2 \cdot s^{-1}$。

➢ 积云的微物理特征

云的微物理特征通常用云粒子的相态、尺度、浓度、滴谱和含水量等来描述。

云粒子的相态有两种：液态云滴和固态冰晶。云滴半径一般为 1～100 μm。冰晶的形状有多种：针对球形冰晶，其大小仍可用半径表示；针对针状和柱状冰晶，可用长度和宽度表示；而板状冰晶用直径和厚度来表示。云粒子浓度又称为**数密度**，是指单位体积云体所含的云粒子数，其单位为个/cm^3。

滴谱是指云粒子浓度随云粒子尺度大小的分布，通常用谱分布密度函数 $n(r)$ 表示。若设

ΔN 是半径介于 r 和 $(r+\Delta r)$ 之间的球形云粒子浓度，则云滴谱分布密度函数可以写为

$$n(r)=\lim_{\Delta r\to 0}\frac{\Delta N}{\Delta r} \tag{6-6}$$

总浓度 N 则为

$$N=\int_{r_m}^{r_M} n(r)\mathrm{d}r \tag{6-7}$$

式中，r_m 和 r_M 分别为最小和最大云滴的半径。

云的含水量是指单位体积云内所含液态和固态水的总质量，用 q_w 表示，单位通常取 $\mathrm{g\cdot m^{-3}}$。显然，就球形云粒子而言，q_w 与 $n(r)$ 之间存在下列关系

$$q_w=\int_0^{\infty}\frac{4}{3}\pi r^3\rho_w n(r)\mathrm{d}r \tag{6-8}$$

下面简单介绍积云的微物理特征。

(1) 云的相态　组成积云的云粒子的相态与纬度及积云的类型有关。在中低纬度暖季，淡积云和浓积云的温度比较高，云由水滴组成，0 ℃层以上为过冷云滴；积雨云的顶部由冰晶组成，积雨云中部因有上部的冰晶降落而冰、水两相共存，0 ℃层以下为液相区。高纬地区因温度低，出现冰相的概率增大，有时淡积云内也可出现冰晶。

(2) 云滴尺度和数密度　云滴尺度可以用云滴半径 r 的范围和平均半径 $\bar{r}$ 表示。就积云而言，云体上部和下部通常有不同的微物理特征。如表 6-2 所示，积云上部的云滴尺度比下部大，例如，淡积云上部的云滴半径范围为 2～40 μm，而下部云滴仅为 1～20 μm；浓积云上部云滴半径达 3～100 μm，而下部只有 1～30 μm。而数密度则相反，云体上部的数密度比下部的小。对淡积云，云体上部和下部的数密度分别为 200 个 · $\mathrm{cm^{-3}}$ 和 500 个 · $\mathrm{cm^{-3}}$；浓积云和积雨云的数密度比淡积云小。从总体上看，浓积云和积雨云比淡积云具有更大的云滴和较小的数密度。

表 6-2　云的微物理特征

<table>
<tr><td>云状</td><td>雾，St</td><td>Sc</td><td>淡 Cu</td><td>浓 Cu</td><td>Cb</td><td>Ns</td><td>As</td><td>Ac</td><td>Ci</td><td>Cs</td><td>Cc</td></tr>
<tr><td>相</td><td colspan="2">一般为水相，很冷时，可为冰相</td><td>水相</td><td>水相</td><td>顶部冰相，底部水相</td><td>顶部冰相，底部水相</td><td>顶冰相，底水相</td><td>主要水相，也可冰相</td><td colspan="3">冰相</td></tr>
<tr><td>r_R/μm</td><td colspan="2">1～40</td><td>1～20
2～40</td><td colspan="2">1～30
3～100</td><td>3～80</td><td>1～40</td><td>4～20</td><td colspan="3" rowspan="2">半径为 50～250 μm，如为片状，厚为 10～20 μm，如为粒状，长度为半径的 1～5 倍</td></tr>
<tr><td>$\bar{r}$/μm</td><td colspan="2">4～10</td><td>2～5
4～6</td><td>4～10</td><td>6～15</td><td>4～10</td><td>4～10</td><td>6～8</td></tr>
<tr><td>N/个 · $\mathrm{cm^{-3}}$</td><td>250～
1 500</td><td>250～
800</td><td>500
200</td><td>350
200</td><td>350
100</td><td>80～350</td><td></td><td></td><td colspan="3">0.1～1.0</td></tr>
<tr><td>q_w/(g · $\mathrm{m^{-3}}$)</td><td colspan="2">0.4～0.8</td><td>0.1～0.2
0.4</td><td>0.2～0.3
1.70</td><td>0.25
2.00</td><td>0.2～0.4
1.00</td><td>0.2
0.50</td><td>0.2
0.5</td><td>0.02</td><td colspan="2">0.01～0.1</td></tr>
</table>

注：表中如有上、下两行数值，上行值表示云下部值，下行值表示云上部值。

积云内云滴尺度和数密度不但在垂直方向有区别，而且在水平方向也是不均匀的(如图6-5)，并存在几个大值中心。

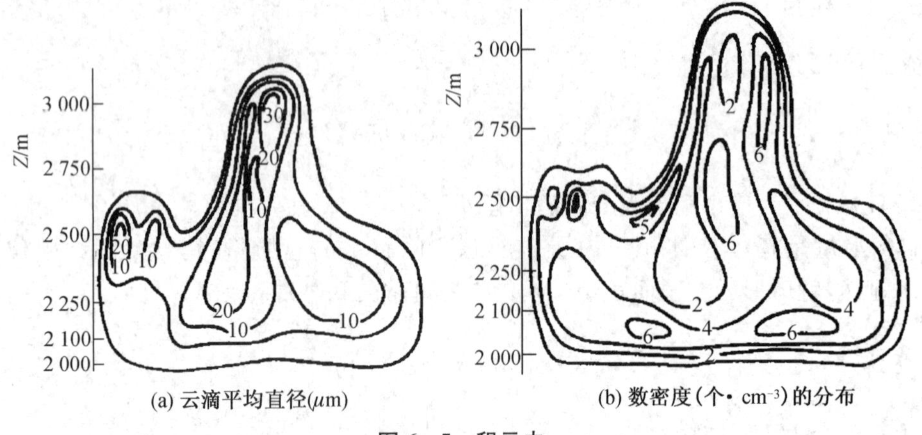

图 6-5　积云内

(3) 滴谱　各类云的滴谱相差很大，图 6-6 汇集了各类云的平均谱分布。可以看到，淡积云的谱很窄，云滴浓度却很大，最大浓度所对应的云滴半径约为 7 μm；浓积云的滴谱很宽，但含有更大的云滴，其中半径为 12～15 μm 的云滴含量最大，数密度却比淡积云小得多。

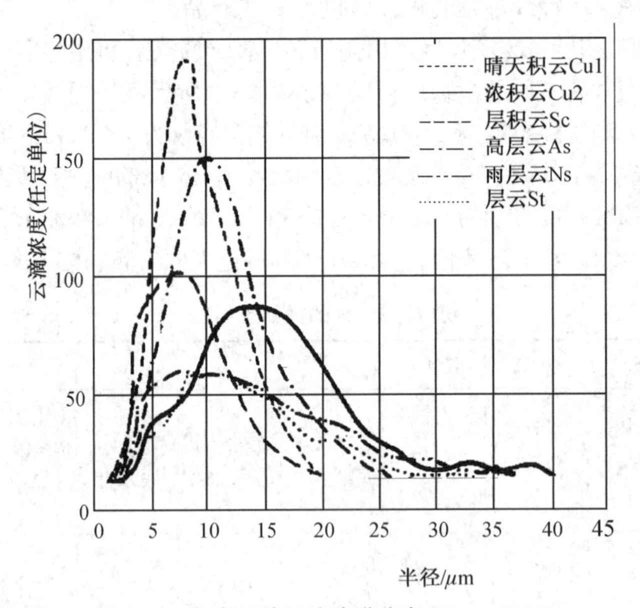

图 6-6　各类云的平均滴谱分布(Diem,1948)

影响滴谱分布的因子很多，即使是同一类云，由不同地区、季节和云的不同部位所得的滴谱分布也不一样。

(4) 含水量　含水量是估计云中水分储量和能量转换的一个物理量，它是云滴生长和降水形成过程中的一个重要因子。对一定大小的云体，其含水量取决于滴谱分布，因此，积云中的含水量与滴谱一样，随时间、地点和云的发展阶段而差异很大。根据上海的观测资料(表 6-3)，厚度小于 2 km 的淡积云，平均含水量为 0.39 g·m^{-3}(即小于 1 g·m^{-3})，最大含水量为 2.31 g·m^{-3}；而厚度大于 3 km 的浓积云的平均含水量大于 1 g·m^{-3}，最大含水量达 11.28 g·m^{-3}。苏联和美国观测到的最大含水量高达 20 g·m^{-3}。

表 6－3　积云的平均含水量(上海,1964 年～1965 年)

云　状	云厚/m	平均含水量/($g \cdot m^{-3}$)	最大含水量/($g \cdot m^{-3}$)	云块数	含水量样本数
淡积云	<2 000	0.39	2.31	5	38
浓积云	2 000～3 000	0.79	5.41	6	82
	3 000～3 500	1.09	5.77	9	144
	>4 000	1.57	11.28	4	71

积云中含水量的空间分布复杂。云内含水量值不仅有量级上的差异,而且大块对流云中可以存在空隙。发展旺盛的对流云中常有多个含水量大值中心,其中最大中心也不一定位于云的中心部位。图 6－7 是三块厚度不同的积云含水量垂直剖面分布。由图可见,淡积云的含水量较小,在云的中心部位有一个最大值,其值为 0.62 $g \cdot m^{-3}$。在云厚大于 2.5 km 的小块浓积云(如图 6－7(b))中,含水量最大的位置出现在云的上部,最大值达 3.07 $g \cdot m^{-3}$,在云的中部偏右还有一个次大中心。图 6－7(c)是一块厚达 5.2 km 的发展旺盛的浓积云,云中出现 3 个含水量大值中心,最大值达到 11.28 $g \cdot m^{-3}$,并出现含水量为 0 的部位。这种含水量分布表明,发展旺盛的浓积云通常可以包含几个不同发展阶段的云泡。

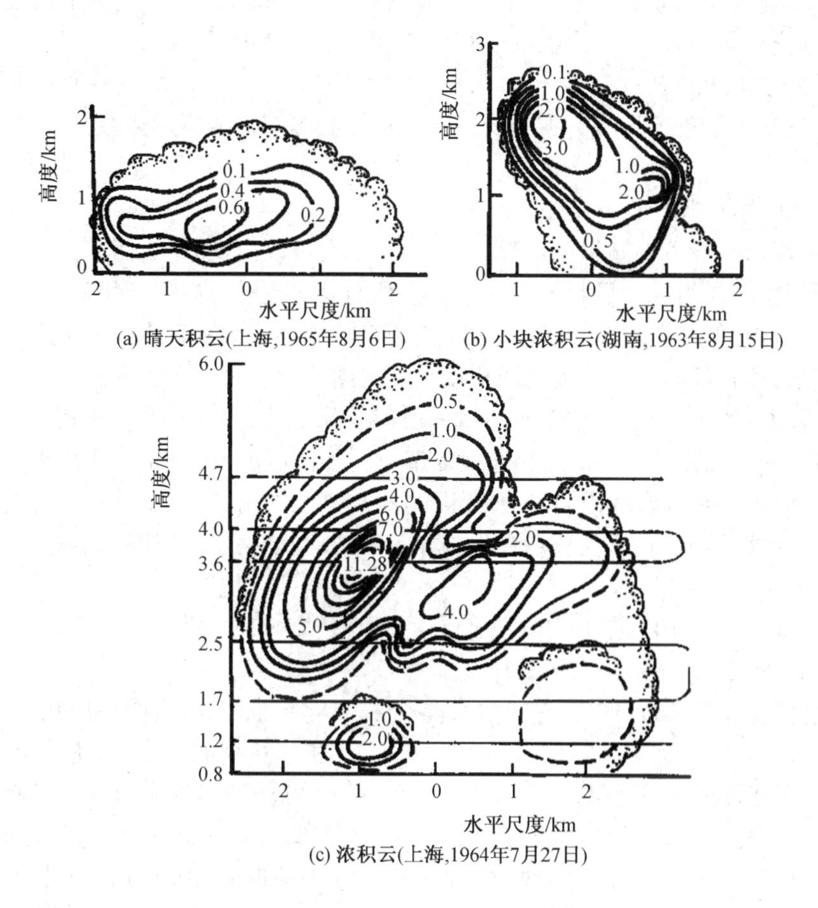

图 6－7　不同厚度的积云含水量垂直剖面分布(等值线单位:$g \cdot m^{-3}$)

2. 层状云

层状云包括卷层云(Cs)、高层云(As)、雨层云(Ns)和碎层云。它主要是由系统性垂直上升运动、湍流混合和辐射冷却等原因所形成。

➢ 层状云的宏观特征

(1) 系统性垂直运动形成的层状云　系统性垂直运动通常发生在气旋或低压槽内的气流辐合区、沿锋面的缓慢滑升及迎风坡上。这种上升运动一般水平范围很大，速度很小($1\sim10\ cm\cdot s^{-1}$)，但持续时间长，因此，层状云具有均匀、宽广和持续时间长的特征。如暖锋云系包括卷云、卷层云、高层云、层云、雨层云或层积云。在锋线的垂直方向上，云系的宽度约为几百千米，沿着锋线的方向，云系可与锋线的长度相当(几百至几千千米)。云系的垂直厚度从薄到厚，排列很有规则，云底大体与锋面斜度符合，云顶近于水平。靠近锋线处的雨层云，垂直厚度最大，云底多为 0.5～2 km，云顶高度一般为 6～7 km，有时可达 10 km 以上；离锋线最远的是卷层云，其厚度最薄，一般为 1～2 km，有时可达 3 km；介于它们之间的高层云，厚度一般为 1～3.5 km。这类层状云的生存时间与天气系统存在的时间相当，从几小时至几天。

(2) 湍流混合形成的层状云　如前面所述，在湍流混合层的顶部附近常常会形成湍流逆温(如图 6-1)，如果混合层中的湿度较大，由于湍流混合，水汽会在逆温层下面聚集起来。当降温增湿到达饱和状态后，就会形成层云(St)、层积云(Sc)和碎层云(Fs)。这类层状云的空间尺度一般比前一类层状云的尺度要小，其水平尺度为 100～1 000 km，垂直厚度约为 1 km。生命史也比较短，一般只有 5～6 h，并有明显的日变化。在我国多形成于后半夜，到上午 9～10 时后开始消散。

➢ 层状云的微物理特征

层云和层积云一般由水滴组成，但高纬地区冬季也可以出现冰晶，而其他层状云通常是底部由水滴、顶部由冰晶组成。层状云云滴平均半径的变化范围与浓积云相似，云体底部的含水量也与浓积云相近，但多数情况下，层状云的云滴半径和含水量比积状云(尤其是浓积云和积雨云)小，而且云体顶部的含水量远比浓积云小。由图 6-6 可以看到，层云和雨层云的滴谱比层积云和晴天积云要宽，而云滴浓度较小。一般伴有降水的云系，滴谱均较宽。

必须指出，锋面云系 As-Ns 的相态很复杂。它既包括水云区和冰云区，又包括由水滴和冰晶组成的混合区。在混合区内滴谱分布很窄，平均半径约为 3.5 μm。由于这类云的形成与天气条件密切相关，因此，它不仅相态多种多样，而且其微结构也随时间而迅速变化。

3. 波状云

波状云主要由大气中的波动、湍流、细胞环流和辐射冷却而形成。经常观测到的波状云有卷积云(Cc)、高积云(Ac)和层积云(Sc)等。

波状云是呈波浪起伏的云层。它们排列较整齐，有时呈辐辏状，有时呈层状，有时呈波状长条，排列成行。当大气波动在两个方向重叠时会出现象棋形排列的细胞云，犹如海上砾石一般。波状云的垂直厚度较小，一般只有几十米到几百米；其水平范围可伸展到几十至几百千米。

如前所述，形成大气波动的主要原因有两种：不连续界面上形成的重力波，也称开尔文(Kelvin)-亥姆霍兹(H. Helmholtz)波和气流越山引起的地形波(山波和背风波)。

图 6-8 为地形云(山波云和背风波云)形成的垂直剖面图。气流越山时，由于流线受山脉扰动，在山脉上方的流线上形成第一个波，称为山波或地形波。这种波形成的云称为山波云(又称地形波状云)，如果空气中含有好几个潮湿层，其间有较干气层相隔，那么在山脉上空的

不同高度上可出现几层明显的山波云。在条件适当时，山脉下风方的流线，可能产生一系列的振荡，形成一系列背风波。在背风波的波峰处，可能形成背风波云。当山脉相当高时，沿背风波下沉的气流很强，在背风波下面形成铅直涡旋，在涡旋中往往形成滚轴云。

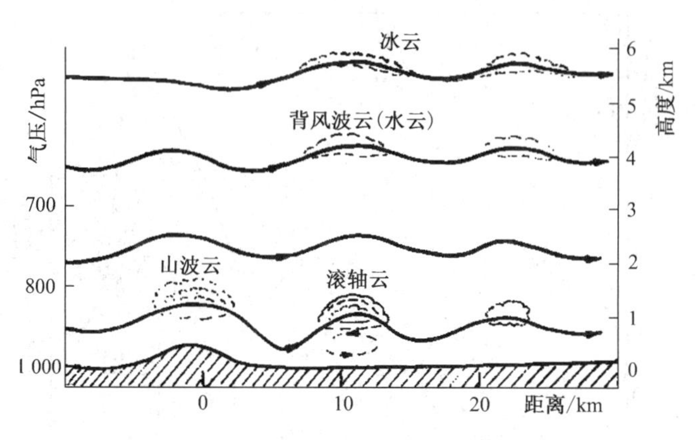

图 6-8　山波云和背风波云形成的垂直剖面图

四、全球云覆盖

云在地球—大气系统中辐射能的吸收、反射和再辐射中起着重要作用。平均云量的多少与纬度、季节、天气系统的活动、海陆分布和下垫面性质等有关。

图 6-9 是根据艾萨卫星气象资料所得的 1973 年 7 月北半球月平均云量分布图。可以看到，在太平洋中部 5°N～10°N 地区云量最多；在太平洋和大西洋北部，由于半永久性活动中心的存在，云量也很多；苏联西伯利亚和我国东北地区也是云量高值区。而在沙漠和半沙漠地区云量最少，例如北非和我国新疆塔里木地区，总云量在 1 成以下。

图 6-9　北半球月平均云量分布图(1973 年 7 月)

图 6 - 10 是由 1971～1981 年 12～2 月和 6～8 月全球地面观测资料得到的全球平均总云量(以百分比表示)带状分布图。由图清楚可见,无论是冬季还是夏季,云量最小值都出现在副热带高压地区,而云量最大值都出现在南半球纬度为 50°S～70°S 和北半球 45°N 以北的海洋上空。

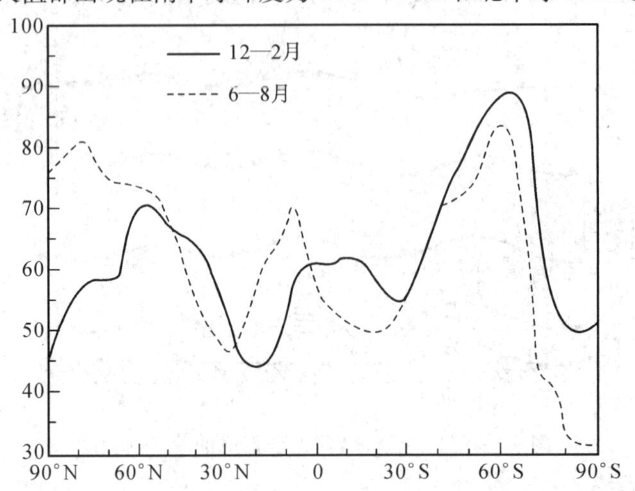

图 6 - 10　全球 1971～1981 年平均总云量(%)随纬度的分布

我国全年总云量的分布特点是:四川、贵州地区为大值区,例如成都全年平均总云量达 8.4 成,贵阳达 8.2 成。一般说来,35°N 以南云量较多,35°N 以北云量较少,这与图 6 - 10 的特征相似。

冬季与夏季的云量分布有明显的差异。如图 6 - 11(a)所示,冬季(1 月份)我国有两个少云区和一个多云区。其中一个少云区位于东北、华北、内蒙古、甘肃和新疆一带,平均总云量少于 4 成,与冬季蒙古高压晴好天气相对应;另一个少云区位于金沙江、澜沧江流域,平均总云量小于 3 成,而与其相邻的四川、贵州、湖南、广西地带却为多云区,总云量大于 8 成。这一对少云区与多云区的分界线大体位于昆明和威宁之间。分析 1 月份的温度露点差图发现,多云区正好位于湿区,而少云区位于干区。在夏季(如图6 - 11(b)),我国有一个多云区、一个少云区和一个相对少云区。多云区位于我国西南地区、中印半岛北部,总云量达 9.5 成,是全年中云量最多、日照时数最少、温度露点差最小的地区。少云区位于新疆、甘肃和内蒙古地区,平均总云量小于 5 成,这一带正好是夏季最干燥的地区。长江流域及江南

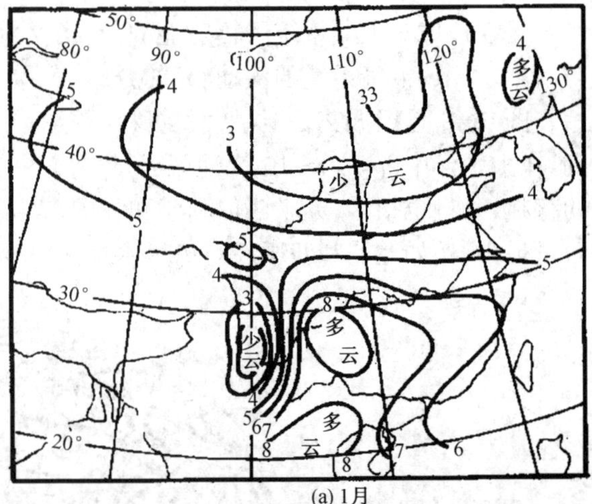

(a) 1月

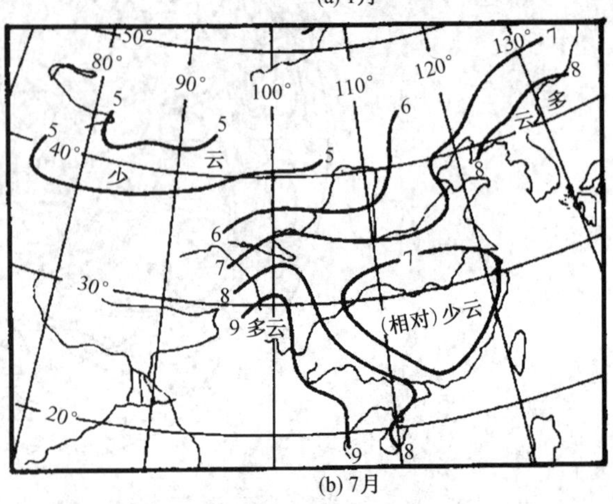

(b) 7月

图 6 - 11　我国 1960～1969 年平均总云量分布图

广大地区为相对少云区，这显然与副热带高压的活动有关。

§6.2　雾的形成和分类

雾是水汽凝结(华)物悬浮于大气边界层内，使水平能见度降至1 km以下时的一种天气现象。水平能见度在1 km或以上时，称为轻雾。

雾的分类有多种，如天气学分类法、发生学分类法、地理分类法、相态分类法等，但至今还没有一个统一的分类法。使用较多的分类方法是先将雾分成气团雾和锋面雾两大类，然后再将气团雾分成冷却雾、蒸发雾和地方性雾等3组，最后将雾分成10种基本类型。

一、气团雾

1. 冷却雾

这类雾是在空气冷却到露点以下时出现的，根据冷却的不同原因，又可分为以下几种。

(1) 辐射雾　这是地面辐射冷却使贴地气层变冷而形成的雾。

辐射雾形成的有利条件是：① 晴朗的夜间，有强烈的地面有效辐射；② 近地面气层水汽含量充沛，尤其是当空气被雨和潮湿地面增湿以后；③ 低层有微风和一定强度的湍流；④ 有稳定的温度层结。可见，辐射雾的出现一般表示天气晴好。

辐射雾的特征是：① 有明显的日变化和年变化。辐射雾一般在夜间生成，日出前后达最强，上午8～10时消散。冬季高纬地区，由于受强而稳定的冷高压控制，白天辐射雾不一定消散，有时甚至可持续数日。在一年中，秋冬两季出现辐射雾较多，夏季较少。② 与地理环境有密切的关系。潮湿的山谷、洼地、盆地，由于水汽充沛和夜间冷空气的聚集，经常出现辐射雾。例如，我国四川盆地是有名的辐射雾区。峨眉山平均一年有300天雾日，重庆平均一年有134天雾日。

(2) 平流雾　由暖湿空气平流到冷的下垫面上，经冷却而形成的雾，称为平流雾。

平流雾可出现在大陆或海上。暖海面上的空气或大陆上的暖湿空气流到冷的海面上，或者海上的暖湿空气流到冷的陆面上，均可形成平流雾。形成于海洋上的平流雾也称为海雾。我国山东半岛、胶州湾一带，3～7月海雾特别频繁。

形成平流雾的有利条件是：① 移来的空气与下垫面之间存在较大的温度差别；② 移到冷下垫面的空气水汽含量多，相对湿度大；③ 风速适中(一般为$2\sim7\ m\cdot s^{-1}$)，这样可源源不断地输送水汽，而且能发展一定强度的湍流，使雾达到一定的厚度；④ 层结比较稳定。

平流雾的宏观特征表现在以下方面：① 日变化不明显，年变化较明显。平流雾在一天中任何时刻均可出现或消散；一年中以春夏为多，秋冬为少。② 海上平流雾持续时间长，有时要持续几天。③ 平流雾的垂直厚度可从几十米到2 km，水平范围可达数百千米以上，平流雾的强度也比辐射雾大。

应该指出，辐射雾和平流雾是各种雾中最为常见的两种雾。

(3) 上坡雾(也称斜坡雾)　空气沿山坡上升，由于绝热冷却而形成的雾。形成上坡雾时，气层必须是对流性稳定层结，雾出现在迎风坡上。

2. 蒸发雾

蒸发雾是冷空气流经暖水面上，由于暖水面的蒸发，使冷空气达到饱和，产生凝结而形成的雾。蒸发雾又可分为海洋雾和河湖上的秋季雾两种。

(1) 海洋雾　冬季冷空气从大陆流向暖海洋上时,形成海洋雾。这类雾在极地区域特别强。在不冻的海湾以及冬季冰窟窿上亦常出现这种雾。

(2) 河湖上的秋季雾　当河、湖的水面比陆面暖得多时,如果有较冷的空气流到水面上,由于强烈蒸发而形成雾。这种雾常见于秋天的早晨。

3. 混合雾

这是由温度差别较大、接近饱和的两种气块混合而形成的雾(其形成原理参见图 6-2)。它常出现在海岸附近,并且多出现于弱风情况下,这是与平流雾不同之处。

二、锋面雾

这类雾通常出现在暖锋过境前后,常常伴随着锋面一起移动,因此,可进一步分为锋前雾、锋际雾和锋后雾。在梅雨季节的暖锋前后以及华南静止锋附近常形成锋面雾。

(1) 锋前雾　当雨滴自暖空气降落到低层的冷空气中,雨滴蒸发使冷空气达到饱和时,就可凝结成锋前雾。形成这种雾的有利条件是锋区两边的气团存在较大的温度差。

(2) 锋际雾　在冷暖气团交界的锋区,由气团混合所形成的雾。

(3) 锋后雾　由暖湿空气移到原来为冷气团控制的地面附近时发生冷却而形成的雾,有时也可能由云底抵达地面而形成。

实际上,雾的形成往往是多种原因综合作用的结果。例如沿海都市雾的形成过程中,包含海上暖湿空气登陆时的绝热膨胀作用、平流作用、海陆空气间的混合作用、夜间的辐射冷却作用以及都市烟尘影响等多种因子,雾的浓度通常较大。因此,分析雾的成因时应从多方面考虑,找出其主要原因。

§6.3　形成云雾的微观过程

大气中的云雾和降水是在一定的宏观条件和过程中,通过一系列的微观过程形成的。所谓微观过程是指云滴、冰晶的生成并增长成为雨滴、雪花、冰雹等的微物理过程。

一、云滴的形成和增长

1. 水汽的凝结

云雾形成的过程,实质上是水汽转变成水滴或冰晶的相变过程,即新相形成和增大的过程。新相形成时,必须先产生新相的初始胚胎,云雾物理学中称这种初始胚胎的产生过程为核化过程,可分为同质核化和异质核化过程。

(1) 同质核化凝结　在纯净的空气中,靠水汽分子随机碰撞、相互结合而生成云的胚胎,这种过程称为**同质核化凝结**(或自生凝结)过程。

在同质核化凝结过程的初期,水汽分子互相碰撞形成各种大小的水汽分子团(称为萌核),它们一边生成一边消失。只有当萌核得到足够的能量而达到某一临界半径时,才有可能稳定地成长。这种稳定的具有临界半径的萌核称为液态水的胚胎。

实际上,在纯净大气中不可能靠水汽的同质核化凝结过程自发地生成一定大小的胚滴。因为悬浮于空中的水滴(尤其是小水滴)通常呈圆球形,而球形纯水滴表面的饱和水汽压高于平水面的饱和水汽压,它们之间的关系由第三章中的式(3-16)表示。该式表明,球形水滴表面的平衡水汽压(E_r)与水滴半径 r 成反比,即水滴愈小,要达到平衡所需的水汽压愈大。因

此，水滴愈小，愈容易蒸发，不利于形成稳定的胚滴。

根据式(3-15)可以计算出胚滴与纯净空气中的水汽处于(不稳定)平衡时，半径为 r 的水滴所对应的相对湿度 E_r/E 和过饱和度 $(E_r-E)/E$(见表6-4)。由表可见，要使纯水胚滴与环境空气中的水汽处于平衡，对于半径为0.01 μm的胚滴，相对湿度需高达112.5%(过饱和度为12.5%)，而半径为0.1 μm的胚滴，相对湿度也需达101.2%(过饱和度为1.2%)。实际大气中，湿空气绝热上升过程中所造成的过饱和度很少超过1%，因此，即使纯净水汽能通过同质核化过程形成半径大到0.01 μm的萌核，仍然远小于过饱和度为1%所需的临界半径(约为0.1 μm)。因此，大气中一般不会由同质核化凝结过程形成水的胚滴。不过，好在大气中存在大量的杂质——气溶胶粒子，它们可以充当异质核化凝结过程中的凝结核。

表6-4　处于(不稳定)平衡状态中的纯水滴相对于平水面的相对湿度和过饱和度

水滴半径/μm	相对湿度 E_r/E/%	过饱和度 $(E_r-E)/E$/%
0.001	323	223
0.01	112.5	12.5
0.1	101.2	1.2
1	100.12	0.12
10	100.01	0.01

(2) 异质核化凝结　为了区分纯水汽在同质核(纯水胚滴)上的同质核化凝结，将水汽在异质核(作为凝结核)上的凝结，称为**异质核化凝结**。

大气中存在的各种气溶胶微粒，可以为云雾的形成提供必要的凝结核、凝华核和冻结核。

大气凝结核是指在不大的过饱和度(约1%)下可以作为云滴的凝结核心的那种气溶胶粒子，可分为**可溶性核**和**不可溶性核**两类。不可溶性核又可以分为亲水性的(能被水完全润湿)和憎水性的(不能被水润湿)两种，其中亲水性核能吸附水汽在其表面形成一层水膜，相当于一个较大水滴，有利于胚胎的形成和增长；憎水性的不可溶性核则不利于胚滴的形成。而可溶性的凝结核，因为能吸收大气中的水汽后形成溶液滴，有利于水汽的凝结增长，在云滴的形成过程中起着十分重要的作用。

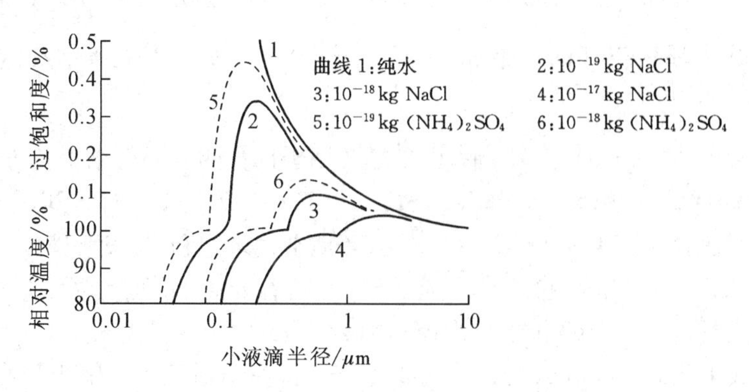

图6-12　纯水和含有不同盐分的溶液滴附近空气的相对湿度(或过饱和度)与液滴半径的关系

大气中含有丰富的可溶性核，如氯化钠(NaCl)、氯化镁($MgCl_2$)、硫酸铵($(NH_4)_2SO_4$)等盐粒。这些吸湿性盐粒吸湿后变成浓溶液滴，根据溶液滴面饱和水汽压式(3-18)，液滴上的平衡水汽压将降低,使液滴在较小的相对湿度下也能增长。

利用式(3-17)或式(3-18)可计算在液滴达到平衡时,液滴表面的相对湿度(或过饱和度)与溶滴半径之间的关系,绘制成曲线即得到如图6-12所示的**科勒(Köhler)曲线**。

由图可以看到:

(1) 对小于一定半径的溶液滴来说,它的平衡水汽压($E_{r,n}$)均小于同温度下纯水滴面的饱和水汽压(E_r)。

(2) 图中各条曲线代表相应质量的盐核溶液滴的生长过程。对一定质量(如 $m=10^{-19}$ kg)的盐核,在较小的相对湿度(87%)下就可以吸收水汽形成小的($r=0.1\ \mu$m)溶液滴。当环境空气的水汽压(e)大于液滴的平衡水汽压($E_{r,n}$)时,液滴将继续增大。但随着半径的增大,所需的平衡水汽压也增大。当溶液滴增大到科勒曲线峰点所对应的半径 r_k 以后,平衡水汽压 $E_{r,n}$ 又随 r 的增大而减小,最后趋近于 E_r。因此,只有当环境水汽压大于此临界水汽压 $(E_{r,n})_k$ 时,液滴才能不断增长成云滴。

(3) 对同一类型的盐核,NaCl或$(NH_4)_2SO_4$,质量越大,液滴的平衡水汽压 $E_{r,n}$ 及其峰值 $(E_{r,n})_k$ 越小,越有利于水汽在液滴上凝结和增长。

2. *云滴的凝结增长*

当大气中的水汽在凝结核上凝结,形成胚滴以后,如环境水汽压仍大于胚滴表面的平衡水汽压,胚滴就能继续因水汽凝结而增长。若考虑单个水滴在过饱和环境中增长,而且其增长不受周围其他水滴增长或蒸发的影响时,云滴的增长主要受两种物理过程的控制:① 水汽分子的扩散过程;② 云滴凝结增长时的热传导过程。此外,还需考虑饱和水汽压随温度的变化,以及曲率效应和溶液效应对凝结增长过程的影响。通过不同的物理过程考虑和数学推导,可以得出不同的凝结增长方程(或方程组)。

设球形液滴的半径为 r,密度为 ρ_w,液滴在静止的过饱和空气中定常凝结增长,仅考虑水汽分子的扩散过程对水滴增长的作用,则可利用裴克(Fick)扩散定律导出水滴半径的凝结增长率

$$\frac{\mathrm{d}r}{\mathrm{d}t}=\frac{D}{\rho_w R_v \overline{T} r}(e_\infty - E_{r,n})=\frac{D}{\rho_w R_v \overline{T} r}\Delta S E(T_\infty) \tag{6-9}$$

式中,D 为空气中水汽的扩散系数;$\overline{T}$ 为液滴温度(T)与环境温度(T_∞)的平均值;e_∞ 为环境空气的水汽压;ΔS 为环境空气的过饱和,$\Delta S=\frac{e_\infty}{E(T_\infty)}-1$;$E_{r,n}$ 为液滴饱和水汽压,且可由式(3-18)求取。

由此可以看出:式(6-9)是最简单,也是最常用于计算的云滴凝结增长方程。此式表明:

(1) 云滴的凝结增长速率正比于$(e_\infty - E_{r,n})$,当$(e_\infty - E_{r,n})>0$时,环境空气相对于液滴为过饱和,能发生凝结增长;当$(e_\infty - E_{r,n})<0$时,环境空气未饱和,将发生蒸发。

(2) 云滴的凝结增长率与它的半径成反比,即随着云滴的增大,凝结增长的速率逐渐减小。因此,一个质量为 10^{-12} g(相当于半径 $r=0.48\ \mu$m)的NaCl盐核,在过饱和度为0.05%的环境中增长成半径 $r=50\ \mu$m 的云滴,需要11.5 h。凝结增长速率随半径减小的特点,导致实际大气中单靠水汽凝结难以形成雨滴。

若进一步考虑水汽凝结释放潜热引起的热传导和空气分子热传导以及曲率和溶液效应对凝结增长的影响,则云滴的凝结增长方程可近似用下式表示

$$r\frac{\mathrm{d}r}{\mathrm{d}t}=\frac{\Delta S-\dfrac{C_r}{r}+\dfrac{C_n}{r_3}}{\dfrac{\rho_w L_w^2}{K_a R_v \overline{T}^2}+\dfrac{\rho_w R_v T_\infty}{DE(T_\infty)}} \tag{6-10}$$

式中，L_w 和 K_a 分别为水的凝结潜热和空气的热传导系数。

二、冰晶的生成和增长

在自然云中，当温度低于 0 ℃仍然有过冷水滴（温度低于 0 ℃的水滴）存在，这说明云中冰晶的生成条件并非是温度降低到 0 ℃就行了。其理论以及观测、实验都证明，冷云中冰晶一般通过两种过程生成：水汽的直接凝华或由过冷液滴冻结成冰晶。

1. 冰晶的生成

与水汽凝结过程相似，形成冰晶的凝华和冻结过程可分为同质核化和异质核化两种过程。

(1) 冰晶的同质核化　在没有任何杂质（气溶胶粒子）的情况下，形成冰晶的过程称为冰晶的同质核化过程。它分为：① 类似于同质核化凝结过程，仅靠水汽分子相互碰撞聚合而生成冰晶，称之为冰晶的同质核化凝华（或自生凝华）过程；② 过冷小水滴的水分子向冰状结构变化而形成同质冰晶的过程，称为冰晶同质核化冻结过程。

大量实验表明，同质凝华过程要求有很高的过饱和度和过冷却度，例如，温度低达 −62 ℃左右时，要求过饱和度为冰面的 15 倍（相当于水面的 8 倍），大气中很难实现。同质核化冻结过程也要求有较大的过冷却度，一般而言，同质核化冻结温度约为 −40 ℃，因此，同质核化冻结过程只有在高云中才可能出现，但实际上，在高于同质核化冻结温度时，云滴往往通过异质核化过程冻结成冰晶。

(2) 冰晶的异质核化　冰晶的异质核化是指有气溶胶粒子参与并起核心作用的成冰过程。大气气溶胶中那些能起到成冰核心作用的质粒称为成冰核（简称冰核）。

冰晶异质核化过程可分为 3 种。

① 异质核化凝华　在空气处于冰面过饱和的条件下，水汽分子不经过液相而直接在核上凝华生成冰晶胚胎的过程。

② 异质核化冻结　一个含有杂质微粒的过冷水滴冻结成冰晶的过程。

③ 接触核化冻结　核与过冷水滴表面接触，或者核与过冷水滴接触后进入水滴中，促使水滴冻结的过程。

在这三种冰晶核化过程中起成冰核心作用的质粒，分别称为凝华核、冻结核和接触核。

2. 冰晶的凝华增长

冰晶形成以后，如果环境水汽压对冰面是过饱和的，则冰晶将通过凝华过程进一步增长。

冰晶凝华增长的控制因子和推导过程类似于水滴凝结增长，只是由于冰晶形状的多样化而变得更为复杂。将水汽扩散场类比于静电场，用类似于静电学中荷电体四周电力线通量的推导，得到冰晶质量（m_i）的凝华增长率为

$$\frac{\mathrm{d}m_i}{\mathrm{d}t}=4\pi DC(\rho_{v\infty}-\rho_{vi}) \tag{6-11}$$

式中，$\rho_{v\infty}$ 和 ρ_{vi} 分别为无穷远处和水晶表面处的水汽密度；C 是类似于电学中电容的一个参数，它与冰晶形状密切相关，因此，又称为冰晶的形状参数。

冰晶凝华增长同样要释放潜热，并通过传导向外输送，因此，再利用热传导方程以及其他

有关方程，可以得到与凝结增长类似的冰晶(质量)凝华增长公式

$$\frac{\mathrm{d}m_i}{\mathrm{d}t}=\frac{4\pi C\Delta S_i}{\frac{L_i^2}{K_aR_vT_\infty}+\frac{R_vT_\infty^2}{DE_i(T_\infty^2)}} \tag{6-12}$$

式中，ΔS_i 是相对于冰面的过饱和度；E_i 为冰面的平衡饱和水汽压；L_i 为凝华潜热。

由于在相同温度下冰面上的饱和水汽压比水面上的饱和水汽压小，因此，当过冷云内出现冰晶胚胎时，它将处于优越的凝华增长环境之中。如果云中实际水汽压与同温度下过冷水滴的饱和水汽压相等，则由于对冰晶来说，过饱和度已较大，因此，冰晶的凝华增长将比凝结增长快得多。因此，凝华增长和"冰晶效应"在冷云和混合型降水中起着重要作用。

§6.4　降水的形成过程

前面已经讨论了形成云的宏观条件和各种云的宏观特征、微观特征以及云粒子的形成和增长，然而要使云产生能降落到地面的降水，还需在有利的宏观条件(热力和动力条件)下经过复杂的微物理过程，使云粒子在一定的时间内增长成降水粒子。

降水粒子的尺度要比云粒子尺度大得多。对于液态云和降雨来说，一般把半径 $r<100\ \mu\text{m}$ 的水滴称为**云滴**，$r>100\ \mu\text{m}$ 的水滴称为**雨滴**。而标准云滴半径为10 μm，标准雨滴的半径为 1 000 μm，两者的半径相差 100 倍，从而雨滴的体积要比云滴大 6 个量级，但其浓度却只是云滴的百万分之一。再加上云有暖云、冷云、混合云以及积状云、层状云之分，云粒子有液滴和冰晶之分，降水粒子有雨滴、冰晶、雪花和冰雹等形式，因此，降水的形成机制和过程十分复杂。下面对暖云和冷云降水以及冰雹的形成机制进行简单介绍。

一、暖云降水

暖云是指云体温度在 0 ℃以上，由液态云滴组成的云。热带和亚热带地区的降雨，完全可以从暖云中降落。对于中纬度夏季暖云中云滴的增长有两种基本途径：一种是水汽的凝结增长，由于这种凝结增长速度随云滴半径的增大而减小，只能在云滴增长的前期起作用，要形成降水必须通过第二种途径，即大小云滴之间的碰并(增长)过程。碰并过程有 Brown 运动碰并、电力碰并、湍流碰并和重力碰并等多种，但对云滴增长成为雨滴来说，最重要且研究得较多的是重力碰并。

1. 重力碰并

大小不同的云滴，受重力场的作用，其降落速度各不相同，云滴之间的相对运动将导致它们的相互碰撞，碰撞后有一部分小云滴被大云滴合并，一部分被反弹离开，也有一部分被破碎。这种由重力引起的碰撞和合并过程称为**重力碰并**。

假设云中半径分别为 R 和 r 的大、小两种云滴，相对于空气的运动速度分别为 $V(R)$ 和 $V(r)$，小云滴的浓度为 n，则单位时间内一个大云滴将与 $\varepsilon_1\pi(R+r)^2[V(R)-V(r)]n$ 个小云滴碰撞，其中 ε_1 为碰撞系数。碰撞后能与大云滴结合的小云滴数为 $\varepsilon_2\varepsilon_1\pi(R+r)^2[V(R)-V(r)]n$，这里 ε_2 为合并系数，而称 $\varepsilon=\varepsilon_1\varepsilon_2$ 为碰并系数，它是 R 和 r 的函数，记作 $\varepsilon(R,r)$。因此，大云滴质量 M 的重力碰并增长率为

$$\frac{\mathrm{d}M}{\mathrm{d}t}=\varepsilon(R,r)\pi(R+r)^2[V(R)-V(r)]nm$$

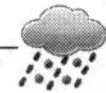

$$= \varepsilon(R,r)\pi(R+r)^2[V(R)-V(r)]q_w \tag{6-13}$$

式中，m 为小云滴的质量；q_w 为云中小水滴含水量，$q_w=nm$。

将 $M=\frac{4}{3}\pi R^3\rho_w$ 代入上式，并设 $R\gg r$，$V(R)\gg V(r)$，则上式可简化为

$$\frac{\mathrm{d}R}{\mathrm{d}t}=\frac{\varepsilon q_w V(R)}{4\rho_w} \tag{6-14}$$

此式是最简单的大云滴重力碰并增长速率公式。对于那些云滴尺度不一，浓度随尺度变化，具有一定谱分布的云，其中 q_w 可用下式求得

$$q_w=\frac{4}{3}\pi\rho_w\sum_i n_i r_i^3 \tag{6-15}$$

这里，r_i 和 n_i 分别为各种小云滴的半径和数密度。

式(6-13)和式(6-14)表明，大云滴重力碰并增长率与云的含水量、大小水滴之间的速度差、大云滴截面积以及碰并系数成正比。其中水滴在重力场中的降落速度 $V(R)$，可以由理论计算或实测数据求得。在云物理学中，常采用实测数据的拟合公式进行计算，例如

$$V(R)=\begin{cases} CsR^2 & R\leqslant 45\ \mu\mathrm{m} \\ \alpha R & 45\ \mu\mathrm{m}\leqslant R\leqslant 1\,000\ \mu\mathrm{m} \\ \beta\sqrt{R} & 1\,000\ \mu\mathrm{m}\leqslant R \end{cases} \tag{6-16}$$

式中，$V(R)$是以 $\mathrm{cm\cdot s^{-1}}$ 为单位，R 是以 cm 为单位；$Cs=\frac{2\rho_w}{q\eta}g$；$\alpha=1.4\times10^{-3}(g\rho_w/\eta)\left(\frac{\rho_0}{\rho_z}\right)$，$\eta$ 为空气的分子黏滞系数，ρ_0 和 ρ_z 分别为海平面和 z 高度处的空气密度；$\beta=2.2\times10^3(\rho_0/\rho_z)^{1/2}$。式(6-16)中第一个等式就是著名的Stokes公式，它最早是由Stokes给出的理论解。

2. 暖积云降水

暖云中云滴的增长主要通过凝结和重力碰并过程。积状云的特点是云内有强上升气流和较大的含水量，并有较厚的垂直伸展，因此，有利于雨滴的重力碰并增长。

根据式(6-9)和式(6-14)，由凝结和重力碰并产生的云滴半径(R)增长率可写为

$$\frac{\mathrm{d}R}{\mathrm{d}t}=\left(\frac{\mathrm{d}R}{\mathrm{d}t}\right)_c+\left(\frac{\mathrm{d}R}{\mathrm{d}t}\right)_g=\frac{D(e_\infty-E_{r,n})}{\rho_w R_v\overline{T}R}+\frac{\varepsilon(R,r)q_w}{4\rho_w}V(R) \tag{6-17}$$

有时令上式第一项中的$\frac{D}{\rho_w R_v\overline{T}}=K_c$，并称其为凝结系数。

以
$$\frac{\mathrm{d}R}{\mathrm{d}t}=\frac{\mathrm{d}R}{\mathrm{d}z}\cdot\frac{\mathrm{d}z}{\mathrm{d}t}=\frac{\mathrm{d}R}{\mathrm{d}z}[w-V(R)]$$

代入式(6-17)，可得到云滴半径 R 随高度 z 的变化关系

$$\frac{\mathrm{d}R}{\mathrm{d}z}=\frac{1}{\rho_w[w-V(R)]}\left[\frac{D(e_\infty-E_{r,n})}{R_v\overline{T}R}+\frac{\varepsilon(R,r)q_w}{4}V(R)\right] \tag{6-18}$$

已知上升气流速度 w、云含水量 q_w、水汽压 e_∞ 以及温度 $\overline{T}$ 等的高度分布后，就可以按式(6-18)根据给定的凝结核成分和大小或初始大云滴尺度求出云滴增长的轨迹以及半径随高度的变化。设云含水量 $q_w=1\ \mathrm{g\cdot m^{-3}}$，过饱和度 $\Delta S=0.001w$(w 的单位为 $\mathrm{m\cdot s^{-1}}$)，云滴半

径为 10 μm，这些量均不随高度变化。假设云底有一批较大的云滴，半径为 12.6 μm，当它们凝结增长到半径 $r=15$ μm 之后，重力碰并作用愈来愈重要。给定一组不同的上升气流速度，就可算出不同的 R—z 关系和水滴增长时间与高度的关系(如图 6-13)。

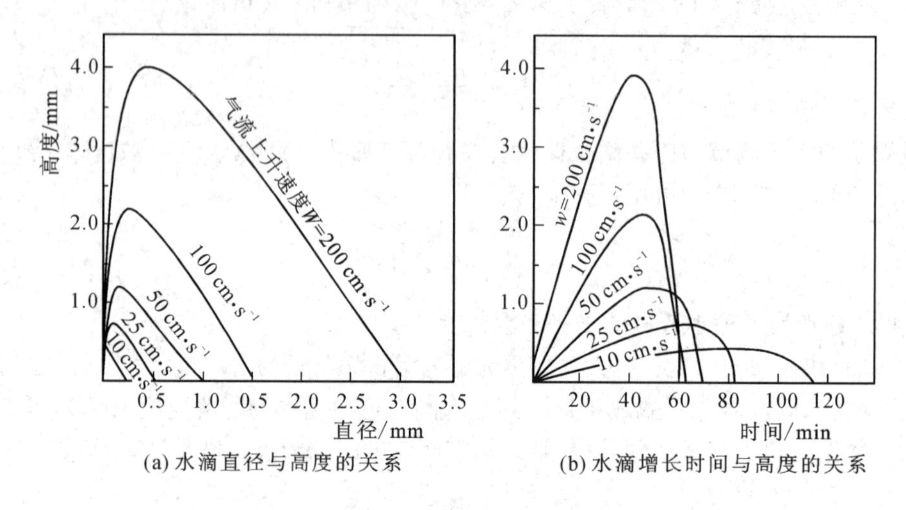

(a) 水滴直径与高度的关系　　(b) 水滴增长时间与高度的关系

图 6-13　暖积云中水滴的增长

从图 6-13 中可以看到：① 当 $w=2\ \mathrm{m\cdot s^{-1}}$ 时，云滴轨迹顶点在云底以上 4 km 处，回到云底时其直径已达 2.9 mm，这已是很大的雨滴了，但需要 1 h 的生长时间，气流的上升速度愈小，相应的轨迹顶点高度和水滴的最终尺度也愈小；② 上升气流速度愈大，云滴回到云底所需的时间愈短，这是因为上升气流愈强，过饱和度愈大，凝结增长速度愈大。

3. 暖层状云降水

这类云的降水机制与暖积云相似，降水的形成也是由凝结和碰并共同作用的结果，计算公式仍然是式(6-17)和式(6-18)。不同的是层状云的厚度较小，上升气流弱，含水量少，因此，云滴的增长较慢，生成水滴较小。

若取云的含水量 $q_w=1.0\ \mathrm{g\cdot m^{-3}}$，过饱和度 $\Delta S=0.05\%$，上升气流速度 $w=10\ \mathrm{cm\cdot s^{-1}}$，云的凝结核质量等于 10^{-13} g(相当半径为 0.22 μm) 的 NaCl 盐粒，气温为 273 K，则式(6-17)的计算结果表明，从核增长到半径为 100 μm 的水滴需 3 h 左右。一般厚度不大(几百米到 1 km)的暖层状云，凝结—碰并过程只能形成毛毛雨。在锋区和有地形抬升时，有较强的上升气流和较大的含水量，在云层有足够的厚度并能维持较长时间的条件下，才有利于形成暖层云降水。

二、冷云降水

在温度低于 0 ℃的冷云中，常常是过冷水滴、冰晶和水汽三者共存。这种云产生降水的关键是冰晶效应。

1. 冰晶效应

由于同温度下冰面饱和水汽压低于水面饱和水汽压，在三相共存的混合云中，当水汽接近于水面饱和状态时，冰面已是过饱和状态，冰晶能很快增长。若云中没有外来水分补充，则冰晶表面上有水汽不断凝华，而水滴表面有水汽不断蒸发，直至液态水完全耗尽为止。这种水分从大量过冷水滴中不断转移到少数冰晶上去的效应称为**冰晶效应**。1933 年伯杰龙(Bergeron)用冰晶效应解释了混合云降水的形成，因此也称为**伯杰龙过程**。它在冷云降水粒

子生成的早期阶段起着重要作用，这时，冰晶按凝华增长率增长。

2. 混合降水

深厚的层状云和积雨云属于混合云，按温度和高度可将这类云自上而下分成三层：① 最高层为冰晶区，位于−25 ℃～−30 ℃以下的区域，如卷云和积云砧；② 中间层为冰晶和过冷水滴共存区，温度在 0 ℃以下；③ 最下层为水滴区，温度在 0 ℃以上。

降水的形成过程大致如下：在云的高层，由于冰晶浓度高，通过凝华增长到一定程度后下落到中间层，对中间层起着“播种”冰晶的作用。下落冰晶在中间层的中上部通过冰水转化过程长大，中间层相当于起着“饲养”（“培育”）冰晶的作用；在中间层的下部，过冷水滴丰富，已长大的冰晶可以捕获过冷水滴而淞附（结）增长，生成雪花或霰；在接近 0 ℃附近，冰晶容易相互粘连生成雪团。当它们落到 0 ℃以下的最低层中，便融化成雨滴，雨滴穿过水云时继续通过碰并长大。

对于具有不同层次的云，云底附近的降水物是不同的。当云体只有上层时，在高空则为卷云，在近地面则为冰雾，一般无降水；如有上、中两层，可以生成雪片或霰；若有中、下两层，可生成毛毛雨，在对流云中可生成小阵雨。三层都有的云可形成较强的降水，强对流云还可能产生霰和雹。

三、冰雹

冰雹是强对流云中生成的固态降水物。它大多出现在中纬度内陆地区春末到初秋的时段里。

1. 冰雹的分类和结构

按尺寸和结构，可将雹块分为 3 类。

(1) 霰（软雹）　直径约为 6 mm 的白色、透明圆球形或锥形冰粒。密度小，易压碎。

(2) 冰丸（小雹、冰粒）　直径为几厘米的透明或半透明的冰，呈球形、椭球形、锥形或不规则形。

(3) 冰雹　直径在 5 mm 以上的冰球、冰块。其形状多样，大小不一。冰雹可以是全透明的冰，或透明与不透明相互交错的冰层所组成，具有多层结构。在雹块中心有构成雹的初始胚胎，它们可以是霰（形成于低温、含水量小的云中）或冻滴（过冷滴冻结而成）。

2. 雹云中冰雹的形成机制

产生降雹的云称为雹云，它是强烈发展的积雨云，具有垂直厚度大、上升气流强、含水量丰富以及负温层厚度大等特点。根据生成环境和内部结构，对雹云的分类各有不同，有人将雹云分成超级单体、多单体、强切变和飑线雹云等 4 类，也有人将其简单地分为超级单体和多单体雹云 2 类。对于不同的雹云，其冰雹的形成机制也有所不同。下面仅介绍超级单体和多单体雹云中冰雹的形成机制和生长模式。

(1) 超级单体雹云　这是一种发展非常强烈的大单体雹云，包含一个上升气流区和一个下沉气流区，雹云的水平尺度可达 20～30 km，垂直厚度可达十几千米，生命期长达好几小时。这类雹云的空间结构如图 6 - 14 所示。其主要特点是：① 有一支倾斜的上升气流，可使降水质点主要在上升气流的外侧下降，从而不致因降水拖曳作用使主上升气流受到抑制；② 雹云的移动方向偏向环境风的右侧，因此常称它为**“右移风暴”**；③ 在垂直剖面图上的等回波强度廓线表明，在雹云移向的右前方中低层存在一个无回波区（或弱回波区），称为**“回波穹窿”**。在云体的右后部存在一强回波区，它与无回波区之间构成一强回波梯度区，称为**“回波墙”**。在回波穹窿的前方为**“悬挂回波”**，它起着冰雹胚胎源的作用，故称之为胚胎帘。

从超级单体雹云中降落的冰雹比较大，而且其降落位置按冰雹大小有规律地排列，因此，

提出了冰雹的“循环增长”模式。如图 6-14 所示，冰雹胚胎在第一次被上升气流携带上升的过程中长成小冰雹，并沿轨迹 *AA* 向前运动，带至云砧，随后从云砧降落云外而升华掉；部分小冰雹可能再次进入倾斜的上升气流中。稍大的冰雹可能在强上升气流中部沿 *BB* 轨迹线运动，通过过冷水区继续增长并缓慢降落，然后在较低的高度上再次卷入斜升气流中，最后在云的后部变成中等尺度的冰雹下降。轨迹 *CC* 是大冰雹的路径，其起始大小介于沿迹线 *AA* 和 *BB* 运动的冰粒之间，它们被带至最大上升气流所在高度之上，能在升速随高度递减的环境中得以增长，当上升气流速度足够大时，就可以生成较大的冰雹。

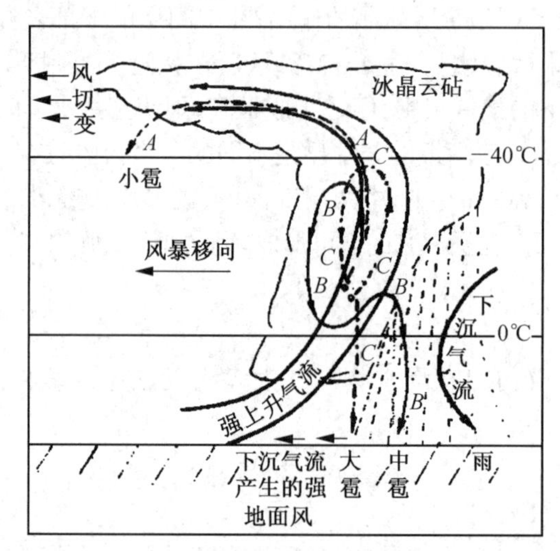

图 6-14　超级单体雹云结构及冰雹的循环增长示意图

(引自 Mason,1971)

超级单体雹云中冰雹生长的另一种模式称为“胚胎帘”模式。图 6-15 中用不同的符号表示不同生长情况的冰雹轨迹，其中小圆圈代表强上升气流中的粒子，由于增长时间短，不能长大，大部分粒子随气流进入云砧。标号 1 是沿“穹窿”前缘弱上升气流区增长的粒子，由于上升气流较弱，有较长的增长时间并有机会进入胚胎帘。标号 2 是进入胚胎帘，并在帘内下降、增长的粒子，其中某些大粒子将降落到帘的下端，并再次进入强上升气流的底部。标号 3 是能在上升气流区里最大限度增长的极限轨迹；它们沿回波穹窿前沿边界上升增长，至穹窿顶部时由于上升气流托不住而沿穹窿后缘下降，并继续增长，在回波墙里降落到地面，成为尺度最大的

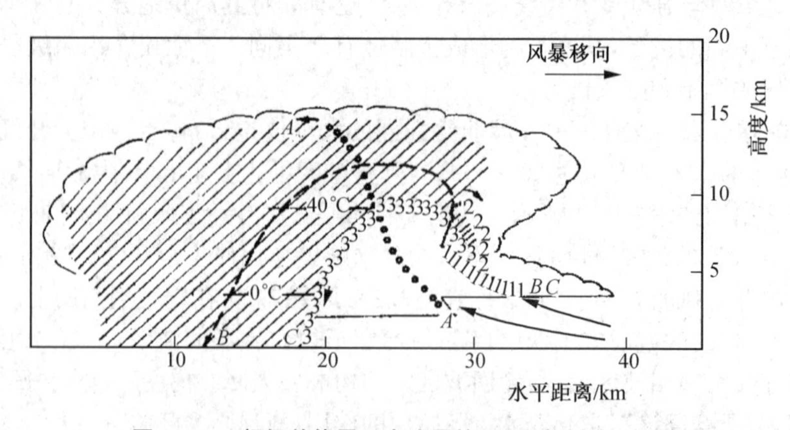

图 6-15　超级单体雹云中冰雹的(胚胎帘)生长过程

(引自 Browning et al.,1972)

冰雹。虚线所示的粒子其前期路径类似标号3的粒子，后期路径在云体内部，增长条件比标号3的粒子要差一些，只能长成较小的冰雹。

可见，在胚胎帘模式中，大部分雹胚是由胚胎帘提供的，而大多数冰雹也经历了类似循环增长的过程。

（2）多单体雹云　这种雹云由若干个处于不同发展阶段的对流单体组成。这些单体呈有组织的排列，新的单体不断地在雹云的右侧出现，而老单体在云体的左后侧消亡。这种过程使雹云有规律地向右前方传播移动，因此也称为"传播雹云"。

图6-16是1973年7月9日在美国科罗拉多州东北部观测到的某时刻多单体雹云的铅直剖面图。图中$n+1$，n，$n-1$，$n-2$为四个处于不同发展阶段的对流单体，其中$n+1$是新生的，n和$n+1$处于发展阶段，$n-1$处于成熟阶段，$n-2$已处于消亡阶段。流场的主要特征是：雹云前方为来自十几千米以外的低层入流，它们无混合地上升到云底。在云中维持各单体的上升气流连成一片，但在云底及其下面各个上升气流之间被弱的下沉气流所隔开。整个上升气流向雹云后部倾斜。云内下沉气流由两部分组成，一部分来自对流层中层的云外空气，它从雹云的右后侧进入云体；另一部分由降水的拖带作用产生。上升气流和下沉气流几乎在同一平面上，具有明显的二维特征。这里是与超级单体雹云的重要区别。

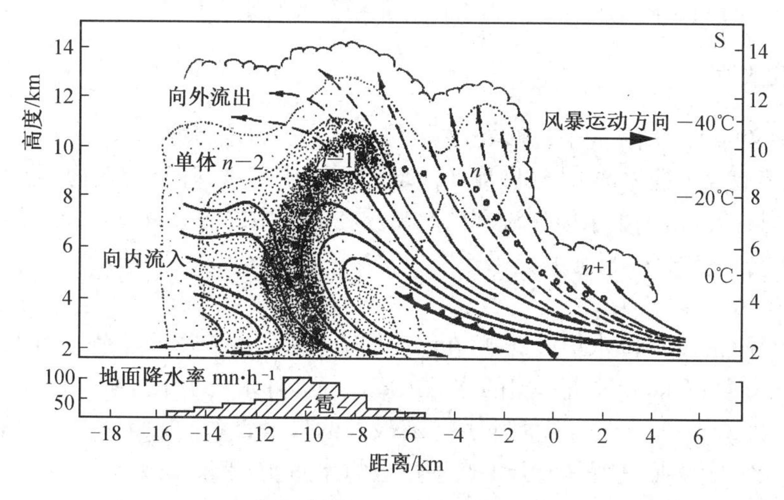

图6-16　多单体雹云结构（引自 Browing et al.，1976）

图中矢线是相对于移动雹云的流线，空心圆圈代表雹粒增长所经过的路径，实齿线为飑线，三层阴影区分别表示30、45和50 dBZ的雷达回波，雹云移过时的地面降水率绘于剖面图下方。

多单体雹云流场的二维特征不利于雹块的循环增长。由流场结构推测的冰雹增长轨迹如图6-16中小圆圈线所示。雹粒随着云中单体的新生、发展、成熟的各阶段逐渐长大，其生长过程可以分为三个阶段：① 雹胚增长阶段，相当于单体从$n+1$到n的阶段。由于雹云中上升气流相对较弱，大水滴在上升气流中有足够的增长时间，可以从云滴增长到5 mm直径的雹胚。② 冰雹增长阶段，相当于从n到$n-1$的阶段。由于单体演变成具有强上升气流的成熟阶段，小冰雹进一步通过与过冷水滴碰撞而迅速长成10～15 mm直径的雹块，云中上升气流和含水量的起伏可以造成冰雹的多层结构。③ 雹块降落阶段。在最大回波反射率区附近，冰雹含水量可达2 g·m^{-3}，雹块在这里下降并进一步得到增长。由于雹块的拖曳作用，以及风暴后部中层环境干冷空气的侵入并与上升气流局部混合，上升气流的下部很快转变为下沉气流，雹块迅速降达地面。多单体雹云一般比超级单体雹云弱，范围小，持续时间也短，其降雹多

为阵性，强度也比超级单体小。

此外，苏联的苏拉克维里茨等(1958—1967 年)，根据雹云中上升气流极大值高度以上存在水分累积区的观测事实，提出冰雹生长的“累积带”模式，这里不再介绍。

§6.5 人工影响天气

人工影响天气是指人们通过理论和实验研究，应用一定的技术方法，使某些局地天气现象向有利于人类的方向转化，以达到预定目的的改造自然的科学技术措施。它主要包括人工降水、消云、消雾、削弱台风、抑制雷电、预防霜冻等内容。

人工影响天气是人类自古以来的理想和愿望。我国古代(17 世纪末)就有用土炮防雹的文字记载，然而，直至 1946 年，美国科学家朗缪尔(I. Langmuir)等人提出通过人工产生冰晶来影响冷云降水的设想，同年 11 月，他的助手施弗尔(V. J. Schaefer)第一次成功地用干冰(固体 CO_2)对冷层状云进行人工催化试验(产生了降雪)，才引起人们的广泛重视，推动了人工影响天气试验的迅速发展。

人工影响天气，无论从理论和试验上，或是效果检验上，都是十分复杂的事情，至今研究得还很不成熟。本节只是简单介绍人工影响云、雾和降水的原理和方法。

一、人工降水

人工降水又称人工增水。它主要是根据不同云层的物理特性，向云中播撒干冰、碘化银、水滴、盐粉或溶液滴等催化剂，使云滴或冰晶增大到一定程度，降落到地面，形成降水，以达到增雨和抗旱的目的。由于雨水能冲洗和清除悬浮在大气中的污染物，近些年来，一些国家已采用人工降水来防治空气污染，尤其是城市空气污染。

1. 冷云催化

根据前面讨论的自然降水形成机制，在温度低于 0 ℃的冷云降水过程中，冰晶效应起着重要作用，要使冷云产生降水，需要有一定的冰晶浓度。根据降水粒子浓度的实际观测和理论估算，当冰晶浓度达到 1 个 $\cdot L^{-1}$ 或更高量级时，才有较高的降水效率。在自然云内冰晶浓度不足，人工影响冷云降水的基本原理就是使云中产生适当的冰晶，改变云体微结构的稳定性而促使其产生降水。

使云内增加冰晶的方法有两种。

(1) 在云内播撒制冷剂，如干冰、丙烷等，使局部云体剧烈冷却而产生冰晶。干冰(固态 CO_2)是常用的制冷剂，它气化时表面温度低达 -78 ℃，升华热为 572.9 kJ $\cdot kg^{-1}$。将其引入云中以后，可使其周围空气剧烈降温，在干冰质点表面附近空气温度在 -78 ℃～-40 ℃的范围内，使云滴同质核化为冰晶，以及水汽同质核化为微小水滴，随后又同质核化为冰晶。据实验测定，升华 1 g 干冰可产生 10^{10}～10^{12} 个冰晶，若用几百克干冰引入，几十立方千米的云体，其冰晶浓度可达 10 个 $\cdot L^{-1}$。实际播撒时，采用飞机投放的方式，干冰用量视云厚、含水量和上升气流速度等而定。

(2) 在云内引入人工冰核，如碘化银(AgI)、介乙醛[$(CH_3CHO)_{4-6}$]、间苯三酚[$C_6H_3(OH)_3 \cdot 2H_2O$]和硫化铜(CuS)等。其中以碘化银的性能为最好，碘化银为淡黄色粉末，有较高的成冰阈温(-4 ℃～-15 ℃)和成核率，1 g 的碘化银能产生 10^{12}～10^{15} 个冰晶，而且能通过各种方法制成高分散的气溶胶样品(碘化银质点)，因此，被世界各地普遍采用。

播撒碘化银入云的方法有地面燃烧法，飞机作业，利用火箭、炮弹、气球等携带碘化银进入云中爆炸、燃烧等方法。

2. 暖云催化

暖云降水的形成机制不同于冷云降水，促使暖云降水形成的是水滴大小的不均匀性，即碰并过程起着决定性作用。因此，影响暖云降水的基本原理就是撒入大水滴或吸湿性核，改变云滴谱分布的均匀性，破坏其稳定状态，促使碰并过程的进行，导致降水的形成。

(1) 利用吸湿性物质催化暖云降水，常用的有食盐(NaCl)、氯化钙(CaCl)等。食盐具有很强的吸湿性，可溶于水。将其引入云中后，它吸收水汽形成盐溶液滴，其饱和水汽压低于纯水滴，在相对湿度大于78%时，就可以由凝结作用迅速增长，然后由碰并作用增大成雨滴降落到地面。播撒方法可以用飞机从云底撒5～20 μm的小盐粒，随上升气流进入云中；也可从云顶播撒半径大于100 μm的大盐粒；亦可用地面烧烟、气球携带、炮弹射入云中等方法。

此外，还发现尿素与硝酸铵也是有效的暖云、暖雾催化剂，而且尿素、硝酸铵混合物的饱和溶液比它们单独使用的效果更好。同时尿素也可以用于冷云催化，因为尿素吸湿凝结性能好，引入云中后，先形成水滴并有部分尿素溶解，因溶解吸热会造成局部强烈冷却而使水滴冻结。

(2) 直接喷撒大水滴影响暖云降水。大多数国家从飞机上直接将水撒进暖云内进行人工影响，结果证明，这种方法对厚度较大的云有一定效果，而对厚度小的云块，撒水后易造成云消。理论计算指出，当云底温度为10 ℃，上升气流速度为1 $m \cdot s^{-1}$时，在云底撒入直径为50 μm的水滴可使云厚超过1.5 km的云降落阵雨。

二、消雾和消云

1. 人工消雾

这是用人工方法(播撒催化剂、加热或扰动混合等方法)使雾滴降落地面或蒸发消散的措施。雾按其物态性质的不同，可分为暖雾、过冷雾和冰雾三种，其中冰雾(完全由冰晶组成的雾)常发生在温度为−45 ℃的时候，而温度在−29 ℃以上很少产生冰雾。

(1) 过冷雾　这是一种温度低于0 ℃、最低可达−40 ℃的由过冷水滴组成的雾。对这种雾，主要采用播撒成冰催化剂的方法，使雾中产生相当数量的冰晶，通过伯杰龙过程造成过冷水滴蒸发和冰晶增长而降落，最终使雾消除。与冷云催化相似，可用碘化银(作为人工冰核)或制冷剂(如干冰和丙烷)作为过冷雾的催化剂。丙烷的沸点低达−42 ℃，因此，将液态丙烷喷入雾中，它立即蒸发、吸热，可使周围空气温度降低到−100 ℃左右，从而使雾滴冻结形成许多小冰晶。

(2) 暖雾　暖雾由温度在0 ℃以上的水滴组成。据统计，世界上大多数机场出现的是暖雾，因此，人工消暖雾有更重要的意义。由于消除暖雾的能量不能像消除冷雾那样通过它本身的相变来提供，往往需要外界提供消雾的能量，迄今为止，人工消暖雾的研究成果还不及消冷雾显著，有三种方法可供选择。

① 加热法。直接燃烧燃料将空气加热，使空气离开饱和状态，造成雾滴蒸发，促使雾消散。第二次世界大战时，英国在机场跑道两旁装上管道，用燃烧汽油的方法加热空气，使雾滴蒸发，消除大雾。此后，美、法等国用喷气式发动机的燃料废气进行加热消雾，也取得一定的成效。加热法消雾的效果与气象条件及雾层本身条件有关，在风速较小、层结稳定、雾层薄、含水量小的情况下，效果较好；相反，若风大、湍流交换强、雾的厚度和含水量大，则不易获得成功。由于加热法消耗燃料太大，难以普遍推广。

② 吸湿法。在暖雾中播撒盐粉、尿素、硝酸铵等吸湿性物质,吸收雾内水汽而凝结,使雾层脱离饱和状态而使雾滴蒸发,最终导致雾层消散。催化剂用量根据雾层厚度和含水量等因素确定。

③ 扰动混合法。利用直升机在雾顶缓慢飞行,借助于直升机产生的下冲气流,使雾顶以上未饱和空气不断下沉、混合到雾中,减小雾的相对湿度,雾滴蒸发而达到消雾目的。消雾区的尺度约为飞机本身大小的 10～20 倍。

2. 人工消云

其原理和方法与人工消雾类似,即用冷云催化剂消冷云,用吸湿性核和水滴消暖云。

苏联曾用播撒干冰的方法消散过冷层状云,消散面积约为 1 000 km^2,维持时间因云的自然演变趋势、云层厚度和含水量等因素不同而异,一般在 1.5～3 h 以上;对过冷的层积云进行的几次消云试验中,消散面积达 10 000 km^2。关于人工消积状云,也进行过一些试验,如在短时间内对淡积云和浓积云顶部播撒大量颗粒状物质(如盐粒、水滴、沙子等),有时也观察到积云的消散,但其作用原理和效果仍在研究之中。

三、抑制冰雹

通常也称为人工防雹,其方法大体可分为两类:一类是在雹云中引入人工冰核或在云底引入大量吸湿性核以增加雹胚;另一类是爆炸法。

1. 人工增加雹胚

根据冰雹生长的累积带模式,在雹云中,上升气流随高度呈抛物线分布,在上升气流极大值所在高度以上有水分的累积带存在,它是冰雹的主要生长区。若在累积带里投入过量冰核,大大增加雹胚的浓度,让雹胚之间争食累积带的有限水分,使它们不能长成大的雹块,降落地面不致成灾,或者在经过云底至地面这段暖区时融化为雨滴。另一种方法是在雹云下部暖区中引入大量吸湿性微粒(如盐粒),促进暖云降水过程,使暖区含水量增加,以减小累积带的过冷水含量,限制冰雹的生长。

2. 爆炸法

用高射炮、火箭或土炮等轰击雹云,借助爆炸的影响来抑制冰雹。但目前对这种方法的物理机制还不十分清楚,概括起来,大体有如下说法:① 爆炸能在一定条件下影响云中的垂直气流,破坏或改变雹云的自然发展过程;② 冰雹内含有液态水和气泡,爆炸后冲击波的震动可能使冰雹部分粉碎而松软,因而减小了冰雹的危害;③ 冲击波可能使过冷水滴的冻结温度提高,或者使过冷水滴变形后破碎而突然冻结,从而产生大量的人工冰雹胚胎,限制各个冰雹长大;④ 爆炸使空气绝热膨胀冷却,导致过冷水滴冻结。

国内外已进行过许多人工抑制冰雹的试验,但效果不一致,也无明确结论,有待进一步研究。

小　　结

(1) 云,按其出现高度和形状分为 4 族(高、中、低、直展云)和 10 属(Ci,Cc,Cs,As,Ac,Ns,Sc,St,Cu,Cb)。按物理属性可分为积状云和层状云;水云、冰云和混合云;暖云和冷云。

充足的水汽和上升运动是形成云的必要条件。空气上升运动的特点构成了不同类型的云系。大范围有系统的上升运动生成层状云系;不稳定层结下大气的对流运动生成积状云;地形

抬升和大气波动生成地形云和波状云；边界层大气的湍流混合生成层云、层积云或雾。

(2) 各类云系具有不同的宏、微观特征。积状云的宏观特征是垂直尺度与水平尺度的量级相当(~10 km)，云内上升气流速度大(10^2~10^3 cm·s^{-1})，发展、演变快，生命史短(10 min到1~2 h)。大范围上升运动形成的层状云(如暖锋云系)水平尺度(10^3 km)远大于垂直尺度(10 km)，云内上升气流速度(10^0~10^1 cm·s^{-1})比积状云小得多，但生命史却长得多(几小时~几天)。波状云的垂直伸展最小(10^{-1}~10^0 km)，水平尺度介于积状云和层状云之间，云内上升气流与层状云相当，生命史为几小时。

云的微结构很复杂，即使是同一类云，其微观特征也随时间、地点、宏观环境以及云体的不同部位而异。一般，积状云的云滴尺度和含水量较层状云大，伴有降水的云滴谱较宽。

(3) 在自然界，形成云和降水的微物理过程是：在湿空气绝热上升达饱和状态以后，通过异质核化(凝结、凝华或冻结)过程形成初始云滴(液态或固态)。然后，在适当的宏观条件和过饱和度条件下，通过凝结或凝华过程进一步增长。最后，通过碰并或贝吉龙过程以及碰冻、碰粘等过程形成降水(雨、雪、冰雹等)。

(4) 雾滴(水滴或冰晶)的形成与云滴相似，同样由水汽在凝结核上凝结或凝华核上凝华而成。雾与云之间的根本区别在于及地与否，因此，雾的形成一般不通过上升运动(除上坡雾外)，雾滴一般比云滴小得多。根据雾的成因，通常将雾分为冷却雾(辐射雾、平流雾、上坡雾)、蒸发雾、地方性雾以及锋面雾。

(5) 目前人工影响天气仍处于试验研究阶段。其中开展得比较广泛并有一定理论基础的是人工降水，它主要是根据不同云型的物理特性，向云中播撒不同的催化剂(人工冰核或吸湿性核等)，促进降水粒子的形成和增长，以达到提高降水效率和增雨的目的。

习　　题

6-1　形成云雾的基本过程有哪些？

6-2　饱和水汽压与水面曲率和溶质的关系如何？什么是Köhler曲线？

6-3　说明同质核化和异质核化以及凝结核、凝华核和冻结核的意义。

6-4　何谓冰晶效应？

6-5　说明冷云降水机制和暖云降水机制。

6-6　说明人工降水、消雾、消云和抑制冰雹的原理和方法。

6-7　用干冰和用碘化银催化过冷云降水的成冰机制有何不同？

6-8　利用克拉珀龙-克劳修斯方程证明：

(1) 冰面上的饱和水汽压(E_i)总比同温度下的过冷水面上的饱和水汽压(E)小；

(2) $\Delta E = E - E_i$ 在−12 ℃时最大。

6-9　两质量相等的气团，起始温度和相对湿度各为 $T_1 = 30$ ℃，$f_1 = 90\%$ 和 $T_2 = 2$ ℃，$f_2 = 80\%$，在等压(1 000 hPa)下充分混合，试问：混合后每1 kg空气中能凝结出多少水？

6-10　气温为25 ℃，相对湿度为80%，气压为1 000 hPa的10 kg湿空气，在日落西山后，由于辐射冷却，使湿空气温度降低了5 ℃，试问能否产生露(雾)？露(雾)量为多少？

6-11　为了能使云中半径为10^{-6} cm和10^{-5} cm的纯水滴长大，云中的过饱和度ΔS应该为多少？

6-12　寇拉(Köhler)曲线峰值对应的半径,称为临界半径 r_k,试证明 $r_k=\left(\frac{3C_n}{C_r}\right)^{1/2}$。

6-13　若 740 hPa 高度上有一块云,云体温度为 9.6 ℃,云块中 1 kg 空气中含有云滴 1 g,水汽 10 g,试问:当云块下降至何高度(以百帕表示)将完全消失?

6-14　某日,某岛屿上空的地形云厚 2 km,平均液态水含量 q_w 为 0.5 g · m^{-3},若有半径为 0.1 mm 的水滴从云顶下降,穿过云体。问:

(1) 水滴降出云底时的尺寸;

(2) 若水滴下降末速度为 $V=\alpha R$(R 为水滴半径),$\alpha=8\times10^3\ \mathrm{s}^{-1}$,求水滴下降通过云体的时间(取碰并系数 $\varepsilon=1$)。

6-15　在液态水滴组成的层状云中,小水滴平均半径为 6 μm,平均含水量为 0.3 g · m^{-3},现有一个半径为40 μm的大云滴,经碰并增长到 100 μm。问经过的路程为多少(取$\varepsilon=0.29$)?

6-16　若云内过饱和度为 0.001,含水量为 1 g · m^{-3},气温为 273 K,重力碰并系数取为 0.8,试求半径为 50 μm 的水滴的凝结增长速率$\left(\frac{\mathrm{d}R}{\mathrm{d}t}\right)_c$和重力碰并增长速率$\left(\frac{\mathrm{d}R}{\mathrm{d}t}\right)_g$。

第七章 大气化学和大气污染

大气是一个非常复杂的多相化学体系，它不仅包括了主要成分氮和氧，还有浓度较低的二氧化碳、水汽、各种惰性气体以及许多其他碳氢化合物和氧化物；不仅有气体成分，还有固体和液体成分，更重要的是，这个化学体系是不稳定的，大气中存在着永恒且十分复杂的物质循环过程，这种过程既包括宏观的物理变化，也包括微观的化学变化。要进一步深入认识大气就不能不对大气化学过程进行研究。

大气化学是大气科学中的一门新兴学科分支，在过去几十年里，大气化学学科发展非常迅速，促进这门学科的发展有两个重要的动力，一是大气环境研究的需要，目前世界上存在许多紧迫的大气环境问题，如城市光化学烟雾、酸雨、平流层臭氧减少、灰霾等；二是气候变化问题研究的需要，温室气体和气溶胶对气候变化有非常重要的影响，而了解温室气体浓度的变化、气溶胶粒子的形成和化学组分的变化等问题就迫切需要了解大气中的化学过程。

本章主要介绍大气微量成分在大气中的主要过程、一些微量成分的循环过程、臭氧和降水化学问题和大气污染的一些基础知识。

§7.1 环境大气中的重要污染物

在无人类活动排放的情况下，大气中也包含了一些痕量有害物质，如硫氧化物、一氧化碳和氮氧化物。人体和其他生物体对自然水平的痕量有害成分有一定的适应性和承受能力，只有当这些成分在大气中的含量达到一定水平时，才显示出对人类社会和生态环境的危害。例如，当二氧化硫和一氧化碳的浓度分别达到0.08 ppm和15 ppm时，才能觉察到对人体健康的影响。因此，洁净大气中虽有一定的痕量有害成分，却并不一定构成空气污染，也就是说，空气中虽存在着污染物，但尚未构成大气污染问题。

一、空气污染物

大气中空气污染物种类很多，以至于很难做出严整的分类，根据空气污染物形成的方式，通常可分为两类：

一次污染物(原始污染物)：直接从污染源排放出来的物质，在大气中保持其原有的化学性质。主要的一次污染物有如二氧化硫、氮氧化物和颗粒物等。

二次污染物(次生污染物)：在大气中一次污染物之间或与大气中非污染物之间发生化学反应而形成的物质。二次污染物如光化学烟雾、酸性沉积物、臭氧等。有些污染物既有一次排放产生，又有二次形成过程，如NO_2。

根据污染物的化学成分，通常可归纳成如下几种：

(1) 含硫化合物　主要有二氧化硫、硫酸盐、氧硫化碳、二硫化碳、二甲基硫和硫化氢等。

(2) 含氮化合物　主要有一氧化二氮、一氧化氮、二氧化氮、氨和硝酸盐、铵盐等。氮的氧化物 NO 和 NO_2 统称为 **NO_x**，在大气化学中占有重要的地位。NO_x 主要来自化石燃料的燃烧、生物质燃烧、土壤排放、闪电、NH_3 的氧化、飞机尾气的排放和平流层的注入。NO_x 主要以 NO 的形式排放到大气中。

(3) 含碳化合物　主要有一氧化碳和烃类即碳氢化合物，包括烷烃、烯烃、炔烃、脂环烃和芳香烃等，含碳的颗粒物有黑碳和有机碳等。

(4) 卤代化合物　即由氟、氯、碘和溴与烃类结合的化合物，亦称卤代烃，其中最引人注目的氟氯烷(CFM)，商品名氟利昂，主要的是二氟氯甲烷(F-11)和二氟二氯甲烷(F-12)。

(5) 氧化剂　主要指在空气中具有高度氧化性质的一些化合物，如臭氧及其他过氧化物。

(6) 放射性物质和其他有毒物质　如苯并芘、过氧酰基硝酸酯(PAN)等致癌物质。

(7) 颗粒污染物　指以固体或液体微粒形式存在于空气介质中的分散体，包括自分子大小到大于几十微米粒径的各种微粒，其中动力学等效直径小于等于 10 μm 的称为 **PM_{10}**，动力学等效直径小于等于2.5 μm的称为 **$PM_{2.5}$**。

表 7-1 列出了洁净大气的组成和城市环境污染空气中一些成分的浓度。由表可知，洁净大气中的微量成分如氮氧化物、二氧化硫、硫化氢、臭氧等含量很低，对人体和环境没有明显影响。然而，在污染大气中，这些微量成分的含量都比背景值高出一个量级以上，这是由人类活动造成的。

表 7-1　洁净大气组成和污染空气中一些成分的含量

化学成分	洁净大气	污染空气	化学成分	洁净大气	污染空气
氮	78.09%		一氧化碳	0.10 ppm	5～200 ppm
氧	20.94%		臭氧	0.02～0.08 ppm	0.1～0.5 ppm
氩	0.93%		二氧化氮	0.001 ppm	0.05～0.25 ppm
氖	18.18 ppm		一氧化氟	0.006 ppm	0.05～0.75 ppm
氦	5.24 ppm		二氧化硫	0.001～0.01 ppm	0.02～2 ppm
氪	1.14 ppm		氨	0.001 ppm	0.01～0.025 ppm
氙	0.08 ppm		硝酸	0.02～0.3 ppb	3～50 ppb
二氧化碳	0.033%	350～700 ppm	HCHD	0.4 ppb	20～50 ppb
甲烷	1.40 ppm		过氧乙酰		
硝酸酯(PAN)	——	3～35 ppb			
氢	0.50 ppm				

大气中还有很多有机化合物参与大气化学反应，有机物的种类是如此之多，以至于无法准确列出所有种类。碳氢化合物是由碳原子和氢原子组成的有机化合物，其中甲烷(CH_4)是大气中浓度最大的碳氢化合物，**非甲烷碳氢化合物**(NMHC)对对流层化学有重要影响，可以分为烷烃、烯烃、芳香烃等。碳氢化合物的氧化产物包含一个或多个氧原子，如丙酮(CH_3COCH_3)。在大气中的有机化合物中，**挥发性有机物**(volatile organic compounds，VOC)因具有挥发性而对大气化学过程有重要影响。

二、排放源

空气污染源可分为自然源和人为源两大类。

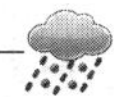

自然源包括生物源和非生物源。自然的非生物源包括地幔缓慢排放，风扬尘，火山爆发产生的气体与尘粒，闪电产生的气体，如臭氧和氮氧化物、植物与动物腐烂产生的臭气、森林火灾造成的烟气与飞灰、自然放射性源和其他产生有害物质并向大气排放的源。

地幔是许多大气成分的源，但对较短时间内的大气化学过程，地幔排放可能并不重要。火山爆发是突发性的地幔排放。火山爆发向大气输送大量水汽、二氧化碳及其他一些硫化物。火山爆发还向大气直接喷出大量的固体、液体粒子，这种火山直接喷出的粒子和喷出的气体在大气中转化成的粒子可以被输送到平流层，并在平流层停留几个月到几年。

很多大气微量成分都有地表生物源。近年来，大气化学家和气候学家一直都在致力于研究复杂的生物过程到底在多大程度上影响大气，生物化学家一直关注着地—气交换过程中的生物活动，并且提出大气环境在很大程度上受生物圈控制。地球大气中氧含量比与地球邻近的金星和火星大气氧含量的内插值高700多倍，而其二氧化碳浓度又只是这一内插值的千分之一。这就是说，实际地球大气化学组成与地球作为太阳的一个行星所应有的“行星地球大气”的化学组成差别非常之大。这主要和生物圈中植物的光合作用有关。大气中的大部分氧来自生物过程，有证据表明大气中的甲烷将近80%来自生物过程。生物过程能将许多元素的固体或液体化合物变成挥发性气体而排入大气，例如，有些生物能将土壤中的硝酸盐转化成氨、一氧化氮、一氧化二氮或氮气排放到大气中，许多生物过程还向大气排放硫化氢和其他气相硫化物。生物圈还是大气中卤素甲烷（CH_3Cl，CH_3Br，CH_3I等）的最主要来源。植物排放还是大气中VOC的重要来源，植物排放的VOC主要有异戊二烯（C_5H_8）、乙烯（C_2H_4）和单萜烯等，其中异戊二烯占了NMHC（非甲烷烃）的约50%。

对全球大气有重要作用的地表生物源有苔原和其他极地生态系统、中纬度森林、热带森林和热带草原、海滨沼泽等大陆架环境、海洋、稻田、饲养场等。

生物体燃烧是巨大的人为排放源和小量自然林火的总称。它不能算生物源，却与生物过程和生物圈有密切关系，据估计，燃烧的生物体总量达$(4\,400\sim7\,000)\times10^{12}\ g\cdot a^{-1}$。生物体燃烧是一种高温过程，燃烧产生的颗粒物几乎包含生物体中所含的所有化学成分，所生成的气体包括碳、氢、氧、氮、硫、磷和卤素等各种元素的化合物。

人为源主要是工业生产和燃烧等过程。人为源是形成大气污染问题，尤其是局地空气污染的主要原因。它们是在人类的生产和生活过程中产生的。对它们的分类方法很多。按源的运动状态分，有固定源和移动源；按人类活动功能分，有工业源、农业源、生活源和交通污染源；按污染影响范围分，有局地源和区域性大气污染源。污染源的排放形式可分成点源、线源、面源和体源等。

人类排放气体污染物的最主要方式可能是燃烧过程，这主要是化石燃料的燃烧。人类排放的二氧化硫主要是通过燃煤造成。而氮氧化物则主要来源于燃料的高温燃烧和交通工具排出的废气。大气中的一氧化碳主要是化石燃料不完全燃烧过程和汽车尾气排放造成的。VOC的人为源主要来自燃料燃烧、交通运输、油漆、涂料、有机溶剂的挥发等活动。固体污染物主要来自交通、建筑、工业燃烧过程、气—粒转化过程，如大气光化学烟雾。

自工业革命以来，工业排放对大气的影响越来越严重。除使大气中原有的化学成分浓度改变外，还向大气排放其原来没有的化学成分。

污染源排放污染物质量的速率，也就是污染物的排放率称为源强。对点源，源强是单位时间排放污染物的质量，其单位为$g\cdot s^{-1}$或$kg\cdot hr^{-1}$等；对面源，源强是单位时间、单位面积上排放污染物质的质量，单位为$g\cdot s^{-1}$或m^{-2}或$kg\cdot h^{-1}\cdot km^{-2}$。上述是指连续源排放的源强，而对于瞬时源，其源强则是以一次释放污染物的总量来表示的，其单位为 kg 等。

三、化学成分的平均停留时间

在准平衡态条件下，一种大气成分在大气中的平均**停留时间**（驻留时间）(τ)定义为：

$$\tau = M/F = M/R \tag{7-1}$$

其中，M 是该成分在大气中的总质量；F 是该成分向大气中的输入通量，即地面所有排放源的排放速率之和加上在大气中化学转化生成的速率。R 是该成分从大气中输出的通量，即地面的沉降速率、向外空间的逃逸速率，以及在大气中因化学转化而成为其他成分的转化速率之和。

如果某成分的输入通量和输出通量基本相等，该成分即处于准稳态，其在大气中的浓度基本保持不变。化学成分的平均停留时间相当于该成分的平均寿命，即大气中该成分全部轮换一遍所需的时间。大气成分的寿命只有在准稳态的条件下才能完全确定。

大气中的主要成分 N_2、O_2和几种惰性气体的寿命大于 1 000 年；CO_2、CH_4、H_2、N_2O、O_3等成分的寿命在几年到几十年之间；水汽、CO、NO、NO_2、NH_3、SO_2、H_2S、气溶胶等寿命较短，一般小于 1 年。

§7.2 大气化学成分的输送扩散和清除过程

一、影响大气化学成分浓度的气象因素

大气污染物由污染源排放进入大气后，在风与湍流的作用下，可在不同的尺度范围内输送，化学性质比较稳定的微量成分在大气环流的作用下可在全球范围内扩散，这使得污染物的影响范围不局限于污染源附近的局地区域。

影响污染物扩散的因子很多，但主要是气象条件的影响所致。影响大气污染的主要气象因子有风、湍流、大气稳定度、温度层结、气温、辐射、温度、降水等。

1. 风和湍流

大气污染物自源排放出来后，在大气中的稀释扩散取决于大气的运动状况，而大气的运动则是由风和湍流来描述的。风的作用是整体的输送和对污染物质的冲淡稀释作用，大气的运动除了整体的平均运动以外，还存在着不同于平均风的各种尺度的次生运动或涡旋运动，即湍流运动。湍流运动会造成流场各部分之间强烈的混合和交换，以致不断将清洁空气卷入污染的空气中，同时将污染空气带到周围空气中去，这就大大地加快了污染物的扩散速率。在近地层中，湍流扩散速率比空气分子扩散速率高 $10^5 \sim 10^6$ 倍。可见，风和湍流是决定污染物质在大气中稀释扩散的最直接、最本质的因子。通常，风速越大，湍流越强，稀释扩散的速率越高，局地污染物的浓度也就会越低。就此而言，其他一切气象因子都是通过风和湍流的作用而影响大气污染物的稀释作用。凡是有利于增大风速和增强湍流的气象条件都会有利于污染物的稀释扩散。

2. 温度层结和大气稳定度

大气温度层结能反映大气的稳定程度，从而影响湍流的强弱。因此，气温的垂直分布与大气污染物的扩散有十分密切的联系。大气稳定度对于大气湍流活动，也就是对大气污染物的

稀释扩散能够起到增进或者抑制的作用，从而对地面大气污染物的浓度分布起到直接的影响。

颗粒物污染日变化的典型特征是其浓度通常在午后达到一天中的最低值，这是因为在上午，随着气温逐渐升高，湍流逐渐增强，混合层高度逐渐抬升，使污染物的垂直扩散能力增强，在排放源基本不变的条件下，污染物在更大的垂直空间内混合，使污染物浓度降低。

一般而言，冬季的颗粒物污染现象比夏季严重，除了北方冬季采暖造成的污染物排放量增加以及降水较少以外，重要的原因是冬季气温低、多逆温现象、边界层高度较低、大气层结较稳定，这些因子都不利于污染物的垂直扩散。

在夜间有逆温出现时，大气层结非常稳定，逆温层像一个"锅盖"一样使污染物很难扩散穿透逆温层，使污染物在逆温层以下累积，污染物浓度上升。

3. 气温、云、辐射和天气形势

云、辐射和天气形势这些宏观气象特征影响支配着近地层能量与温度层结的变化，从而也对大气污染物的扩散有影响。太阳辐射是近地面层温度随高度分布周、日变化的主导因素。云对辐射可起到屏障作用，它既阻挡白天太阳向地面的辐射，又阻挡夜晚地面向上的辐射，使得气温随高度变化的趋势趋于缓和，从而影响大气稳定度，进而影响大气的湍流强弱，一定的气象条件与伴随的大气现象都与相应的天气形势相联系，因而与大气污染物扩散有关的气象因子也随之相关联。例如，低气压控制时，空气有上升运动，多云天，而且通常风速较大，大气层结多处于中性或不稳定状态，有利于污染物的稀释扩散；反之，在强的高压区内，天气晴朗，风速较小，由于大范围的空气下沉运动，在高空会形成下沉逆温层，抑制向上的湍流发展。如果高压系统静止或移动缓慢，那么连续几天的微风和逆温条件会使得大气对污染物的稀释扩散能力大大降低，呈现所谓的"空气停滞"现象，即"静稳天气"。此时，只要有足够的污染物排放，就会出现较大范围的污染危害。

气温和辐射是影响大气光化学过程的关键气象因子。气温高、辐射强，有利于光化学污染物，如臭氧的生成。

在影响污染物扩散的气象因子中，降水的湿清除作用可能是降低大气中污染物浓度最快速有效的因子。这在下面详细介绍。

气象条件对污染物浓度的影响因污染物种类和地区而异，通常大风天气有利于城市污染物的清除，但沙漠等地区，大风天气增加了风扬尘，使沙尘污染增强。中午气温高、辐射强，有利于湍流的发展，促进污染物的垂直扩散，使一次污染物浓度下降，但同样有利于光化学反应的进行，使二次污染物浓度增加，这是一天和一年当中臭氧浓度高值多出现在午后和春夏季节的原因。

二、大气化学成分的长距离输送

污染问题的空间尺度远远超过了特定的都市尺度范围。例如，尽管产生硫化物和氮氧化物的主要工业区处在美国中部，但由这些污染物形成的酸雨的影响范围却是整个美国和加拿大。化学物质全球输送的证据有很多，在没有人烟的北极地区每年都能观测到由欧洲和北美工业污染物形成的北极霾，其浓度甚至可达到中纬度地区气溶胶的浓度。在大洋东岸经常观测到撒哈拉沙漠的尘埃，而在南极观测到的大气臭氧破坏现象，已被证明与北半球中纬度地区排放的氟氯烃化合物有关。

由上面一些事例可知，大气化学成分实际上是在全球尺度范围内输送和转化的。要彻底弄清大气成分的化学行为，需要在全球尺度上研究它们的分布和输送。这首先要求我们对全球大气的物理特征(包括温度场、辐射场、气压场和环流特征)有比较深刻的了解。

化学成分的远距离输送既受中尺度和大尺度的平均流场影响,又取决于化学成分的寿命,寿命越长的物种输送扩散距离越远,寿命较短的物种输送距离也相对较小,寿命很短的成分,如自由基,则不存在远距离输送。

三、局地环流对化学成分输送扩散过程的影响

机械湍流的能量来源于风随高度的变化和地面粗糙度,气流流过粗糙地面,将随地形表面的起伏而抬升或下沉,于是,湍流活动会由这种机械作用而产生或增强,风速愈大则湍流愈强。下垫面不仅通过粗糙度和风随高度的变化影响大气污染物的散布,而且也会因一些特殊地形和下垫面条件,如山谷地形、水陆交界、城乡交界等形成一些特殊大气过程和气流分布形式,从而直接影响大气污染物的散布。重要的**局地环流**有海陆风、山谷风、城市热岛环流等。

世界上许多工业城市都位于沿海地区,中尺度环流海陆风对这些地区的污染物输送有重要影响,夜间,内陆地区产生的大气污染物被陆风环流带到海上,由于边界层较低,污染物只能停留在低层的大气中无法扩散,使沿海附近的城市污染加重。在白天,随着海风环流的发展,污染物又会被带回内陆,加重内陆地区的大气污染。研究表明,在珠江三角洲地区发生海陆风的时间内,污染物浓度一般要比没有发生海陆风的浓度高。

山地地形产生的山谷风环流对临近城市的污染物浓度有明显影响,如北京地处太行山和燕山山脉相交形成的向东南方向展开的半圆形山湾所环抱的平原上,复杂地形产生的山谷风环流可以导致污染物的往复输送和累积。白天谷风环流驱动空气污染物向西北山前地区积聚,夜晚高浓度的污染物无法完全清除,又随山风回流到平原地区,造成区域第二次污染。

城市下垫面产生的局地环流对城市空气污染物的输送有重要影响,这种影响包括热力作用和动力作用两方面。热力作用即是由于下垫面的改变和人为热的释放所产生的城市热岛的作用,其作用机制包括对城市热环境的改变和热岛环流;动力作用即城市建筑对气流的拖曳和抬升作用,使得城市风速下降,大气扩散能力降低,使污染物浓度上升。有研究表明,城市热岛增加了大气不稳定性,产生了向市区辐合的热岛环流,加大市区上空的垂直速度,实际上增加了城市大气的垂直扩散能力。城市热岛总体上使污染物向上输送,从而使地面污染物浓度下降。城市的动力效应大幅度降低市区风速,使大气水平输送扩散能力减弱,从而使污染物浓度上升,这和热力作用相反,动力作用对污染物浓度的影响一般大于热力作用。

一个地区的局地环流可能是由多种局地环流形式共同决定的,如沿海大城市受海陆风环流和热岛环流共同作用,山区附近的城市受山谷风环流和热岛环流的共同影响。局地环流特征必须结合当地的地形、海陆分布、气候背景等状况具体分析。

在大尺度流场较强时,局地环流的作用就比较弱,此时污染物输送主要受大中尺度天气系统影响。如果大尺度流场较弱或者整个区域无大型天气系统过境,那么受下垫面热力和动力作用影响的局地环流对污染物的区域内输送具有决定影响。

四、清除过程

广义地说,前面所讨论的化学转化过程也是清除过程。化学反应中反应物变成了产物,反应物所表现的那种物质形式消失了,变成了另一种形式的物质。对于反应物已构成了清除过程。但是,对于整体大气而言,大气中的化学转化过程不造成物质的产生和消失,即不构成清除过程。当然,这些过程必然是与前面所讲的输送和化学转化过程紧密地联系在一起的,对于

许多大气成分来讲，清除过程是从化学转化过程开始的。

清除过程是维持大气成分相对稳定的重要因子。没有清除过程，许多大气成分将因地表源的不断排放而迅速累积。Hales 做过计算，若大气中不存在清除过程，根据地面上硫的源强和对流层大气体积，硫的浓度将每年增加约 70 $\mu g \cdot m^{-3}$，这就意味着在一年时间内整个对流层大气将受到硫的污染，甚至达到城市上空污染大气的含硫水平。

通常把清除过程分为两大类，即干清除过程和湿清除过程。但是，有些过程很难将其划归于这两种过程中的一种。简单地说，在没有降水的条件下，通过重力下落、湍流输送或两者的共同作用将大气微量成分(包括气溶胶粒子、微量气体)直接送到地球表面而使其从大气中消失的过程称为**干清除**过程，有时也称为干沉降过程；而通过降水粒子(雨滴、雪片、霰粒等)把大气微量成分带到地面使之从大气中消失的过程称为**湿清除**过程，有时也称为湿沉降过程。雾滴截获过程、海浪溅沫的冲刷过程以及与露的形成有关的清除过程则难以划归于上述两种过程中的任何一种。没有形成降水的云的生成、发展和消失过程，有点像大气中的化学转化过程，它对整体大气而言不构成清除过程，但却使许多大气成分的物理、化学特征发生了巨大的变化。这种变化可能在很大程度上改变了大气成分的寿命，所以讨论清除过程时就不得不涉及云中的过程。

1. 干清除过程

气溶胶粒子在大气中与微量气体不同，其清除过程也差别很大，难以一般化地统一描述。在没有降水的条件下，气溶胶粒子可通过湍流扩散作用和重力沉降作用输送到地表。气溶胶粒子一旦到达地表就被地表物体的固体或液体表面吸附而从大气中消失，从而完成其干清除过程，但实际过程并不如此简单。通常，在地表物体的固体或液体表面都有一个特殊的流体层，称其为片流层。尽管片流层只有约 1 mm 厚，湍流扩散作用和重力沉降作用只能把粒子输送到片流层边界上方，而粒子必须依赖其他作用力越过片流层而到达物体表面。这些作用力可能包括热致漂移力、光致漂移力和分子扩散力等。它们的作用机制至今还没有完全弄清楚。如果不计复杂地表物体(如植被和建筑物)的垂直方向的表面对粒子的截获作用，气溶胶粒子的干清除过程可以简单地写成沉降通量的形式，即

$$D_p = -K_z \frac{\partial N}{\partial z} + V_S N \tag{7-2}$$

式中，D_p 为气溶胶粒子的**干沉降通量**，定义为单位时间内单位面积上沉积的气溶胶粒子的质量，其单位是 $\mu g \cdot cm^{-2} \cdot s^{-1}$；$K_z$ 是在高度 z 处的湍流扩散系数，并与大气的湍流状态有关；V_S 是粒子的降落速度，且与粒子的大小、密度和形状有关；N 是地表附近气溶胶粒子的浓度。

上式右边第二项主要是重力沉降作用的结果，第一项是湍流扩散作用的描述，所以，对于大粒子，右边第二项起主要作用；对于小粒子，右边第一项起主要作用。

为了方便起见，通常定义一个有速度量纲的参数来描述粒子干沉降的快慢，称之为干沉降速度，即

$$V = \frac{D_p}{N} = V_d + V_S \tag{7-3}$$

式中，$V_d = -\frac{K_z}{N}\frac{\partial N}{\partial z}$。

上式只是在特定大气条件下的粗略近似，气溶胶粒子的干沉降是一个十分复杂的问题，其

干沉降速度不仅取决于气溶胶本身的属性(粒子大小、形状、密度等),还取决于大气的属性(如大气的温度结构、气压场、湿度场和大气稳定度)和地表特征(如植被状况、地物分布、地表粗糙程度等)。根据现有的一些测量结果估计,粒径为 1 μm 的干粒子的干沉降速度约为 0.1 cm・s⁻¹。

与气溶胶粒子不同,对于微量气体,重力沉降过程不起作用,主要清除机制是湍流扩散和分子扩散的作用,干沉降通量可以简单地写成

$$D_g = -K_z \frac{\partial N}{\partial z} \tag{7-4}$$

所有符号的意义同式(7-2)。同样的,也可用一个有速度量纲的量来表征微量气体的干沉降速度,即

$$V_g = \frac{D_g}{N} \tag{7-5}$$

微量气体的干沉降速度与气体和表面的物理、化学特性有关,当然也与大气的状态有关。后者主要决定气体分子向表面的输送,前者决定到达表面的微量气体分子能否被表面有效吸收和向地物内部输送,从而又要反过来影响输送速率。

一般来说,在中性大气条件下,挥发性较低的气体及容易与表面发生化学反应的气体干沉降速度大。有植被的表面和水体表面上许多微量气体的干沉降速度也较大。例如,二氧化硫在不同表面上的干沉降速度在 0.14~2.2 cm・s⁻¹之间变化。

2. 湿清除过程

湿清除是许多大气成分的有效的快速清除过程。通常湿清除过程分为云内清除和云下清除两类。把最终形成降水的云的云中过程所造成的大气微量成分的清除叫作**云内清除**,也称为**雨冲刷**;而把云底以下降落的雨滴对大气微量成分的清除叫作**云下清除**,也称作**水冲刷**。没有形成降雨的云没有清除作用,但对局地大气化学成分的转化却起着重要作用,可能间接地对某些大气成分的清除有重要贡献。云一旦形成降水,它对大气成分的清除作用是雨冲刷和水冲刷共同起作用的结果,很难区分开来。

气溶胶粒子的湿清除过程是从云开始形成的那一刻开始的。由于云的形成必须通过云凝结核或冰核,故在云的形成过程中有大量气溶胶粒子嵌入云滴中,如果没有凝结核,水汽要在相对湿度超过 420%的条件下才能凝结,而实际大气相对湿度很少达到 101%。

在凝结核凝结长大,大气中出现云以后,云滴可以通过布朗运动或惯性碰撞等过程在云内清除大量气溶胶粒子。

若以 m_p 表示云内气溶胶质量浓度(μg・m⁻³),则因云内清除作用减少的气溶胶质量浓度 m_w 为

$$m_w = m_p \varepsilon_p = m_p(\varepsilon_n + \varepsilon_B + \varepsilon_c) \tag{7-6}$$

式中,ε_p 为云滴清除效率,即被云滴清除的质粒总量占总质量的比率,包括核化 ε_n,布朗扩散 ε_B,碰并和拦截 ε_c 各项。对大陆性云,$\varepsilon_p \approx 0.75$,而海洋性云 $\varepsilon_p \approx 0.95$。这就是说,云区的气溶胶粒子大部分被云滴吸收,剩下的少量气溶胶粒子是直径约为 0.1 μm 的不可溶性粒子。

云形成降水后,云中吸收的气溶胶物质,随雨滴降落到地表面完成清除过程,同时,雨滴在下降过程中将继续通过惯性碰并过程和布朗扩散作用俘获气溶胶质粒,使之从大气中清除。

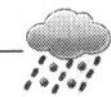

随着降雨的持续，云下气溶胶粒子浓度不断下降，这可用下式近似计算

$$M(t) = M_0 \exp[-\bar{\varepsilon}\pi R^2 V(R) N(R) t] \tag{7-7}$$

式中，$M(t)$是在 t 时刻云底下气溶胶的质量浓度；M_0 是降雨开始(即 $t=0$ 时刻)云下气溶胶粒子的质量浓度；$\bar{\varepsilon}$是气溶胶粒子的平均有效收集效率；R 为雨滴平均有效半径；$N(R)$为雨滴数浓度；$V(R)$是雨滴平均下降速度。

微量气体的湿清除是在云滴形成后，通过云滴吸收，并在降水形成后通过雨滴吸收而被带到地表的过程，如果被吸收的微量气体不与云滴物质发生化学反应或只发生快速平衡可逆反应，则微量气体的湿清除效率完全由它们在水中的溶解度决定。微量气体在水滴中的溶解过程比云滴增长和雨滴降落的过程要快得多。微量气体一般都和水滴处于准平衡状态，只要知道了大气中微量气体的浓度，就很容易由亨利定律计算出它们在水滴中的浓度(各种气体的溶解度都被准确地测量过)，其清除效率也就很容易计算。

但是，在实际大气中有许多微量气体能与水滴中的物质发生复杂的化学反应，其清除过程也就复杂化了。这类气体的清除效率是由气体向水滴表面的输送速度、气体向水滴内部的扩散速度和气体在水滴中的化学转化速度这 3 个因素决定的。前两个过程是由微量气体、空气和水的物理性质决定的，这两种过程比雨滴形成和降落过程要快。第三个因素主要是由微量气体和水滴中所含其他化学物质的浓度和性质决定的。一般情况下，湿清除效率由第三个因素决定。例如，气相二氧化硫与溶液中的四价硫(包括 SO_2，HSO_3^- 和 SO_3^{2-})可在不到 1 s 的时间内达到平衡。这一平衡过程可用下式表示。

$$(SO_2)_{气} + H_2O \xrightleftharpoons{K_H} SO_2 \cdot H_2O \quad (溶解过程) \tag{7-8}$$

$$SO_2 \cdot H_2O \xrightleftharpoons{K_1} H^+ + HSO_3^- \quad (一次离解) \tag{7-9}$$

$$HSO_3^- \xrightleftharpoons{K_2} H^+ + SO_3^{2-} \quad (二次离解) \tag{7-10}$$

式中，K_H 是亨利定律常数；K_1 和 K_2 分别是一次离解和二次离解平衡常数。

如果溶液中没有其他化学成分，二氧化硫的湿清除效率很容易由平衡态理论处理，但在实际大气中，溶液中总是含有一些氧化剂，溶液中四价硫将被进一步氧化成六价硫(SO_4^{2-})。虽然具体的反应细节比较复杂，但我们知道，只要有一个四价硫原子转化成了六价的，式(7－8)～式(7－10)描述的平衡态就被扰动，就会有另一个二氧化硫分子被水滴吸收，二氧化硫的湿清除效应就会加大。因此，只需准确地知道四价硫向六价硫转化的总转化速率即可，但要定量地处理这一过程需要更多的理论和实验研究以获取精确的化学转化速率常数。

§7.3　化学转化过程

地表源向大气排放的微量气体和粒子，其主要元素(指元素氮、硫和碳)组成的那些大多数处于还原态形式，而当这些元素组成的微量化学成分再回到地面时，大多数都变成了氧化物形式，导致微量成分这种氧化变化的大气化学过程非常复杂，它包括均相气相过程、均相液相过程以及非均相过程。

一、均相气相过程

均相气相反应是指气相物质之间发生的化学反应，大气中的大多数气相反应都与光化学反应有联系。大气中化学转化过程中的一些非常关键的成分是自由基。在20世纪初人们曾经认为SO_2、NH_3、CH_4等还原性气体是被氧气(O_2)、过氧化氢(H_2O_2)氧化的,现在已经认识到起氧化作用的是大气中存在的高活性的自由基。

自由基又称游离基,是具有非偶电子的基团或原子,其最主要的特点是化学反应活性高,存在寿命很短,年均寿命只有10^{-3}秒。大气中重要的自由基有羟基(OH)、氢过氧自由基(HO_2)、甲基(CH_3)、氢自由基(H)、H_2O_2自由基等,尤其以OH和HO_2自由基最为重要(合称为HO_x自由基)。由HO_x自由基发起的一系列化学反应是许多还原性气体成分转化为氧化态的主要途径。

对流层大气中OH自由基的形成主要受光化学过程控制。OH自由基的产生是从O_3光解开始的:

$$O_3 + h\gamma(\lambda < 340\ \text{nm}) \longrightarrow O(^1D) + O_2 \tag{7-11}$$

其中$O(^1D)$是电激发态氧原子,可与水汽反应产生OH自由基:

$$O(^1D) + H_2O \longrightarrow 2OH \tag{7-12}$$

NO、O_3与HO_2自由反应也会产生OH自由基:

$$O_3 + HO_2 \longrightarrow 2O_2 + OH \tag{7-13}$$

$$NO + HO_2 \longrightarrow NO_2 + OH \tag{7-14}$$

夜间产生并积累的亚硝酸(HNO_2)在早晨会迅速光解产生OH:

$$HNO_2 + h\gamma(\lambda < 400\ \text{nm}) \longrightarrow OH + NO \tag{7-15}$$

OH的汇主要是通过氧化还原性气体,如SO_2、H_2S、NH_3、CO、CH_4等,产物经干湿沉降过程被清除。

HO_2主要来自大气中OH与NO_3、CO和VOC_S的反应,同时HO_2通过氧化其他反应物种而被清除。

OH和HO_2都具有高反应活性,因此,它们在对流层大气中浓度很低,寿命很短,OH自由基的寿命约为1 s,HO_2自由基的寿命约为1 min。自由基浓度很低,但在还原性气体的氧化过程中起非常重要的作用,主要原因还在于自由基在反应过程中能相互转化,如OH自由基在氧化CO、CH_4的反应中产生H和CH_3自由基:

$$OH + CO \longrightarrow CO_2 + H \tag{7-16}$$

$$OH + CH_4 \longrightarrow CH_3 + H_2O \tag{7-17}$$

上述反应生成的自由基能很快与氧分子结合分别形成HO_2和CH_3O_2自由基:

$$H + O_2 \longrightarrow HO_2 \tag{7-18}$$

$$CH_3 + O_2 \longrightarrow CH_3O_2 \tag{7-19}$$

上述两种自由基又会通过一系列复杂的反应转化为OH自由基,如反应(7-13)、(7-14)。类似的自由基在反应过程中相互转化的反应有很多,本文不再一一列举。

应当强调指出,有关自由基在对流层大气化学中的核心作用尚有很多细节不清楚,也还缺乏足够的外场观测资料的支持。

参与均相气相反应的物种和反应非常多，本节只是简单地涉及一些最基本的结论性的概念。

二、均相液相过程

在液相中也存在着复杂的化学转化过程，称为**均相液相反应**。均相液相反应大多数是氧化过程，所涉及的氧化剂主要是 OH 自由基和 H_2O_2 自由基以及 O_3 等。液相反应比气相反应复杂，液相中，不仅有一步性基本反应，而且存在大量快速离子平衡反应，反应不仅涉及中性分子和自由基，还涉及离子。大气中液相反应的介质是各种液态粒子，包括云滴、雾滴、雨滴等粒子和在晴空条件下存在的液体粒子，这些液态粒子的尺度对液相化学反应过程可能有重要的影响。

1. 云化学

云水化学成分对于气象、环境、航空等许多领域都是很重要的，但由于实际观测的困难，对云水化学成分的观测并不多。首先，云中含水量较低，要收集足以进行化学成分分析的样品很不容易。其次，由于样品绝对量小，收集时间又长，防止污染，保证测量结果的精度也就相当困难。因此，现有观测结果的准确性和代表性都值得研究。不同地区、不同地点观测到的化学成分浓度值的可比性也很差。

云的形成首先是由凝结核活化开始，每一个云滴至少有一个凝结核，所以云化学过程首先由气溶胶粒子的云内清除过程开始。云水中的化学成分首先来自气溶胶物质中的可溶性成分，云中化学过程首先是气溶胶物质的溶解。大气气溶胶中可溶性物质主要是海盐（NaCl 和各种硫酸盐）、硝酸以及硝酸盐和硫酸盐。这些物质溶于水形成 Na^+，NH_4^+，K^+，NO_3^-，SO_4^{2-} 和 Cl^- 等。云水中这类物质的浓度首先与云所在高度、大气层中气溶胶的化学组成及浓度有关。

云化学的另一个重要方面是微量气体成分被水溶液构成的云滴吸收并在其中发生化学反应。大气中最容易被水滴吸收，浓度较高的气体是二氧化碳、二氧化硫、氨气和硝酸气。它们被水滴吸收后，首先会发生溶解、离解过程，即

$$CO_2 + H_2O \longrightarrow H_2CO_3 \tag{7-20}$$

$$H_2CO_3 \Leftrightarrow H^+ + HCO_3^- \tag{7-21}$$

$$HCO_3^{-1} \Leftrightarrow H^+ + CO_3^{2-} \tag{7-22}$$

$$NH_3 + H_2O \longrightarrow (NH_4)OH \tag{7-23}$$

$$(NH_4)OH \Leftrightarrow NH_4^+ + OH^- \tag{7-24}$$

$$HNO_3 + H_2O \longrightarrow HNO_3 \cdot H_2O \tag{7-25}$$

二氧化硫的溶解、离解过程见式（7－8）～式（7－10）。上述气体进入水溶液并发生离解后可能继续发生下列反应

$$SO_2 + O_3 \longrightarrow SO_3 + O_2 \tag{7-26}$$

$$SO_3 + H_2O \longrightarrow H_2SO_4 \tag{7-27}$$

$$H_2SO_4 \longrightarrow 2H^+ + SO_4^{2-} \tag{7-28}$$

$$SO_3^{2-} + O_3 \longrightarrow SO_4^{2-} + O_2 \tag{7-29}$$

$$HSO_3^- + O_3 \longrightarrow H^+ + SO_4^{2-} + O_2 \tag{7-30}$$

$$HSO_3^- + H_2O_2 \longrightarrow H^+ + SO_4^{2-} + H_2O \tag{7-31}$$

$$SO_2 + H_2O + Mn^{2+} + O_3 \longrightarrow 2H^+ + SO_4^{2-} + O_2 + Mn^{2+} \tag{7-32}$$

在云滴中 HSO_3^- 和 SO_3^{2-} 转化成 SO_4^{2-} 的速度很快，所以通常在云水中观测不到 HSO_3^-，测得的 SO_3^{2-} 的浓度也比 SO_4^{2-} 的浓度低得多，HSO_3^- 只存在于酸性微滴中。

大气中还有一些含量更低的痕量成分，如 OH，H_2O，HNO_2，NO_2，NO_3，H_2S，HCl，HBr，以及有机化学成分等。它们或多或少总能被云滴吸收，并在其中发生复杂的氧化还原反应。水滴吸收的大气痕量成分有些在紫外和可见光波段有很强的吸收带，因此，可以预期在云滴中存在某些重要的光化学反应过程，但这方面的实验资料还很少。

2. 降水化学

降水的化学成分是非常重要的环境要素。降水化学成分对地表生物的生存至关重要。因此，降水化学成分观测是大气化学的重要课题。从已有的观测资料看，降水化学成分有很大的地区特点，而且随降水云系的发展而有很大的时间变率。同一地点，不同季节、不同降水云系的降水化学成分也有很大的不同。

在遥远的海洋大气中，人为活动污染较少，大气气溶胶的无机物成分主要是海盐粒子(其组成与海水总体类似)和较小的硫酸盐粒子，前者来自海水，后者可能来自气相二氧化硫转化物的长距离输送。因此，可以预期，大洋上空降水的化学成分主要是海水中的化学成分，大陆地表矿物质及人类活动污染物的相对含量应比较低。在澳大利亚海域 2 个岛屿上测得的雨水化学成分，表明那里的海盐成分(一些金属离子和 Cl^-，SO_4^{2-} 等)的浓度比其他成分高。需要指出的是，NH_4^+ 和 NO_3^- 浓度虽然较低，但是相对于海水中的物质成分，其富集程度较高，它们可能来自气相污染物的长距离输送。而 Na^+，K^+，Mg^{2+}，Ca^{2+} 和 SO_4^{2-} 虽然浓度较高，但相对于海水中的物质成分，其富集程度较小，即这些离子主要来自海水。

在未被污染的大陆地区，大气气溶胶、微量气体的来源比海洋上空复杂得多。但是，即使在遥远的大陆地区，海盐也总是对大陆降水的化学成分有一定贡献，因为降水云系中的水汽总有一部分来自海洋，因此，海盐也随之而来，海洋的影响与观测地点离开海洋的距离有很大关系，离海岸距离愈远，降水中海盐成分的浓度愈低，一般来说，离开海岸约 10 km，海盐成分的浓度就下降 80%，但即使离开海岸几百千米，甚至几千千米，海盐粒子的贡献仍然存在。除了海盐成分外，大陆大气中的降水化学成分还包括地表物质中的可溶性成分，以及人为活动污染物。这些物质的浓度随天气条件的变化而有很大的时间变率。

在城市等污染地区，大气降水的化学成分更为复杂，而且不同城市之间的差别很大。在城市地区，云中气溶胶不仅来自当地的地表土壤人为污染物，还来自周围地区的长距离输送。在云所在的高度上，气溶胶具有大尺度的区域特征。而降水云下的气溶胶的浓度及化学组成却在更大程度上代表当地的来源分布特点和地形、气候特点。由于城市地区云下低层大气中的气溶胶和微量气体的浓度要比云中和干旱地区高得多，所以，这里云下过程对降水化学成分的贡献就相对更大一些。因此，在城市地区观测的地面降水化学成分及其浓度与当地的污染状况有密切关系。但是，城市大气中污染物的浓度不仅与当地的污染源有关，还与当地的天气条件和大气稳定度有密切关系。在风速较大，大气稳定度较低时，污染物向外输送和扩散过程较快，本地的污染物浓度就相应下降。降水过程本身是大气污染物最重要的清除过程。多雨地区，大气中的污染物(特别是气溶胶物质)的浓度要比干燥地区低得多。这样，可以预期实际测

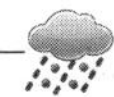

量的降水化学成分浓度将与降水前和降水期间的天气状况有关。在一次降水过程中,降水化学成分的浓度将会有较大的变化。

与干净大陆地区相比,城市污染大气降水中 SO_4^{2-} 和重金属离子的浓度要高得多,有些地区氢离子浓度也很高。中国与外国一些城市比较起来,重金属离子和 SO_4^{2-} 浓度更高一些,而 NO_3^- 的浓度并不高,这在一定程度上反映了中国城市的大气污染特点,即工业排放的 SO_2 和颗粒物污染严重。

降水中的最重要成分可能是硫酸盐。在大洋上和内陆边远干净地区,降水中硫酸根的浓度一般低于 1 mg · L^{-1},而内陆污染地区降水中 SO_4^{2-} 的浓度可达 20 mg · L^{-1}以上。从大量的实际观测结果来看,中国沿海地区降水中 SO_4^{2-} 的浓度绝大部分在 2～3 mg · L^{-1},最大不超过 10 mg · L^{-1}。在重庆市区,降水中 SO_4^{2-} 的平均浓度为 20 mg · L^{-1}。在中国西北污染城市,观测的降水中 SO_4^{2-} 浓度最大值为 65 mg · L^{-1}。在美国,降水中 SO_4^{2-} 的浓度平均为 3 mg · L^{-1}。降水中的 SO_4^{2-} 除少量来自海水和陆地地表矿物外,主要来自工业排放的二氧化硫、三氧化硫在大气中被转化成硫酸和硫酸盐,然后被云滴和降水水滴吸收,或直接被云滴和降水水滴吸收然后在液相中转化成硫酸盐。

降水中经常观测到的氮化合物主要是 NH_4^+ 和 NO_3^-,有时也会观测到 NO_2^-。NH_4^+ 在降水中浓度较高,变化幅度也很大。经常观测到的浓度为 0.1～0.2 mg · L^{-1},但在大洋上空,降水中的 NH_4^+ 浓度可低到 0.02 mg · L^{-1}。在污染城市大气降水中,NH_4^+ 浓度可达 5 mg · L^{-1}.降水中的 NH_4^+ 主要来自气溶胶中的硫酸铵和气相 NH_3 的吸收。大气中,气相 NH_3 主要来自土壤。土壤的 NH_3 排放率随土壤理化特性的不同而有很大的差别。酸性土壤排放的 NH_3 一般较低,碱性土壤 NH_3 排放较高。因此,降水中 NH_4^+ 的浓度与地表土壤状况有一定关系。降水中的 NO_3^- 主要来自气溶胶中的硝酸盐和大气中的硝酸气,可能还有一部分来自氮氧化物的液相反应。

Cl^-也是降水中含量较大的微量成分。浓度值一般为 0.2～1.7 mg · L^{-1}。在大洋上,降水中 Cl^-的浓度可高达 40 mg · L^{-1};在内陆,Cl^-浓度随着离开海岸距离的增加而下降。这说明大气降水中的 Cl^-主要来自海洋。最近的观测发现,大气中的氯有许多来自工业污染源,但降水中的 Cl^-在一定条件下可与 H^+结合释放出气相氯化氢而使降水中的 Cl^-离子浓度降低。因此,在降水酸度较高的地区,尽管大气污染很严重,降水中的 Cl^-浓度仍然偏低。

降水中的金属阳离子有 K^+、Na^+、Ca^{2+}、Mg^{2+}等,它们主要来自大气气溶胶。含 K^+和 Na^+多的气溶胶主要来自土壤和海水;Ca^{2+}主要来自土壤尘和水泥石灰尘;降水中的 Mg^{2+}可能来自海洋和土壤。

除了以上介绍的降水中的主要微量成分以外,降水中还存在大量浓度很低的其他成分。例如各种重金属元素,磷、碘和有机化合物以及一些不溶于水的物质。

3. 酸雨问题

在降水化学中,降水的 pH 值是令人关注的问题,自 50 年代以来,根据全面而系统的长期观测研究,人们发现许多地区的降水 pH 值很低,这引起了人们的普遍重视。

酸雨对环境的影响主要表现在使淡水湖的水酸化,影响水中生物生长;影响土壤湿化特性,从而影响土壤中小动物和陆地植物如森林、农作物的生长;对建筑物、文物和金属材料的腐蚀作用。此外,酸雨中可能存在一些对人体有害的有机化合物,直接危害人体健康。

我国的酸雨研究始于上世纪 70 年代末期,在北京、上海、南京、重庆和贵阳等城市开展了局部研究,发现这些地区不同程度存在着酸雨问题,西南地区则很严重。我国在 1985～1986 年在全国范围内对降水数据进行了全面、系统的分析。结果表明我国酸雨主要分布在秦岭淮河以南，秦岭淮河以北只有个别地区，在西南、华南和东南沿海一带降水年平均 pH 值小于 5.0。

溶液的 pH 值定义为

$$pH = -\lg[H^+] \tag{7-33}$$

由于在常温下，水的离子积常数 $K_w = [H^+][OH^-] = 1\times 10^{-14}$，因此，纯水的 pH 值为 7。以 pH =7 为参考点，pH <7，溶液为酸性，pH 值越小，酸性越强；pH >7，溶液为碱性，pH 值越大，碱性越强。但是，如果酸雨的判别标准以 pH =7 为标准，则全世界各地区的降水几乎都是酸的，这是因为大气中的酸性气体浓度大于碱性气体浓度，如二氧化碳溶于水后，形成碳酸，使降水呈弱酸性。我们一般把未受人类活动影响的自然降水的 pH 值作为酸雨的判别标准。

在 20 世纪 50 年代以前，人们认为大气中浓度足以影响降水酸度的大气自然成分只有二氧化碳，其他酸性或碱性成分主要来自人为活动。因此，把大气 CO_2(330 ppm)与纯水在 0 ℃时处于平衡态时的溶液 pH 值 5.6 作为酸雨判别标准。但是，现在我们知道，自然干净大气中除了二氧化碳以外还有二氧化硫、NH_3 等微量气体。它们都能影响降水的酸性。考虑到这些气体的作用，取 pH =5.0 作为未被污染的大气降水的 pH 值标准可能是合适的，用这个标准可以较好地判断降水 pH 值与大气污染的关系。

酸雨的形成和发展主要是人为活动向大气排放的 SO_2 和 NO_x 逐年增加的结果。SO_2 在大气中或在云滴、雨滴内被氧化生成硫酸或硫酸盐，NO_x 最后氧化转化成硝酸或硝酸盐，使大气中的降水呈现较大的酸性。但是，除了 SO_2 和 NO_x 以外，对酸雨形成有重要影响的物质还包括气溶胶粒子。例如，北京和重庆的大气污染程度相似，但重庆是中国的酸雨中心，而北京地区绝大多数降水的 pH 值在 7～7.8 之间(1982 年测量结果)，这主要是由北京地区的碱性气溶胶粒子造成的。北京地区的气溶胶粒子中含有大量的 CaO，它被酸性溶液吸收后容易发生下列反应

$$CaO + H_2O \longrightarrow Ca(OH)_2 \tag{7-34}$$

$$Ca(OH)_2 + 2H^+ \longrightarrow Ca^{2+} + 2H_2O \tag{7-35}$$

因此，CaO 能部分地中和降水的酸性。而重庆地区气溶胶中的 Ca 多存在于 $CaSO_4$ 中，这就使得重庆气溶胶的水溶液偏酸性，它不仅不能中和降水中微量气体形成的酸，反而使降水酸度更高。

近年来，由于 SO_2 的排放和浓度受到有力控制，我国酸雨面积和强度已明显减小。

三、非均相化学过程

非均相反应是指在两相物质界面上(气液界面、气固界面和液固界面)所发生的化学反应。固固界面、液液界面也有化学反应发生，但远不如上述反应重要。界面层在质量上占很小比重，但其重要性却是巨大的。例如，水汽必须找到一个表面(凝结核)为依托才能发生相变，否则，即使大气中相对湿度达到 400%，也不会有水滴形成。同样，没有界面，纯水滴在 0 ℃以下也不会冻结。二氧化硫不会侵蚀光滑的大理石表面，但在大理石表面上存在固体或液体粒子时，大气二氧化硫将使大理石很快被破坏，可能的非均相反应如下：

$$SO_2(g) + 2O_3(g) \xrightarrow{C_aCO_3,\ H_2O} SO_4^{2-}(a) + 2\ O_2(g) \tag{7-36}$$

在许多固体颗粒物表面的非均相反应中，表面吸附水的作用显得至关重要，如在上述反应中，表面吸附水使吸附态的 SO_2 转化为亚硫酸（H_2SO_3），使得反应容易往下进行。

大气颗粒物形状具有明显的不规则性，颗粒物表面不仅是反应的发生场所，也是反应的参与者。大气中的还原性气体如 SO_2 以及 NO_2、NO_3、N_2O_5 等氮氧化物被吸附在颗粒物表面，在 OH 自由基等氧化剂的作用下生成硫酸盐和硝酸盐。实际大气中颗粒物对 O_3 的吸附作用并不明显，对流层中非均相化学过程对 O_3 的影响主要体现在其对氮氧化物的损失作用，进而造成 O_3 浓度的变化。

亚硝酸（HNO_2）在大气化学中起着很重要的作用，它会在夜间积累，在清晨迅速光解生成 OH 自由基，是清晨 OH 自由基最重要的来源，至今已对亚硝酸的生成提出了多种机理，研究表明，气溶胶参与了 HNO_2 的形成，在 NO 浓度较低的情况下，海盐等气溶胶表面生成的 NO_3 自由基以及 N_2O_3 达到一定浓度，能促使 HNO_2 的形成。

Cl 原子具有重要的大气环境意义，在平流层催化反应中一个 Cl 原子可以和 10^5 个 O_3 分子发生链反应，一般认为，海盐表面的非均相过程是海洋对流层大气中自由态 Cl 原子最重要的来源。

界面上发生的化学过程极为复杂，目前对于非均相化学尚未揭开其具体物理、化学过程的奥秘，了解其细节需要进行深入的理论和实验研究。

§7.4　大气臭氧

一、臭氧的分布

臭氧浓度在对流层和高层大气中，浓度较低，在平流层大气中，浓度较高。臭氧浓度的垂直分布廓线大致可分为 2 种不同的类型，即单峰型分布和双峰型分布。对于单峰型分布，臭氧浓度随高度增加而变大，在大约 24 km 处达到极大值，极大值出现的高度可在 20～28 km 范围内变动，浓度最大值平均为 140 nb，随季节不同而在 120～170 nb 范围内波动。双峰型分布即臭氧浓度廓线出现 2 个峰值，除了在 20～28 km 范围出现一个主峰以外，在 10～14 km 范围内还出现一个次峰。双峰型分布多出现在春季，单峰型分布多出现在秋季。

臭氧浓度的垂直分布随纬度变化很大，随季节不同也有一定的变化。图 7－1 给出了不同季节、不同纬度上臭氧浓度分布的实测结果。很显然，纬度越高，臭氧浓度峰值所在的高度越低，而峰值浓度越高。在同一纬度上，不同季节峰值浓度所在的高度变化不大，但峰值浓度以春季明显偏高，秋季明显偏低。

为了表征平流层臭氧总含量，通常采用**“大气厘米”**为单位，即假定垂直气柱中的臭氧全部集中起来成为一个纯臭氧层，用这一纯臭氧层在 0 ℃、1 个标准大气压条件下的厚度来度量臭氧总含量，厚度为 1 cm 时称为“1 大气厘米”，厚度为 10^{-3} cm 时则定义为一个 Dobson 单位。臭氧总量的分布也随季节和纬度的变化而变化。臭氧总量一般在冬末春初出现最大值，而在秋季出现最小值，并且随纬度的增加，臭氧总量的季节波动越明显。在热带地区，臭氧总量没有明显的季节变化。在同一季节，臭氧总量随纬度增加而增加，臭氧总量在经圈方向上的这种梯度在春季最为明显。

除了明显的季节变化以外，臭氧总量日平均值也有明显的逐日波动和年际波动。臭氧总量的年际波动显示出明显的准两年周期波动和长期下降的趋势。这在两极地区（尤其是南极地区)更为明显,如图 7-2 所示。

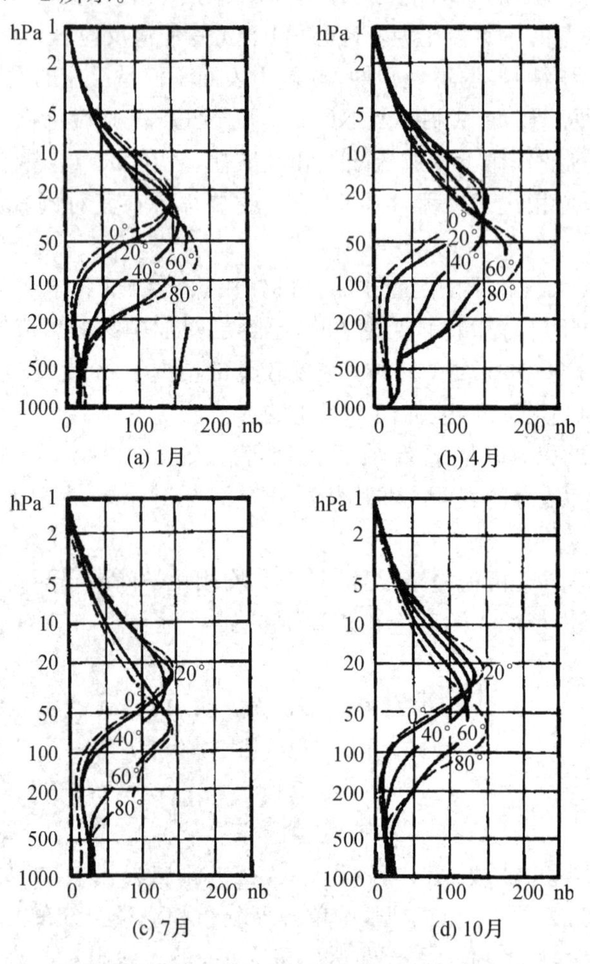

图 7-1 不同季节不同纬度上臭氧浓度的垂直分布(Dobson,1976)

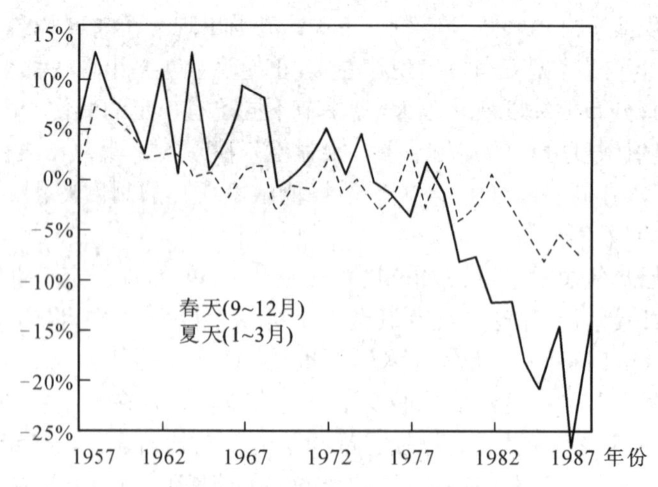

图 7-2 南极地区(4 个站平均)气柱臭氧总量偏离长期平均值的年平均距平(GTCP,1984)

(实线是南半球春天的平均,虚线是南半球夏季的平均)

二、平流层臭氧

臭氧的产生过程主要是氧气的光致离解造成的，氧吸收紫外辐射后可发生光解反应

$$O_2 + h\nu \longrightarrow 2O \tag{7-37}$$

氧气光解产生的氧原子是大气臭氧的主要源。

$$O + O + M \longrightarrow O_2 + M \tag{7-38}$$

$$O + O_2 + M \longrightarrow O_3 + M \tag{7-39}$$

其中，M是中性第三体，其作用是维持反应过程中的动量和能量守恒，主要由氮分子和氧分子充当。

可能通过光致离解产生臭氧的其他气体是氧化亚氮、二氧化氮，在大气中可发生下列反应

$$N_2O + h\nu \longrightarrow N_2 + O \tag{7-40}$$

$$NO_2 + h\nu \longrightarrow NO + O \tag{7-41}$$

上述反应生成的氧原子可通过反应式(7-39)产生臭氧。

导致臭氧破坏的过程主要是臭氧的光致离解，与一些自由基和微量气体的反应。下列反应是重要的

$$O_3 + h\nu \longrightarrow O_2 + O \tag{7-42}$$

$$O_3 + O + M \longrightarrow 2O_2 + M \tag{7-43}$$

$$O_3 + H \longrightarrow OH + O_2 \tag{7-44}$$

$$O_3 + H \longrightarrow HO_2 + O \tag{7-45}$$

$$O_3 + HO_2 \longrightarrow 2O_2 + OH \tag{7-46}$$

$$O_3 + NO \longrightarrow NO_2 + O_2 \tag{7-47}$$

臭氧总量长期下降的趋势被认为与氟氯碳化合物有关(主要是各种氟利昂)，氟利昂在平流层光解的产物原子氯可以破坏臭氧，反应如下

$$Cl + O_3 \longrightarrow ClO + O_2 \tag{7-48}$$

$$ClO + O \longrightarrow Cl + O_2 \tag{7-49}$$

从式(7-48)和式(7-49)可以看到，较少量的氯原子可以破坏大量的臭氧分子。在实际大气中，氯原子可以和其他一些物质反应，这使得式(7-48)和式(7-49)的反应不会一直进行下去。

三、对流层臭氧

对流层O_3的两个主要来源是平流层O_3的输入和对流层中的光化学过程。

虽然平流层中大气运动以水平运动为主，垂直运动很弱，和对流层大气之间的物质交换很慢，但大气动力学研究表明，对流层顶经常是不连续的，在纬度30°和60°附近因冷暖气团相遇而形成对流层顶裂缝；在纬度42°～45°附近冷暖气团接触形成对流层顶折叠。这些对流层顶不连续的地方，是平流层大气和对流层大气之间重要的物质输送通道，也是平流层O_3输入对流层的主要途径。

对流层大气中的光化学过程是形成对流层 O_3 的主要来源，超过了平流层 O_3 的输入作用。氮氧化物（NO 和 NO_2）在对流层大气，尤其是污染大气中，起着非常重要的作用。当大气中存在 NO 和 NO_2 时，在波长<424 nm 的日光照射下，下列反应就容易产生 O_3：

$$O+O_2+M \longrightarrow O_3+M \tag{7-50}$$

$$NO_2+h\gamma \longrightarrow NO+O \tag{7-51}$$

但产生的 O_3 很快就与 NO 反应生成 NO_2，即

$$O_3+NO \longrightarrow NO_2+O_2 \tag{7-52}$$

反应式(7-50)～式(7-52)是一个快速循环过程，在没有其他化学成分参与的过程中，NO、NO_2 和 O_3 之间很快达到一种稳定状态，称为光稳态关系，此时 O_3 的浓度较低，实际上，无论是清洁大气还是污染大气，对流层 O_3 的浓度都比 NO、NO_2 和 O_3 达到光稳态关系时的 O_3 浓度大，这说明，大气中必然存在着能与反应(7-52)竞争的化学反应，即有其他反应物消耗 NO，减少反应(7-52)中 NO 对 O_3 的破坏，使 O_3 浓度升高。这些反应主要来自非甲烷碳氢化合物(NMHC)和 CO。因此，对流层大气中，O_3 浓度不仅和 NO_x 有关，还和 NMHC 浓度以及 NMHC/NO_x 有关。

一般而言，在适宜的气象条件下，当 NO_x 和 NMHC 浓度较高时，O_3 浓度也较高，反之亦然。但是当 NO_x 或 NMHC 其中之一浓度较高时，O_3 浓度高低则取决于 NMHC/NO_x 比值。通常采用所谓经验动力学模拟方法(Empirical Kinetics Modeling Approach，简称 EKMA)确定。**EKMA 曲线**是指由光化学模式作出的由不同的 NO_x 和 HC 化合物始初浓度的混合物为起始条件所得到的一系列 O_3 等浓度曲线，如图 7-3 所示。对于不同情况，如不同的地理位置、辐射光强、NO_x 中 NO 与 NO_2 的比值以及 HC 中多种反应性物质之间的比值不同以及不同的化学模式，EKMA 曲线的形状也会有所不同。美国最早使用了 EKMA 曲线来表征 O_3 与氮氧化物和碳氢化合物的关系，该曲线反映了在控制 O_3 生成 NMHC 和 NO_x 上的相对重要性及比值 NMHC/NO_x 对 O_3 生成的影响，这对于制定 O_3 控制对策有重要参考价值。

图 7-3 中各等浓度曲线的转折点连成脊线，将图分为两部分，在左上区域，当 NO_x 浓度固定时，NMHC 浓度改变对 O_3 影响很小，但当 NMHC 固定时，NO_x 增加会导致 O_3 浓度增

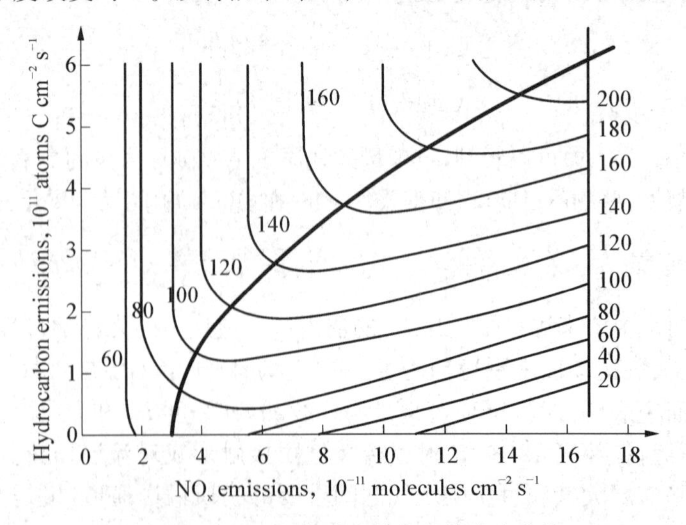

图 7-3　EMKA 方法中的臭氧等浓度曲线

加，NO_x 减小也会导致 O_3 显著减小，即 O_3 的生成对 NO_x 很敏感，这部分区域成为 **NO_x 控制区**。脊线右侧区域称为 **VOC 控制区**，在这个区域，O_3 的生成对 NO_x 不敏感，而对 NMHC 很敏感，NO_x 维持不变时，降低 NMHC 会显著降低 O_3 浓度。在图中右下区域，当 NMHC 不变，减小 NO_x，O_3 会增加，即存在 NO_x 减小的不利效应。

对流层 O_3 的重要汇包括：(1) 在地表被破坏；(2) 在大气中的光化学分解；(3) 与一些还原性气体的反应；(4) 湿清除过程。

对流层臭氧浓度有日变化和季节变化。对流层臭氧是光化学产物，除了受前体物 NO_x 和 VOC 浓度影响以外，还强烈地受气象条件特别是温度和辐射的影响，高温和强辐射是有利于臭氧生成的条件，因此，地面臭氧浓度一般在下午达到峰值，在夜间没有短波辐射，反应(7－52)起主导作用，使得 O_3 浓度在夜间较低。一年之中，春夏季节臭氧浓度相对较高。

O_3 是大气中的强氧化剂，可与许多大气成分反应，O_3 还能被水滴吸收而使水滴中的某些成分氧化，如 O_3 在 SO_2 的液相氧化过程中就起着重要作用。

四、大气臭氧的气候效应和环境效应

在平流层大气中，臭氧有很强的紫外吸收带，这是平流层大气的主要热源，使平流层大气温度随高度增加而上升，这种温度结构抑制了大气垂直运动的发展，使平流层大气只有水平方向的运动。平流层大气中臭氧吸收紫外辐射的最重要作用是作为地球生物圈的屏障，由于臭氧层的存在，不利于生命存在的短波紫外辐射($\lambda < 0.29\ \mu m$)基本上被吸收。事实上，地面上观测的波长小于 0.29 μm 的太阳紫外辐射是可以忽略不计的，而生命所需要的波长大于 0.29 μm 的太阳辐射仍能保持足够的强度。

臭氧不仅有很强的紫外吸收带，它在大气窗区(9.6 μm 左右)有一很强的红外吸收带，在对流层中，臭氧的这种对地表红外辐射的吸收使对流层臭氧成为一种重要的温室效应气体。对流层臭氧浓度增加引起的气候变化是臭氧的环境效应的一个重要方面。

另一方面，臭氧是一种化学活性气体，它在许多大气污染物的转化中起着重要作用。例如，在某些特定条件下，臭氧在二氧化硫的均相液相氧化过程中起着决定性的作用。这一过程是某些地区酸雨形成的主要原因。对流层臭氧浓度增加可能使这类地区的酸雨污染变得更为严重。此外，对流层臭氧浓度的增加将会加重城市大气污染程度。

臭氧本身对地表生物的危害也是当今重要的环境科学研究课题。臭氧对人的呼吸系统有破坏作用。已有许多文献报道了早期欧洲森林的大面积死亡可能与地表臭氧浓度增加有关。但是由于森林死亡的原因很复杂，在森林大面积死亡的地区不仅观测到地表臭氧浓度增加，同时还监测到酸雨和土壤酸化以及降水中存在着其他对植物生长有害的物质。更复杂的是，其他大气污染物，如二氧化硫等也对某些植物生长有破坏作用，所以关于臭氧对森林的破坏仍然是有争议的问题，也是环境科学中的一个重要研究课题。

§7.5　大气气溶胶

气溶胶是悬浮在大气中具有稳定沉降速度的固体或液体小微粒(不包括云粒子)与气体载体组成的多相体系。一般在大气科学研究中，常用气溶胶代指大气颗粒物。尺度范围为 $10^{-3}\ \mu m$(分子团)～$10^{1}\ \mu m$，跨 5 个量级，尺度下限取决于仪器测量精度，上限取决于所研究的问题。一般讨论小于 50 μm，有时到 200 μm 以下的粒子。

气溶胶对辐射传输有重要影响,气溶胶还是大气中云形成的先决条件之一,气溶胶浓度的变化直接影响天气、气候和大气环境。本节主要介绍气溶胶的一些基本性质,特别是它的化学组成、来源、气溶胶气候效应等。

一、大气气溶胶基本特征及化学组成

1. 等效直径

气溶胶粒子的表面可以是十分复杂的,有些粒子有晶体结构,表面也是光滑的,但大部分是粗糙的,粒子的表面积及其结构与粒子参与大气化学过程的作用有很大的关系。

气溶胶粒子的形状是不规则的,有接近球形的液体微滴,有片状、针状、柱状的晶体微粒,有极不规则的固体微粒等。对单个粒子而言,无法用一个尺度来描述,但是,如果要研究的是粒子群的统计特性,可以用等效直径来描述粒子的尺度大小。最常使用的等效直径有光学等效直径和空气动力学等效直径。

光学等效直径:气溶胶粒子与直径为 d_{op} 的球形粒子具有相同的光学散射能力,则 d_{op} 为这个粒子的光学等效直径(常与乳胶球粒子比较,折射指数 $n=1.589-0i$,波长 0.552 μm)。

空气动力学等效直径:气溶胶粒子与单位密度($1\ g \cdot cm^{-3}$)的直径为 d_{ac} 的球形粒子的空气动力学效应相同,则 d_{ac} 为该粒子的空气动力学等效直径。

对于同一个粒子,用不同测量方法测得的这两种意义完全不同的等效直径一般是不会相同的。例如,用光学粒子计数器(测量范围 0.3～15 μm)测量的是粒子的光学等效直径,用电迁移粒子尺度分析仪(测量范围 0.01～1 μm)测量的是空气动力学等效直径。如果用这两种仪器同时测量同一地点的实际大气气溶胶,在二者重叠的粒子尺度范围内(0.3～1 μm)测量结果是不重合的,这是因为两种仪器的测量原理不同而带来的固有差别。

一般情况下,如果不做特别说明,粒子直径指的是动气动力学直径。

我们通常把直径为 0.01～0.1 μm 的气溶胶粒子称为**爱根核**,有时又称为超细粒子,这是为纪念最早研究这一类粒子的科学家爱根而命名的。直径为 0.1～1 μm 的气溶胶粒子叫作细粒子或小粒子,直径为 1～10 μm 的粒子叫作粗粒子或大粒子;直径大于 10 μm 的气溶胶粒子称为巨粒子。

在环境领域,将空气动力学直径小于等于 2.5 μm 的粒子称为 $\mathbf{PM_{2.5}}$,又称为细颗粒物,将粒径小于等于 10 μm 的粒子称为 $\mathbf{PM_{10}}$,其中粒径在 2.5～10 μm 之间的粒子称为粗颗粒物。事实上,粒子按照粒径大小进行的分类和命名或多或少带有人为性和任意性。

2. 气溶胶粒子的谱分布

气溶浓度随粒子尺度的分布,称为**谱分布**或粒度谱分布,谱分布的数学描述称为谱分布函数。

n_d 是以直径为特征参数的谱分布,$\mathrm{d}N$ 为直径 $d_p \sim d_p+\mathrm{d}d_p$ 范围中的粒子数浓度,则 n_d 为:

$$n_d = \frac{\mathrm{d}N}{\mathrm{d}d_p} \tag{7-53}$$

$$\mathrm{d}N = n_d \mathrm{d}d_p \tag{7-54}$$

谱分布函数对整个粒子范围积分,即为气溶胶粒子的数浓度:

$$N = \int_0^{\infty} n_d \mathrm{d}d_p \tag{7-55}$$

3. 气溶胶粒子的化学组分

气溶胶的化学成分十分复杂，不同的时间和空间，气溶胶的化学成分是不同的。从元素角度而言，大气气溶胶尤其是城市污染空气气溶胶，几乎包含涉及整个周期表中的元素，其中基本上可区分为两类：即地壳元素和污染元素。地壳元素指地壳物质中所含的丰度最高的几种元素，如铝、硅、钙、铁、钛等，它们占地壳物质的 40%以上，若包括它们的氧化物，则可占地壳物质的 80%～90%。污染元素通常包括硫、碳、氮、铅、锌、铬、镍、砷等微量元素，主要由人为过程产生的向大气释放的气溶胶所含的元素。

许多无机盐气溶胶成分具有可溶性，其水溶性成分主要是硫酸盐、硝酸盐、铵盐和氯化物等。有机气溶胶包括烷烃、烯烃、芳香烃、多环芳烃、二噁英等，干净的大陆大气气溶胶中有机化合物的含量很低，但在城市污染大气中，气溶胶中有机物种类非常多。

气溶胶中的含碳成分是气溶胶的重要组成部分，主要包括**有机碳**(organic carbon，OC)、**元素碳**(elemental carbon，EC)、碳酸盐碳(carbonate carbon，CC)等。OC 主要代表大气气溶胶中的有机物成分，是一种含有上百种有机化合物的混合体，一般组分为脂肪类、芳香族类化合物、酸等，也包括多环芳香烃、正构烷烃、酞酸酯、醛酮类羧基化合物等有毒有害类物质。EC 是一种高聚合的、黑色的、在 400 ℃以下很难被氧化的物质，在常温下表现出惰性、憎水性，不溶于任何溶剂。其中 CC 占含碳气溶胶的比例不超过 5%，因此，绝大部分的研究者在研碳气溶胶时，仅讨论 OC、EC，认为总碳量(TC)为有机碳(OC)和元素碳(EC)之和。

碳气溶胶中能够吸收可见光的物质成分又被称为**黑碳**(Black Carbon，BC)。科学界一般接受 BC 和 EC 是同义词，即二者是同一类物质，但二者浓度不同，这是因为 EC 和 BC 是用不同测量方法测得的，当用热学分析方法测量时，称其为元素碳(EC)，当用光学分析方法测量时，称为黑碳(BC)。EC 和 BC 的浓度很接近，可以通过热学和光学两种测量方法的同步测量建立起 BC 与 EC 的当量关系。

刚排放到大气中的黑碳气溶胶粒子是憎水性的，但黑碳表面多孔，有较好的吸附活性，可以捕捉各种二次污染物，使颗粒表面的物理化学形态发生转变，变为亲水性粒子，从而参与大气中的云过程，光氧化和光化学等的非均相过程，另外由于黑碳气溶胶是通过燃烧过程所产生，因此，它们的粒子尺度比较小，其尺度范围在 0.01～1 μm 内，粒径中值在 0.1～0.2 μm。黑碳气溶胶粒子本身在化学上，一般不溶于极性和非极性的溶剂，在空气或氧气中被加热到 350 ℃～400 ℃时仍保持稳定，正因如此，它不可能在大气中通过化学反应生成，更不可能通过化学途径将其从大气中清除。

4. 气溶胶粒子的吸湿性增长

大气气溶胶按吸湿性可以分为亲水性的和憎水性的。亲水性的气溶胶主要有硫酸盐、铵盐、海盐和部分有机气溶胶。憎水性气溶胶主要有黑碳气溶胶和部分有机气溶胶。憎水性气溶胶可以通过吸附其他亲水性气溶胶而具有亲水性，部分有机气溶胶也可以通过化学反应获得亲水性。

大气气溶胶随着相对湿度的变化而发生潮解或风化过程，在这些过程中，气溶胶的质量、密度、大小都有可能发生变化，从而对气溶胶颗粒的物理化学参数产生影响。相对湿度对气溶胶的影响作用归结为两个方面：一是粒子**吸湿增长**，尺度变大，从而使尺度谱分布的形状向大粒子方向移动；二是粒子与水结合，改变气溶胶折射指数。通常当相对湿度大于 35%左右时，气溶胶粒子便能吸附水汽而凝结增长，当相对湿度大于 60%～70%后，气溶胶吸附水汽的能力便更为显著了。定义气溶胶湿度增长函数 $f=d/d_0$，其中 d，d_0 分别为干、湿状况下的气溶

胶粒径。f 随相对湿度的变化如图 7-4 所示。

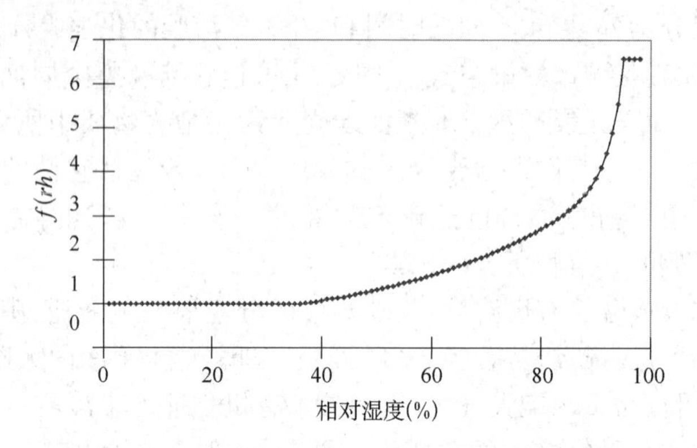

图 7-4　气溶胶湿度增长函数随相对湿度的变化

5. 气溶胶粒子的寿命

同气体成分的寿命定义一样，气溶胶粒子的寿命定义为大气中气溶胶粒子的稳态总质量与粒子物质的总输入通量(或总输出通量)之比。一般而言，气溶胶粒子的寿命首先取决于本身的化学组成和浓度谱分布，其次是所处高度和局地天气状况。吸湿性粒子容易成为凝结核，吸湿性增长以后重力沉降速度增加，被云雾降水清除的可能性也较大，粒子寿命相对较短。直径在 0.1～10 μm 范围的粒子主要靠降水冲刷和重力沉降作用清除，它们在大气中的寿命最长；直径大于 10 μm 的粒子的主要清除机制是重力沉降，粒子寿命随粒子直径增大而迅速下降。降水量大的地区能加大粒子的湿清除过程，使其寿命缩短。粒子所处位置越高，沉降到地面所需时间越长，粒子寿命也就越长，平流层气溶胶粒子的寿命一般比对流层中同样粒子的寿命长 100 倍。

二、气溶胶粒子的产生过程

气溶胶源有两种机制，即核化过程和注入机制。核化过程主要通过痕量气体氧化的气相化学反应和化石燃烧及生物的燃烧作用，由低挥发性气体凝结而成。注入机制是直接由外界向大气注入质粒，包括洋面波浪和气泡的爆破产物、陆面风力抬升输送矿物尘作用、活动火山的喷发、生物活动产物、燃烧过程和来自地球以外的陨星物质下落通量。

1. 火山

火山活动喷发产生的以硅酸盐为主的火山灰很快降落至地表，但由硫氧化物氯化物和水汽组成的火山蒸气可进入平流层。二氧化硫通过气粒转化形成硫酸气溶胶，其他气体对平流层臭氧分布产生影响。火山爆发后，平流层气溶胶迅速增加，主要是硫酸水合物，其生命可达 1 年以上，通过扩散和聚合逐步衰减。

2. 球外陨星物质

出现陨星的平均高度为 95 km，陨星蒸气影响电离层 D 区和 E 区，对夜光云的形成有贡献。陨星和球粒状陨石的元素组成具有相似性，主要由铁、锰氧化硅组成。陨星对平流层气溶胶的贡献仅为火山贡献的百分之几，但它是 20 km 高度以上的 $r<0.01$ μm 的粒子的主要来源。

陨星尘作为平流层气溶胶的可变源，可直接影响气溶胶的性质，表现为增强总质粒浓度，减少平均质粒的尺度，增加总的硫酸盐质量。

3. 风扬尘

风扬尘是最常见的自然现象，地表沙尘、土壤颗粒在风的作用下从地表分离进入大气，形成沙尘气溶胶、土壤尘气溶胶。沙尘气溶胶和土壤尘气溶胶又称为矿物气溶胶。

自然的机械研磨粉碎作用一般不可能产生次微米粒子，风扬尘产生的矿物气溶胶粒子直径一般大于 1 μm，主要在 2～5 μm 范围内。风扬尘的微观机制比较复杂，产生机制是不平坦地表上的粒子跳跃分离和碰撞发射，当风速大于某个临界值时，水平风首先能使直径为几十 μm的大颗粒移动，较大粒子对土壤表层的跳跃式碰撞使较小的颗粒激射到大气中。临界风速的大小和地表类型有关，沙漠地区的临界风速较小，越是板结的土壤，临界风速越大。

4. 海洋

海盐气溶胶对大气中的物理和化学过程有着重要的影响，海盐气溶胶中主要元素组分是 Cl、Na、Mg、Ca、K、S 和 Br，由于其来源于海水飞沫，所以与海水的主要成分一致，且其元素浓度比，如 Cl/Na、Mg/Na、Cl/Mg 等亦与海水中的相应比值接近。

海盐气溶胶主要有气泡产生和海水飞沫两种过程。

海面被风吹起的波浪，浪涛头部可包裹气泡，涛头变白就是含大量气泡的标志，涛头下落至海面，就把所包裹的气泡下压至水中，但风速小于 $3\ m\cdot s^{-1}$ 不产生气泡，水中气泡上升至表面破裂，产生微滴，被风力带入大气，水滴蒸发后留下盐核。

海洋表面受风应力作用，产生海水飞沫 。产生海水飞沫的过程又分直接机制和间接机制。在风速超过 $10\sim12\ m\cdot s^{-1}$时，强湍流使得浪花顶部直接碎裂产生泡沫滴，这种过程称为直接机制。由于波浪破碎产生的气泡在水面破碎，气泡破碎后会喷出无数液滴，这种过程为间接机制。

5. 生物过程

生物过程产生的气溶胶称为**生物气溶胶**，其成分主要为花粉、种子、藻类、细菌、植物碎片等。生物气溶胶的粒子尺度在 3～150 μm 范围内。热带雨林是世界上最大的陆地生态系统，也是最大的生物气溶胶产生源地。

6. 生物质燃烧

生物质燃烧是大气气溶胶的重要来源，包括自然的燃烧过程和人为的生物质燃烧过程。自然的生物质燃烧主要是自然产生的森林火灾，1 万 m^2 森林的燃烧可释放几百万克的颗粒物，主要是有机气溶胶、元素碳、飞灰。森林火灾产生的粒子谱分布的峰值直径约在 0.1 μm 处，这使得它们能成为有效的云凝结核。人为的生物质燃烧过程主要是秸秆燃烧，在部分地区，秸秆燃烧是造成空气污染的重要原因。

7. 人为源的直接排放

人类活动通过工农业生产、道路交通、城市建设等活动向大气直接排放气溶胶，包括燃料燃烧、工业粉尘、汽车尾气、道路扬尘等。人为源的直接排放和城市规模、经济发展水平、能源结构、污染排放控制等众多因子有关。不同排放过程排放的气溶胶类型、粒子尺度有较大的差异，如工业粉尘、道路扬尘排放的气溶胶以粗粒子为主，汽车尾气排放以细粒子为主，燃煤排放则取决于烟气除尘效率等。

8. 气-粒转化过程

气-粒转化过程是大气中由气体成分转化为粒子的过程，是大气气溶胶的一种重要来源，也是大气化学中的一类重要的化学-物理过程，它是许多重要大气化学过程的最后一步，对许多大气微量成分构成了清除机制。

气-粒转化过程包括均相成核过程和非均相成核过程两类。均相成核包括均相均质成核和均相异质成核，均相均质成核是指由单一分子组成的气相物质形成由同种分子组成的液相或固相胚粒，如水汽的自身核化过程。均相异质成核是指由多种分子组成的混合气体形成两种或多种不同分子组成的液相或固相胚粒，如水汽和硫酸蒸汽的混合气体自身核化形成硫酸液滴的过程。非均相成核包括非均相均质成核和非均相异质成核，非均相均质成核是指由单一分子组成的气相物质在外在物质上的核化，如水汽在凝结核表面上的核化过程。非均相异质成核是指两种或两种以上混合气体在外来物质上的核化，如水汽和硫酸蒸汽的混合气体在凝结核表面上的核化过程。

通过气-粒转化过程形成的气溶胶为二次气溶胶，主要有硫酸盐、硫酸、硝酸盐、铵盐及有机气溶胶等，形成某二次气溶胶的气体成分称为该气溶胶的**前体物**，如 SO_2 是硫酸盐气溶胶的前体物，NO_x 和 VOC 是硝酸盐气溶胶和有机气溶胶的前体物。这些气态前体物既有来自人类活动的排放，也有其自然排放源。

人为源对气溶胶的贡献包括直接排放和通过排放 SO_2、NO_x 等污染气体经气一粒转换形成气溶胶这两部分，对于粗粒子而言，人为源的直接排放要超过后者，对于大多数细粒子而言则刚好相反，气一粒转化是人为气溶胶的主要来源。

三、气溶胶和空气污染

1. 气溶胶的危害

气溶胶粒子的状态、大小、组成等均与人体健康密切相关。悬浮在空气中的气溶胶粒子很容易被吸入并沉积在支气管和肺部，粒径越小的气溶胶粒子，越能够沉积到呼吸道的深处，对人体的危害越大，大气气溶胶中的细颗粒物易于富集空气中的有毒重金属、酸性氧化物、有机污染物、细菌和病毒，且颗粒物的粒径越小，其化学成分越复杂，毒性越大，因为小颗粒物的巨大表面积使其能吸附更多的有害物质，并能使毒性物质有更高的反应和溶解速度，且粒径越小，越容易进入人体深处。

气溶胶浓度增加使得大气的能见度降低，轻雾、霾等天气出现更加频繁，严重影响了人类的正常生产、生活及交通秩序。

2. 霾

霾是指颗粒物和气体污染物导致的可察觉到的能见度降低现象。霾实质上是颗粒物污染造成的大气消光作用增强，是颗粒物污染增强到一定程度时的视觉现象。颗粒物的散射能造成60%～95%的能见度减弱，气溶胶中影响能见度的主要成分有硫酸盐、硝酸盐、铵盐、元素碳、有机碳和地壳物质。对灰霾引起的能见度下降，如果确定颗粒物的化学组成，以及各种化学组分的散射和吸收消光比例，就可以推算出颗粒物对能见度的影响。美国大型能见度观测计划（IMPROVE 项目）提出的 IMPROVE 经验公式是被广泛采用的消光系数计算的经验公式，并于 2012 年提出改进的消光系数经验公式，消光系数 b_{ext} 的计算方法如下：

$$
\begin{aligned}
b_{ext}(\mathrm{Mm^{-1}}) = {} & 2.2\times f_S(\mathrm{RH})\times S(\mathrm{sulfate})+4.8\times f_L(\mathrm{RH})\times L(\mathrm{sulfate}) \\
& +2.4\times f_S(\mathrm{RH})\times S(\mathrm{nitrate})+5.1\times f_L(\mathrm{RH})\times L(\mathrm{nitrate}) \\
& +2.8\times S(\mathrm{OM})+6.1\times L(\mathrm{OM}) \\
& +10\times[\mathrm{EC}]+[\mathrm{FS}] \\
& +1.7\times f_{SS}(\mathrm{RH})\times[\mathrm{SS}]+0.6\times[\mathrm{CM}]
\end{aligned}
$$

$$+b_{sg}+0.33\times[NO_2(ppb)] \tag{7-56}$$

式中：b_{ext} 为大气总消光系数，$f_S(RH)$、$f_L(RH)$ 分别为对应的 $S(X)$ 和 $L(X)$ 相对湿度的函数，X 分别为对应硫酸盐、硝酸盐和有机物质，相对湿度的函数参考 Pitchford 等根据观测分析得到的数据；其中 $L(X)$ 和 $S(X)$ 分别代表粗细粒子浓度，单位为 $\mu g\cdot m^{-3}$，其通过以下公式计算获得：

$$L(X)=[TotalX]^2/20, 若[TotalX]<20\ \mu g\cdot m^{-3} \tag{7-57}$$

$$L(X)=[TotalX], 若[TotalX]\geqslant 20\ \mu g\cdot m^{-3} \tag{7-58}$$

$$S(X)=[TotalX]-L(X) \tag{7-59}$$

[TotalX]分别表示为硫酸盐、硝酸盐和有机物的总浓度，单位为 $\mu g\cdot m^{-3}$，其中硫酸盐浓度为[TotalSulfate]=1.37[SO_4^{2-}]，硝酸盐浓度为[TotalNitrate]=1.29[NO_3^-]，有机物浓度为[TotalOM](OrganicMass)=1.7[OC]，细土壤尘气溶胶浓度为[FS](FineSoil)=[$PM_{2.5}$]−1.37[SO_4^{2-}]−1.29[NO_3^-]−1.7[OC]−[EC]，粗粒子浓度为[CM](Coarsemass)=[PM_{10}]−[$PM_{2.5}$]，[EC] 为元素碳，b_{sg} 为瑞利散射，化学组分[OC]、[$PM_{2.5}$]、[SO_4^{2-}]、[NO_3^-]、[EC]、[PM_{10}]单位均为 $\mu g/m^3$，将上述关系式代入公式(7-56)计算各化学成分的消光贡献。

需要说明的是，上式是一个经验公式，目前已有许多学者根据在不同地区开展的观测试验对上式做出了不同的修正，此处不再赘述。

3. 伦敦雾和光化学烟雾

20 世纪后期，欧洲和北美许多大城市经常遭受严重的烟雾污染，其中伦敦的烟雾尤其出名，以至于这样的烟雾被称为**伦敦(型)烟雾**。在伦敦雾中，颗粒物在高相对湿度条件下吸湿性增长，二氧化硫融入雾滴并被氧化形成硫酸，因此，伦敦雾是一种酸性雾。1952 年 12 月，伦敦经历了有史以来最严重的空气污染，持续 5 天的伦敦雾使 4 000 多人死于呼吸系统疾病，随后的一个月里，又有 8 000 余人因受这场雾的影响而陆续丧身。

20 世纪后半叶，许多城市机动车尾气排放变得越来越严重，在阳光充足和比较稳定的条件下，严重污染的城市空气中各种化学物种相互混合反应，可导致**光化学烟雾(或洛杉矶烟雾)**的形成，这一类烟雾早期因在美国洛杉矶经常发生而被称为洛杉矶烟雾。

光化学烟雾是城市污染大气中特定天气条件下发生的一种特殊现象，是气相污染物经过光化学反应急剧地向颗粒态物质转化的结果。光化学烟雾的主要成分是硝酸铵、有机硝酸盐和复杂的有机化合物。气相反应物主要是氮氧化物和碳氢化合物。在氮氧化物和碳氢化合物氧化产生光化学烟雾的过程中，OH 自由基和臭氧起着关键的作用，在污染大气中，大气要经过光化学反应产生高浓度的臭氧或 OH 自由基，然后才能产生光化学烟雾。引起光化学反应的太阳光主要是波长小于 0.310 μm 的紫外辐射，地球上纬度高于 60°的地区，紫外辐射受到大气中微粒的散射损失太多，不易引起光化学反应。夏季晴天辐射较强，所以光化学烟雾多发生在夏季晴天，温度在 24 ℃到 32 ℃的地区。由于污染物积累到较高的浓度并持续一定时间，才能发生光化学反应，因此，一切有利于污染物扩散的气象条件都能抑制光化学烟雾的产生。

伦敦雾和光化学烟雾是两类不同类型的烟雾污染，烟雾的化学成分和形成机理相差极大。伦敦雾属于煤烟型污染，主要是燃煤产生的颗粒物和高浓度二氧化硫形成的。光化学烟雾是由汽车尾气和工业废气排放造成的，主要的污染气体是氮氧化物和碳氢化合物。

四、气溶胶的气候效应

气溶胶是当今气候模拟中一个很大的不确定性因子，它在气候系统中的作用已引起越来越多的重视，包括气溶胶对辐射的影响、气溶胶对云的微物理结构的影响、气溶胶对大气化学的影响等。

人类活动通过增加大气中的气溶胶粒子对气候产生明显的影响已经到了可觉察的地步，气溶胶对气候的影响可分为气溶胶的直接气候效应、间接气候效应和半直接效应。

1. 直接气候效应

气溶胶对气候的**直接效应**指的是气溶胶粒子通过对辐射的吸收和散射作用从而影响地气系统的能量平衡过程。气溶胶对辐射的散射和吸收作用主要指的是对短波的影响，对长波红外辐射的散射和吸收很弱，相对而言不太重要。

过去认为，悬浮在大气中的气溶胶粒子犹如地球的遮阳伞，能反射和吸收太阳辐射，特别是能减少紫外光的透过，使到达地表的太阳辐射减少，从而引起地面气温降低，故称“阳伞效应”。事实上，“阳伞效应”并不能准确地描述气溶胶对地-气系统辐射传输过程的影响。按照气溶胶对辐射的吸收特性可分为弱吸收性气溶胶和吸收性气溶胶，**弱吸收性气溶胶**如硫酸盐、硝酸盐、铵盐等，其主要作用是散射，它增加了向空间的后向散射，相当于增加地-气系统反照率，减少了进入地-气系统的能量，将引起地-气系统的净冷却效应。**吸收性气溶胶**如黑碳气溶胶对短波辐射有较强的吸收，增加了地-气系统吸收的太阳辐射，引起净加热效果。黑碳气溶胶沉降到高原和高纬度地区冰雪覆盖面上，可使地面反照率下降，加速冰雪的融化。近年来，黑碳气溶胶对全球增暖的影响超过了 CH_4，已经成为仅次于 CO_2 的大气增温成分。但是，全球大部分地区，弱吸收性气溶胶浓度远高于吸收性气溶胶，因此，气溶胶的辐射效应总体上是使地-气系统能量收入减少，使对流层降温。

在污染的都市和工业区，气溶胶可削弱太阳直接辐射达 15%左右，一般讲，气溶胶在使地表降温的同时，也使大气层自身增暖。据估计，大气气溶胶的主要成分硫酸盐气溶胶引起的辐射冷却在数值上可与 CO_2 增加 25%所引起的增热效应相抵消。20 世纪 80 年代以来，在全球气候变暖的背景下，中国南方大部分地区平均气温(特别是日最高温度和白天温度)普遍下降，这被认为主要是工业 SO_2 排放引起的大气中硫酸盐含量的增加造成的。不过因为气溶胶在大气中停留时间很短，空间分布很不均匀，再加上对气溶胶的辐射特性等仍有许多不清楚的地方，因此，对气溶胶直接气候效应的估计有较大的不确定性。

2. 间接气候效应

气溶胶的**间接气候效应**指的是气溶胶充当云的凝结核(或冰核)，通过改变云的微物理特征从而影响气候，又分为第一和第二间接效应。**第一类间接效应**(又称云反照率效应、第一效应或 Twomey 效应)是气溶胶可以成为云凝结核，增加云滴数浓度，在云总含水量不变的条件下，使云滴有效半径减少，从而增加云的光学厚度和云层反射率。**第二类间接效应**(又称云生命史效应或第二效应)是气溶胶可能增加云的寿命和平均云量，对于一个给定的液态水含量，云滴有效半径的减小将同时减少降水的形成，进而可能会延长云的生命期。

地球表面将近 60%为各种类型的云覆盖，云对太阳辐射是一种强反射体，全球平均有 17%的入射太阳辐射被云反射掉，气溶胶浓度增加引起的云反射率的增加对地表气温有较强的冷却效应。全球云反射率增加 10%造成的后果比全球云量增加 10%的效应更大些，这是因为云量增加时虽然减少入射的太阳辐射，但同时也减少了地球的红外辐射损失，即云量增加同

时具有冷却效应和增暖效应。相反，云反射率增加的结果，并不对红外辐射有太大的影响。一般认为，准确估算气溶胶的间接气候效应是比较困难的，它的不确定性超过了直接气候效应。

一般气溶胶对长波的吸收较弱，有些气溶胶如碳气溶胶、生物气溶胶等对长波有一定的吸收。气溶胶的气候效应能部分抵消温室气体增加造成全球增暖，但是二者的作用有明显的区别。气溶胶直接效应主要在白天起作用，而温室效应在白天和夜间都起作用；气溶胶由于寿命较短，空间分布的非均匀性更大，在某些局部地区气溶胶的降温效应可能超过温室气体的增温效应；气溶胶的气候效应比温室效应更复杂，不仅和气溶胶化学组分有关，还和粒径、在大气中不同气溶胶成分的混合方式、空气湿度、云等多种因子有关。

3. 半直接效应

黑碳气溶胶对太阳辐射的吸收除了加热大气以外，在有云存在的情况下，大气温度的上升促进云滴蒸发，造成云量和云反照率的减小，从而加剧了局地增暖效应，同时降水也随着受到抑制，此外，充当云凝结核的 BC 在云滴内部也能够吸收太阳辐射而改变云滴的辐射特性，该效应称为 BC 的半直接效应。

4. 其他气候效应

除上述气溶胶直接效应、间接效应和半直接效应以外，气溶胶还通过其他一些途径影响气候，如黑碳气溶胶对冰雪反照率的影响、气溶胶通过对辐射活性气体的影响间接影响气候等。

冰雪圈具有很高的反照率，能够有效地反射太阳短波辐射，并受多种因子影响，包括冰粒子自身的大小、太阳高度角、云量和气溶胶等。气溶胶沉积在冰雪面上会降低冰雪的反照率，并加速其融化，从而导致正的气候强迫效应，其中黑碳气溶胶对冰雪反照率的削弱作用远高于其他气溶胶成分。当中低纬度的黑碳气溶胶通过气流输送沉降至高纬度地区和高海拔地区（如青藏高原）的冰雪表面上时，增强了雪对太阳辐射的吸收，直接影响地表辐射能量的收支平衡，进而对地表气温和雪的厚度产生影响，从而引起全球或者区域上的气候变化。

气溶胶能强烈影响大气循环和温度等导致化学反应过程的因素，此外，气溶胶还通过非均相过程影响一些辐射活性气体的浓度，如臭氧、氮氧化物等，这类气体浓度的变化最终将会影响气候。

气溶胶的这些影响也可以归类于大气气溶胶的"间接气候效应"，它们可能是非常重要的，目前难于给出较准确的定量描述。

§7.6　大气微量成分的循环过程

除了一些惰性气体以外，地球大气中的绝大多数微量成分都在地表（包括陆地、海洋、生物圈）上有源和汇。这些成分从地面源排放进入大气中，在大气中经过一系列的物理和化学变化又可能以完全不同的形式进入地表汇，构成了许多微妙的物质循环过程。这些物质循环过程大多数是不封闭的，物质循环过程中的各个贮库中物质贮量及各贮库之间物质交换通量都随时间的推移而变化。由于大气是超级流体，它作为物质循环圈上的一个物质贮库而有许多独特的性质。

一、碳循环

大气中主要的含碳化学成分是二氧化碳、一氧化碳和甲烷，其次还有一些痕量有机气体和含碳的气溶胶粒子。就物质循环来说，碳循环的主要环节是二氧化碳的循环，其他化学成分的化学转化对二氧化碳的循环可能并不重要，例如，一氧化碳氧化生成二氧化碳的过程是一氧化碳的重要汇，但并不是二氧化碳的重要源。因为由一氧化碳生成的二氧化碳只相当于大气二氧化碳总来源的千分之几。甲烷和一氧化碳是大气中 2 种重要的化学活性含碳化合物，且在大气臭氧和氢氧化物(H_xO_y)的化学中起着重要的作用。又把碳循环分成反应性碳循环和二氧化碳循环两部分。

甲烷浓度有明显的季节变化和长期变化趋，地表大气甲烷浓度有明显的经向梯度，且南北两半球浓度有巨大的差别。例如，南半球甲烷浓度分布比较均匀，而北半球甲烷明显比南半球高，并且浓度随纬度增加而缓慢增加。在对流层中，甲烷浓度几乎不随高度变化而变化，而在对流层顶以上，甲烷浓度随高度明显下降。

大气中的甲烷大约 80%来自地表生物源。地表产生甲烷的生态系统主要是一些浅水生态系统和特定的无氧环境，如沼泽地、水稻田和食草动物的胃。甲烷的产生涉及很复杂的微生物家族，经过一系列很复杂的化学反应过程，最后由甲烷细菌利用乙酸或氢气等物质产生甲烷。约 20%的大气甲烷来自地表非生物源，这主要包括煤矿和天然气开采的泄漏。此外，还有生物体燃烧等过程。大气甲烷的汇主要是在大气中的氧化转化和地面土壤的吸收。估计有 85%的大气甲烷在对流层中被破坏，约 10%被输送到平流层中，被土壤吸收的只占很少比例。对流层中大气甲烷的转化是被 OH 自由基氧化，即

$$CH_4 + OH \longrightarrow CH_3 + H_2O \tag{7-60}$$

这一反应生成的 CH_3 一般很快与大气氧反应生成 CH_3O_2，即

$$CH_3 + O_2 + M \longrightarrow CH_3O_2 + M \tag{7-61}$$

式中，M 是第三体；CH_3O_2 将继续反应，其具体过程与大气中的氮氧化物和臭氧的浓度关系极大，最终全部变成二氧化碳和水。

大气中的一氧化碳直到 1949 年才为人们所发现。大气中一氧化碳最重要的来源可能是甲烷的不完全氧化，但其对一氧化碳浓度的贡献比较难以估计，其变化范围大致为$(1\,500\sim 4\,000)\times 10^6\ \mathrm{t\cdot a^{-1}}$。海洋是大气一氧化碳的另一自然源，其排放量约为 $100\times 10^6\ \mathrm{t\cdot a^{-1}}$。森林火灾和其他生物体燃烧排放的一氧化碳估计为 $60\times 10^6\ \mathrm{t\cdot a^{-1}}$。大气一氧化碳的人为源主要是汽车尾气和化石燃料的不完全燃烧。此外，大气一氧化碳还有其他的源，但还不知道这些源对全球大气一氧化碳的贡献。大气一氧化碳的最重要汇是在大气中氧化转化成二氧化碳，主要过程是

$$CO + OH \longrightarrow CO_2 + H \tag{7-62}$$

$$H + O_2 + M \longrightarrow HO_2 + M \tag{7-63}$$

$$HO_2 + CO \longrightarrow CO_2 + OH \tag{7-64}$$

总效果为

$$2CO + O_2 \longrightarrow 2CO_2 \tag{7-65}$$

在这一化学循环中，OH 自由基起着重要的作用，但整个过程最终并不消耗 OH 自由基。这一过程对一氧化碳的清除率约为$(1\,940\sim 5\,000)\times 10^6\ \mathrm{t\cdot a^{-1}}$。大气一氧化碳的另一个汇是地表吸收，其吸收率为 $450\times 10^6\ \mathrm{t\cdot a^{-1}}$。

二氧化碳是大气的最主要的微量成分之一。二氧化碳在地球气候的形成和气候变化中起着重要作用。

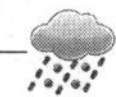

海洋是大气二氧化碳的主要源。在高纬度地区海水温度较低，海洋从大气中吸收二氧化碳，而在低纬度地区海洋却向大气释放二氧化碳。全球平均起来，二氧化碳是由海洋向大气输送。大气二氧化碳的最重要汇是陆地植物的光合作用，这可用下式表示，即

$$CO_2 + H_2O + h\nu \xrightarrow{\text{叶绿素}} [CH_2O] + O_2 \tag{7-66}$$

式中，$[CH_2O]$代表一般的有机物。

大气二氧化碳的另一个重要汇是地表岩石的风化过程，地表碳酸盐有可能吸收大气二氧化碳和水汽发生下面这类反应，即

$$CaCO_3 + CO_2 + H_2O \Leftrightarrow Ca^{2+} + 2HCO_3^- \tag{7-67}$$

但对这个汇还缺少定量的研究。

二、氮循环

大气的最主要成分是气相分子氮。但氮气相当稳定，其源和汇相对于其他的大气成分含量来说都微不足道，分子氮在大气中的寿命为数百万年。因此，在讨论氮循环时，我们关注的不是这种主要成分，而是微量的氮的氧化物。大气中的含氮化合物包括 NO、NO_2、N_2O_5、N_2O_3、NO_3、HNO_2、HNO_3、HNO_4、PAN（过氧酰基硝酸盐的英文名缩写）、NH_3、HCN、N_2O、水滴中的 NO_3^-、NO_2^- 和 NH_4^+ 以及颗粒物中的有机氮化合物。常把上述氮氧化物（除了 NH_3 和 N_2O）统称为奇氮。其中浓度最高，在大气化学中最重要的是 NO 和 NO_2，合称为 NO_x。

大气中氮循环可以分为 NH_3 循环、NO_x 循环和 N_2O 循环等几个子循环过程，其中 NH_3 是大气中最主要的碱性气体成分，它主要由地表生物源、动物粪便、土壤有机物在细菌作用下的转化、化学肥料的分解及工业排放进入大气，一部分被氧化，最终转化成硝酸和硝酸盐，另一部分与大气中的酸性物质反应生成盐粒子（主要是硝酸铵和硫酸铵粒子），硝酸、硝酸盐和硫酸盐通过干湿沉降过程又回到地表。NO_x 主要来自地表生物源和人为源，小部分来自 NH_3 和 N_2O 的氧化，它们在大气中经过复杂的化学变化转化成硝酸和硝酸盐，然后通过干湿沉降过程再回到地表，NO_x 也能直接被干湿沉降过程送到地表。

大气 N_2O 的主要来源是土壤中可溶性固定氮的硝化和脱硝过程、化学肥料的分解及其他工业排放，它在对流层大气中比较稳定，很少被氧化或光解，有一部分 N_2O 被输送到平流层中，在那里被氧化成 NO_x，再经 NO_x 的循环过程，回到地面，也有一部分 N_2O 直接经干沉降过程回到地面。

三、硫循环

大气中的气相硫化物主要有二氧化硫（SO_2）、硫化氢（H_2S）、二甲基硫（DMS）及其派生物（DMDS）、二硫化碳（CS_2）和氧硫化碳（COS）等。固态硫化物主要是硫酸和硫酸盐，是平流层和对流层干净大气中气溶胶粒子的主要成分。

大气中的硫化物可以分成三大类，即以硫化氢为代表的还原态硫化物、二氧化硫和硫酸根（包括硫酸、硫酸盐等）。硫化氢主要来自地表生物源，如果缺氧土壤中富含硫酸盐，则硫酸盐还原菌将能把它还原成 H_2S。H_2S 排放率较高的地方是热带雨林和湿地土壤。此外，稻田和海洋也是 H_2S 的排放源。硫化氢在大气中的氧化是由 OH 自由基和臭氧触发的，主要反应过程是

$$H_2S + OH \longrightarrow SH + H_2O \tag{7-68}$$

反应生成的 SH 可继续反应，最后生成 SO_2 和 SO_3。

此外还有

$$H_2S + O \longrightarrow SH + OH \tag{7-69}$$

$$H_2S + O_3 \longrightarrow SO_2 + H_2O \tag{7-70}$$

但在实际大气中 H_2S 与 O 和 O_3 反应的重要性尚不清楚。

SO_2 是大气中最重要的一种硫化物，是大气环境酸化和酸雨形成的根源之一。SO_2 的自然源是陆地植物直接排放和还原态硫化物(如 H_2S)在大气中的氧化，它的人为源是化石燃料(主要是煤)的燃烧。SO_2 浓度分布很不均匀，在北半球中纬度非都市地区表面层大气中 SO_2 的浓度低于 10 ppb，而在某些城市污染大气中 SO_2 浓度可高达 150 ppb 以上，南半球背景大气中 SO_2 的浓度低于 1 ppb。SO_2 在大气中氧化转化成硫酸和硫酸盐，其氧化途径有光氧化、与自由基反应和非均相化学过程。

光氧化过程可表述如下

$$2SO_2 + O_2 + h\nu(0.24 \sim 0.33\ \mu) \longrightarrow 2SO_3 \tag{7-71}$$

$$SO_3 + H_2O \longrightarrow H_2SO_4 \tag{7-72}$$

与自由基的反应主要是与 O、OH、HO_2 等自由基的反应。

$$SO_2 + O \longrightarrow SO_3 \tag{7-73}$$

$$SO_2 + 2OH \longrightarrow H_2SO_4 \tag{7-74}$$

$$SO_2 + HO_2 \longrightarrow OH + SO_3 \tag{7-75}$$

大气中 SO_2 经氧化最终形成硫酸或硫酸盐，并经干、湿沉降过程回到地表。

§7.7 大气化学成分与天气气候的相互作用

大气化学成分和气象存在着复杂的相互作用。一方面，气象条件是制约大气化学成分输送、扩散、转化、沉降的重要背景，风向、风速、气温、气压、湿度、辐射、降水等气象要素的变化都影响大气化学成分的时空分布特征；另一方面，大气化学成分通过对辐射、云微物理等过程影响天气气候。

一、大气化学与气候

大气化学成分影响气候的主要过程是温室气体的温室效应和气溶胶的气候效应，这在第2章大气辐射学和本章§7.5已有介绍。

除温室气体的温室效应和气溶胶的气候效应以外，臭氧层损耗与气候变化也有非常重要的关系。臭氧层能吸收太阳辐射中的紫外辐射，这是地表生物圈的保护屏障，能避免对生物有害的紫外辐射到达地面。臭氧层损耗导致地面紫外辐射增加、平流层降温，在一定程度上改变了地气系统的能量平衡过程，从而对全球气候产生影响，平流层臭氧损耗还能通过改变平流层的动力学过程，如影响极地位涡的形成来间接影响气候变化。臭氧层损耗总体上造成地一气系统辐射能量收入减少，导致负的辐射强迫。

气候变化对大气化学成分的影响主要体现在三方面：

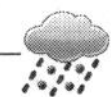

1. 气候变化引起的大气环流异常对大气化学成分输送扩散和沉降过程的影响

大气环流是污染物输送扩散的背景场，季节、年际和年代际等多时间尺度上的气候变化必然引起大气化学成分的季节、年际和年代际等时间尺度上的输送和空间分布特征的改变。研究表明，东亚太平洋沿岸近地面臭氧的季节变化主要受东亚冬、夏季风环流的季节变化控制，夏季风爆发的时间和强度以及季风环流型的年际差异是导致该地区春、夏季臭氧年际变化的主要原因。

气溶胶的年代际变化除了受到人为排放的影响，还受到气候变化和土地利用变化等因素的影响。一般认为，东亚夏季风活动的年际变化对中国区域气溶胶浓度和空间分布有明显影响，而且近几十年季风的减弱很可能利于区域气溶胶浓度增加。廖宏(2013)通过模拟2000年至2050年间的气候变化及其对中国气溶胶的影响，发现即使固定人为排放，未来气候增暖也能导致中国$PM_{2.5}$的浓度增加10%至20%；通过对过去10年的模拟研究发现，年际气候变率对$PM_{2.5}$年均浓度的影响可达17%。

2. 气候变化会影响微量气体的生物源排放

海洋中硫的来源主要是海洋生物排放的二甲基硫(DMS)，DMS进入大气后氧化成硫酸盐，形成气溶胶，通过气溶胶的直接和间接气候效应影响气候。全球增暖导致海洋表层水温增高，提高全球海洋浮游植物生产力，增加了浮游植物生成的DMS，即增加了散射性气溶胶的气候效应，使全球能量收入减少。

来源于植物VOC的排放远高于人为源的排放，生物源的排放很大程度上受气象条件影响，一方面，气候变化可能导致生态系统的改变，另一方面，气象条件变化本身即可影响生物源的VOC排放，植物排放VOC的主要成分是异戊二烯、单萜烯等，影响排放的气象因子主要是辐射和气温，研究发现，树木排放异戊二烯排放时，异戊二烯浓度的对数与温度之间存在比较稳定的关系。

3. 气候变化对大气氧化性的影响

在大气化学成分影响以后的同时，气候变化通过改变温度的分布、云、降水以及边界层的气象学而影响对流层化学过程，如近表面O_3、酸性物种的干湿沉降、大气传输及痕量大气组分的寿命。

气候的改变会影响水汽、CH_4、CO、NO、O_3及对流层太阳辐射通量，从而影响相关的光化学反应速率及OH自由基的浓度。

OH自由基是对流层大气中重要的化学清除剂，与OH自由基的反应是大气CO、CH_4和碳氢化合物的主要汇。水汽、CH_4、CO、NO、O_3及对流层太阳辐射通量决定对流层OH自由基浓度。大气CO和CH_4浓度的增加将导致OH自由基浓度的下降；它们与OH自由基的反应导致OH自由基转化为HO_x，从而改变OH/HO_x比例。在低NO_x浓度的情况下，与CH_4的反应是OH自由基主要的去除反应。

水汽是OH自由基及其他HO_x的母体，其浓度的改变将导致对流层OH自由基浓度的改变。对流层的水汽处于海洋、土壤和植被的蒸发即降水的平衡中，因此，全球气温的增加将改变对流层水汽的含量。模式计算标明，全球平均相对湿度随着全球气温的升高而保持稳定，全球气温每升高2K将会引起对流层含水量增加10%～30%，这意味着OH自由基及HO_x的含量也会有所上升。

O_3与OH自由基及HO_x之间的反应如下：

$$O_3 + HO_2 \longrightarrow OH + 2O_2 \tag{7-76}$$

因此，对流层碳氢化合物、NO_x 的排放导致的 O_3 增加将导致 OH 的增加。

另一气候影响 OH 自由基浓度的机制涉及非甲烷烃化合物对 OH 自由基的去除。全球增暖导致增加生物源排放 VOC_S，而生物源 VOC_S 也是大气中 OH 自由基的汇，它们的增加也能改变 OH 的浓度，从而改变大气的化学性质。

二、大气化学与天气

天气和大气化学存在着复杂的相互作用，一方面天气影响大气化学成分的输送、扩散、沉降和光化学过程，另一方面，大气化学成分（主要是气溶胶）通过对辐射过程和云微物理过程的影响能改变天气。

在大气化学和天气的关系中，天气影响大气化学可能是主要的。污染天气的形成是内因和外因共同作用的结果，内因是污染物的排放超出了环境容量，外因是不利的气象条件使大气对污染物的稀释能力减弱，致使污染物不断积累，从而形成污染天气。

在一个污染物排放较大的地区，在较短的时期内，污染源的变化不是很大，此时气象条件的变化就是污染天气形成的决定性因素。“静稳天气”是典型的不利于污染物扩散的天气，“静”指的是水平风速较小，污染物的水平输送能力弱；“稳”指的是大气层结比较稳定，此时，污染物垂直扩散能力弱，且稳定边界层高度比较低，污染物排放出来以后，水平和垂直输送扩散能力受到抑制，污染物在稳定边界层内持续积累，最终形成污染天气。

不同的天气类型有不同的环流特征，对当地污染物浓度的影响也是不同的，目前已有大量的关于天气类型和空气污染关系的研究，一般而言，寒潮、台风等能带来大风、降雨天气现象的天气类型有利于污染物的清除，使污染物浓度下降，高压控制型天气风速较小、有下沉气流，容易带来污染天气。天气和空气污染的关系因时因地而异，如台风过境时使污染物浓度下降，但在广州等地，台风到来之前外围的下沉气流经常会造成臭氧浓度升高；大风天气有利于污染物的输送，但北方部分地区，大风天气会带来沙尘污染。

影响天气的大气化学成分主要是气溶胶，影响机制是气溶胶的直接气候效应和间接气候效应，有研究表明，长三角地区一次严重灰霾过程中的气溶胶辐射效应使得向下地表太阳短波辐射出现了几十 $W \cdot m^{-2}$ 的下降，白天气温下降明显，边界层高度降低，大气层结变得稳定。这种天气状况的变化不利于污染物的扩散，进一步增加了污染程度。

有数值模拟研究表明，高浓度的人为污染气溶胶会对暴雨的降雨量产生影响，但相关研究的不确定性较大，大气化学和天气的相互作用是一个复杂的问题，有待深入研究。

小　　结

大气化学研究最多的是短命的微量成分和痕量成分。大气中绝大多数微量成分都经历了地表源的排放、在大气中的输送、在大气中的化学转化和从大气中清除出去的过程，这构成了这些微量成分的物质循环过程。

大气中发生的化学反应包括均相反应和非均相反应，研究最多的是气相反应和液相反应，对非均相反应由于涉及复杂的界面问题，现在对其只有定性的认识。在大气化学反应中，一类非常重要的物质是自由基，虽然自由基浓度很低，寿命很短，但化学活性非常高，是许多反应能够进行的必不可少的条件。

大气臭氧层对人类生存环境至关重要，平流层臭氧浓度下降已经引起人们的广泛重视，对

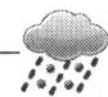

平流层臭氧的产生和破坏机制、臭氧在全球的输送、辐射特性、在其他一些大气污染问题中的作用等问题的研究几十年来一直是大气化学的前沿课题。

人为燃烧过程向大气排放了大量的以二氧化硫为中心的酸性气体和有机化合物，这些酸性物质可经化学转化过程或被云滴、雨滴吸收，造成降水的酸化，对地表植物、土壤、建筑造成破坏。

大气中的一些微量成分具有辐射活性，对太阳地表的红外辐射有很强的吸收作用，这些气体称为温室气体，如二氧化碳、甲烷、臭氧、氟氯烷等，这些气体的浓度变化可引起气候的变化。

大气化学和大气环境问题日益紧密地联系在一起，大气污染物在大气中的输送和扩散不仅和气象条件有关，还和污染物质在大气中的化学转化有关。

习　　题

7-1　控制大气中微量成分的关键过程有哪些？

7-2　什么是干清除和湿清除？气溶胶粒子的湿清除过程包含哪些？

7-3　试述大气中的碳循环过程。

7-4　何谓自由基？举例说明自由基在大气化学中的作用。

7-5　用化学反应式说明大气中臭氧产生和破坏的主要过程。

7-6　人类活动对大气臭氧有什么影响？

7-7　介绍大气臭氧的气候和环境效应。

7-8　降水中一般有哪些化学成分？

7-9　如何判别降水是否是酸雨？为什么？

7-10　大气中主要有哪些污染物？影响污染物散布的因子有哪些？

第八章

大气中的声光电

本章主要阐述气象条件对声波在大气中传播的影响、大气中的光学现象以及电学现象。

§8.1 大气声学

一、声波的基本概念

声波是大气的可压缩性(流体对改变其体积的一种反抗)和惯性(流体对改变其速度的一种反抗)之间的平衡而形成的。由于某种原因,在空气中某个局部地区激发起一种扰动,由于空气的可压缩性,使该处的空气分子围绕其原来的平衡位置发生振动,这种振动的传播即声波,声波是纵波—疏密波。

人耳能听到的声波即可闻声波,其频率大约在 16～20 000 Hz 之间,低于 16 或高于 20 000 Hz的声波则不为人耳听到,分别称为**次声波**和**超声波**。

当大气中没有声波时(即无扰动时),大气处于平衡状态,大气静压力保持不变。当大气压中有声波存在时,某点的瞬时气压将围绕静压力上下波动,瞬时气压减去静压力即为瞬时声压,瞬时声压在一段时间内(振动周期的整数倍)的均方根值,称为有效声压,简称**声压**。

声压是用来描述声波特征的一个重要的物理量。它的单位为 Pa。声压必须超过一定的限度才能为人耳所感觉,这个限度称为**可闻域**。可闻域随频率而异。1 000 Hz 的可闻域约为 2×10^{-5} Pa,微风吹动树叶的声音约为 2×10^{-4} Pa,在房间里高声谈话的声音约为 0.05～0.1 Pa,飞机发动机的声音(距 5 米处)约为 100 Pa。由于人耳听到的声压范围非常大,且人耳对声音响度的感觉与声压的对数值成正比,因此,声压的大小也常以对数表示,称为**声压级**(Sound Pressure Level,简写 SPL):

$$\mathrm{SPL} = 20\lg \frac{P}{P_0} \tag{8-1}$$

其中 P 为声压,P_0为可闻域,取值为 2×10^{-5} Pa。SPL 的单位是 dB(分贝),上面提到的风吹树叶声的声压级为 20 dB,高声谈话声的声压级为 67～74 dB,飞机发动机声的声压级为 134 dB。

描述声波另一个常用的物理量是声波强度,简称**声强**。某点的声强是指该点在单位时间内通过垂直声波传播方向的单位截面积的声能量的平均值,单位为 $\mathrm{W\cdot m^{-2}}$。声强对人耳也有一个可闻域,例如 1 000 Hz 的声音可闻域约为 $I_0=10^{-12}\ \mathrm{W\cdot m^{-2}}$。与声压相仿,声强也用对数形式表示,并称为声强级,以 SIL 表示。

$$\mathrm{SIL} = 10\lg \frac{I}{I_0} \tag{8-2}$$

式中，为 I_0 参考声强，通常取可闻域值为 10^{-12} W · m^{-2}，I 为声强。一般炮声的 SIL 约为 120 分贝。可以证明，声强级与声压级近似相等，即

$$\mathrm{SPL} \approx \mathrm{SIL} \tag{8-3}$$

二、大气中的声速

声音在大气中的传播速度即声速，以 c 表示。声速不仅和空气的温度、密度等状态有关，还和风速有关。通常将考虑风速作用以后的实际声速称为有效声速，而将不考虑风速作用下的声速即绝热声速称为声速。

1. 无风时大气中的声速

没有风时，相对于地面静止的观测者，声速 c 由下式决定：

$$c = \sqrt{\frac{E}{\rho}} \tag{8-4}$$

式中，E 是空气的容变弹性模量，$1/E$ 称为容积压缩系数。ρ 是空气密度。

$$E = -\frac{\mathrm{d}p}{\frac{\mathrm{d}\alpha}{\alpha}} \tag{8-5}$$

$\mathrm{d}p$ 是声波到达时空气压强的改变，$\mathrm{d}\alpha$ 是与之相应的空气比容的改变量。由热力学第一定律可得

$$\alpha \mathrm{d}p = c_p \,\mathrm{d}T$$

$$p \mathrm{d}\alpha = - c_v \,\mathrm{d}T$$

两式相除，得

$$-\frac{\alpha \mathrm{d}p}{p\,\mathrm{d}\alpha} = \frac{c_p}{c_v} = k \tag{8-6}$$

则

$$E = \frac{c_p}{c_v} p$$

$$c = \sqrt{kRT} \tag{8-7}$$

对于干空气，$k = k_d = 1.405$，$R_d = 287$ J · kg^{-1} · K^{-1}，得

$$c = 20.05\sqrt{T} \tag{8-8}$$

可见干空气中的声速与空气绝对温度的平方根成正比，温度越高，声速愈快。摄氏零度时的声速为 331.4 m · s^{-1}。若在上式中采用摄氏温度 t，可得到近似公式

$$c \approx 331.4 + 0.61t \tag{8-9}$$

上式表示温度每升高 1 ℃，声速约增加 0.61 m · s^{-1}。

对于湿空气，

$$k=\frac{c_p}{c_v}=\frac{c_{pd}(1+0.863q)}{c_{vd}(1+0.967q)}=k_d\frac{1+0.537\frac{e}{p}}{1+0.6015\frac{e}{p}}$$

$$R=R_d\left(1+0.378\frac{e}{p}\right)$$

将上述湿空气的 k 和 R 代入式(8-7),可得湿空气中的声速为

$$c\approx c_d\left(1+0.156\frac{e}{p}\right) \tag{8-10}$$

若在近地层取 $p=1\,000$ hPa,则有近似公式

$$c\approx 331.4+0.61t+0.05e \tag{8-11}$$

可见水汽压每升高 1 hPa,声速约增加 0.05 m·s^{-1}。在 5 km 以上,可略去水汽作用,以干空气声速代替,计算误差不会大于 0.5 m·s^{-1}。

在约 90 km 以上的非均匀层中,大气各成分的比例发生变化,空气平均分子量减小,即空气比气体常数随高度逐渐减小,此时声速的计算必须考虑到 R_d 随高度的变化。

2. 风对声音传播的影响

设声源 O 向四方发出声音,当风速为 u,平行于 ox 方向吹(如图 8-1)。人耳处于 M',与声源的距离为 OM'。

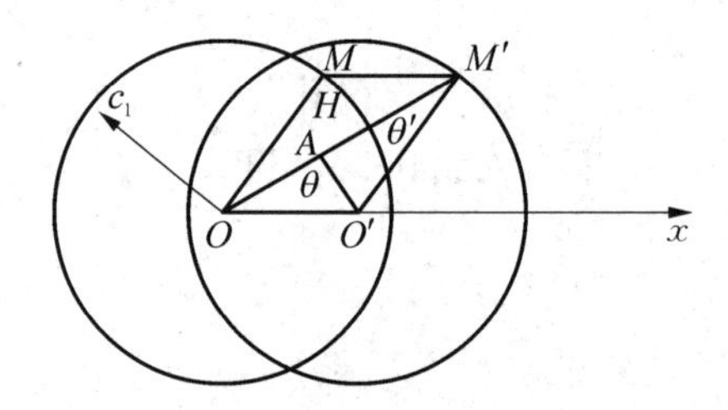

图 8-1 风速对声速的影响

如果无风,则从声源 O 发出的声音将以同一声速 c 向各方向传播,经过时间 t 后,到达以 OM 为半径的圆周各点上。

如果有风,整个介质以风速 u 随风移动,圆 O 将移至圆 O' 的位置,M 点移至 M' 点。故位于 M' 的观测者可听到从声源 O 发出的声音。其声速为:

$$c_1=c+u\cos\theta \tag{8-12}$$

θ 为风与 x 轴的夹角。在顺风向 $\theta=0°$,声速最大;在逆风向 $\theta=180°$,声速最小。

三、空气中的声线

在声波波长远小于所涉及的空间和物体的尺度的情况下,可以不考虑声音的波动性,用几何声学方法讨论声波在大气中的传播,在几何声学中,声波能量的传播轨迹称为**声线**,在均匀静止的介质中,声线为直线,在有风或温度分布不均匀的介质中,声线是曲线或折线。声音在空气中的传播,有折射和反射等现象。

1. 温度对声线的影响

声音在传播过程中经过不同温度的气层时会发生折射现象，如图 8－2 所示，声音在气层 n 中的声速为 c_n，声线与垂直方向的夹角为 i_n，声线的折射与光线在大气中的折射定律形式完全相同，折射定律为

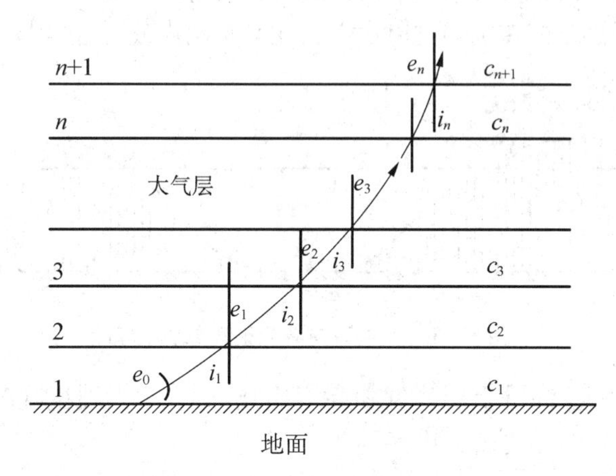

图 8－2　声线折射示意图

$$\frac{c_1}{\sin i_1}=\frac{c_2}{\sin i_2}=\frac{c_3}{\sin i_3}=\cdots=\frac{c_n}{\sin i_n} \tag{8-13}$$

或

$$\frac{\sin i_n}{\sin i_{n+1}}=\frac{c_n}{c_{n+1}}=k_n \tag{8-14}$$

式中，k_n 为折射率。

声线的弯曲与 $\frac{\partial T}{\partial Z}$ 有关，$\left|\frac{\partial T}{\partial Z}\right|$ 越大，则声速的垂直变化越大，声线的弯曲程度也越大，反之，$\left|\frac{\partial T}{\partial Z}\right|$ 越小，声线的弯曲程度也越小。声线的弯曲方向与 $\frac{\partial T}{\partial Z}$ 的符号有关，如果温度随高度下降，则声速也随高度变小，即 $c_1>c_2>c_3$，故可得 $i_1>i_2>i_3$，声线将逐渐向上弯曲。如果温度随高度增加（逆温），则声线将逐渐向下弯曲。

如图 8－3 所示，气温随高度降低，声线向上弯曲，地面上只能在较小的范围内听到从 O 点发出的声音。

若近地面是逆温层，则声速随高度变大，故从 O 点传播出去的声线将向下弯曲，地面上能听到从 O 点发出的声音的范围较大（如图 8－4）。

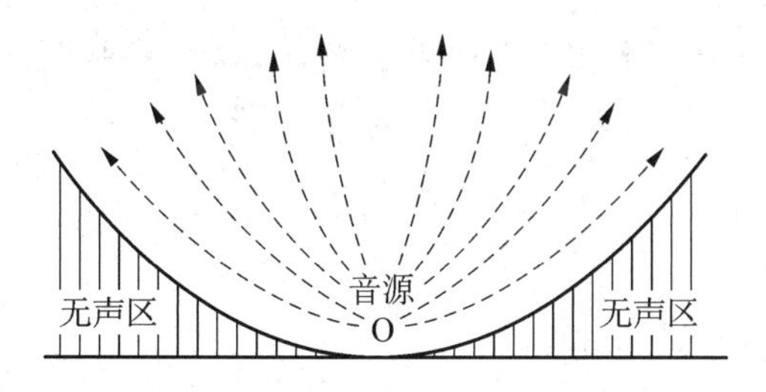

图 8－3　气温随高度降低时声线的分布

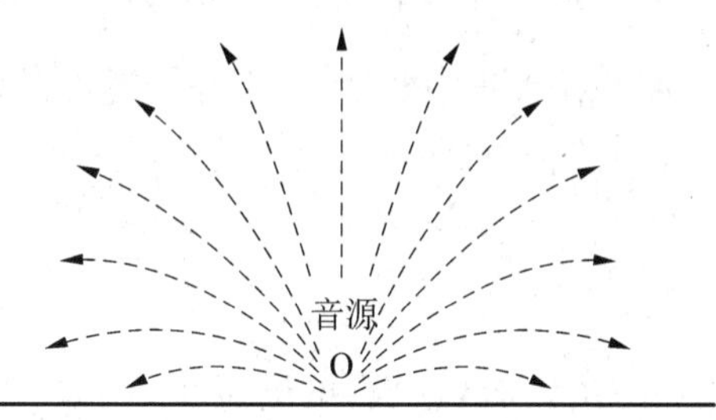

图 8－4　气温随高度增加（逆温）时声线的分布

如果近地面气温随高度递减，但上空有逆温层(如图 8－5)，则从 O 点传播出去的风线，先是向上弯曲，进入逆温层后又复向下弯曲，回到地面。结果将在声源附近的正常可闻区以外处出现无声区，而在比无声区更远的地方，又出现能听到声音的“异常可闻区”。若从异常可闻区的地面上反射的声波还具有足够的强度，那么它还能继续向前传播，形成新的无声区和可闻区。这种声音的异常传播称为“自然波导”传播，它能使声波，尤其是次声波，传播到遥远的地方。

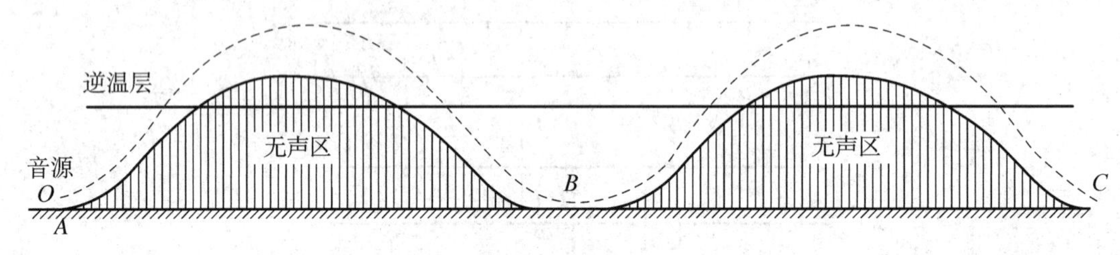

图 8－5　上空有逆温层时声线的分布

当近地面气层有逆温，而其上层气温随高度递减，对应于大陆夜晚的层结情况。此时声线折射如图 8－6 所示。阴影部代表无声区。

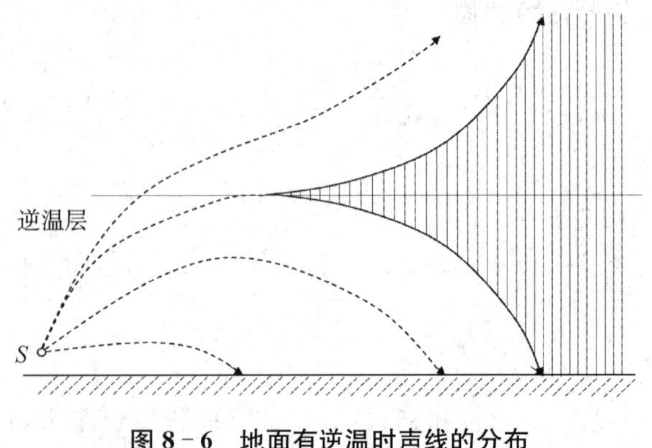

图 8－6　地面有逆温时声线的分布

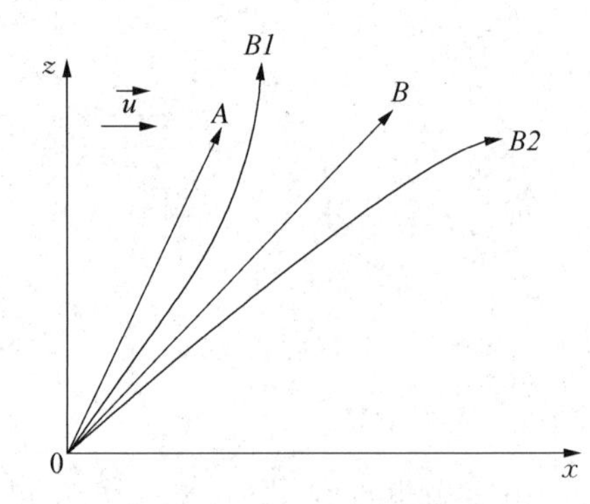

图 8－7　风对声线的影响

2. 风对声线的影响

有风时的声线可以用图 8－7 简单地表示，为了单独分析风的影响，假设温度不随高度变化，如果没有风，从声源 O 点发生的某一根声线应传播到 A，如果有上下均匀的风，则声线受风影响后向下游方向偏移，将传播到 B，但声线仍为直线。如果风随高度减小，则声线传播到 $B1$，而当风随高度增加，则传播到 $B2$。比较 $B1$ 和 $B2$ 这两条声线可以发现，声线永远向背着风速增加的方向弯曲，在风速随高度增高的情况下，在近地面听远处的声音比较清楚。

四、声波在大气中的衰减

声音在大气中传播，其声强会逐渐减弱，也即随距离增加声音会愈来愈小，这就是所谓的声波在大气中的衰减。设声波初始声强为 I_0，经过距离 r 以后，声强减弱为 I，则

$$I = I_0 \frac{1}{r^2} e^{-2Kr} \tag{8-15}$$

式中 K 称为衰减系数，单位为 $\mathrm{dB \cdot m^{-1}}$。对于平面波，上式可简化为

$$I = I_0 e^{-2Kr} \tag{8-16}$$

造成声波在大气中的衰减有以下几方面的原因：

1. 大气的粘滞性和热传导性

粘滞性使大气分子之间有内摩擦，一部分声能转为热能而耗散掉，粘滞性越大，声波衰减也越大；绝热压缩和膨胀引起大气介质各部分的温差，因大气的导热性，热能从高温向低温处传输，这些能量不能还原为声能，因而也是一种衰减因子。由粘滞性和热传导造成的衰减称为经典衰减。经典衰减的大小除和粘滞性系数和热传导系数有关外，还明显地与声频的平方成正比。在标准情况下，经典衰减 a_c 可表为

$$a_c = 4.24 \times 10^{-11} f^2 \qquad (1/\mathrm{m}) \tag{8-17}$$

式中 f 为声频。声音频率越高，衰减越大，传播的距离越短。

2. 空气分子的振动衰减和转动衰减

分子的振动衰减和转动衰减通称为弛豫衰减。当没有声波时，大气处于平衡态，气体内能均匀地分配给分子的每一个自由度。当大气中有声波通过时，表征大气状态的参数(P，T，e)将做周期性变化，气体分子每个自由度的能量也将变化，直至建立一个新的平衡态。这个过程需要一定的时间，称为弛豫时间，在弛豫时间内，声能转化为热能。这种损耗在振动周期和弛豫时间具有相同量级时最大。

3. 大气湍流对声波的衰减

大气湍流总是存在的，由于风和温度脉动会引起对声波的散射，导致声波衰减，这种衰减有时也称为逾量衰减或过剩衰减。一般来讲，湍流越强，声音频率越高，逾量衰减也越大。在夜晚的湍流比白天弱，声音也传播得比较远。

4. 气溶胶粒子对声波传播的衰减

气溶胶粒子具有一定的惯性，有声音传播时它们振动的位相、振幅、速度均和大气介质不同，于是气溶胶粒子和大气分子之间有相对运动，由于气体的粘滞性，这种相对运动产生内摩擦，从而使一部分声能转化为热能，造成声音的衰减。另外气溶胶粒子的热容量和气体介质不同，温度变化也跟不上气体介质的温度变化，因此，由于热传导还将损失一部分声能。

5. 声波的发散衰减

声波是球面波，声强与离开声源距离的平方成反比。发散衰减表示声波传播路径上两点之间声强因发散引起的损耗。

五、大气中的次声波

自然界中充满了各种各样的声音，除了来源于人类活动、动物活动等的声音以外，还有来源于天气现象的声音，如风的呼啸声、闪电后的雷声、降雨的声音等。雷声的产生和爆炸发出的巨响是同样的原理，闪电通道的温度可达 3 万度，相应的气压约 10～100 个大气压，这个高温高压通道在极短的瞬间向外扩张，引起爆炸冲击波，以 5 $\mathrm{km \cdot s^{-1}}$ 的速度向外传播，约经过零点几秒的时间后，就衰减为声波，并以约 340 $\mathrm{m \cdot s^{-1}}$ 的速度向四周传播，这就是雷声。雷声从产生到传播到地面，声波的特性已经有了很大的改变，由于高频部分衰减较快，雷声传播过程中频率向低频方向移动，在几公里距离以后，频谱中就只剩下低频成分了。雷声的可闻度(即可闻的距离)约 25 km。由于闪电通道长数千米，因此，通道各部分激发的声音传到人耳就先后不一，再加上地面、云层等对声波的反射等原因，使得雷声通常持续较长一段时间。

除了闪电能产生次声波以外，自然界中还有很多次声波的源，如海浪、地震、火山爆发、核爆炸、超音速飞行、龙卷等，大气对次声波的衰减很小，这使得次声波能传播很远距离，由于次声波可在离源很远处被测量到，因而次声波也就成为研究这些现象的有力工具。历史上，核武器的发展曾对次声波的研究和探测技术有很大的推动作用，次声波方法也曾是探测大气中核爆炸的主要手段之一。次声波的产生与自然界中发生的大尺度剧烈运动有关，比较受关注的次声波频率在 1 Hz 之下，周期在 1～600 秒，相应的波长约为 340～200 km。由于次声波声压很小，一般用微压计进行测量。

次声波观测一般要测定入射波的振幅、波形、波的传播方向和速度。根据波形可以对次声波源的性质和次声波的传播情况进行研究；根据波的传播方向可以寻找次声波源；根据传播速度可把速度小于声速而波形类似于次声波的波动识别出来。

强风暴产生的次声波的周期约为 12～60 s，振幅一般为＜百帕，波动持续的时间为数分钟至数小时，平均约为 2 小时；龙卷风的次声波周期约为 12～60 s，振幅约为百帕；雹暴发出的次声波周期约为 5～60 s，振幅约为百帕。次声波的声源并不来自整个风暴区，而是来自风暴区的某一个活动中心，并且次声波会突然由风暴区的这一活动中心移向另一个活动中心。在某些情况下观测到的次声波要比雷达发现风暴提前 1 个小时，甚至更早。

事实上，还有许多次声波我们不清楚其来源，需要进一步研究，尤其是周期特别长的次声波（＞200 s）更具有研究价值。研究自然现象产生的次声波的特性和产生机制可以使我们更深入地认识造成这些现象的特性和规律。

六、大气声遥感

声波在大气中的传播和大气状态有关，因此，可以通过对声波传播的观测和分析来获得大气状态的信息，这种利用声波和大气的相互作用来测定大气某种性质的方法称为大气**声遥感**。大气声遥感分为主动遥感和被动遥感。

被动遥感又称为无源遥感，它不向目标物发射声波，只是被动地接受来自目标的声波信号，这种方法接受的是从远距离声源来的声波，多以次声波为主。

主动遥感又称为有源遥感，利用的是大气对声波的散射作用。声波除反射和折射外，在性质不均匀（如风速和温度的脉动）的大气中还会发生散射，后向散射部分将返回发射点，分析声散射回波强度，可以判断大气的热力结构（如对流强弱、对流高度、逆温层等）和湍流情况；比较发射的声波和声散射回波频率的差异，可以计算风向、风速随时间和高度的变化。主动声遥感多采用可闻声波的中间区域（800～6 000 Hz），由于大气对可闻声波的衰减很大，主动声遥感的探测一般应用于大气边界层。这里主要介绍主动声遥感的一般探测原理。

声雷达的探测原理与雷达相似，一套完整的声雷达探测系统由天线、发射机、接收机、时序逻辑电路、数据采集和接口、微处理器、打印机和显示器、电源等几部分组成。发射机将音频信号从天线发射到大气中，接受系统接受由大气后向散射的音频信号。发射机和接收机可以共用一个天线（收发合置式），由转换开关控制，也可以采用分置方式，两种方式各有特点。收发合置式可以采用三个天线：一个垂直向上发射音频脉冲并接收信号，测量垂直气流和边界层热结构；其余两个按水平投影成 90°夹角倾斜放置，分别测量径向风速并计算出水平风速。

根据发射脉冲和接受回波信号之间的时间差 Δt，可以确定探测目标物的距离 r：

$$r = \Delta t \times \frac{c}{2} \qquad (8-18)$$

式中 c 为声速。再根据天线的方位角和仰角，就可以确定目标物的空间位置。

声雷达测风利用的是多普勒频移现象，有风时散声波的空气的运动会引起发射信号频率 f_0 和接收信号频率 f_1 产生差异，即多普勒频移，可表达为

$$\Delta f = f_0 - f_1 = \frac{2v}{c} f_0 \qquad (8-19)$$

式中 v 为沿着探测路径上的风速分量，并规定向着天线方向运动为负，背着天线方向运动为正。只要测出后向散射回波的频率 f_1，就能测出沿探测路径上的风速分量，通过成不同角度的三个天线的测量，通过几何关系可获得风速的三个分量。

§8.2　大气光学

一、大气中光的折射现象

光在均匀介质中是以直线传播的，但在非均匀介质中，光路是弯曲的。大气密度无论是在垂直方向还是水平方向上均有变化，尤其在垂直方向上，通常密度随高度增加而减小，如果将大气在垂直方向上分为若干薄层，使每一薄层内大气密度近于一致，于是当光线自上而下传播时，就会在各薄层之间的界面上发生折射。

1. 大气折射率

设 n 为大气折射率，p 为气压，T 为气温，e 为水汽压，则其间的关系为

$$(n-1) \times 10^6 = A\frac{P}{T}\left(1 + \frac{Be}{PT}\right) \qquad (8-20)$$

式中，P，e 以百帕为单位，T 以 K 为单位，对于可见光，A，B 的数值由下式决定

$$A = 77.6\left(1 + \frac{5.15 \times 10^{-3}}{\lambda^2} + \frac{1.17 \times 10^{-4}}{\lambda^4}\right)(\mathrm{K \cdot hPa^{-1}}) \qquad (8-21)$$

式中，λ 为波长，单位为 μm。

$$B = -0.120(\mathrm{K}) \qquad (8-22)$$

根据(8-20)可以看出，水汽增多，n 减小；气压增大或气温降低，n 增大；波长愈短，n 愈大。为方便计，常令 $N = (n-1) \times 10^6$ 表示大气折射率，并称为 N 单位折射率。如果 $n=1.000\,326$，则 $N=326$。

在平均状态下，可见光的 N 单位折射率随高度 Z(km)变化，可表示为

$$N = 273\mathrm{e}^{-\frac{Z}{9.82}} \qquad (8-23)$$

2. 蒙气差

由于大气的密度随高度变化，因而进入大气外层的光线进入大气时的天顶角与人在地面看到此光线时的天顶角不同。这种天顶角的差异，是由于大气（“蒙气”在古代指的是包围在地球外面的大气）造成的，故称**蒙气差**。

如图 8-8，设星体 A 的真天顶距为 Z^*，MO 是光线在大气内的折射路径，人眼看到的 A 的位置似在 A'，视天顶距是 Z。令 θ 代表蒙气差，就有

$$\theta = Z^* - Z \tag{8-24}$$

在实际工作中，一般用下式近似计算 θ 值

$$\theta = (n-1)\mathrm{tg}\, Z \tag{8-25}$$

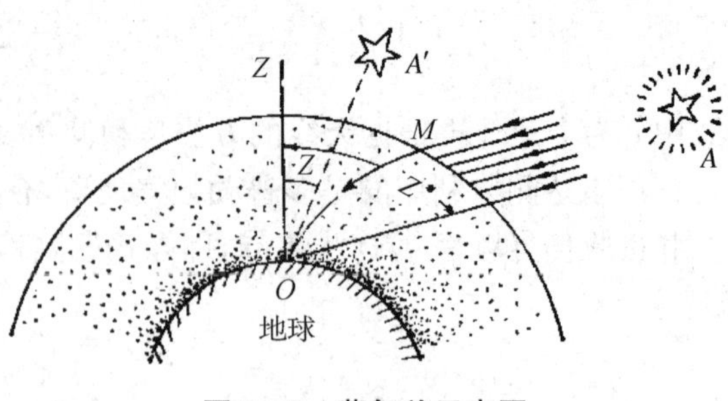

图 8-8　蒙气差示意图

n 表示标准状况下大气对光的折射率，对不同颜色的光取不同的值，在标准状况下，波长较短的光的蒙气差大于波长较长的光的蒙气差。

由于蒙气差，将引起许多天文折射现象，主要包括：日月变形、绿闪、星光闪烁等。

3. 天文折射现象

从大气外来的光线，通过大气进入人目所造成的折射现象称为**天文折射现象**。

(1) 星体位置的变化　由于蒙气差，星体的实际高度角比视高度角要低，在地平线差异最大。

(2) 日月的变形　当日月在地平线附近时，由于日月下边缘的蒙气差大于上边缘的蒙气差，致使日月呈扁形。

(3) 天穹范围扩大　由于地平线附近蒙气差大，因而能看到地平线以下的天空和星体。

(4) 白昼延长　由于蒙气差使得日出提早，日没延迟，结果白昼延长。

(5) 绿闪　由于大气对不同波长的光线具有不同的折射率，因而来自日、月、星体的光线经过大气时就像穿过棱镜一样产生色散现象。大气的这一棱镜效应与日月星体的视天顶距有关，在地平线附近尤为显著。因此，日光穿过大气会产生七色彩带，红光折射最小，紫光折射最大。不过这种色散作用相当微弱，这是因为太阳在地平线附近时因大气色散产生的七色彩带视角度约为太阳视半径的六十分之一。所以太阳光盘上某点发出的光由于天文折射产生的彩带很容易与邻近发光点所伸展的彩带相互重叠，从而变成白色光。只有当太阳上边缘与地平线相切时的那个发光点才能显示出大气的棱镜效应。因此在日落的瞬间当大气特别透明时，太阳光盘上边缘的光点发出的彩色光带的颜色很快从白色经黄色变为绿色或淡青色的色光，持续时间仅为几秒钟，在低纬地区仅为几分之一秒，故名绿闪。

(6) 彩色星光　当星体在地平线附近时，因天文折射作用，人们用天文望远镜观察到的不是一个白色光点，而是沿铅直方向自下而上展开的红橙黄绿青蓝紫七色彩带。当星体从东方升起时星光彩色由紫到红，当星体西沉时星光彩色从红到紫。不过由于大气的消光作用，往往使星光彩色的蓝紫光不易观察到。

(7) 星光闪烁　指的是天空星星不停地闪烁，好像星星不断地眨眼，故称星星眨眼。当星体在地平线时闪烁更为剧烈，有时还伴有彩色变化。

大气是湍动不息的，充满了无数大大小小的湍涡，这些湍涡的温度密度都有很大的起伏，因而造成大气折射率的随机起伏。这就使得从遥远的太空来的星光在地球大气中传播时其波阵面畸变，光路起伏不定造成入射到人眼的光线时多时少，方向也在变化。于是星光的强弱位置均在不断变化——星光闪烁。至于彩色变换则是大气色散所致。

星星闪烁与天气有密切关系，比如“星星眨眼，下雨不远”。当星星闪烁变暗时，往往是晴天的预兆。

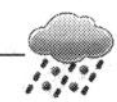

4. 地文折射现象

地文折射现象是指大气内的物体所发出的光线在大气中的折射现象。如沈括在“梦溪笔谈”中记载：“登州海中时有云气，如宫室台观，城堞人物，车马冠盖，历历可睹。”登州即现在的山东蓬莱，位于渤海南岸，离岸几十公里有庙岛群岛，沈括所记载的就是蓬莱海边所见的庙岛群岛的幻景，称为海市蜃楼，又名蜃景。蜃景是大气折射所致，可分为上现蜃景、下现蜃景、侧现蜃景和复杂蜃景。

上现蜃景　地面有极强的逆温存在、空气密度随高度剧烈减小的场合下发生的，多出现于早晨。光线传播时将向下弯曲，所见的物象高于实物，示意图如图 8－9 所示。在蓬莱市海边春夏季节，空气较暖，海面有冷洋流经过，温度较低，常出现强逆温，故在该县海边常出现上现蜃景，即传说中的“蓬莱仙境”，该县蓬莱阁即专门为人们观赏海市蜃楼而建，阁中石碑上还刻有“欲从海市觅仙迹，令人可望不可攀”的诗句。

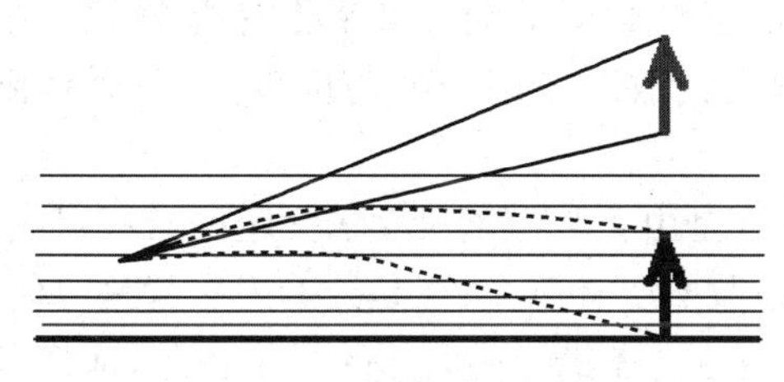

图 8－9　上现蜃景示意图

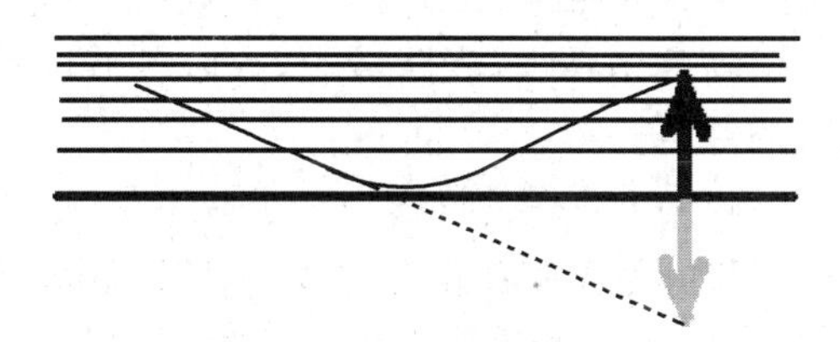

图 8－10　下现蜃景示意图

下现蜃景　若下垫面强烈增温，致使近地面的铅直温度递减率超过 3.41 ℃ · $(100\ \mathrm{m})^{-1}$，这时近地面空气密度随高度增加，光线传播时将向上弯曲，这时人眼所见的物象低于实物，称为下现蜃景(如图 8－10)。下现蜃景一般出现在沙漠地区，又称沙漠蜃景。

侧现蜃景　是指幻景位于实际景物的某一侧的蜃景。通常出现在大气折射或大气密度在水平方向上存在很大差异的地方，瑞士日内瓦湖上常出现侧现蜃景，日内瓦湖南面被山峦包围，北面开阔，日出后，湖的南部在山的阴影中，气温较低，而湖的北部受日照气温升高，造成较大的南北部水平空气密度的差异，有时会有侧现蜃景出现。

复杂蜃景　它是指变化最为复杂最富于幻想的蜃景，又名幻变蜃景，其形式多样。由于大气湍流造成折射率的起伏，往往使观察到的蜃景变化很大。

二、大气中光的散射现象

1. 天空的颜色

为什么看到的晴天天空是蓝色的，而不是其他颜色？在自然界，人们看到的颜色大多数是颜料色，即由有选择地吸收一定波长的光波的物质产生的。因此，曾经有人设想过，大气里含有一种蓝色气体，或者大气本身就是蓝色的。后来研究表明，大气是无色的，它的颜色并不是颜料色，而是太阳光经空气分子和其他细小颗粒物散射造成的。瑞利散射表明，散射辐射的强弱与入射辐射的波长四次方成反比。因此，空气分子对绿蓝紫光散射较强，红橙黄光散射较弱。对于下层空气分子来讲，主要是蓝色光被散射，因此，人们看到的天空是蔚蓝色的。倘若没有大气存在，白昼天空将是完全黑暗的，人们可以看到天空上的太阳和其他星星，由于大气的存在，白天散射光(也称天光)太强，故在白天只能看到太阳，其他星星均被湮没了。

在大气低层，有时空中含有较多的颗粒物和水滴，由于它们尺度较大，与光波波长相当，此时颗粒物的散射服从米散射原理，对不同波长光的散射具有同等的散射能力，因此，在地面看到的天空将不是纯蓝色，而是近于蓝白色。如果颗粒物或水滴含量进一步增多，天空将呈现乳白色或灰白色。

探测表明，当从地面向上升空时，空气中颗粒物含量逐渐减少，天空的蓝色愈来愈纯。当高度达到 10 公里左右时，天色渐暗，呈暗蓝色，再升高到 13 公里左右时，因紫色光线散射增加，天空呈暗紫色，再继续升高到约 19 公里，因为空气分子太少，散射光太弱，因而天空呈黑色，这时可以同时看到太阳和其他星星。

在干洁大气中，太阳高度角不同，太阳的颜色也不同。在早晨和傍晚时，太阳高度角很低，光线在大气层中经过的光路较长，红光由于波长最长，因而散射最弱，此时到达人眼中的太阳光红色占 85%以上，太阳看起来呈红色，太阳高度越低，太阳越红。当太阳高度角为 10°时，到达人眼中的红光约占可见光的一半，黄光约占 1/4，此时太阳看起来呈橙色。中午时太阳高度角最大，光路最短，太阳各波段的光因大气散射作用的削弱也较少，此时太阳呈耀眼的白色。

以蓝天为背景的许多白云也并不是颜料色，白云是由无数微米尺度的无色的云滴组成，云滴尺度和可见光波长相当，服从米散射规律，同等地散射所有色光，于是云看起来就是白色的。当然，如果受其他因素影响，云也并不总是白色的，如云层较厚，则顶部的云呈白色，而底部的云则由于受到遮蔽而呈暗黑色；有时云处于斜阳照射下则呈现黄色或红色。

雾通常呈乳白色或灰白色，服从米散射规律。

天空颜色还受颗粒物含量的影响，由于自然和人为的原因，大气中颗粒物含量增加时，能强烈地减弱太阳辐射，而使远处的天空呈淡黄色或灰色等，太阳呈灰白色。

2. 霞

在日出前和日落后的天边和云层上，常会出现五彩缤纷的现象，称为**霞**。日出前后的称早霞，日落前后的称晚霞。

一般以红橙色霞光最为多见，这是因为早晨或傍晚时，太阳高度角较低，太阳光经过大气中的路径较长，其中蓝紫光散射减弱最多，红橙光减弱最少，经空气分子或细小颗粒物散射而进入人眼，形成霞。

霞与天气有密切的关系，我国有很多和霞有关的天气谚语，“早霞不出门，晚霞行千里”“朝起红霞晚落雨，晚起红霞晒死鱼”等。实践表明，用霞预测天气不一定准确，必须结合季节、云况等多种因素。

3. 曙暮光

日出之前或日落之后的一段时间内，地面虽然受不到太阳光的直接照射，但地平线以上的大气层却有一部分能受到太阳光的照射而供给地面以散射光，使地面有一定的照度，这种日出之前的天光称为曙光，日落之后的天光称为暮光，曙光和暮光总称为**曙暮光**。

太阳在地平线以下阳光虽然不直接照射地面但仍照射着所在地的高空大气，大气对阳光的散射遂使大气获得亮光，这就是曙暮光的由来。

曙暮光何时开始何时结束可分为三种情况讨论，即民用曙暮、航海曙暮和天文曙暮。民用曙暮是从太阳上缘与地平相切开始，到太阳中心在地平线下 7°为止，其特点是户外活动无需照明，仍可以读报看书；航海曙暮是从太阳上缘于地平相切开始，到太阳中心在地平下 12°为止，航海曙暮期间，海上航行无需海上信号灯；天文曙暮是从太阳上缘于地平相切

开始，到太阳中心在地平下 18°为止，其特点是天文曙暮期间用肉眼还不能见到亮度最弱的六等星。

曙暮光的照度还与云量、地面状况等有关。显然，晴天曙暮光照度比阴天大得多；地面有积雪时，光照度也会增加。

曙暮光持续时间的长短与季节和纬度有关，一般而言，高纬度地区曙暮光持续时间较长，夏季持续时间大于冬季；在低纬度地区，曙暮光持续时间较短，冬夏季节差异不大。

在某些高纬度地区的某些月份中，太阳一直处于地平线以下，整个夜间都是明亮的，形成"白夜"。

三、云雨中的光学现象

云雾粒子、降水粒子是透光的，但它们的折射率与空气的不同，因而当光线通过它们时会发生折射现象。由于不同波长的可见光具有不同的折射率，因而还会发生色散现象，形成虹、晕等光学现象。

1. 虹和霓

在太阳对面的雨幕上，有时可看到以对日点为中心的鲜艳彩色圆弧，其视半径角约 42°，色彩排列顺序为内紫外红，这就是**虹**。有时在虹的上方还可见一条彩色光带，色序和虹相反，内红外紫，称为**霓**或副虹、二次虹等。

虹是日光在雨滴中经两次折射、一次反射形成的，原理如图 8－11 所示。

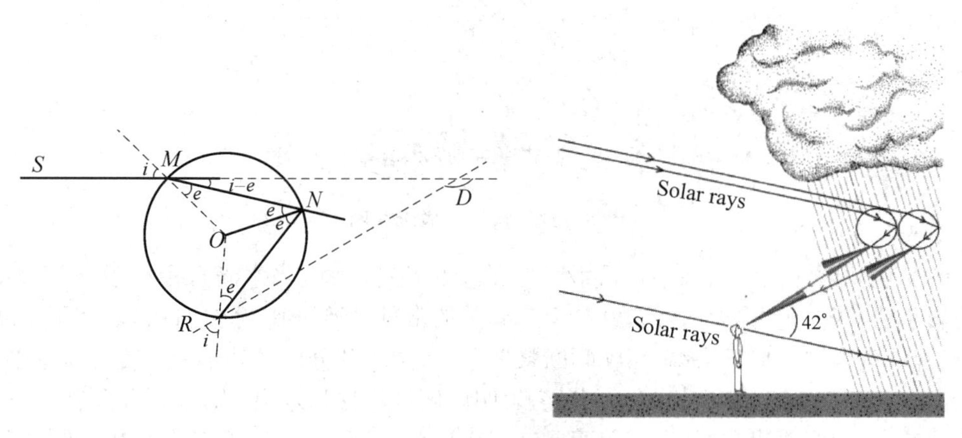

图 8－11　虹的形成示意图

某一波长的光线于 M 点以入射角 i 射入水滴，折射角为 e，则光线在水滴中每折射一次，方向就改变$(i-e)$；在水滴中每反射一次，方向就改变$(\pi-2e)$。

光线由射入到射出，其方向的偏转角称为偏向角 D。若光线在水滴中折射两次、反射一次，则其偏向角 D

$$\begin{aligned} D &= 2(i-e)+(\pi-2e) \\ &= \pi+2(i-2e) \end{aligned} \tag{8-26}$$

当 D 最小时，光线发散较小、光线较强、亮度较大，易为人眼条件识别，构成了虹。

求最小偏向角，即求

$$\frac{dD}{di}=0 \tag{8-27}$$

得
$$i_{\min}=\cos^{-1}\sqrt{\frac{n^2-1}{3}} \tag{8-28}$$

再由
$$\sin i_{\min}=n\cdot\sin e_{\min} \tag{8-29}$$

得
$$D_{\min}=\pi+2(i_{\min}-2e_{\min}) \tag{8-30}$$

对于红光，$n=1.3318$，$D_{\min}=137°45'$，对于紫光，$n=1.3435$，$D_{\min}=139°24'$，在距日点 $180°-137°45'=42°15'$处可看到红光，在距日点 $180°-139°24'=40°36'$处可看到紫光。因此，主虹的色彩为内紫外红。

霓是日光在雨滴中经两次折射、两次反射形成的，视半径约为 52°(图 8-12)。由于霓比虹多一次内反射，光线较弱，霓的色彩比虹暗得多，通常看不到。

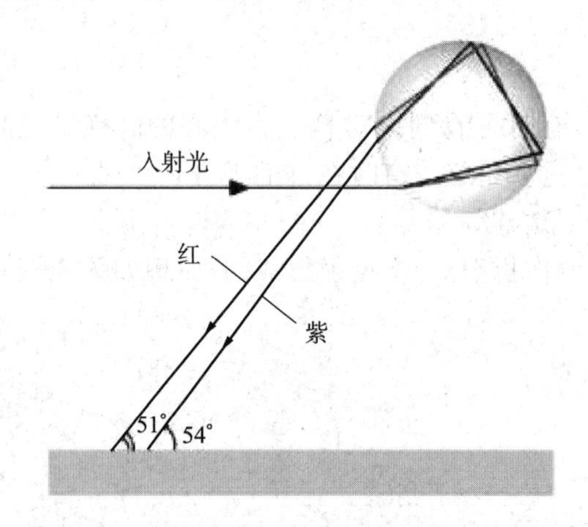

图 8-12 霓的形成示意图

虹的颜色和雨滴大小有关系，雨滴小，虹的颜色就差一些，当水滴直径小于 0.05 mm 时，虹已无彩色，呈淡白色，称为白虹。虹与天气有关的常见的谚语有“东虹日头，西虹雨”“虹高日头低，早晚披蓑衣”“虹低日头高，明朝晒断腰”等。我国大部分地区处于中纬度西风带中，阵雨云由西向东移动，因此，傍晚看到东边有虹，表明雨区已经移到东边，当地将逐渐转晴。若早晨看到西边有虹，表明西边有雨区，随着西风气流雨区将移至本地，故天气将变坏。但在我国低纬地区，受东风气流影响，则往往是“西虹日头东虹雨”了。

2. 晕

晕是天空有冰晶云时，云幕上出现在日、月周围的彩色或白色光圈、光弧、光斑等。以太阳为中心的称为日晕，以月亮为中心的称为月晕。

比较常见的是视半径为 22°和 46°的内红外紫彩色圆圈(斑、弧等)，分别称为 22°晕和 46°晕。

晕是日月光经过冰晶折射而形成的。形成晕的冰晶形状主要有四种(如图 8-13)，分别是六角片状、六方柱状、带帽盖的六方柱状和六角锥状，可以把冰晶看作是 60°、90°和 120°的三种棱镜。

22°晕也称小晕或内晕，是一种常见的大气晕象，色序与虹相反，内红外紫。一般而言，内测的红色最清晰，橙色、黄色等次之，紫色最不明显。22°晕是由水平取向的六角柱状冰晶对日(月)光折射和反射所形成的。46°晕是日月光从冰晶一个面射入，经过面夹角 90°后，再从另一

面射出而形成的。色彩排列也是内红外紫。光路如图 8－14 所示。

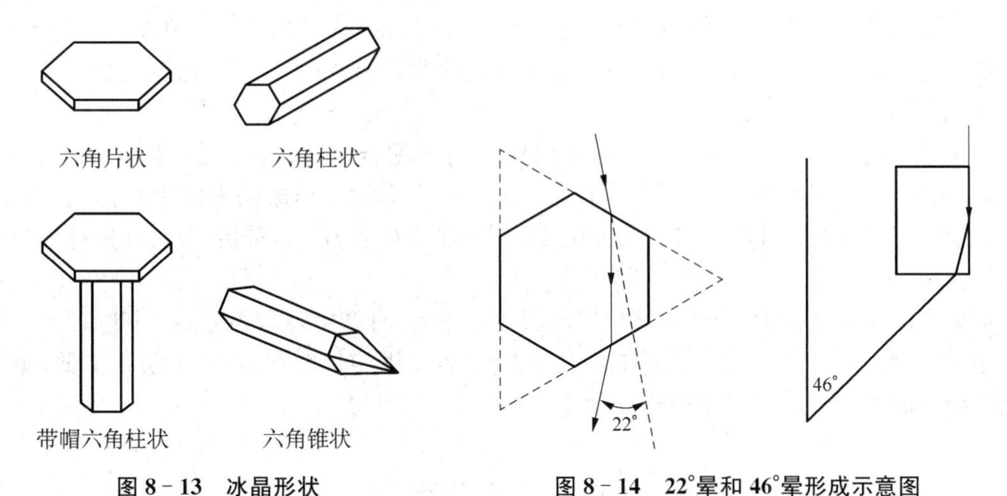

图 8－13　冰晶形状　　**图 8－14　22°晕和 46°晕形成示意图**

除了较为常见的 22°晕和 46°晕以外，还有一些其他极为罕见的晕象，如假日、幻日、近幻日环、外切晕、环天顶弧等(如图 8－15)，限于篇幅，在此不再介绍。

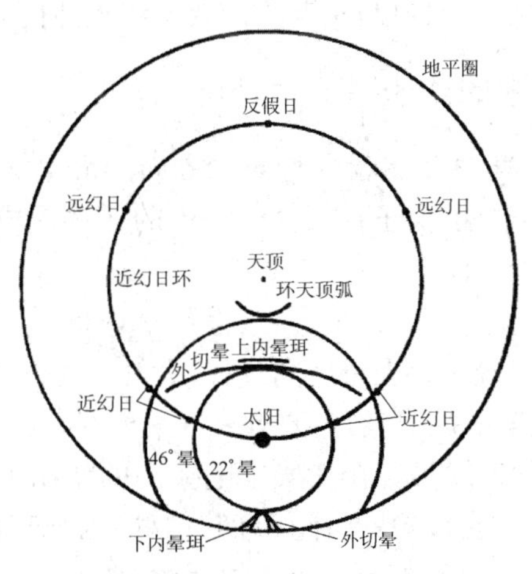

图 8－15　D. K. Lynch 的日晕图

晕与天气有一定关系，我国许多地区有“日晕三更雨，月晕午时风”的说法，诗经亦有“月晕而风，础润而雨”的记载。这是因为晕通常出现在卷层云上，而出现卷层云往往是锋面云系的先锋，故晕是风雨的前兆。

3. 华

华是日月光照在云雾上呈现的紧绕日月边缘的彩色光环。色序内紫外红，视角半径一般在 5°左右，较大的华半径可达 10°左右。华的种类很多，有日华、月华、华盖、虹采、尘华和宝光等。

华是由日(月)光通过尺度与可见光波长相近的云滴(或冰晶)发生衍射所造成的光象。

日华是指环绕在太阳光盘外围的彩色光环，月华是指环绕在月亮外围的彩色光环。月华比较容易看到，而日华常因太阳光盘太亮不易为人所见。华和晕有很大不同，无论从成因、色序大小来看都是不一样的。另外晕一般出现在天空有卷层云时，而华一般出现在高积云时。

有时候华有好几圈，多至 4～5 圈，称为多重华。有些时候华紧贴在日月边缘，轮廓不甚规则，内呈淡青色，外显棕色，形状好像光冕，称为华盖。

有时候日月光照耀在高积云或积云的边缘，因雨滴小变化大，故华的半径也比较大，可大于20°以上，在无云的地方华环会中断，因而只能看到一部分彩色光带。在好几圈华的情况下，就会出现几重相互平行略呈弯曲的彩带。其色序为近日月层的一侧呈蓝紫色，远离的一侧呈橙红色，这种彩带称为虹采。

除了细小的水滴和冰晶能衍射产生华以外，气溶胶粒子如果尺度较小，也会产生光的衍射现象，称为尘华。例如1883年8月27日印尼的一次火山喷发形成的火山尘对日光衍射后形成22°光环，呈淡红色。由于R. S. Bishop（毕旭甫）首先对尘华进行分析，故又称这种华为毕旭甫光环。

如果华的半径在减少，说明云滴或冰晶尺度在增大，有产生降水的可能，因此有“天上烧饼大变小，天气好不了”的天气谚语。如果华环变大，表示雨滴尺度在减小，云层在消散，短期内不会有降水的产生，因此有“大华晴，小华雨”的说法。

§8.3 大气电学

大气电学主要研究的是60 km以下的非电离层，即对流层和平流层内大气的电学特性，主要由晴天电学和云雨电学两部分构成，本节将简要介绍上述内容。

一、晴天电场与大气中的离子

观测表明，晴天的低层大气中存在着垂直向下方向的静电场，大气中始终存在着带电离子，而使得大气具有一定的导电性，离子在大气电场中的迁移形成**大气传导电流**，并反过来影响大气电场。

1. 大气中的离子

大气离子的产生是由于大气中存在着电离过程，大气中的电离源主要有四个：(1) 宇宙射线；(2) 地壳中放射性物质辐射的放射线，主要有α、β、γ射线；(3) 大气中放射性物质（主要是氡）辐射的放射线；(4) 太阳紫外线等。在大气中电离源的作用下，部分空气分子失去自由电子后成为正离子，而自由电子则在极短的时间（约10^{-5}秒）内与其他中性分子结合形成带负电的大气分子，这些带电荷的大气分子具有不稳定的性质，必须进一步与几个中性分子（通常是水分子）碰撞后才能形成尺度约为10^{-4}～10^{-3} μm的小离子。小离子与气溶胶粒子的碰撞可形成尺度约为0.1 μm的大离子。小离子仅包含一个单位电荷的电量，$e=1.602\times10^{-19}$ C，而大离子的电量可多于一个单位电荷，相同尺度离子包含的电量呈正态分布。

电离源使大气电离的能力可用**大气电离率**表示，其定义为单位体积、单位时间内大气分子被电离为正、负离子的数目，单位为离子对·cm^{-3}·s^{-1}。大气电离率取决于电离源的强度、大气密度等因素，在陆地近地层大气中，地壳中放射性物质产生的电离率约为8对·cm^{-3}·s^{-1}，宇宙射线产生的电离率约为2对·cm^{-3}·s^{-1}。海水和海洋上空大气中放射性物质较少，大气电离主要是宇宙射线的作用。在大气边界层高度以上，宇宙射线的作用随高度增加而迅速增加，在12 km高度，中纬度地区电离率可达45对·cm^{-3}·s^{-1}，赤道地区约为20对·cm^{-3}·s^{-1}。在12 km高度以上，由于大气密度减小，电离率随高度下降。

大气中正、负离子因碰撞中和作用而消失的过程称为离子的复合。复合是电离的反过程，是气体中使带电粒子数减少的重要过程。大气中单位时间、单位体积内由于复合而消失的带电粒子数称为复合系数。大气离子的复合系数与气温、气压以及离子间的相对大小等因子有关。

近地面大气中的小离子浓度为 $10^2 \sim 10^8\ cm^{-3}$。在海洋或极地，大离子浓度约为 $200\ cm^{-3}$。在城市上空，其浓度高达 $8\times10^5\ cm^{-3}$。小离子浓度通常随高度而增加，而大离子浓度却随高度而减小。正、负大离子浓度大致相等，而正的小离子浓度高于负离子，因而大气中的净空间电荷是正号。

2. 晴天电场

地球本身是一个导电体，地球表面可看成是一个等位面，电离层是另一个等位面，因而地球一大气系统是一个同心球组成的电容器。在这个电容器的两极大致维持着定常的电位，即**大气电场**，地面上的电位低于电离层的电位，大气电场的方向由电离层指向地面，即垂直向下，大气电学中一般规定这种指向地面的电场为正电场。晴天大气中始终存在着方向垂直向下的大气电场，这意味着大气相对于大地始终带正电荷，而大地带负电荷。大气和大地带异性电荷是大气电场形成的原因。大气中的离子在电场的作用下运动，形成了晴天大气传导电流，不断中和大气和大地所带的电荷，使大气电场不断减弱。但因为有雷暴电过程，世界各地频繁的闪电将增加大气和大地所带的异性电荷，恢复和维持地球一大气系统的电位差。从长期和全球尺度来看，大气中的带电过程和电荷中和过程达到平衡，形成恒定的大气电场。

场强 E 与大气电势 U 满足以下关系：

$$E = E_z = -\frac{\partial U}{\partial z} \tag{8-31}$$

因为 $\frac{\partial U}{\partial z} > 0$，故 $E < 0$，晴天大气电场应为负值，但这样不便于使用，因此，在大气电学中将这种方向向下的晴天大气电场规定为正电场。

在低层大气中，晴天大气电场方向由天空指向地面，海面上的大气电场比较均匀，其平均场强约为 $130\ V\cdot m^{-1}$。陆地上的大气电场变化较大，各地的场强并不相等，全球平均值约为 $120\ V\cdot m^{-1}$，在污染严重的工业区，由于高浓度的荷电气溶胶粒子作用，地面大气电场强度较高，甚至可达 $360\ V\cdot m^{-1}$，这是由于工业污染降低了空气的电导率造成的。在洁净的乡村地区，晴天电场经常低于 $100\ V\cdot m^{-1}$。

观测表明，场强随高度的增加而很快地减小，10 km 以上的晴天电场强度大约仅是地表面的 3%。场强随高度的变化一般可用以下经验公式：

$$E(z) = E(0)\exp(-az + bz^2) \quad 0 \sim 10\ km \tag{8-32}$$

$$E(z) = E(10)\exp(-cz) \quad 10 \sim 30\ km \tag{8-33}$$

其中 $E(z)$ 和 z 分别以 $V\cdot m^{-1}$ 和 km 为单位。$E(0)$ 为地面晴天场强，取 $130\ V\cdot m^{-1}$，$E(10) = 16.6\ V\cdot m^{-1}$，系数 $a = 0.591$，$b = 0.0261$，$c = 0.124$。经验公式描述的是平均结果，不同时刻和不同地区的场强垂直分布是不同的。观测资料表明，大气相对于地面的电势一直到 20 km 左右都随高度增加，在 20 km 高度以上，电势无明显变化。这表明，20 km 以上的电势梯度趋于零，场强 E 值非常小，空气是高度导电的。事实上，60 km 以上的电离层大气完全可以看作是导体。

晴天大气电场有明显的日变化，全球平均场强在世界时 18～19 时达到极大值，而在约 04 时达到极小值。这种日变化规律主要受全球雷暴活动的日变化影响，雷暴活动在地球一大气系统中起着充电的作用，从而保持恒定的全球大气电路。除了上述全球平均的一般日变化规律以外，大气电场还有局地变化，很多陆地观测站发现，大气电场一天中有两个极大值、两个极小值，在地方时04～06时和12～16时出现极小值，在07～10时和19～21时出现极大值，日变化振幅可达平均值的50%。大气电场的局地日变化主要受局地天气变化和城市和工业区的空气污染影响，当空气污染严重时，空气中大离子数和其他气溶胶粒子数浓度很大，小离子会被捕获导致小离子浓度下降，而主要由小离子在电场驱动下形成的大气传导电流也将减弱，大气电场就达到极大值。

晴天电场还具有年变化规律。一般而言，在北半球冬季，晴天电场峰值多出现在冬季，而谷值多出现在夏季，其变化振幅约为平均值的30%左右。

3. 晴天大气电流

大气中带电粒子的运动即形成**大气电流**，晴天大气电流的形成主要有三种机制：(1) 在晴天大气电场作用下，正离子向地面移动，负离子向相反方向移动，构成了大气的传导电流；(2) 因对流产生的垂直运动形成离子的垂直输送，称为晴空对流电流；(3) 因湍流产生的离子垂直扩散，形成扩散电流。

设小离子的浓度为 n，因为小离子只带一个单位电荷，那么在单位时间 t 内通过截面 A 的电量 Q 为

$$Q = nevAt \tag{8-34}$$

其中 e 为单位电荷，v 为离子在电场中的运动速度。设 j 为电流密度，即单位面积的电流强度，可表示为

$$j = \frac{Q}{At} = nev \tag{8-35}$$

定义单位电场作用下的离子的移动速度为迁移率，用 k 表示，则 $k = v/E$，则有

$$j = nekE \tag{8-36}$$

因为电场正、负离子流都可构成电流密度，因而有

$$j = (n_+ ek_+ + n_- ek_-)E \tag{8-37}$$

其中下标“+”和“−”分别代表正、负离子。若将欧姆定律 $j=\lambda E$（其中 λ 为电导率）带入上式，则得到大气电导率 λ 为：

$$\lambda = n_+ ek_+ + n_- ek_- \tag{8-38}$$

测量结果表明，大气电导率随高度增加而增加，这是由于宇宙射线强度随高度增大，高空空气密度小而离子迁移率大等综合作用的结果。

传导电流是大气离子在电场力作用下运动而形成的，与晴天电场 E 的方向一致，若取晴天大气电场强度 $E=130\ \mathrm{V \cdot m^{-1}}$，晴天大气电导率 $\lambda=2\times10^{-14}\ \Omega\cdot\mathrm{m^{-1}}$，则可得大气传导电流密度为 $2.7\times10^{-12}\ \mathrm{A\cdot m^{-2}}$。

对流电流是因电荷随气流垂直运动而形成的，其方向与垂直运动的方向有关，扩散电流因电荷湍流扩散而形成，和湍流活动强弱有关。对流电流密度和扩散电流密度与大气运动、湍流密切相关，时空变化较大，而传导电流密度则相对稳定，在一般情况下，尤其在混合层高度以上，晴天大气电流密度近似为晴天大气传导电流密度。大量观测表明，大陆表面平均晴天电流密度为 $2.3\times10^{-12}\ \mathrm{A\cdot m^{-2}}$，海洋表面平均为 $3.3\times10^{-12}\ \mathrm{A\cdot m^{-2}}$，全球表面平均为 $3.0\times10^{-12}\ \mathrm{A\cdot m^{-2}}$。

二、云与降水的电结构

当大气中云雾降水形成后电学性质发生了强烈的变化，与晴天大气电场明显不同，云和降水电结构主要由云与降水粒子荷电引起的。

1. 云雾降水粒子的荷电

云（雾）滴的荷电状况比较复杂，其荷电可正可负，荷电量与云（雾）滴的尺度、相态、在云雾中所处的位置、云雾发展的不同阶段等多种因子有关。

观测表明，在对流较弱的层状云和积状云中，荷正电的云滴数和荷负电的云滴数近似相等，整个云表现为电中性。随着对流的增强，荷正电的云滴数和荷负电的云滴数不再相等，整个云呈现为正电荷或负电荷。

云雾粒子的荷电绝对值平均在 $10^{-20} \sim 10^{-14}$ C 之间变动。对于较弱的对流云，其粒子平均荷电量 q 与粒子半径 r 之间的经验关系为：

$$q = k_1 r \tag{8-39}$$

比例系数 k_1 的变化范围为 $(1-4) \times 10^{-18}$ C·μm^{-1}。对于较强的对流云，有观测表明 q 与 r 的平方成正比：

$$q = k_2 r^2 \tag{8-40}$$

比例系数 k_2 的变化范围为 $(1-6) \times 10^{-18}$ C·μm^{-1}。

单个降水粒子荷电量比云雾粒子大得多，其值与降水类型、地理位置以及云系不同而有很大差异。一般而言，连续性降水粒子的荷电量较小，其值介于 $10^{-14} \sim 10^{-12}$ C 之间；雷暴降水粒子的荷电量最大，范围为 $10^{-12} \sim 10^{-10}$ C；无雷电时的降水粒子荷电量介于两者之间。

降水粒子既带有正电荷，又带有负电荷，荷正电的降水粒子多于荷负电的降水粒子，平均荷电量为正电。荷电的降水粒子的向下运动过程即形成降水电流，由于降水粒子总体荷正电，因此，降水平均是把正电量输送到地面。降水电流密度随降水类型而不同。

2. 云的大气电结构

在云形成的初始阶段，云内电荷的分布是无序的，荷正电的云滴数和负电的云滴数比较接近，云整体上呈现电中性，随着云的发展，带电云滴的分布逐渐由无序状态转变为有序的空间结构，而在云内形成正电荷中心和负电荷中心，云内外的电场强度也逐渐增大。

如果整个云体都带正电（或负电），常称为正的（或负的）单极性电荷分布；如果云体内同时有正、负电荷中心，称为双极性电荷分布，其中正电荷中心位于负电荷中心上方，称为正的双极性电荷分布，反之，负电荷中心位于云体上部而负电荷中心位于云体下部，则称为负的双极性电荷分布；如果云体内有两个以上正、负电荷中心，称为**多极性电荷分布**。

在层云中，正的单极性电荷分布和正的双极性电荷分布情况较多，负的单极性电荷分布和负的双极性电荷分布情况相对较少，而多极性电荷分布出现概率最低。一般而言，云体较薄时多为单极性电荷分布，随着云体增厚，双极性电荷分布出现的概率也增加。

积云的电结构与层云相差较大，观测表明，云内存在大量尺度在几十到几百米的正、负电荷中心，平均而言，则积云上部通常是正电荷，而下部则是负电荷，即正的双极性电荷分布。有时积云内也会出现负的双极性电荷分布，但出现概率较低。当积云发展到旺盛的强对流积雨云时，云内正、负电荷中心的电场强度也达到最大，此时在云体上部是一个很强的正电荷中心，下部是一个很强的负电荷中心，在负电荷中心下方云底附近往往还有一个较弱的正电荷中心（如图 8－16）。上部正电荷中心位于低于－20℃的高度以上，荷电量约为＋24 C；负电荷中心位于温度－10℃附近，负电荷区位于 0℃等温线上方区域，荷电量约为－20 C；云底较弱的正电荷区位于 0℃等温线下方，即温度高于 0℃的区域，荷电量约为＋4 C，示意图如图8－16 所示。雷暴云的这种三极性电荷结构最早是由 Simpson 与 Scrase 在 1937 年提出的。

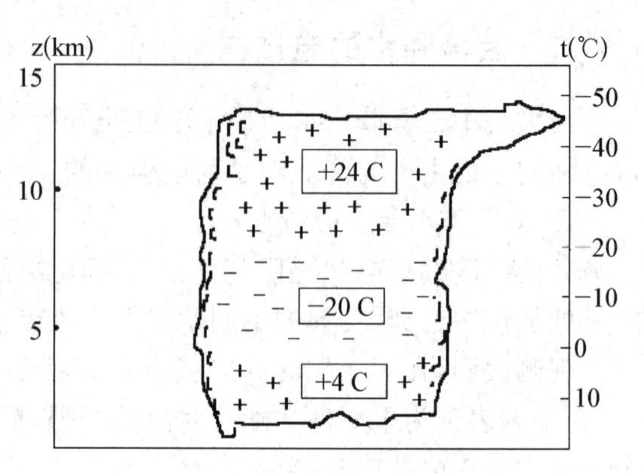

图 8－16　雷暴云中的电荷分布

雷暴云下面的地面场强因受云下部的负电中心感应作用，方向向上，恰与晴天电场反向，因此，在晴天条件下，当有雷暴逐渐靠近时，大气电场强度逐渐增大，方向也逐渐转变，由地面指向上方；当雷暴云抵达当地时，电场强度达到极大值；随着雷暴云远去或消散，电场强度又逐渐恢复到晴天电场。

某些雷暴中或雷暴云发展的某些阶段可出现反极性电荷结构，即在雷暴云上部为负电荷区，而正电荷区在云体中部。Stolzenburg（1998）发现，超级单体雷暴中正、负电荷区的分布有四层甚至六层结构。在雷暴云的不同发展阶段，电荷结构的分布可能会有较大差异。雷暴云电荷结构与气象和地形等条件有关，不同季节、地区的雷暴云结构也不完全相同。

3. 雷暴云的起电机制

雷暴云的起电机制包括云滴正、负电荷的形成以及分离为不同极性电荷中心的形成机制，讨论雷暴云的起电机制不仅试图解释雷暴云的电结构和闪电的形成，还涉及全球大气电荷平衡过程，这是大气电学问题的中心问题之一。

长期以来，关于雷暴云的起电机制已经提出十几种，但由于雷暴云结构和起电机制的复杂性，每一种理论都无法完满地解释实测结果。以下将分别介绍几种主要的起电机制，包括感应起电、温差起电、对流起电、冻结与融化起电等。

（1）感应起电

感应起电又称极化起电机制。在晴天电场作用下，降水质粒（雨滴或冰粒）因电场感应而极化，它们的下半部都带正电，上半部都带负电。当降水粒子在重力场中降落时，将会出现两种情况：

（a）极化降水粒子的下半部和中性云粒子的上半部发生碰撞，如果两个粒子相碰后再弹离开，并且其接触时间超过两个粒子间电荷传递所需时间时，那么云粒子将带走降水粒子下部的正电荷，在云中上升气流作用下被带到云上部，并逐渐在那里积累形成正电荷中心；

（b）负电荷的降水粒子继续降落，使云的中下部形成负电荷中心，云中形成了上正下负的双极性电荷结构，这对初始电场又有正反馈作用，使感应起电不断增强。Elster 和 Geitel 首先提出这种起电机制，称为云粒子在降水粒子表面上反跳的起电机制（Elster-Geitel 理论）。Sartor 进一步发展了 Elster-Geitel 理论，认为云粒子也产生感应电荷，降水粒子和云粒子碰撞并反弹时，降水粒子下部的正电荷和云粒子上部的负电荷相互中和，反弹后分离的云粒子携带正电荷而降水粒子保留负电荷，分别在上升气流和重力作用下趋于分离。

（c）极化降水粒子在降落过程中因下半部携带正电荷而沿途有选择性地捕获大气负离子，因此，带有净负电荷，云中大量正离子则受到降水粒子下部正电荷的排斥而不和降水粒子发生碰

撞，并在上升气流作用下聚集到云的上部。这种作用称为选择性捕获粒子理论（Wilson 理论）。

Elster-Geitel 理论的问题在于：实验表明当电场达到或超过 1 万 $V \cdot m^{-1}$ 时，感应起电才是重要的起电机制，然而，自然界中除非已存在雷暴云，一般很难达到这么强的电场。此外，电荷的分离以及电场的发展反而阻碍碰撞反弹的出现。Wilson 起电机制也不足以产生雷暴云的击穿电场，但小于 1 万 $V \cdot m^{-1}$ 的电场值可以由 Wilson 起电机制产生。

(2) 温差起电

温差起电机制的基础是沃科曼（Workman）和雷诺（Reynolds）在 20 世纪 40 年代发现的冰的热电效应，这是指当冰粒子的两端存在温差时，低温端带正电而高温端带负电的现象，其物理原因是：(a) 冰的水分子中存在电离态的氢离子 H^+ 和羟基离子 OH^{-1}，冰内 H^+ 和 OH^{-1} 离子浓度随着温度上升而增大。当冰的两端稳定地存在一定温差时，在高温端离子浓度高于低温端，离子将由高浓度端（高温端）向低浓度端（低温端）扩散。(b) H^+ 在冰的晶格中的扩散速度比 OH^{-1} 快得多，因而在低温端，H^+ 浓度大于 OH^{-1} 浓度而带正电，反之，在高温端 OH^{-1} 浓度较大因而带负电。(c) 冰粒子两端形成电位差后将阻止 H^+ 的进一步扩散，达到稳态时，每一度温差将产生约 2 mV 的电位差。

实验表明，当两块不同温度的冰接触后又分离，温度较低的带正电荷，温度较高的带负电荷，两块冰的最佳接触时间为 $10^{-3} \sim 10^{-2}$ s，时间太短则电荷来不及传递，时间太长则又会因热传导使两块冰的温差减小。

由冰的热电效应可以设想云中存在两种温差起电机制，一种是云中冰晶与下落的霰粒碰撞时因摩擦增温引起的温差起电，简称为摩擦温差起电机制。另一种是碰冻温差起电机制，云中较大过冷水滴与下落的霰粒碰冻时，过冷水滴表面首先冻结而形成冰壳，随后内部冻结并释放冻结潜热，水滴里外温度也不一致，形成内热外冷的径向温度梯度，导致外壳带正电，内部带负电，过冷水滴冻结的瞬间，体积迅速膨胀，外层冰壳破裂，冰屑带着正电荷飞散出去，而留下的冻水滴上仍带着负电荷。这样正负电荷也发生了分离。破碎的冰粒数与荷电量取决于过冷水滴的碰撞速度和粒子尺度，当碰撞速度较小时，过冷水滴可在霰粒上冻结，但并不破碎，也不能分离电荷。

在上述的两种温差起电机制中，通过重力分离过程，携带正电荷的较轻的冰晶和冰屑随上升气流到达云体上部，并在云体上部形成正电荷区；携带负电荷的霰粒则因重力沉降而聚集在云体下部形成负电荷区。

(3) 对流起电机制

对流起电机制是由 Vonnegut(1955) 提出的一种电荷分离的理论。这种理论和其他以降水粒子存在为前提的起电机制不同的是认为降水对电荷分离的贡献未必很重要，云内电荷主要来源于云外的大气离子和地面的尖端放电。对流起电过程大致分为三个阶段。第一阶段：在积雨云形成初期，由于低层大气存在正电荷，在上升过气流作用下进入云体，被带至云体上部，这些大气正离子很快便附着在云粒子上。第二阶段，当积雨云发展到一定程度后，云体上部便聚集了大量正电荷，促使云顶上方或电离层中的大量负离子向云体迁移，但迁移来的负离子并不和云内的正电荷相互中和，而是随云体边缘处的下沉气流到达云体的下部，不断积累，形成负电荷中心。第三阶段，下部的大量的负离子使地面尖端放电，形成大量大气正离子。正离子经气流携带上升，增强了云上部的正电荷，云内正电荷增加，进一步吸引来自电离层的负离子，从而形成正反馈过程。这种正反馈过程促使正、负电荷不断聚集。

对流起电机制受到一些质疑，如积云边缘的蒸发和冷却作用虽然可以产生下沉气流，但是

这种下沉气流比较弱，范围也比较小，不可能出现大范围的规则的下沉运动，只有在雷暴云的消亡阶段，在降水的拖曳作用下才可引起上述下沉气流。此外，一般认为尖端放电是雷暴云发展后期的结果而不是成因，而对流起电机制则认为尖端放电是雷暴云电荷分离的成因。一般认为对流起电机制的可能性尚需进一步探索和验证。

(4) 大水滴破裂起电机制

大水滴在重力场中沉降或随强上升气流上升时会变形甚至破碎，在破碎前边缘较厚的袋装部分带正电，其他薄膜部分仍负电，最后破碎时，分裂成一些带正电的较大液滴和带负电的较小液滴，后者同时被上升气流携向上，大液滴落在低空，这可能是积雨云云底附近 0℃层以下较弱的正电荷区形成的原因之一。

(5) 融化起电

融化起电是冰粒子下降到 0℃层以下时融化过程中的起电机制。冰在融化过程中，包含在冰隙中的空气因增温膨胀而形成气泡，当气泡破裂时，溅散的水沫带负电，融化水的主体带正电荷。经过云中正、负电荷的重力分离过程后，云体上部形成了负电荷区，而 0℃层以下的云底附近形成了正电荷区。这可能是积雨云云底附近较弱正电荷区形成的主要原因。

雷暴云的起电机制比较复杂，可能仅是一种起电机制起主要作用，也可能是多种起电机制起作用，或是几种起电机制在不同阶段分别起作用。关于雷暴云的起电机制，除野外试验和实验室模拟以外，近年来，利用积云起电模式，通过对一些起电机制进行数值模拟研究已成为重要的研究手段。

三、大气中的放电现象

当大气中的电场足够强时，大气中的粒子被加速而获得极高的能量，这些离子和大气中中性分子发生碰撞使之电离，这些由中性分子电离产生的新的离子，在强电场作用下再去撞击其他中性分子，形成了称为电子雪崩的连锁反应，最终形成电离通道，同时伴有发光现象和声音。大气中的这种放电现象可以分为尖端放电和闪电两类。尖端放电在较小的范围内发生且相对较缓和，闪电在较长的距离内以剧烈的方式进行。

1. 尖端放电

大气中的尖端放电经常发生在强雷暴云来临时，此时在云下强电场作用下，地面物体的物体尖锐部分(如高地上的树顶、塔顶等)附近的等电势面发生畸变而变得十分密集，电场强度比周围环境的电场强度高几十甚至几百倍，使得尖端物体周围的空气被击穿产生电晕放电，同时伴有发光和噼啪的响声。

当尖端物体电势相对于周围大气为正时，负离子流入尖端物体，形成流出尖端体的电流，称为正尖端放电，反之，当尖端物体电势相对于周围大气为负时，负离子流出尖端物体，称为负尖端放电。实际大气中正尖端放电现象多于负尖端放电，二者出现概率之比约为 1.5～2.9。出现正或负尖端放电现象取决于雷暴云下部是正电荷还是负电荷，若雷暴云下部为负电荷，则尖端放电电流方向朝上，为正尖端放电，若雷暴云下部为正电荷，则为负尖端放电。尖端放电的总体效应是大气向地表输送负电荷。

尖端放电的放电电流与尖端体形状、尖端体与周围大气的电位差以及风速等气象要素有关。在同样电场强度情况下，越是尖锐的物体越容易产生尖端放电；尖端体与周围大气的电位差越大，放电电流越大；风速越大，尖端放电电流强度也随之增大。雷暴下的地面电场强度平均约为 10^4 V·m^{-1}，测得的平均尖端放电电流约为$(1\sim3)\times10^{-8}$ A·m^{-2}。

2. 闪电

闪电是发生在不同符号荷电中心之间的长距离的强放电过程，包括云内闪电、云空闪电、云际闪电和云地闪电。通常将云地闪电称为**地闪**，没有到达地面的闪电通称为**云闪**，包括云内闪电和发生概率相对较低的云空闪电和云际闪电。

卫星监测显示，闪电的全球平均频率约为 39～49 次 • s^{-1}，地闪的全球平均频率约为12～16 次 • s^{-1}，而在夏季北半球陆地上的最大频率可达 55 次 • s^{-1}。云闪平均占闪电总数的 2/3 以上。全部闪电的 70%出现在 30°S～30°N 之间，这是因为深对流云主要出现在此区域。

发生闪电时有强大的闪电电流，同时伴有电磁场、光辐射、雷声等物理现象，因此，可以用高速摄影方法以及观测电磁场的快速变化来研究闪电的放电过程，对闪电光谱的分析可以获得闪电通道的平均温度、平均电子密度、平均气压和平均气体密度等物理产量。

大气电学中定义电流流向地表的闪电称为正地闪或正闪，反之为负地闪或负闪，正闪是由云向地面输送正电荷，负闪则是云向地面输送负电荷，大气中大部分闪电是负闪。

Berger(1978)按照地闪先导所转移电荷的极性和运动方向将地闪分为四种：下行负地闪、下行正地闪、上行负地闪和上行正地闪。其中第一种下行负地闪占全部地闪的 90%以上，下行正地闪占全部地闪不到 10%，上行闪电(第三和第四种)则极为罕见。

下行正(负)地闪由向下移动的正(负)极性先导激发，上行正(负)地闪由向上移动的正(负)极性先导激发。

下面介绍出现概率最大的下行负地闪过程。

我们日常所见的闪电并不是仅有一次放电过程，而是包含预击穿、梯级先导、回击、直窜先导、继后回击等多次放电过程。

预击穿过程是地闪通道伸展出云底之前发生于云内的弱电离过程，电场变化一般可持续几毫秒到几百毫秒，典型值为几十毫秒。

梯级先导是在预击穿之后从云底开始向地面以梯级形式推进的电离空气柱，直径变化约为 1～10 m，每前进约 30～90 m 左右，由于扩散作用使先导顶部电场强度下降，因此有 50 μs 左右的停顿，当顶部电荷密度再次上升时，先导又再次前进几十米。梯级先导必须在不规则分布的正空间电荷堆中前进，因而呈树枝状，平均传播速度为 1.5×10^5 m • s^{-1}。

回击是地面向上推进的强烈发光的放电过程。在梯级先导距地面 5～50 m 时，地面(大多数是突出的尖端部分)的电场会超过空气的击穿电场，并诱发地面发出一个或几个上行放电，即上行先导。上行先导和下行的梯级先导相接，产生云和地面之间相通的电离通道，大量正电荷沿电离通道行进到云中，这就是回击。回击的通道直径只有几厘米，速度达 5×10^7 m • s^{-1}，远高于梯级先导的传播速度，回击速度随高度而衰减，回击持续时间约为 100 μs。回击通道的温度瞬间可达 3 万摄氏度，发出耀眼的光亮，人们日常所见的闪电光柱即为回击。回击通道产生的高温使通道迅速膨胀并产生冲击波，冲击波很快衰减为雷声。闪电造成的雷声，一般在 25 km 之外难以听到。回击过程放电的电流可达 10^4 A，有时可超过 10^5 A。

由梯级先导到回击称为第一闪击，在第一闪击几十毫秒之后，可形成第二闪击或更多次闪击。一次闪电往往包括很多次闪击(如图 8－17)。

第二闪击和以后闪击中的先导不像梯级先导一样逐级前进，而是沿着原来梯级先导的电离通道直接前行，因而称为“直窜先导”，其速度比梯级先导约高出 10 倍，平均传播速度 2×10^6 m • s^{-1}，持续时间也较短，约 1 ms。

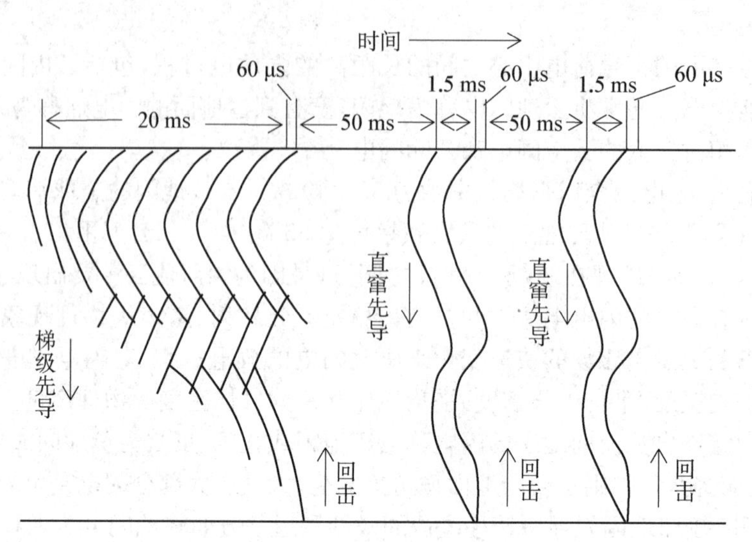

图 8-17　一次云地闪电过程的示意图

继后回击是直窜先导到达地面后第二个回击。第一次闪击中的回击不同于以后各次的回击，第一次回击呈树枝状。当它沿梯级先导的通道及其分枝上升到顶点时，其发光度和速度突然减小到$\frac{1}{3}\sim\frac{1}{4}$倍。继后回击不分枝，在传播过程中发光度保持均匀不变。

大多数闪电包含多次闪击，平均约为3～4次，闪电持续时间约为0.2 s，一次闪电输送的电量约为25 C。

上面介绍的下行负地闪是人们日常最容易见到的现象，事实上，云闪是闪电总数中出现频率最高的闪电，但由于对云闪的观测比较困难，有关云闪的放电机制及其结构的研究滞后于对地闪的研究。地闪通常呈枝状，云闪可能由于视线受阻的原因，往往只能看到漫射光，呈片状或带状。此外，闪电形状中还有一种奇异的球状闪电，其直径大约0.1～0.2 m(也有小于1 cm甚至达到1 m的)，呈红、橙、黄、亮白色，也有观测到呈蓝色和绿色的球状闪电，可在半空中漂浮，有时可沿窗户、电线或烟囱等缝隙进入室内，或爆炸发出巨响，或悄然消失，消失处常有像臭氧或一氧化氮的气味。球状闪电的成因有多种假说，如有人认为是极高密度的等离子气体，但至今没有比较公认的解释。

四、全球大气电平衡

相对大气而言，地表和电离层大气可以看作是两个良好的导体，晴空电场由电离层指向地面。电离层和地面之间平均电位差约280 kV，在晴空电场作用下，正电荷流入地表中和地表的负电荷，如果地表负电荷不能得到不断补充，地表所荷的约5.6×10^5 C负电荷将很快被中和，根据计算，这种情况下大气电场衰减的弛豫时间(降为初始值的$1/e$时所需的时间)仅为380 s。但事实上，除小扰动外，晴空电场一直比较稳定。因此，必然存在一个和晴天大气电流方向相反大小相等的电荷输送过程。这种全球大气电场如何维持的问题，即全球大气电平衡问题。

Wilson在1920年首次根据观测事实提出雷暴向地球输送负电荷的假设，现在这一观点已被普遍接受。观测发现，海面上大气电场强度的日变化与全球雷暴活动的日变化是基本同步的，由于海面上大气电场受局地影响很小，这说明大气电场变化是受全球雷暴控制的。对于全球大气电场而言，雷暴相当于一个充电器，维持着全球大气电的平衡。

根据观测结果，全球每一时刻同时有 1 500～2 000 个雷暴。平均说来，雷暴上部是正电荷中心，下部是负电荷中心，雷暴上部的电流指向电离层，其值平均为 0.5～1 A，全球雷暴顶以上的电流平均为 750～2 000 A。

雷暴云下的降水粒子总体上荷正电，全球平均向地表输送电流 300～600 A。雷暴云下强电场引起地面尖端放电，其总效应是向地面输送负电荷，平均电流为－1 500～－3 000 A，可见尖端放电在全球电平衡中占有重要比重。雷暴云下的闪电是向地面输送负电荷，输送电流约为－300～－600 A。总体而言，雷暴云以下是向地表输送负电荷，地面流向大气的电流－1 000～－3 000 A，与雷暴顶上流向电离层的电流值相当，即雷暴云地区地表向大气的电流约为－1 000～－3 000 A。

根据不同地表类型上测量的晴空大气电流，估算全球晴空地区流向地表的电流约 1 500 A，接近于雷暴地区由地表向电离层的总电流值。

因此，在全球范围内长时间平均结果看，晴天地区的大气电流和雷暴地区的电流（包含闪电放电、降水电流和尖端放电）大小相等，方向相反，全球处于大气电平衡状态。雷暴是大气电的源，是晴天大气电流的补偿电流。但是，除晴天大气电流外，由于测站很少，各地电流的变化又较大，要精确估计其他电流的数值都比较困难，尽管局部地区测得的四种电流不能平衡。

小　　结

本章主要阐述气象条件对声波在大气中传播的影响、大气中的光学现象以及电学现象。

声波是大气的可压缩性和惯性之间的平衡而形成的纵波。频率大约在 16～20 000 Hz 之间的称为可闻声波，低于 16 或高于 20 000 Hz 的声波称为超声波。描述声波的物理量主要有声压、声压级、声波强度（声强）、声强级等。

声音在大气中的传播速度即声速。声速不仅和空气的温度、密度等状态有关，还和风速有关。0 ℃时的声速约为 331.4 $m \cdot s^{-1}$。

声波能量的传播轨迹称为声线，在均匀静止的介质中，声线为直线，在有风或温度分布不均匀的介质中，声线是曲线或折线。声音在空气中的传播，有折射和反射等现象。声线的弯曲与温度层结有关，气温垂直变化率越大，则声线的弯曲程度也越大。声线弯曲方向与气温递减率的符号有关：如果温度随高度下降，则声线将逐渐向上弯曲；如果温度随高度增加（逆温），则声线将逐渐向下弯曲。

声音在大气中传播，其声强会逐渐减弱，即声波在大气中的衰减，衰减的原因有大气的粘滞性和热传导性、空气分子的振动和转动、大气湍流、气溶胶以及声波的发散衰减等。

光在均匀介质中以直线传播，但在非均匀介质中，光路是弯曲的。光线在大气中的折射率与气温、气压、水汽含量等因素有关。由于光线在大气中的折射，会产生许多天文折射现象。大气对光的散射作用能产生曙暮光、霞等大气光学现象。

大气中的云雾粒子和降水粒子对光线的折射和反射作用产生虹、晕等光学现象，华是云雾粒子对光的衍射作用形成的。云雾光学现象及其变化通常意味着天气的变化。

大气电学主要研究的是 60 km 以下的非电离层，即对流层和平流层内大气的电学特性，主要由晴天电学和云雨电学两部分构成。

晴天的低层大气中存在着垂直向下方向的静电场，大气中也始终存在着带电离子，而使得大气具有一定的导电性，离子在大气电场中的迁移形成大气传导电流，并反过来影响大气电场。大气离子的产生是由于大气中存在着电离过程，电离源有宇宙射线、大气和地壳中放射性物质辐射的放射线、太阳紫外线等。

在低层大气中，晴天大气电场方向由天空指向地面，全球平均场强约为120 V·m^{-1}，场强随高度的增加而很快地减小。晴天大气电场有明显的时空变化。大气中带电粒子的运动即形成大气电流，包括大气的传导电流、晴空对流电流和扩散电流。

云和降水电结构主要由云与降水粒子荷电引起的。云(雾)滴的荷电可正可负，荷电量与云(雾)滴的尺度、相态、在云雾中所处的位置、云雾发展的不同阶段等多种因子有关。

平均而言，积云上部通常是正电荷，而下部则是负电荷，即正的双极性电荷分布。当积云发展到旺盛的强对流积雨云时，在负电荷中心下方云底附近往往还有一个较弱的正电荷中心，形成三极性电荷结构。雷暴云下面的地面场强因受云下部的负电中心感应作用，方向向上，恰与晴天电场反向。

雷暴云的起电机制比较复杂，每一种理论都无法完满地解释实测结果。主要的起电机制包括感应起电、温差起电、对流起电、冻结与融化起电等。

习　　题

8-1　考察船用声音探测器测得海深2 850米，探测器从发射声波到接受声波所需时间为3.8秒，试确定海水密度(水的容积压缩系数等于4.315×10^{-10}米^2/牛)。

8-2　一面积为1米^{2}的窗子临街而开，马路上的噪声在窗口的声强级为60分贝，试问通过声波进入窗口的声功率是多少?

8-3　一声源各向同性地向外发射声波，其功率为10 W，试问距离多远时，其声强级达100分贝? 60分贝?

8-4　若声源发出的声波频率为1 000 Hz，声波速度为305米/秒，当声源以30.5米/秒的速度离开或向着听者运动时，听者听到的声波频率分别是多少?

8-5　计算高度角为15°、25°、35°时的蒙气差。

8-6　设气温为218 K，气压为10 hPa，水汽压为0，气温递减率为10 ℃/10 km，试问在大气中传输的光线的曲率为多少?

8-7　试证干空气折射率n随高度的变化可用下式表示

$$\frac{\partial n}{\partial z}=-\frac{AP}{T^2}(3.14-\gamma)\times 10^{-6}$$

式中A为一个与波长有关的常数，P为气压，T为气温，γ为气温递减率。

8-8　虹、晕、华的形成机制是什么?

8-9　假设晴天大气平均电场强度E可由下式表达

$$E = 90e^{-0.035Z}+40e^{-0.000\,23Z}$$

式中E单位为伏/米，Z是距地高度(米)。试求9千米高度与地面之间的电位差，以及大气与地面之间的最大电位差。

8-10　雷暴云的电荷结构通常是什么?

8-11　雷暴云的起电机制主要有哪些?

第九章
天气系统与天气预报

大气状态与人类社会的日常生活息息相关。与大气的长期状态即气候不同，天气主要指大气的短期（分钟到多天）变化，通常包括温度、湿度、降水、风、多云、能见度等气象要素在时空上的分布和变化。为了容易理解天气现象的变化，以及在地面天气图上更准确方便地描述天气系统，天气学上常常把各种天气现象进行分类，以用于描述各类天气系统在不同观测或预报时刻的变化情况。本章介绍基本的天气系统的结构和原理，以及概述与天气系统相关联的天气现象；并介绍基本的天气诊断方法和天气预报方法，为了解和制作天气预报提供理论基础。

§9.1 天气图和基本天气要素

天气图是将地球表面的气象数据用作图的方式表现出来的一种展示方法。天气学上通常采用欧拉方法，即将同一时刻在各地区观测到的气象要素制作成某一时刻的天气图，得到一系列不同时刻的天气图，可以用来分析天气状况或天气系统的演变过程。基于天气图，加上数值模式输出产品以及多源气象观测资料，例如雷达、卫星等大气探测资料，预报员可以制作未来时刻的天气预报。根据世界气象组织的规定的国际天气符号，各国可以按照统一的格式制作空白地图（即天气图底图），便于不同地区的天气观测的信息交换。

一、天气图底图制作

地图投影指的是利用数学方法把地球球面的某一个区域（全球或局部区域，如中国东亚地区）上的每一个点转换到平面地图上一一对应的点的方法。地图投影的原理就是将实际地球赤道略宽两极略扁的球体表面的曲面，用数学方法展开成平面。由于球面是不可伸展的一个平面，任何地图投影都存在一定的误差。为了减少地图投影在天气图制作中的误差，需要根据实际应用情况选择投影方式。**地图投影**的分类可以按照地图投影的变形方式分为：

（1）等角投影（又叫作正形投影），即地面上的夹角相对应于投影面上任意两方向的夹角相等。在地图上图形与地球表面小区域原有的形状相似，但不能保持对应的面积成恒定比例。任一地点微分线段的比例尺不因方向而异，局部比例尺随着经纬度的变动而改变。其最明显的特征是地图上各处经线和纬线都相交成直角。

（2）等（面）积投影，指地图中任何部分的面积与地球表面上相应部位的实际面积的比例都相等。保持等积投影就不能同时保持等角。

（3）任意投影，即采取不等角也不等积的投影，例如等间距的经纬度网投影，在精度要求不高的教学示意图中常常使用。

地图投影还可以根据透视投影中正轴投影时经纬网格的形状分类，常用的可分为：

（1）平面投影（又叫作方位投影），是将地表投影到与球面相切或相割的平面上，一般采用

透视投影，即以某一点为视点（光源放置点），将球面各点直接投影到投影面上去。

（2）圆锥投影，将平面图纸卷成圆锥形，圆锥轴与地轴重合，圆锥面与地球仪相切于某一纬圈或相割于某两个纬圈，然后以球心为视点，将地表各点投影到圆锥面上，再沿圆锥母线切开展成平面。

（3）圆柱投影法，将平面图纸卷成圆柱形，使圆柱轴与地轴相重合，圆柱面与地球赤道相切或相割于某两标准纬圈，以地球中心为视点，将球面各点投影到圆柱面上，然后沿着圆柱母线切开展平即可得到圆柱投影图。

最常使用的天气图底图的地图投影方法包括兰伯特圆锥（Lambert conic）投影，比较适合中纬度地区。例如我国普遍应用的天气图底图就是**正形圆锥兰伯特投影**（如图 9－1），它是经过修正的正形圆锥投影，保持同一点上经向和纬向的放缩率相同。

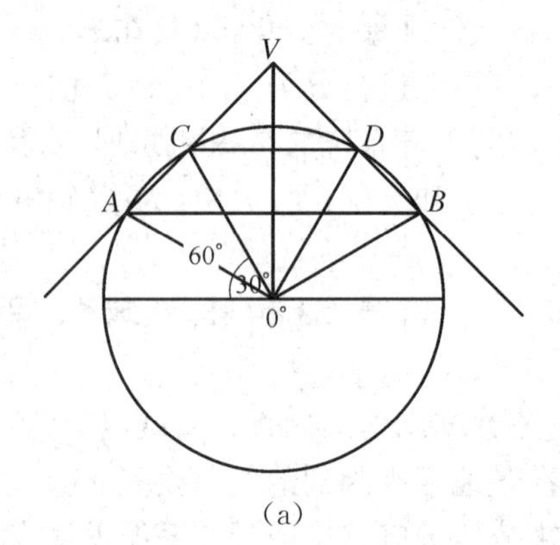

（a）

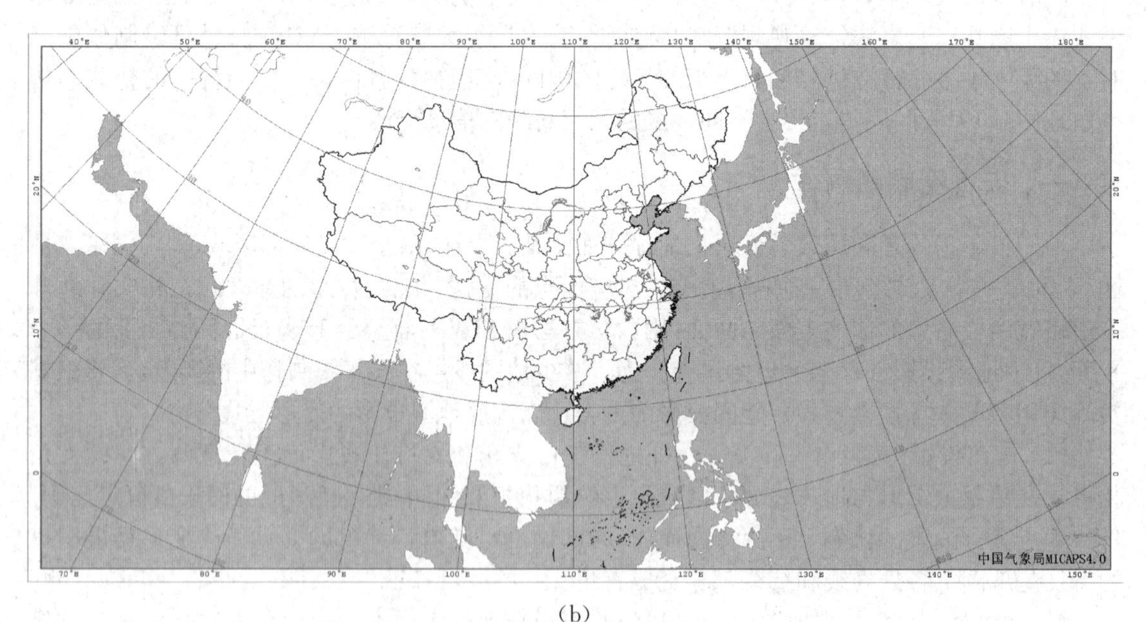

（b）

图 9－1　兰伯特正形圆锥投影示意图（a）和投影实例（b）

墨卡托（Mecartor）投影（如图 9－2）是修正过的圆柱形投影，满足正形要求，每一点上经向和纬向的放缩率相等，其特点是标准纬圈是南北纬 22.5°，投影图的经线和纬线都是直线，且相交成直角，一般赤道和低纬度地区采用该类型地图投影。

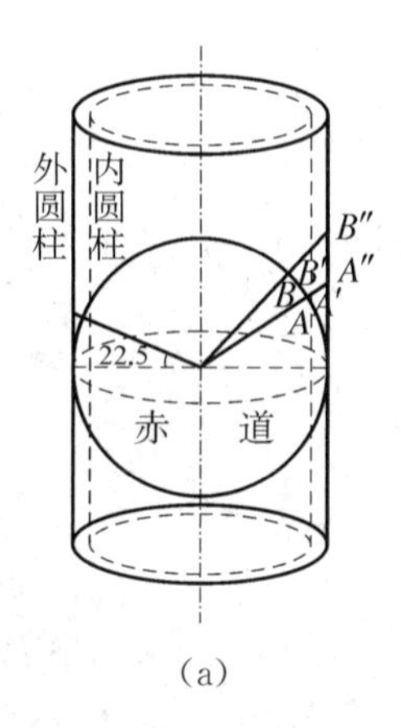

(a)

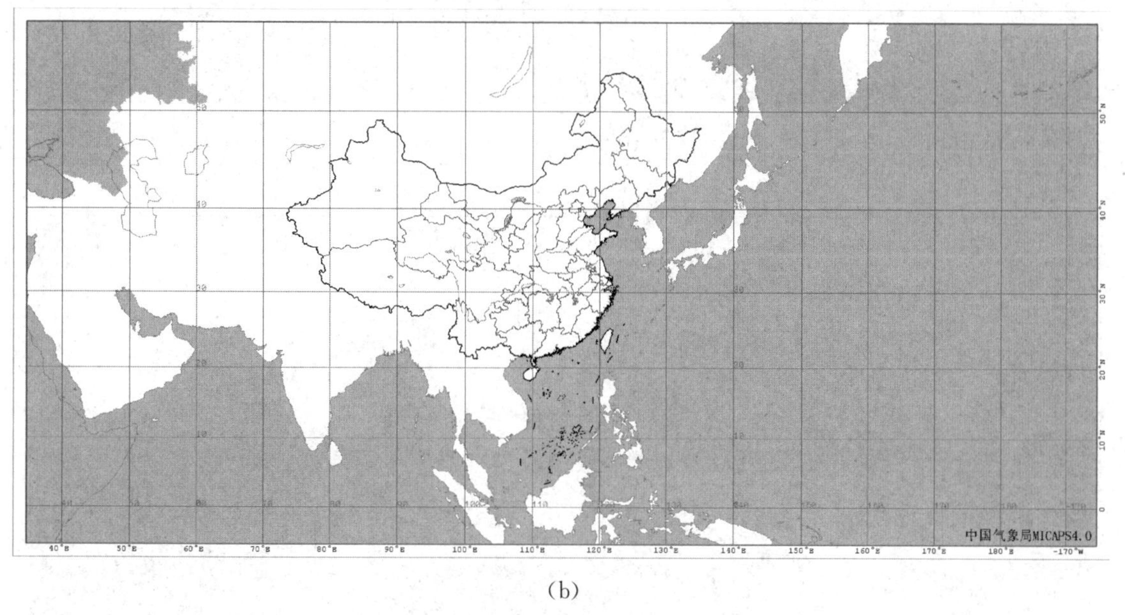

(b)

图 9-2　墨卡托圆柱投影示意图(a)和投影示例(b)

极射赤面(stereographic)投影(如图 9-3),较适用于极地和高纬度地区,例如以地球南极为视点,把地球表面上的各点投影在北极的切平面 TG 或 60°N 的割平面 $T'G'$ 上;其特点为经线为放射状直线,纬线为同心圆,经纬线相交成直角,能满足正形和正向的要求。

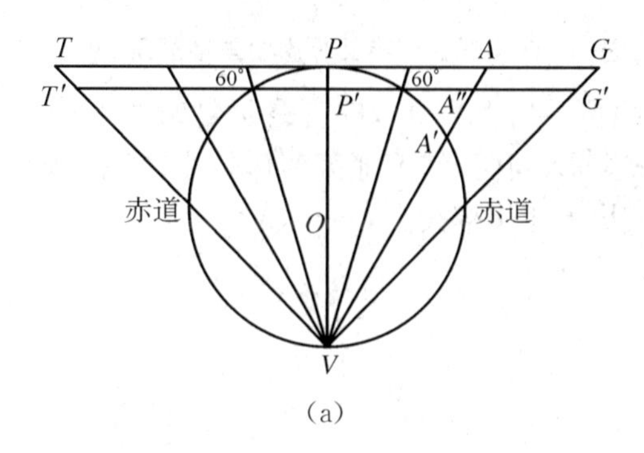

(a)

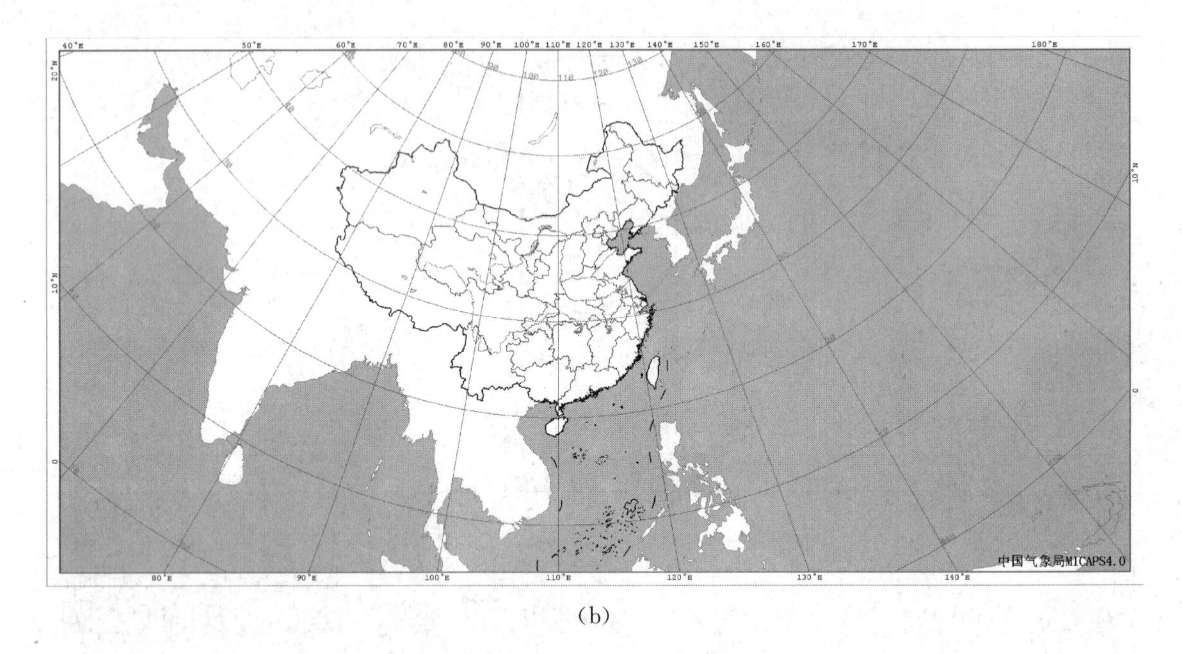

(b)

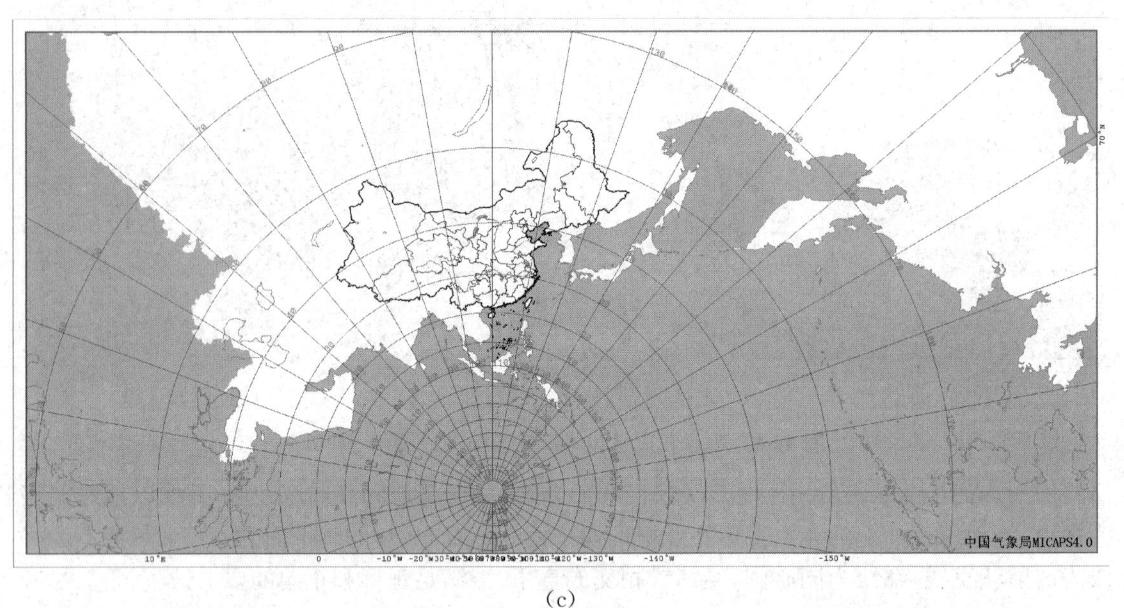

(c)

图 9-3　极射赤面投影示意图(a)、北半球极射赤面投影中国地区示例(b)、南半球极射赤面投影示例(c)

还有简单的等经纬度投影(如图 9-4),即省略了复杂的坐标变换,在地图上用同样距离显示相同的经纬度间隔,该投影仅在低纬度地区变形较小,越往高纬度,地图上纬圈的水平距离变长以及要素的面积、形状等变化越大。

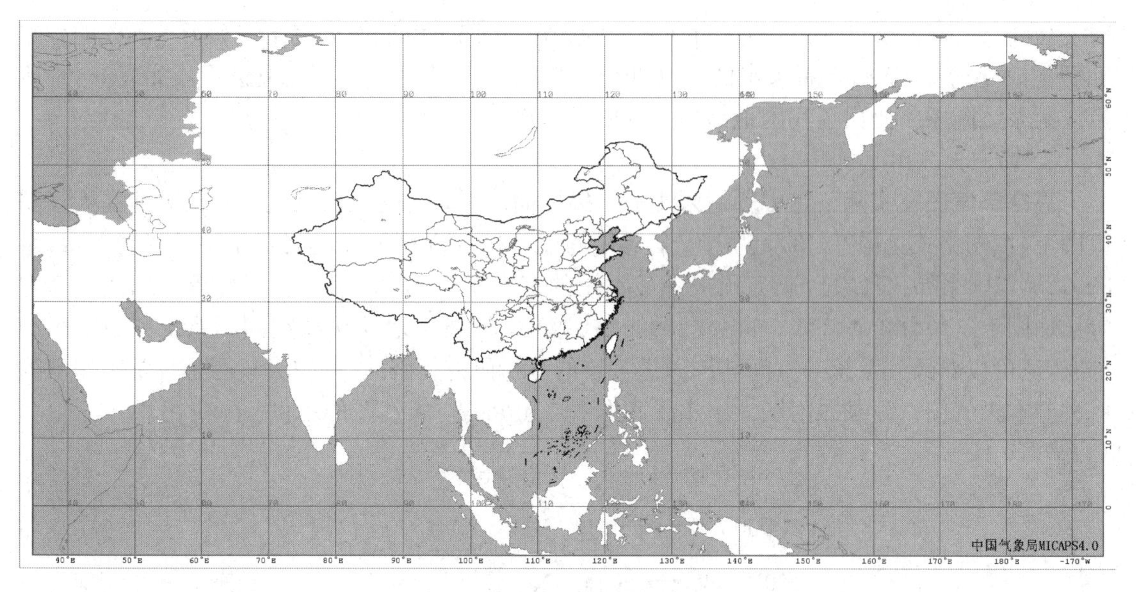

图 9-4　等经纬度投影示例

二、天气图的种类

由于天气现象是三维空间的现象，所以必须在水平方向和垂直方向上同时考虑气象要素或天气系统的分布。根据业务天气预报的需要，通常采用的天气图有地面天气图、高空天气图和辅助天气图。

1. 地面天气图

将地面气象要素按照统一的格式（如图 9-5）填写到天气图底图上就构成**地面天气图**。地面图上，除了填有地面和海平面观测记录外，还填有一部分高空气象要素的观测记录，如云等。此外，还填有一些反映最近时段内气象要素变化趋势的记录，如 3 h 变压、最近 6 h 内出现过的天气现象等。地面天气图是天气分析和预报中最基本的天气图，一般分析等压线、等三小

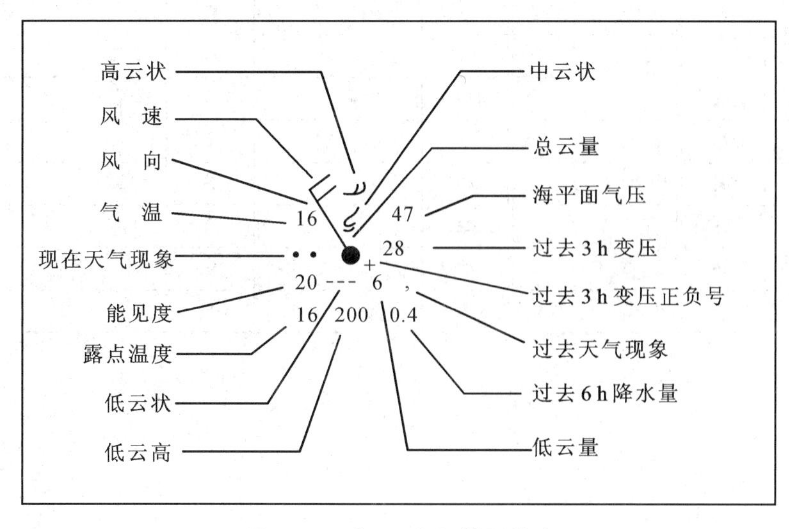

图 9-5　地面天气图填图格式

时变压线、锋面和天气区等。通过对地面图的分析，可以了解地面天气系统和天气现象的分布和历史演变情况，从而推断未来的天气变化。中国气象局规定的天气现象符号如表 9 - 1 所示。附录二附图 2 给出了我国地面空天气图的示例。

2. 高空天气图

高空天气图在实际工作中普遍采用的是等压面图。将各等压面的观测资料填写在天气图底图上(填图格式见图 9 - 6)，就构成了等压面图。标准等压面图通常有 850，700，500，400，300，200，100 hPa。气象台业务预报中最常用的有 850，700，500 和 300 hPa 等压面图。高空等压面图上一般分析等高线、等温线、槽线和切变线，能清楚地反映高空气压系统和温度场的分布，还可以对天气系统的空间结构做进一步的分析研究。因此，高空天气图是日常工作中的一种基本天气图。附录二附图 3 给出了我国 500 hPa 高空天气图的示例。

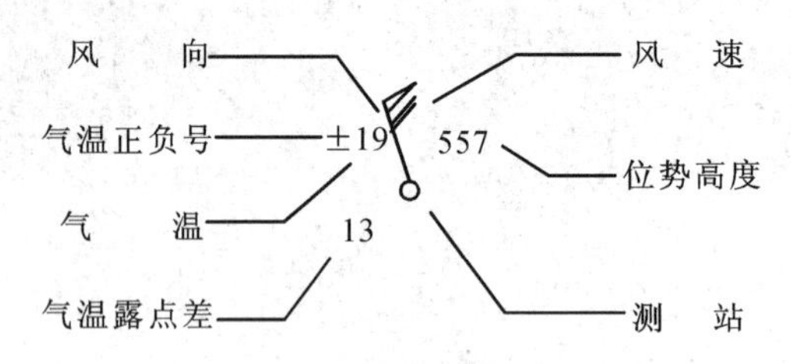

图 9 - 6　高空天气图填图格式

3. 辅助天气图

在实际工作中，除应用地面天气图和高空天气图外，还可以配合各种辅助图显示天气过程的各个不同侧面。辅助图可分成两大类：地面辅助图，如天气实况演变图、变压图、变温图和降水量图等；高空辅助图，如流线图、变高图、剖面图、$T-\ln p$ 图和高空风图等，可根据工作需要选用。

表 9 - 1　中国气象局地面气象观测规范中规定的天气现象符号表

(中华人民共和国国家标准 GB/T 35224—2017)

现象名称	符号	现象名称	符号	现象名称	符号	现象名称	符号
雨	·	冰粒	◬	雪暴	✣	大风	₣
阵雨	▽̇	冰雹	△	烟幕	Γ	飑	∀
毛毛雨	,	露	Ω	霾	∞	龙卷	)(
雪	✱	霜	⊔	沙尘暴	S̶	尘卷风	§
阵雪	✱▽	雾凇	V	扬沙	$	冰针	↔
雨夹雪	✱̇	雨凇	∾	浮尘	S	积雪	⊠
阵性雨夹雪	✱̇▽	雾	≡	雷暴	ꓘ	结冰	⊔̶
霰	✱̲	轻雾	=	闪电	↯		
米雪	△̶	吹雪	⇸	极光	♔		

§9.2　温带天气系统

通常大尺度的温带天气系统，包括气团和锋面、温带气旋和反气旋等。气团、锋、气旋和反气旋是中高纬度西风带最常见、影响最大，也是最重要的天气系统，早在20世纪初期，挪威气象学派就提出了著名的锋面理论和气旋波动学说，此后这些概念被广泛应用于天气分析和天气预报中。

一、气团

气团指物理属性（温度、湿度、稳定度）相似，在不同高度的水平分布都比较均匀的大尺度空气团。气团的水平尺度可达几千千米，垂直尺度达几千米到十几千米。例如冬季在东亚大陆的冷高压系统，虽然地面温度和露点温度有变化，在这个系统内空气是冷和干的性质，因此可以称之为冷气团。

1. 气团的分类

气团可以根据温度和湿度性质（水平分布上较均匀）来分类，包括冷气团和暖气团，干气团和湿气团。例如**冷（暖）气团**是指气团温度低（高）于气团移动所经过的下垫面温度。日常天气分析中还常常依据气团之间的温度对比来划分冷暖气团，即温度相对高的气团称之为暖气团，温度相对低的气团称之为冷气团。暖气团一般含有较丰富的水汽，容易造成云雨天气。但当它从源地向冷区（高纬度）移动时，低层因不断失热而冷却，气团的温度直减率减小，气层趋于稳定，甚至还可能出现逆温层，因而暖气团中热力对流不易发展，表现出稳定性的天气特征。如果暖气团中湍流作用较强时，也可能造成层云、层积云，甚至毛毛雨、小雨等天气现象。

冷气团一般形成干冷天气。例如从源地向暖区移动时，气团低层因不断吸热而增温，气团直减率增大，层结稳定度减小，又容易发展对流运动。冷气团低层也可能形成不稳定天气。如果冷气团来自海洋，水汽较多，还可能出现积云、积雨云，甚至雷暴等阵性降水天气。冷、暖气团的天气特征在不同季节、不同地区也有相当大的差别。例如，夏季水汽含量丰富的暖气团，当被地形或其他外力作用强迫抬升时，可以破坏逆温层而出现不稳定天气；冬季的冷气团，气层非常稳定，可能产生稳定性天气。

气团还可以根据产生的源地划分，包括按纬度带区分的南北半球靠近极圈高纬度的极地气团（P）和热带气团（T），以及按源地海陆性质区分的大陆型气团（c）和海洋型气团（m）。在冬季，源于极地地区的极冷气团，被特别命名为冰洋气团（A）。但有时冰洋气团（A）和极地气团（P）很难区分，尤其是当冰洋气团移动到比较暖的地区时。表9-2给出了纬度带和海陆分布组合出的五大类常见的气团及其基本特征，其中北极大陆和南极大陆属于同一类气团，也有将南北纬10°以内的气团称之为赤道气团（E），它和热带气团性质类似。

表9-2　气团的分类和基本特征

源地	冰洋(A)	极地(P)	热带(T)
陆面	北极大陆气团(cA)、 南极大陆气团(cAA)	极地大陆气团(cP)	热带大陆气团(cT)
大陆(c)	极冷、干燥、稳定、冰雪覆盖	冷、干、稳定	热、干、高空稳定、低层不稳定
洋面		极地海洋气团(mP)	热带海洋气团(mT)
海洋(m)		凉爽、湿、不稳定	暖、湿、通常不稳定

2. 气团的形成

气团的形成需要具备两个条件：一是大范围性质比较均匀的下垫面，由于空气中的热量、水分主要来源于下垫面，因此，下垫面的性质决定着气团的属性，例如，在冰雪覆盖的地区往往形成冷而干的气团，在水汽充沛的热带海洋上常常形成暖而湿的气团；二是必须有适合的环流条件，使得大范围空气能在同一下垫面上长久地停留或缓慢移动，逐渐获得与下垫面相适应的比较均匀的物理属性，例如，气流辐散的、准静止反气旋环流和热带低压等有利于气团的形成。

气团的形成在具备了上述两个条件的情况下，再通过气团内一系列物理过程而获得下垫面属性，这些物理过程有：

(1) 辐射　辐射是空气与下垫面、空气与空气之间交换热量的一种方式。冬季，高纬度地区为冰雪所覆盖，雪面放射长波辐射的能力很强，近地面气温低，气层稳定，乱流、对流不易发展，故辐射对于这一地区气团的形成具有重要的意义。

(2) 湍流和对流　湍流和对流可以把低层空气获得的热量和水汽带到上空，使较高气层的属性都受到下垫面的影响。在低纬度地区，由于近地面气温高，气层不稳定，湍流和对流易于发展，因而它们在气团形成过程中所起的作用比较显著。

(3) 蒸发和凝结　蒸发和凝结是空气与下垫面之间、空气与空气之间交换水分和热量的方式之一，使大范围空气普遍获得或失去水分，从而直接影响着空气的温度。同时通过蒸发吸热和凝结放热，又间接地影响了空气的温度和稳定度。

3. 气团的变性

气团形成以后，当它离开源地移到另一地区时，由于下垫面的性质以及物理过程的改变，气团的物理属性会发生变化，这种气团原有物理属性的改变过程称为气团的**变性**。

气团的变性过程同气团的形成过程一样，也是通过辐射、湍流和蒸发凝结过程实现的。气团变性的快慢和变性程度的大小，取决于它们所经下垫面的性质和气团源地下垫面性质差异的大小、离开源地时间的长短，以及空气运动状态的变化等。一般来说，冷气团移到暖的地区变暖较快，暖气团移到冷的地区则变冷较慢。通常从大陆移入海洋的气团容易获得海面蒸发的水汽而变湿；而从海洋移到大陆的气团却不易通过凝结作用而变干。

4. 影响我国的气团

我国境内出现的气团多为变性气团。

冬半年，通常受极地大陆气团、热带海洋气团和北极气团的影响，其源地在西伯利亚和蒙古地区，因而常称之为西伯利亚气团。这种气团的地面流场特征为很强的冷性反气旋，中低空有下沉逆温，所控制的地区为干冷天气。当与热带海洋气团相遇时，在交界处则形成阴沉多雨的天气，例如冬季华南常见到这种天气。热带海洋气团可影响到华南、华东和云南等地。北极气团也可南下侵袭我国，造成气温剧降的强寒潮天气。

夏半年，西伯利亚气团在我国长城以北和西北地区活动频繁，与南方热带海洋气团交绥，是我国盛夏南北方区域性降水的主要原因。热带大陆气团常影响我国西部地区，持久控制的地区常会出现严重干旱和酷暑。来自印度洋的赤道气团（又称季风气团），可造成长江流域以南地区大量降水。

春季，西伯利亚气团和热带海洋气团势力相当，互有进退，因此是锋系及气旋活动最旺盛的时期。

秋季，变性的西伯利亚气团占主要地位，热带海洋气团退居东南海上，我国东部地区在单一气团控制下，出现最宜人的秋高气爽天气。

二、锋

1. 锋的概念

锋(又叫锋面、锋区)通常指两种不同密度的气团的交界面或者过渡带。因为气团密度随着温度分布而变化，锋是冷气团和暖气团之间具有较大水平温度梯度的交界面。当空气沿着锋面爬升，可以达到抬升凝结高度，而形成降水。锋是产生降水的主要中纬度天气系统之一。在天气图上判断锋的位置，通常有以下几个指标：在短距离内温度突变，即水平温度梯度大；水平湿度梯度大(露点温度变率大)；风向的突变；气压的突变；云和降水的分布。

大气中的锋是占有三维空间的系统(如图 9-7)，锋与高空等压面或水平面相交的区域称为高空锋区。锋区具有一定的厚度，在空间呈倾斜状态，随高度向冷气团一侧倾斜。锋的下方为冷气团，上方为暖气团。靠近冷气团一侧的为下界面，靠近暖空气一侧的为上界面。锋区具有一定的宽度，一般是上宽下窄，水平宽度在近地面层中约为几十千米，在高层可达 200～400 km或更宽些。锋的长度可延伸几百千米至几千千米。在垂直方向上，有的锋仅在低层，有的可延伸至对流层顶附近。例如，在极圈附近的极地锋垂直方向可以超过 5 km，而极地附近的锋的垂直范围则大大降低了。

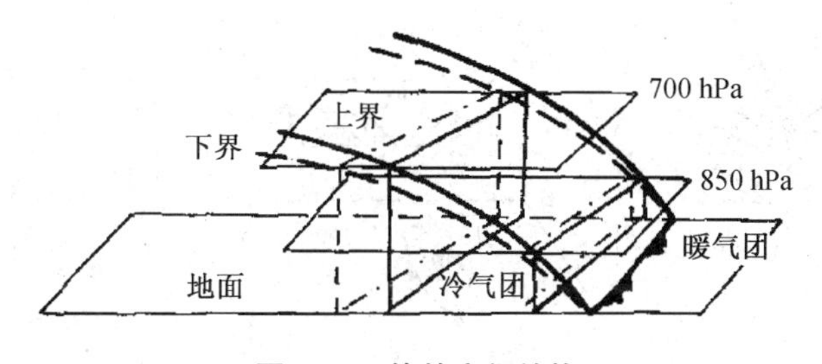

图 9-7　锋的空间结构

2. 锋的分类

由于着眼点不同，锋有不同的分类方法：根据锋在移动过程中冷、暖气团所占的主、次地位，可将锋分为冷锋、暖锋、准静止锋和锢囚锋 4 种；根据延伸的不同高度，也可将锋分为对流层锋、地面锋和高空锋 3 种；根据气团的不同地理位置，又可将锋分为冰洋锋(北极锋)、极锋和副热带(热带)锋 3 类。在我国出现的冷锋最多，其次是准静止锋，暖锋和锢囚锋则较少。

下面，根据第一种分类法对各种类型的锋和天气进行简单介绍。

(1) **冷锋**　锋面在移动过程中，冷气团起主导作用，推动锋面向暖气团一侧移动，这种锋面称为冷锋。冷锋过境后，冷气团占据了原来暖气团所在的位置(如图 9-8(a))。冷锋在我国一年四季都有，冬半年更为常见。

(2) **暖锋**　锋面在移动过程中，若暖气团起主导作用，推动锋面向冷气团一侧移动，这种锋面称为暖锋。暖锋过境后，暖气团就占据了原来冷气团的位置(如图 9-8(b))。暖锋多在东北地区和长江中下游活动，大多与冷锋联结在一起。

(3) **准静止锋**　当冷暖气团势力相当，锋面移动很慢，或者有时冷气团占主要地位，有时暖气团占主要地位，使锋面处于来回摆动状态，这种锋称为准静止锋(如图 9－8(c))。在我国华南、天山和云贵高原等地区常见到冷锋由于受到高山阻挡而形成准静止锋。

(4) **锢囚锋** 当有 3 种冷、暖性质不同的气团(如暖气团、较冷气团、更冷气团)相遇时，可产生 2 个锋面，前面是暖锋，后面是冷锋。如果冷锋移动速度快，追上前方的暖锋，或 2 条冷锋相遇，并逐渐合并起来，使地面完全被冷气团所占据，原来的暖气团被迫抬离地面，锢囚到高空，这种由 2 条锋相遇合并所形成的锋，称为锢囚锋。锢囚锋又可分为 3 种：如果锋前的冷气团比锋后的冷气团更冷，其间的锢囚锋称为暖式锢囚锋(如图 9－8(d))；如果锋后的冷气团比锋前的冷气团更冷，其间的锢囚锋称为冷式锢囚锋(如图 9－8(f))；如果锋前后的冷气团差别不大，则其间的锢囚锋称为中性锢囚锋(如图 9－8 (e))。

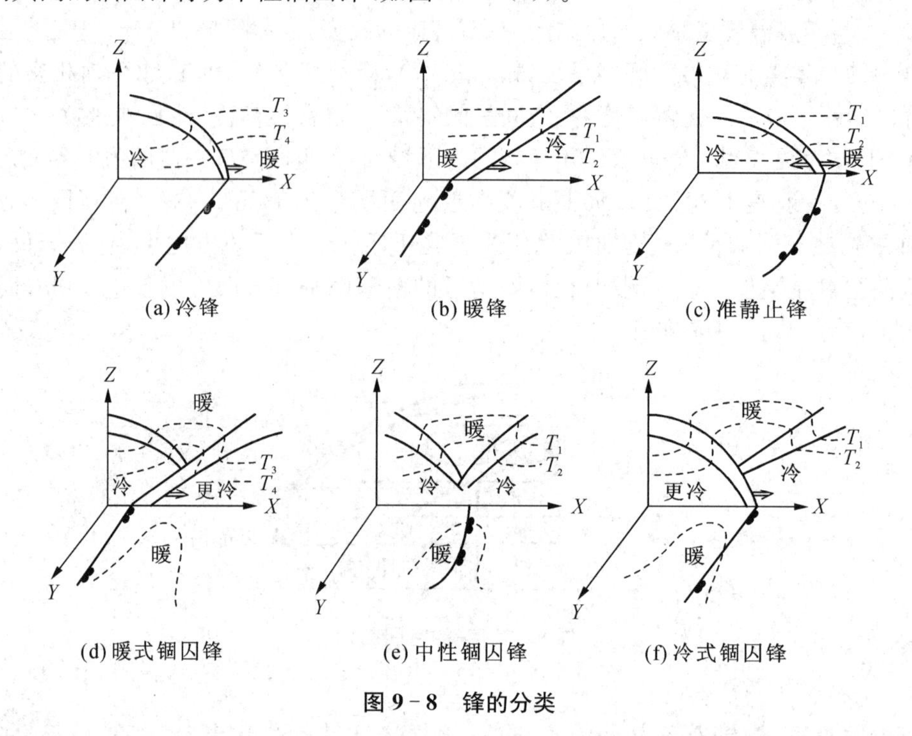

图 9－8 锋的分类

3. 锋面天气

锋面天气主要是指锋附近的云系、降水、风、能见度等气象要素的分布状况，它主要取决于锋附近空气垂直运动状况、气团的属性、锋面坡度的大小等因素。由于这些因素随时间、地点而变化，锋面天气是多种多样的，并且是多变的。下面介绍从大量复杂的锋面天气中概括出的各类锋面天气的典型特征。

(1) 暖锋天气 典型的暖锋天气如图 9－9 所示。暖锋的坡度很小，约 1/150。暖空气沿锋面缓慢滑升，在上升过程中绝热冷却，达到凝结高度后，在锋上便产生云系。如果暖空气的层结稳定，在地面锋线的最前缘是卷云(Ci)，以后依次是卷层云(Cs)、高层云(As)、雨层云(Ns)。该云系沿着整个锋面可连绵数百千米，离地面锋线越近，云层越低，厚度越厚，云顶可达 600 m 以上。降水发生在雨层云内，一般多属连续性降水，降水宽度约为 300～400 km，降水区一般位于锋前。由于从锋面上降落的雨滴蒸发使空气饱和，加上低层辐合、湍流混合等作用，在锋下靠近地面锋线的冷空气里，常产生层云、碎层云、碎积云。当空气中的饱和层云到达地面时，可形成锋面雾。暖锋云系有时因为空气湿度和垂直速度分布不均匀而造成不连续，可

能出现几十千米，甚至几百千米的无云空隙。暖锋在我国很少单独存在，它一般出现在气旋系统当中。

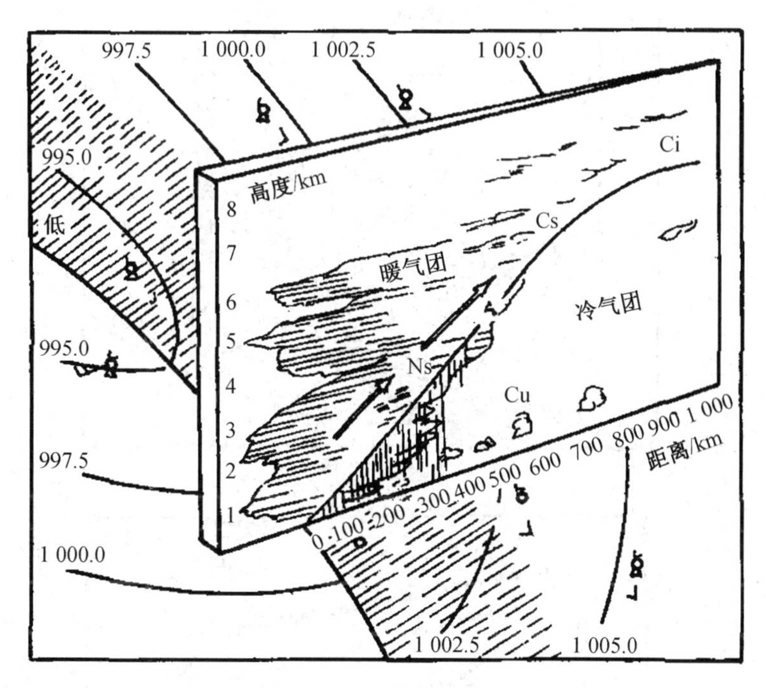

图 9－9　暖锋天气模式

夏季，当暖空气层结不稳定且湿度很大时，在暖锋上可产生积云和积雨云，常伴有雷阵雨天气。这种积雨云往往隐藏在深厚的雨层云中，对飞机飞行威胁很大。当暖空气干燥，水汽含量很少时，锋上只出现一些中、高云，甚至无云。

(2) 冷锋天气　根据冷锋和高空槽的配置、移动速度和锋上垂直运动等特点，可分为第一型冷锋和第二型冷锋，这两种冷锋天气有明显的差异。

① **第一型冷锋**　此型冷锋的地面锋线位于高空槽前部，锋面坡度不大，约为 1/100，移动速度较慢(与第二型冷锋相比)。暖空气沿着冷空气楔向上滑升。当暖空气比较稳定，水汽比较充沛时，产生同暖锋相似的层状云系，但排列次序相反(如图 9－10(a))，而且暖锋云系主要在锋前，冷锋云系主要在锋后，范围比暖锋的窄，中、低云的范围一般在 700 hPa 槽线与地面锋线之间，低云区范围大致在 850 hPa 槽线与地面锋之间，降水区的宽度一般在 150～200 km。如果锋前暖气团不稳定，在地面锋线附近也常出现积雨云和雷阵雨天气。夏季在我国的西北、华北地区以及冬季在我国南方地区出现的冷锋多属这一类型。

② **第二型冷锋**　这类冷锋的地面锋线一般位于高空槽线附近或槽后，云雨区主要出现在锋前锋线附近(如图 9－10(b))。这类锋的主要特点是移动较快，低层锋特别陡峭，甚至向前突出一个冷空气"鼻"，冲击前方的暖空气，使之产生激烈的上升运动，高层的暖空气沿锋下滑。当暖气团比较潮湿而不稳定时，可形成强烈发展的积雨云，沿着锋线排列成一条狭窄的积雨云带，顶部常可延伸到 10 km 以上，而宽度仅有几十千米。当这种冷锋来临时，常常是狂风暴雨，乌云满天，且有雷电现象。待锋面过后不久，天气即转晴。这种冷锋天气在我国夏半年比较常见。

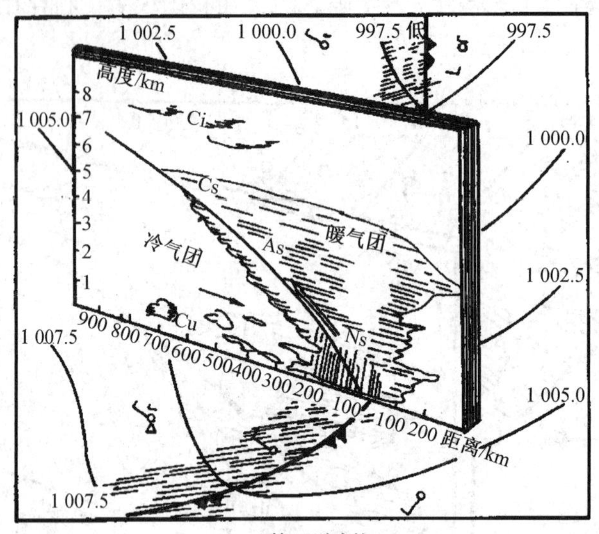

(a) 第一型冷锋

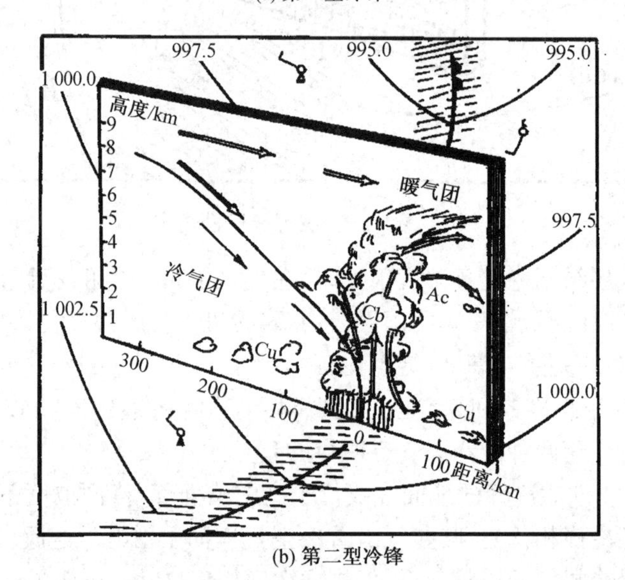

(b) 第二型冷锋

图 9－10　冷锋云系示意图

当暖气团比较稳定时，第二型冷锋的云系分布与暖锋相似，出现层状云系，但要狭窄得多。

如果暖空气比较干燥，第二型冷锋也可能只出现少量高云和中云，而无降水现象，但在锋后常出现大风和由大风引起的风沙，此时常称为“干冷锋”。我国北方的春季较为常见。

(3) 准静止锋天气　我国的准静止锋一般是由冷锋演变而成的，它的坡度一般很小，约为1/250。准静止锋的天气类似于第一型冷锋，由于其坡度较第一型冷锋小，因此，云、雨区比冷锋宽得多。准静止锋的坡度一般很小，例如华南准静止锋，在冬季的坡度一般小于 1/200，而夏季则较大，可达 1/100 以上。在冬半年，当准静止锋的坡度特别小时，暖空气需要爬升到一定高度才能凝结，所以云雨区不紧靠地面锋线，而是离锋线有一定的距离。

当暖空气湿度大而又不稳定时，准静止锋上也可能形成积雨云和雷阵雨；而当暖气团较干燥时，锋上往往没有明显的云系。

由于准静止锋移动缓慢，当它在某一地区来回摆动时，可出现持续性阴雨天气。我国主要的准静止锋有天山准静止锋、云贵准静止锋和江淮地区准静止锋等。

(4) 锢囚锋天气　由于锢囚锋是由两条锋合并而成的，因此其天气也保留了原来两条锋的一些特征。如果锢囚锋是由具有层状云系的两条锋合并而成，其云系主要也是层状云，且近似对称地分布在锢囚锋的两侧，这种锢囚锋称为暖式锢囚锋(如图 9－11(a))。如果原来一条锋面是层状云，而另一条锋面是积状云，两者合并锢囚后，层状云和积状云相连，这种锢囚锋称为冷式锢囚锋(如图 9－11(b))。在我国，锢囚锋主要出现在东北和华北地区。附录二附图 4 为 2018 年 1 月 4 日锢囚锋的卫星云图照片。这个锢囚锋型气旋给美国东部和加拿大造成了严重的暴风雪。

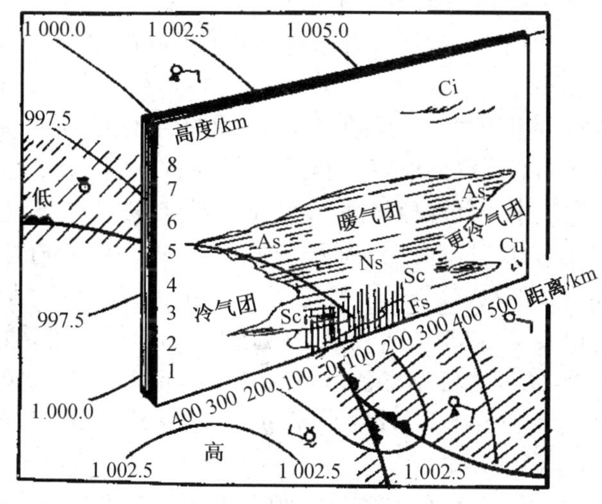

(a) 暖式锢囚锋

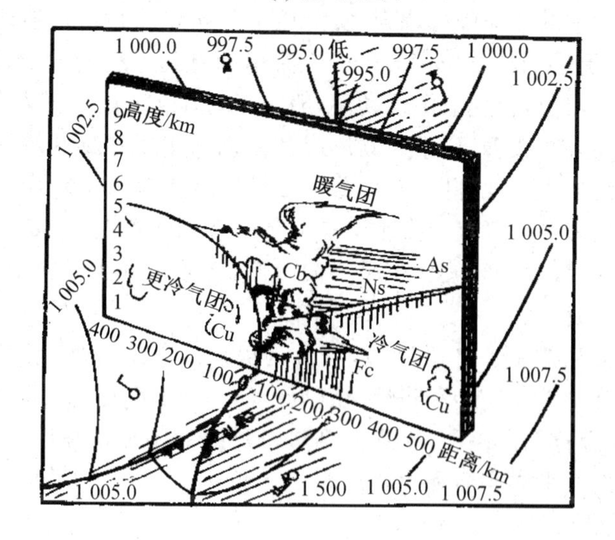

(b) 冷式锢囚锋

图 9－11　锢囚锋云系示意图

三、温带气旋和反气旋

1. 气旋和反气旋的特征及分类

气旋是指在同一高度上中心气压低于四周的水平涡旋。在北半球,空气做逆时针旋转,南半球则相反。**反气旋**是指在同一高度上中心气压比四周高的水平旋涡。在北半球,空气做顺时针旋转,南半球则相反。从气压场特征出发,气旋可称作低压,反气旋可称作高压,两者区别在于气旋、反气旋是从流场特征出发的。

气旋和反气旋一般是椭圆形的,其大小差别很大。气旋和反气旋的范围是以地面图上最外围一条闭合等压线的直径长度来表示的,平均直径为 1 000 km,大的可达 3 000 km,小的只有 200 km 或更小些。反气旋的范围要比气旋大得多。大的反气旋可以和最大的大陆或海洋相比。例如,冬季亚洲大陆的反气旋,往往占据整个亚洲大陆面积的四分之三;小的反气旋其直径只有几百千米或更小些。

气旋和反气旋的强度一般用中心气压值来表示。气旋中心气压值越低,气旋越强,反之气旋越弱。当气旋中心气压随时间降低时,称气旋发展或加深;当气旋中心气压随时间升高时,称气旋减弱或填塞。反气旋中心气压值越高,反气旋越强;反之,反气旋越弱。同样,当反气旋中心气压随时间升高时,称为反气旋发展或加强;当反气旋中心气压随时间降低时,称为反气旋减弱。地面气旋中心气压随季节而异,一般在 970~1 010 hPa 之间,发展十分强大的气旋,中心气压值可低于 935 hPa。台风中心气压值可低达 870 hPa。地面反气旋中心气压值一般在1 020~1 030 hPa,冬季,东亚大陆上的反气旋中心气压值可达 1 040~1 050 hPa 或以上,1968 年 12 月 31 日在西伯利亚曾出现最高的气压值达到 1 083.8 hPa。冬季反气旋平均强于夏季,陆地反气旋平均强于海上。

气旋的强度越大,风速越大,在强的气旋中,地面最大风速可达 30 $m \cdot s^{-1}$ 以上。在近地面层,由于摩擦作用,气旋中的风向中心辐合,实测风与等压线的交角在陆地上可达 30°左右,在海上约 15°。这种低层流场的辐合作用产生的上升运动有利于成云致雨,因此,多是云雨天气。在反气旋中气流向外辐散,产生下沉运动,一般天气晴好。

气旋和反气旋的分类方法较多,通常按其形成和活动的主要地理区域或势力结构进行分类。根据气旋形成和活动的主要地理区域,可分为温带气旋和热带气旋两大类;按其形成及热力结构可分为无锋面气旋和锋面气旋两大类。在前者中有锋面存在,温度场分布不对称,有 2 种不同气团组成,一般中高纬度的气旋大多是锋面气旋,因而也称为温带气旋;而后者没有锋面存在,如热低压、热带气旋等。

根据反气旋形成和活动的主要地理区域,可分为极地反气旋、温带反气旋和副热带反气旋。按热力结构则可分为冷性反气旋和暖性反气旋。活动于中高纬度大陆近地面层的反气旋多属于冷性反气旋,习惯上称为冷高压,出现在副热带地区的副热带高压多属暖性反气旋,北半球的副热带高压主要有太平洋高压和大西洋高压。

2. 温带气旋的形成和天气

温带气旋的形成,一般有 3 种类型:一是形成于准静止锋或者缓慢移动的冷锋上,这就是 19 世纪 20 年代,挪威学派(以 Bjerknes 和 Solberg 为代表)所建立的气旋发展的锋面波动型,这种类型形成的气旋,常出现在我国江淮流域和东海地区;二是形成于原有锢囚气旋中的锢囚点上,这类气旋多发生在蒙古及我国东北地区;三是由倒槽(或热低压)锋产生而形成的锋面气旋,例如,春季江淮气旋和蒙古气旋的生成都属于这种类型。发展完好的温带气旋一般经历初

生、发展、锢囚到消亡 4 个阶段。

温带气旋的天气比较复杂，它是由多方面因素决定的。锋面气旋在对流层的中下层以辐合上升气流占优势，但由于上升气流的强度和锋面结构不同，以及组成气旋的不同气团随季节和地区不同而有所差异，因此，锋面气旋的天气特征在气旋不同发展阶段，以及不同季节和地区有很大的差别。下面介绍锋面气旋在不同发展阶段天气分布的典型模式。

锋面气旋初生阶段，一般强度较弱。云和降水等坏天气的范围不大，暖锋前会形成雨层云和连续性降水，能见度较差，云层最厚处在气旋中心附近。当大气层结不稳定时，暖锋上可出现雷阵雨天气。在冷锋后，云和降水比暖锋前窄一些。

当锋面气旋处于发展阶段时，气旋区域内的风速普遍增大，云和降水分布如图 9－12 所示。气旋前部有暖锋天气特征，云系向前伸展很远，靠近中心部分，云区最宽。气旋后部的云系和降水特征是属于第一型冷锋还是第二型冷锋，主要取决于高空槽与地面锋线的配置情况和锋后风速分布情况。

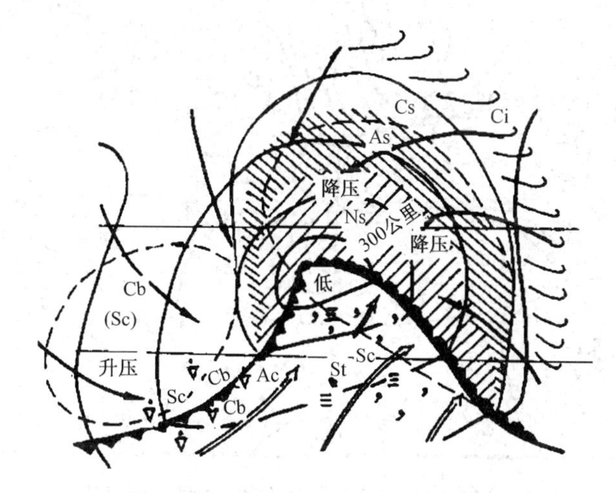

图 9－12　温带气旋发展阶段天气模式

当锋面发展到锢囚阶段时，气旋区内地面风速较大，辐合上升气流加强。当水汽充沛时，云和降水天气加剧，云系比较对称地分布在锢囚锋的两侧。

当锋面气旋进入消亡阶段，云和降水开始减弱，云底抬高。以后随着气旋趋于消亡，云和降水区也逐渐减弱、消失。

3. 温带反气旋

通常所说的温带反气旋主要是指活动于欧亚大陆西部、西北部和北部地区，具有冷性结构的反气旋，一般称为冷性反气旋或冷高压。

温带反气旋和锋面气旋一样，经历发生、发展和消亡的阶段。通常，温带反气旋是从冷锋后部的弱高压脊中发展起来的。但与气旋相比，温带反气旋无论在形状和发展阶段上都不像气旋那样均匀和有规律。

冷性反气旋内部的空气干而冷，盛行下沉气流，主要是晴朗少云天气。但不同的反气旋中，或者是同一反气旋的不同部位，其天气不尽相同。一般在反气旋中部，下沉气流强烈，天气晴朗。但因风速较小，容易形成辐射逆温或下沉逆温，在夜间或清晨会出现辐射雾、烟、霾等天气，使能见度较差。当空气潮湿时，在冬季出现层云、层积云，夏季出现淡积云。冷高压的前半部，因有偏北气流南下，并且因接近冷锋，气温较低，风速较大，云层较厚，有时有降水。而高压的后半部，气流自南向北输送，并且处于高空槽前，气温相对较暖，经常出现暖锋性质的天气。

冷性反气旋的活动相当频繁，就东亚地区来说，平均3～5天就有一次，但冷高压的强度在不同季节差异很大。夏季一般强度很弱，而在冬季强大的冷高压活动往往带来强冷空气侵袭，给我国广大地区带来剧烈降温、大风、霜冻等灾害性天气，这种大范围的强烈冷空气活动称为寒潮。例如，1971年12月11～19日的一次强寒潮过程，引起我国内蒙古、华北、东北等地区气温剧降和大风天气，其中大连24小时降温达16℃，北京出现7级偏北大风。图9-13为1971年12月16日08时地面天气图，可清楚地看到强大的西伯利亚冷高压。

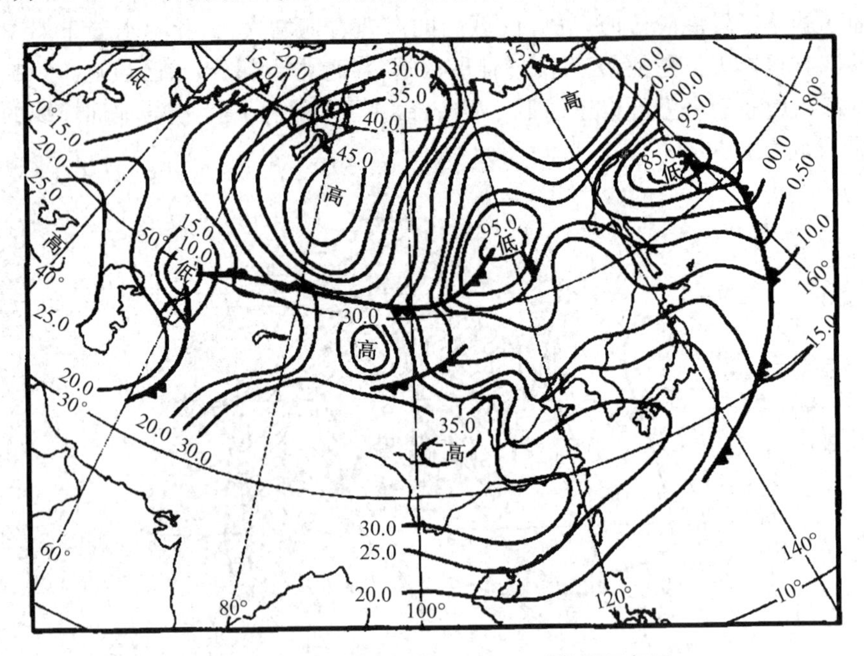

图9-13　1971年12月16日08时地面天气图

§9.3　热带和副热带地区天气系统

我国幅员广阔，南方的南沙群岛最南端达3°N左右，因此，我国天气不但受中高纬度天气系统的影响，而且直接受低纬度地区天气系统的影响。低纬度地区一般指30°N～30°S的范围，包括热带和副热带地区。这里主要介绍热带副热带地区重要的天气系统——副热带高压和台风。

一、副热带高压

1. 概况

由第四章已知，在南、北半球副热带地区的对流层中、下层，各存在着副热带高压带。由于海陆的影响，副热带高压带常断裂成若干个高压单体，这些单体统称为**副热带高压**(简称为副高)。副热带高压主要位于海洋上，通常按其所在的大洋地理位置分别称为北太平洋副高、南太平洋副高、南大西洋副高、南印度洋副高等(如图4-26(b))。在对流层上层(200 hPa以上)情况完全不同。特别在夏季，大洋上的高压变为低压槽区，而在亚洲大陆南部和北美大陆南部

出现强大的高压(如图 9－14)，这种出现在对流层上层的大陆高压分别称为青藏高压(或南亚高压)和墨西哥高压。青藏高压的形成主要是势力作用，而大洋上副热带高压的形成是动力作用占主导地位。

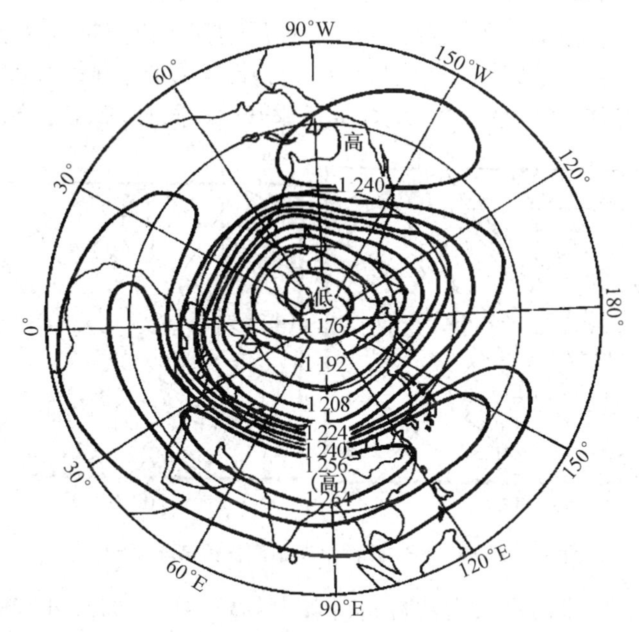

图 9－14　7 月北半球 200 hPa 平均高度场

副热带高压是常年存在的永久性气压系统，不过其强度和位置冬夏有很大差别。平均而言，北半球副热带高压的强度在夏季比冬季要强大得多，尤其是盛夏时期最为强大。其位置夏季比冬季偏西、纬度偏高。南半球副热带高压的季节变化状况与北半球基本相反。

副热带高压是一个暖性系统，在对流层内高压区基本上与高温区分布一致；高压区内一般湿度较小，空气比较干燥；在对流层中下层以辐散、下沉气流为主。

副热带高压的天气，由于盛行下沉气流，以晴朗、少云为主，风力微弱，天气炎热。在适当条件下，有时也会出现短暂的、局地性热雷雨过程。在副热带高压的西北部和北部边缘，由于受西风带低压槽或冷涡影响，上升运动强烈，水汽较充沛，多阴雨天气。高压的南面为东风气流，当有台风或东风波等热带天气系统活动时，也可能产生大范围暴雨、雷阵雨及大风天气。

2. 西太平洋副热带高压的活动及其对我国天气的影响

西太平洋副热带高压是对我国夏季天气影响最大的一个大型环流系统。它的位置、强度的变动对我国东部地区的雨季、旱涝和台风路径等都有很大的影响。在实际工作中，表示西太平洋副高的常用方法有 3 种：一是副高脊线，即 500 hPa 图上副高区内东西风分量的分界线，脊线的南北移动表示副高南退或北进；二是副高西伸脊点，取 500 hPa 图上 588 位势什米线最西端的经度位置，即副热带高压西缘的位置表示副高的东西振荡；三是副热带高压面积指数，即 500 hPa 图上 10°N 以北，110°E～180°E 范围内 588 位势什米线所包含的每隔 10°经线与 5°纬线相交的网格点数，表示西太平洋副高的强度。

西太平洋高压的活动有明显的季节变化，并与我国东部地区雨季的起讫时间有一定的联系。

副高的位置冬季最南，夏季最北，自冬至夏向北移动，强度增大；自夏至冬则向南移动，强度减弱。图 9－15 给出了 5～10 月东亚地区 500 hPa 西太平洋副高脊线多年平均位置。由图可知，自 5 月至 8 月副高向北移行，8 月达最北位置；8 月以后，副高又逐月南退。但副热带高压的这种季节位移并不是匀速进行的，而是表现出稳定少变、缓慢移动和跳跃 3 种形式。一般来讲，冬季，副高脊线位于 15°N 附近。4、5 月份开始缓慢北移，并稳定在 20°N 以南地区，这时相应为**华南雨季**或华南前汛期雨季；大约 6 月上、中旬脊线出现第一次北跳，越过 20°N，并稳定在 20°N～25°N 之间，此时雨带位于江淮流域，即所谓江淮流域**梅雨季节**；7 月中旬，脊线第二次北跳，越过 25°N，以后在 25°N～30°N 之间摆动，相应雨带也北推至黄淮流域，称为**黄淮雨季**；大约 7 月底至 8 月初，脊线越过 30°N，**华北雨季**开始。同时，随着副高的北移，当黄淮雨季

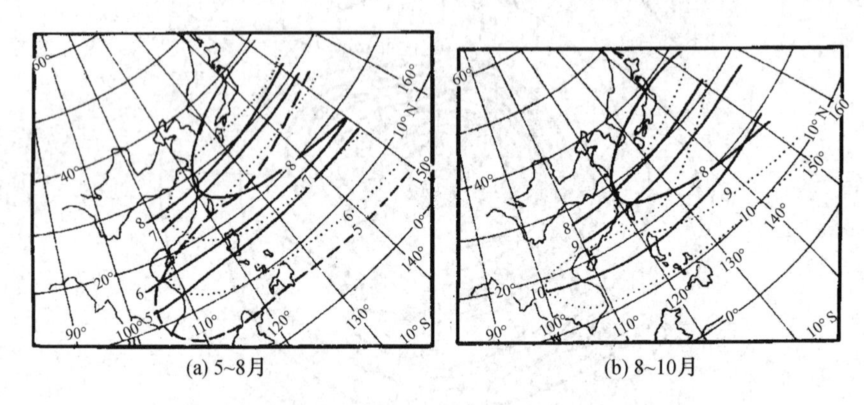

图 9 - 15　500 hPa 西太平洋副高脊线多年平均位置

开始时，长江流域梅雨结束而进入伏旱期，华南则开始较多地受到台风的影响；8 月上旬以后，副高脊线更偏北，位于 30°N～35°N 之间，主要雨带移至 40°N 以北地区；9 月上旬脊线南退至 25°N，这时雨区退回到淮河流域，而长江流域及江南出现秋高气爽天气，华西则开始秋雨；10 月上旬，副高脊线南退到 20°N 以南地区，中旬以后又逐渐回到 15°N 附近。

副高位置的变化存在年际变化。由于西太平洋副热带高压位置的变动与雨带关系如此密切，以致副高位置的异常变动往往造成某一地区出现旱涝等灾害。例如，1954 年、1991 年夏季，由于副高长时期(1991 年达到 50 天之久)徘徊于20°N～25°N，造成江淮流域夏季洪涝；而 1978 年，副高脊线很快向北推移，在 20°N～25°N 附近只停留了 3 天，造成江淮地区严重干旱。

除了上述季节性变动之外，西太平洋副高还有非季节性的中短期变动，这种变化主要有 2 种：一种为期约半个月，表示副高强度变化和副高东西进退的变化趋势；另一种为期约一个星期，主要是指副高东西的进退。此外，副高还有一种 1～2 天的不规则小摆动。掌握副高这种中短期活动规律，对做好中短期天气预报十分重要。

二、台风

热带气旋是发生在热带和副热带洋面上的一种气旋性环流，是重要的热带天气系统。热带气旋是旋转的强烈的低压涡旋，常常带来狂风、暴雨和风暴潮，伴随严重的灾害。

1. 概况

发生在热带洋面上的热带气旋，我国和东南亚地区称其为台风，大西洋地区称为飓风，印度洋地区称为热带风暴。表 9 - 3 给出了国际上不同业务气象中心给出的热带气旋分类法对比，例如有的中心使用 10 分钟最大平均风速，有的中心使用 2 分钟最大平均风速。根据中国国家标准 GB/T 19201—2006“热带气旋等级”规定，我国将热带气旋划分为 6 类：

热带低压(Tropical Depression)：最大平均风速 10.8～17.1 $m \cdot s^{-1}$，即风力 6～7 级；

热带风暴(Tropical Storm)：最大平均风速 17.2～24.4 $m \cdot s^{-1}$，即风力 8～9 级；

强热带风暴(Severe Tropical Storm)：最大平均风速 24.5～32.6 m·s^{-1}，即风力 10～11 级；

台风(Typhoon)：最大平均风速 32.7～41.4 m·s^{-1}，即风力 12～13 级；

强台风(Severe Typhoon)：最大平均风速 41.5～50.9 m·s^{-1}，即风力 14～15 级；

超强台风(Super Typhoon)：最大平均风速≥51 m·s^{-1}，即风力 16 级或以上。

为方便起见，这里叙述的台风包括上述分类中风力大于 8 级的热带风暴、强热带风暴和台风。

台风都发生在热带海洋上，全球平均每年发生 80 个台风，主要分布在北太平洋西部和东部、北大西洋西部、孟加拉湾和阿拉伯海等 5 个海区。由附录二附图 5 可以看到，全球一半以上的台风发生在北太平洋，而且以西北太平洋为最多，占 37%。在大西洋和东北太平洋海域，通常用萨菲尔-辛普森飓风等级(Saffir-Simpson Hurricane Wind Scale)(见表 9－3 最右栏分类)。

表 9－3　热带气旋分类法对比

<table>
<tr><td colspan="3" rowspan="2">底层中心附近最大平均风速</td><td colspan="4">西北太平洋</td><td>北大西洋，
中/东北太平洋</td></tr>
<tr><td>中国香港
(10 分钟
平均)</td><td>中国
(2 分钟
平均)</td><td>日本
(10 分钟
平均)</td><td>美国
(1 分钟
平均)</td><td>美国
(1 分钟
平均)</td></tr>
<tr><td>kt</td><td>km/h</td><td>m/s</td><td>HKO</td><td>CMA</td><td>RSMC，
Tokyo</td><td>JTWC</td><td>CPHC，NHC</td></tr>
<tr><td>＜34</td><td>＜63</td><td>＜17.1</td><td colspan="5">热带低压(Tropical Depression，TD)</td></tr>
<tr><td>34—47</td><td>63—87</td><td>17.2—24.4</td><td colspan="3">热带风暴(Tropical Storm，TS)</td><td colspan="2" rowspan="2">热带风暴</td></tr>
<tr><td>48—63</td><td>88—117</td><td>24.5—32.6</td><td colspan="3">强热带风暴(Severe Tropical Storm，STS)</td></tr>
<tr><td>64—80</td><td>118—149</td><td>32.7—41.4</td><td colspan="2">台风(Typhoon，T)</td><td>台风
64—84kts</td><td rowspan="3">台风
64—129kts</td><td>飓风等级：
1：64—82 kts</td></tr>
<tr><td rowspan="2">81—99</td><td rowspan="2">150—184</td><td rowspan="2">41.5—50.9</td><td colspan="2" rowspan="2">强台风
(Severe Typhoon，ST)</td><td rowspan="2">很强台风
(Very Strong
Typhoon)
85—104 kts</td><td>2：83—95 kts</td></tr>
<tr><td>3：96—112 kts</td></tr>
<tr><td rowspan="2">≥100</td><td rowspan="2">≥ 185</td><td rowspan="2">≥51.0</td><td colspan="2" rowspan="2">超强台风
(Super Typhoon，SuperT)</td><td rowspan="2">剧烈台风
(Violent
Typhoon)
3 105 kts</td><td rowspan="2">超强台风
3 130 kts</td><td>4：113—136 kts</td></tr>
<tr><td>5：3 137 kts</td></tr>
</table>

(来源：http://www.typhooncommittee.org/wp-content/uploads/2015/08/tc-classification1.jpg)注意：2 分钟平均风速或 10 分钟平均风速的单位从 kt(节)转换到 km/h 或 m/s 有微小的四舍五入的精度差异。缩略词：HKO：Hong Kong Observatory，香港天文台；CMA：China Meteorological Administration，中国气象局；RSMC：Regional Specialized Meteorological Centre，Tokyo，日本区域气象中心；JTWC：Joint Typhoon Warning Center，联合台风警报中心；CPHC：Central Pacific Hurricane Center，Hawaii，中太平洋飓风中心；NHC：National Hurricane Center，Miami，美国飓风中心。

台风大多发生在南、北纬的 5°～20°之间，尤其是在 10°～20°之间(占 65%)，而 20°以上较高纬度发生的台风只占 13%，5°S～5°N 之间的赤道附近海域，由于柯氏力很小，极少有台风生成。

在北半球，一年四季都可能有台风活动，但主要集中在 7 月～10 月，即所谓的台风季节，其中以 8 月～9 月为最多。不过，发生于西北太平洋的台风，并非都在我国登陆。据统计，在我国登陆的台风平均每年 6～7 个，且集中在 7 月～9 月，12 月～4 月份极少有台风在我国登陆。1971～2000 年的 30 年间，平均每年登陆的台风频数为 8.8 个，而登陆风暴频数为 7 个；

登陆的强度主要以强热带风暴(25.3%)和台风(24.9%)最多。

台风的水平范围通常以其闭合的最外圈等压线表示,其直径一般为 600～1 000 km。最大的可达2 000 km,最小的只有 100 km 左右。

台风的强度是以台风中心地面最大平均风速和台风中心最低气压为依据的。近中心风速愈大,中心气压愈低,台风愈强。据统计,西北太平洋台风中,最大风速极值和中心最低气压值及所占比例见表 9-4。

表 9-4　西北太平洋台风强度统计表

最大风速/($m \cdot s^{-1}$)	所占百分比/%	中心最低气压/hPa	所占比例/%
20～30	36	≥1 000	4
30～50	37	999～980	40
55～75	22	979～940	36
80～110	5	939～900	17
		≤900	3

登陆的台风对我国影响较大,我国沿海各省都可有台风登陆。在 1951～2004 年之间,受登陆台风影响最严重(频数在 10 次以上)的地区为台湾东部沿海、福建至雷州半岛沿海(厦门至汕头,澳门至阳江沿海)和海南东部沿海,最大频数(40 次)出现在海南万宁地区。登陆的台风可深入到内陆造成严重影响。其中影响最大的内陆省是江西省,其次是湖南和安徽。

2. 台风的结构和天气

台风是一个很深的暖性低压,中心气压很低,所以,在台风区内,特别是中心附近等压线很密集,水平气压梯度很大,一般可达 5～10 $hPa \cdot km^{-1}$。因此台风过境时,会造成气压急剧下降。

台风的流场表现为强烈的气旋性环流,低层有强烈的流入,高层有强烈的流出,并有很强烈的上升运动。

台风低空的水平流场可分为 3 个区域(如图 9-16):① 外圈,即从台风边缘向内到最大风

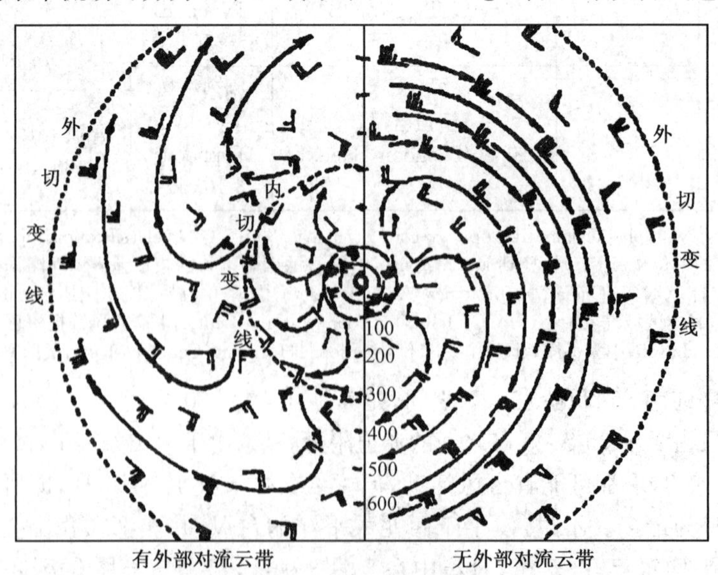

图 9-16　台风顶部的流场

速区，风速向中心急增，但一般在8级以下，风速分布不对称；② 中圈，即最大风速区，这是台风中最具有破坏力的强风地区，最大风速分布也不对称，常集中在台风的右前方；③ 内圈，即台风眼区，风速向中心迅速减小，甚至出现静风。

在垂直方向上，台风流场大致可分为3层：① 低层流入层（从地面到3 km高度），该层气流强烈向中心辐合，最强的流入出现在1 km以下的行星边界层内；② 中层（3～7.6 km），径向运动很小，主要是切向风环绕台风眼壁螺旋式上升，上升运动在700～300 hPa之间达到最大；③ 高层流出层（从7.6 km左右到台风顶部），该层气流从中心向外流出，最大流出出现在12 km附近。流出的空气与周围空气混合后又下沉到低层，于是组成了台风径向垂直环流圈。

成熟台风的云系特征如图9－17所示。在台风眼区，因有下沉气流，晴空无云。如果低层水汽充沛，在逆温层下可能产生一些层积云和积云。靠近台风眼的周围，由于强烈的上升运动，造成宽几十千米、高达十几千米的垂直云墙，云墙下经常出现狂风暴雨，这是台风内区天气最恶劣的区域。在台风外区，即从云墙区向外一直到台风外缘，存在着一条或几条螺旋云带或螺旋雨带，呈气旋式向内旋转，出现对流性云和降水。附录二附图6显示台风“天鸽”在卫星云图上的精细结构和螺旋云带，并给出了该台风在临近登陆时刻的未来36小时路径概率预报图。

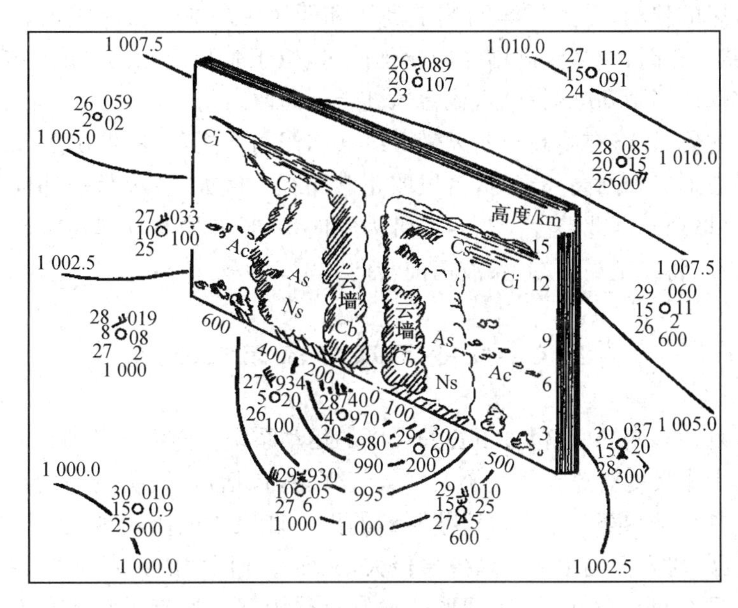

图9－17　台风云系

3. 台风的移动路径

台风的移动，主要取决于作用在台风上的各种力。一般来说，主要有地转偏向力，水平气压梯度力和台风内力，也就是取决于台风环境条件的影响和台风本身内部因子的作用。

西太平洋台风的移动路径主要可分为以下3类（如图9－18）。

（1）西移路径。台风从菲律宾以东一直向偏西方向移动，经南海在华南沿海、海南岛或越南一带登陆。沿这条路径移行的台风对我国华南沿海地区影响最大。

（2）西北移路径。台风从菲律宾以东向西北偏西方向移动，穿过琉球群岛，在浙江一带登陆，然后在我国消失。沿这条路径移行的台风对我国华东地区影响最大。

（3）转向路径。台风从菲律宾以东向西北方向移动，到达我国东部沿海或在我国沿海地区登陆，然后转向东北方向移去，呈抛物线状。这条路径最多见。

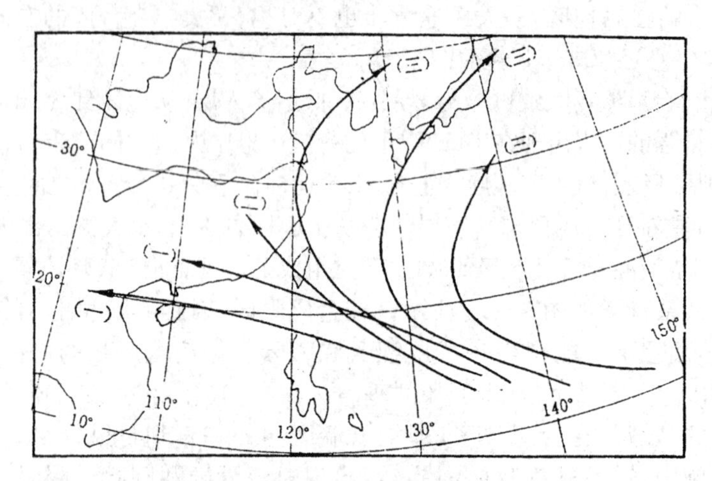

图 9-18 台风移动路径

除了上述台风移动的一般规律外，还有一些台风，可出现摆动、停留、打转等异常路径。

西太平洋台风的移动，受太平洋副热带高压和西风带环流的影响很大。当副高强大、稳定、呈东西向带状分布时，或当副高增强向西延伸时，位于副高南侧的台风将被东风气流引导而往偏西方向移动。当副高减弱东撤，或台风处于副高西南侧时，台风将从西北转向北上。当台风转向达副高北侧时，将在副高与西风带系统共同作用下往东、东北方移动。

当西风带长波形势和副高稳定时，台风取正常路径。例如，西风带呈纬向型，副高呈东西向带状时，台风多取西—西北路径。当西风带为经向型，长波槽有规律地发展东移时，将迫使副高减弱东撤，台风将在副高西端，长波槽前转向北上。

§9.4 中小尺度对流天气系统

大气运动是复杂多变的，它包含了各种尺度的运动系统。前面几节所讨论的系统，属于大尺度天气系统。中小尺度对流天气系统及其天气现象，包括雷暴、飑线、龙卷、冰雹等，它们的水平范围只有一二百千米至几千米。这些剧烈的天气现象往往伴随对流性天气系统而产生，可以发展得很迅猛，对人们的生命财产危害极大，从而造成巨大的灾害损失。中小尺度对流天气系统经常导致恶劣的天气事件，表现形式通常有暴雨、强风，有时候伴有闪电和雷暴现象。典型的对流性天气事件在局地尺度并且时间尺度较短(几小时)。如果有剧烈的对流性天气事件持续多天，也可以影响到很大的地区范围。例如，2006 年 4 月 7 日，美国国家天气中心雷暴预测中心接收到至少 800 余次强天气观测报告，席卷多个州的多次对流天气过程，包括 91 个龙卷风，215 次强风，565 次冰雹报告，其中 3 个强龙卷造成了 10 人死亡。

因为对流天气系统发展迅速，且局地化，生命周期通常比较短，其发生发展演变的天气机理以及预报是非常具有挑战的气象难题。随着近代天气观测系统的加强，以及数据同化技术、集合天气预报等数值预报新技术的飞速发展，中尺度对流天气的预报得以改进。各类中尺度对流天气系统常常是同时出现的，例如龙卷、飑线、冰雹、雷暴。每一种中尺度对流系统都具有其特性，是布置观测网和发布天气预警的重点研究对象，也常给人民生命和财产造成破坏性的灾害。

一、雷暴

雷暴一般发生在局地尺度的强对流天气系统，由积雨云(主要的云类型之一，特别浓厚，在垂直方向上强烈发展)产生，通常雷暴的电荷活跃，常伴随闪电和雷声、强风、暴雨，有时伴有冰雹。雷暴出现在大气层结不稳定、易产生强对流的环境中，是在积雨云中发生雷鸣电闪的激烈放电现象。当记录雷暴天气现象的时候，雷或者闪电通常被记录。按闪电和雷声的活跃程度、降水强度、风的强度，以及云和地面温度的分布、所伴随的天气现象剧烈程度差别，雷暴可以分为弱雷暴、普通雷暴和强雷暴。如果雷暴产生的天气非常剧烈(例如龙卷、冰雹、强风等)，雷暴被称之为强雷暴。按照天气系统，雷暴也可以分为气团雷暴、锋面雷暴和飑线雷暴等。雷暴根据大气不稳定条件和垂直风切变(不同层次的风速和风向的改变)来划分为普通单体雷暴、多单体雷暴及超级单体雷暴三种。单体雷暴通常水平尺度达几十公里。多单体雷暴由中尺度对流复合体(由若干对流单体或多个对流系统及其云系组成)或者中尺度对流系统发展而来，可以覆盖几百公里范围。在垂直尺度上，雷暴在中纬度地区经常可发展为 12～15 km 高度，在热带地区可以发展得更高。

雷暴的形成需要 3 个要素：充足的水汽条件，大气不稳定条件，促使空气抬升的对流触发条件。雷暴一般具有比较短的生命史，大多数雷暴通常持续在 2 个小时以下，包括发展、成熟和消亡阶段。雷暴是在大气不稳定条件下产生的，垂直高度上大多数雷暴发展到对流层顶，因为平流层下部非常稳定，不利于雷暴的垂直继续发展。在初期，强烈的对流上升运动是雷暴的主要特征。在成熟阶段，降水出现，可以产生下沉气流，在云中下沉气流的上部主要是强烈上升运动。在消亡阶段，强烈的下沉气流伴随着降水过程。

雷暴的活动，就全球平均而言，在赤道地区最为频繁，每年约有 100～150 个雷暴日。热带地区约为 75～100 天，中纬度地区为 20～40 天，极圈内最少，仅 9 天。我国由于地域广阔，地理条件相差很大，雷暴的时空分布比较复杂。总的来说，南方多于北方，内陆多于沿海，山地多于平原，夏季多于冬季。

1. 普通雷暴单体

通常把一个强上升运动区称为一个**对流单体**，这个区的水平范围为十几至几十千米，垂直延伸可达整个对流层顶。只由一个对流单体组成的雷暴称为雷暴单体。普通雷暴单体的发展演变过程可分为 3 个阶段，即积云阶段、成熟阶段和消散阶段，在不同阶段中单体的结构特征参见图 6-3。

2. 多单体风暴

多单体风暴是由一些处于不同发展阶段、生命期较短的对流单体组成，且按一定规律排列，具有统一环流的强雷暴。它的主要特征是上升气流和下沉气流共存，各单体在风暴内横向排成一列。而且不断地在风暴的右侧发生，在左侧消亡，通过这种单体的连续更替过程形成了生命期较长的风暴(详见第六章 §6.4 和图 6-16)。

3. 超级单体风暴

超级单体风暴是最强烈的雷暴，其风切变很大，破坏力强，其直径可达 20～40 km 以上，垂直延伸可至 12～15 km 以上，生命期可达几小时以上。超级单体风暴具有一个近于稳态的、高度有组织的内部环流，并且连续地向前传播，移动路程可达几百千米。在雷达观测上，超级单体的明显特征：① 距离—高度显示器(RHI)上有穹窿(无或弱回波区)、前悬回波和回波墙等特征。② 在平面位置显示器(PPI)上有钩状回波(如图 9-19)。

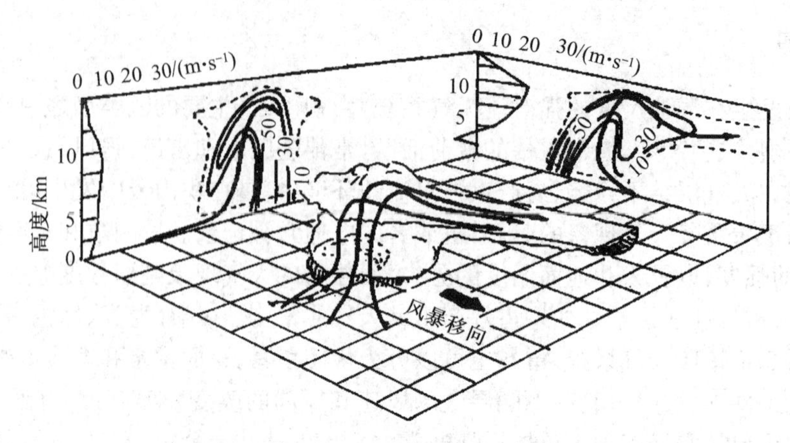

图 9-19　一个超级单体的三维结构示意图

穹窿是风暴中强上升气流所在处，在这里上升速度可达 25～40 m·s^{-1}。由于上升气流很强，水滴常常来不及增长便被携出上升气流，因而形成弱(或无)回波区。穹窿有时呈现为圆锥形的有界弱回波区，一般表示在强上升气流中存在着围绕垂直轴的强烈旋转。弱回波区附近的强回波柱是强下沉气流所在处，下沉气流的强度可达到与上升气流相同的量级。降水、冰雹等都发生在该处。在弱回波区与强回波柱之间反射率梯度很大的地区称为回波墙。在弱回波区上方向前延伸的强回波区称为前悬回波，即风暴云砧部，它含有大量的雹胚，故也称为胚胎帘，为冰雹的生长提供丰富的雹胚。1975 年 6 月 6 日，在安徽省宿县发生的一个超级单体风暴，引起所经地区出现雹灾，最大雹块直径为 2.5 cm。雷达回波图上显示有前悬垂体回波、有界弱回波区和强回波柱的重要特征。

冰雹是强对流系统中积雨云中降落到地面的固态降水，呈冰球或不规则冰块状。冰雹的直径通常在 5 mm 以上。容易产生冰雹的雷暴有时被叫作冰雹雷暴，通常具有大量的液态水和云滴，伴随强烈的上升运动和垂直发展很高的积云(到大水滴可以冻结的高度)；这些条件有利于云滴在云中的驻留时间，促进冰雹的生长。降雹的水平范围一般为几米到几千米，时间较短，一般从几分钟到十几分钟。强烈的冰雹可以毁坏庄稼、损坏房屋，甚至造成人员、牲畜的伤亡。

飑线是呈线状分布的雷暴带或积雨云带，是狭窄的强对流天气带，伴随着气压和风的突变。飑线一般在冷锋前形成，和其他中尺度对流系统相比，飑线往往具有比较大的长宽比和活跃的湿对流，与雷暴和积雨云相伴而生。飑线包含多个雷暴单体或雷暴群，且可以产生持续性降水或者多个降水团，甚至可以产生暴雨、大风、冰雹、雷暴、龙卷等剧烈天气现象。飑线经过的地方，常常观测到风向的突然转变、风速的迅速增加、气温骤降、气压突升(飑线又被称作气压涌升线)等天气现象。例如，1974 年 6 月 17 日，飑线侵袭南京时，出现 12 级以上(瞬时风速为 38.8 m·s^{-1})的大风，10 分钟内气温下降 11 ℃，相对湿度上升 20%，气压在 1 小时内涌升 8.7 hPa。

下击暴流是雷暴中伴随强烈的下沉气流和雷暴大风的强对流天气现象。下击暴流的水平范围一般在 1～10 km 左右，通常小于 4 km；生命史短，通常仅有 10～60 分钟，而微下击暴流短至几分钟。它是突发性的局地强对流天气，在地面形成强烈的辐散风，风速在 18 m·s^{-1}以上，地面最大风速可达 15 级(瞬时速度达 50.9 m·s^{-1})。下击暴流的危害大，可以造成航运、航空等巨大灾害。下击暴流的预测非常困难，目前多普勒雷达是观测下击暴流的主要手段。

经调查研究，2015 年 6 月 1 日 21 时 26 分，长江航道“东方之星”客轮翻船导致 442 人遇难的事故，就是客轮遭到下击暴流的袭击引起的，持续时间大约 6 分钟。

二、龙卷

龙卷是与强烈雷暴云相伴出现的一种天气现象，它是具有垂直轴的小范围大气涡旋。龙卷可分为超级单体龙卷和非超级单体龙卷，多数龙卷一般发生于超级单体等强风暴中（图 9－20），也可以把产生龙卷的风暴称为龙卷风暴。出现龙卷的同时，可以看到从云中伸下来的漏斗云（如同“象鼻子”一样的漏斗云柱，呈圆锥形或绳索形）或者地上可见旋转的沙尘和碎片（图 9－20）。龙卷中一个自对流云底盘旋而下的云柱不着地的叫漏斗云，云柱下垂到陆地上的叫“陆龙卷”，到海面或水上的称“水龙卷”。龙卷伸展到地面时引起的强烈旋风，称为龙卷风。

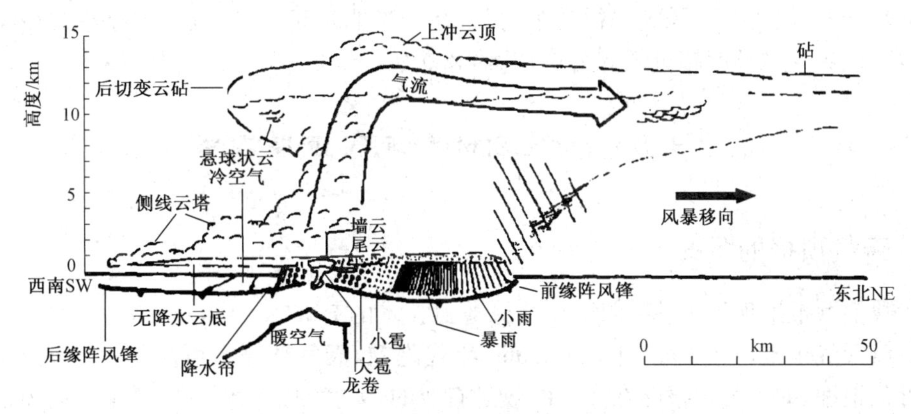

图 9－20　伴有龙卷的超级单体外观形象

龙卷通常是小尺度（<2 km）的气旋性（在北半球是逆时针旋转）（偶尔也有反气旋性，在北半球呈顺时针旋转）旋转的柱状空气。图 9－26 给出了这类超级单体风暴的外观形象。龙卷的水平尺度很小，接触地面的平均直径为 250 m 左右，最大可达 1 000 m 左右，其空中直径可以很大（几公里到 10 km）。龙卷的移动路程一般是几百米到几千米，维持时间一般为几分钟到几十分钟，陆龙卷多在 15～30 min，空中漏斗云平均持续时间是几分钟。龙卷中心气压非常低，据估计，可低于 400 hPa，甚至达到 200 hPa，加上龙卷水平尺度很小，所以龙卷内部具有十分强大的气压梯度。因此，龙卷具有强烈的吸力，将地面的物体（水）吸离地（水）面，风速很大，在 12 级以上，极大风速可达 100～200 $m \cdot s^{-1}$。这么大的风速，破坏力极大，所经之处，常拔起大树，掀翻车辆，摧毁建筑物，将物体卷至空中。

龙卷的分级一般是根据风力的破坏程度，按照 1971 年 Fujita 分级方法有 F0～F5 六级，2007 年开始在美国业务上使用加强 Fujita 分级法为 EF0～EF5 六级。根据破坏风速估计，各级别的风速范围为 EF0：105～137 $km \cdot h^{-1}$，EF1：138～177 $km \cdot h^{-1}$，EF2：178～217 $km \cdot h^{-1}$，EF3：218～266 $km \cdot h^{-1}$，EF4：267～322 $km \cdot h^{-1}$，EF5：>322 $km \cdot h^{-1}$。

龙卷的形成与大气的不稳定，产生强烈上升运动，以及垂直方向风向和风速的切变等条件有关。龙卷预测的水平还比较低，多普勒雷达的观测为识别龙卷提供了有利条件。Fujita 等人的研究表明，在雷达反射率回波图像上，风暴反射率强度大的区域当中，超级单体龙卷表现为弱回波区或者有界回波区，以及低层存在钩状回波。随后的雷达径向速度图为识别龙卷提供了龙卷涡旋特征结构的分析工具，例如有时伴随龙卷出现的中气旋，在径向速度图上正负相反的速度对代表了强烈的小尺度大气涡旋运动。龙卷常发生在夏季的雷雨天气中，虽然范围小，破坏力极强。

据统计，自1961年以来的50年间，世界上至少有1 772人死于龙卷。美国是龙卷发生最多的国家，美国在1954～2013期间平均每年495个龙卷。平均而言，中国1961～2010年之间每年出现21个龙卷，平均强度为EF1级别。中国在1950～2010年之间，仅出现5次EF4级别龙卷风，并没有EF5级龙卷出现。中国东部的江苏省是中国经历龙卷达到EF2级别最多的省份。例如2016年6月23日江苏北部的盐城市阜宁县出现了一个EF4级别的龙卷，风力超过17级。它伴随着强雷电、短时降雨、冰雹、雷雨大风等强对流天气，袭击了一个人口密度较大的地区，造成了99个死亡，800多人的受伤的严重气象灾害。中国其他地区也遭受到龙卷灾害。例如2016年6月5日下午3点12分左右，龙卷风(如附录二附图7)突袭文昌冯坡镇一带，镇上瓦房被掀，村民重伤。龙卷风袭击了两个城镇的九个村庄，造成一人死亡和11人受伤，并摧毁了178座房屋。风灾路径自东向西，并于当地时间下午3点27分左右在湖山水库附近消散。风灾区域长度超过3.6公里，宽约200米。

§9.5 天气分析和天气预报方法

一、天气预报的概况

现代数值预报出现于1950年代，因为计算机技术的突破，Von Neumann首次利用计算机实现了数值天气预报。在1950年代和1960年代之前，天气预报不可能超过2天的有效期。大气的可预报性，即天气预报能在多长时效是有效的，天气预报达到一定准确度的预报时效的上限是什么。这一直是大气科学研究的热点问题。大气是一个非线性动力系统，具有混沌特性。1960年代Lorenz的混沌理论，即大气数值预报对初值的敏感性为数值预报的可预报性研究带来了理论和实践的迅速进展。大气本身具有内在的可预报性，Lorenz曾预测完美的大气模式也只有2周左右的可预报性。除了大气初值的误差、模式的误差、参数化方案和参数的误差等都增加了数值预报的不确定性。理论和数值试验表明，大气的可预报性以及误差增长和所预报的大气尺度有关。

随着高性能计算机的发展，更高分辨率的全球模式和区域模式得以在天气预报上应用。计算机技术和科学发展的有利结合促进了数值预报的革命性进步，历经数十载几代科学家的努力。当代的数值预报已经在大气科学理论和技术方法方面均取得了飞速进步。以混沌理论为基础的集合天气预报，即一组多个天气预报的预报手段已成为天气预报的主要趋势。例如发生在2012年的飓风Sandy的路径预报可以提前7天给出预测。除了准确描述大气方程的科学演变和数值积分，以及足够的计算机条件去求解这些方程，成功的数值天气预报还需要提供较为准确的大气状态初始值，数值预报需要基于初始值进行数值方程的积分和预测。估计初始值需要大量的大气观测数据，通过建立气象观测网搜集各种数据。

现代天气预报需要更精细的小尺度观测和更多样的观测手段，结合地面观测站和非常规观测资料来提高大气观测在时间上和空间上的精度。数据同化分析就是把各种气象观测数据与大气模式相结合，以估计出更合理的数值模式初始值的一种技术，得到更符合数值模式和观测分布的大气三维要素场，称之为数值预报的分析场。推动数值预报离不开三个关键的因素，能够处理海量数据的高性能计算机，对大气物理、热动力等过程的科学认识和数值模式的改

进，以及加密的观测和数据同化技术的结合。

二、资料来源

天气预报所需要的资料可分为常规观测资料和非常规观测资料。传统的常规观测网是为天气尺度观测而设计的，包括陆地地面气象站、海洋船舶测站和高空探测点，每日获得的气象数据包括气温、露点温度、气压、风、云、能见度和降水、水温和风浪等。世界气象组织通过全球电传通信系统 GTS 在全世界范围内共享部分站点资料。目前我国已建立了加密的自动气象观测站网，包含 3 万多个自动站，特别是在我国东部地区加密自动气象监测网络的密度大，为防灾减灾提供了业务应用保障。非常规资料包括气象卫星、雷达、大气廓线仪、飞机和下投探空仪等探测资料。目前非常规观测资料的精度和代表性大多不如常规资料，但是在时间和空间上弥补了常规资料的不足。

气象卫星结合了空间、遥感、电子、计算机、通信等高新技术，通过所载的不同气象遥感探测器，接收和测量地球和大气层的遥感信息（可见光、红外辐射和微波辐射），并将接收信号传输给地面卫星基站；地面基站可以将接收到的电信号处理和反演，得到大气需要的各种资料。气象卫星观测的优点是能够观测地球上大范围的天气，并能在广大的海洋、沙漠、极地等荒无人烟的地区和气象台站的上空进行观测，收集非常规特殊观测资料（例如大臭氧含量、云顶状况等），并进行大量的资料收集、传递和广播。目前气象卫星主要有极轨卫星（24 小时覆盖全球 2 次，如美国联合极轨卫星系统（JPSS）和我国的风云系列）和地球同步气象卫星（目前我国主要接收日本和我国风云号同步气象卫星）。气象卫星探测主要提供卫星云图、垂直探测资料、大气中水汽分布、陆地和洋面状况观测等。

气象雷达是用于大气探测的主动式微波大气遥感设备，包括多普勒雷达和不具备多普勒性能的常规气象雷达等。根据雷达观测的功能还可以将气象雷达分为测云雷达、测雨雷达、测风雷达等。还有一类高空风测风雷达，一般不包括在气象雷达里面。气象雷达能提供空间和时间分辨率较高的云和降水系统的三维结构（含水量、降水强度和风场）实况及其演变，并提供区域性雨量分布，对短时临近预报和强天气预警的作用至关重要。气象雷达图是雷达回波图，是将微波信号探测到的天气信息通过雷达回波图展示出来，包括雷达反射率图、雷达径向风图等，用以帮助预报员和研究人员判断雨区范围、识别雨区强度和预测未来天气趋势。

三、天气预报的分类

天气预报的时效各不相同，数值模式可以给出不同时间尺度的预测结果。根据业务服务需要，可大致分为临近、短时、短期、中期、长期天气预报等。其中**临近预报**（Nowcasting）的时间范围为 0～2 小时，主要是灾害性天气的预警；**短时预报**为 0～12 小时，预报灾害性天气和与之相关的气象灾害，例如强对流天气预报；**短期预报**为 0～72 小时，预报灾害性天气和常规气象预报；**中期预报**为 3～15 天，主要针对降水、气温、灾害性天气和转折性天气预测。目前也有将 10～30 天的预报称之为延伸期预报，需要结合数值模式和气候统计方法来提高预报精度。**长期预报**为 10 天以上（10 天～1 年，亦称短期气候预报）；超长期预报为 1 年以上（亦即气候预报）。

四、天气预报方法

现代天气预报的方法可以分为主观预报方法和客观预报方法两大类。主观预报方法即**经验预报法**，又称为天气学（或天气图）预报方法，利用各种气象资料和经验规律做出天气形势的判断和预测;该方法比较依赖于预报员的经验,缺点是定量和客观估计较差,但在特殊和极端天气分析和预报方面,天气学预报方法的作用依然很重要。客观预报方法包括数值天气预报方法和统计天气预报方法。随着数值天气预报的发展,这两类客观预报方法也融合为统计-动力预报方法。

1. 天气学预报方法

天气学预报方法一般可以分为 2 步。首先做出天气形势预报,然后在形势预报的基础上作天气要素和天气现象的预报。所谓形势预报,主要是利用地面、高空天气图和各种辅助天气图表,根据天气学基本原理,分析当前天气系统的分布、结构及其发生、发展的物理规律,并推断它们的移动和变化趋势,由此预测未来控制本地区的天气系统。在此过程中,除了应用上述图表外,还要结合气象卫星云图、雷达回波图和各种物理量场传真图以及国内外数值预报结果及预报员的经验,综合考虑各种因素,最后做出较准确的形势预报。由于天气形势与天气现象之间有密切的联系,所以根据形势预报,就可做出相应的天气现象(云、雨、雪等)和天气要素(温度、风等)预报。这就是目前台站使用的主要预报方法,即天气学预报方法。

2. 数值天气预报

数值天气预报是根据以大气动力学和热力学为基础建立的描述大气运动的方程组(称之为数值模式),以通过观测所得到的气象要素(或称变量)场作为大气某一时刻的运动状态(方程组的初始值),用数值计算方法,计算出气象要素在这一时刻随时间演变和未来(即下一时刻)要素场的分布,亦即预报出大气运动未来的状态,这就是数值天气预报的基本原理。

要实现数值天气预报,需要具备以下条件:① 变量场的初始状态;② 描述变量场动力和热力关系的模式方程组;③ 求解模式方程组的数值方法。

为了在数值预报中应用常规和非常规各种类型的气象资料,并且将观测点上的值内插到规则的计算网格点上,需采用客观分析方法来形成初值。另外,为了资料的更新,可将非定时资料与常规资料通过统计与动力关系(包括模式),使之在动力上和热力上协调起来,为预报模式提供更理想的初始场,或者用来更新相应的数值预报值,这就是所谓的四维同化技术。该新技术的采用为提高数值天气预报的质量做出了重要的贡献。

在对实际大气进行合理简化后,得到的一组描述大气运动的数学模型称为数值模式。随着大气科学和相应学科及计算技术的发展,目前,根据模式的研究范围、目的以及数值解法的不同,各种数值预报模式不断涌现,例如全球模式、海气耦合模式、暴雨模式、台风模式等,相应的预报准确率也在不断提高。数值预报模式的预报结果已经成为天气预报的重要参考依据。

自 1950 年代数值天气预报的开始,到 20 世纪 60～70 年代,国际上开始了数值预报,特别是中期天气预报的试验和业务化。我国数值天气预报的理论研究始于 1954 年,1965 年开始发布正压模式业务预报以后,各种预报模式相继出现,经过了多年的模式和技术的更新换代。我国于 20 世纪 80 年代发展了第一代实时业务数值预报系统——B 模式(5 层半球格点能量守恒模式)。此后,我国数值预报系统,尤其是中期数值天气预报模式不断发展,先后业务运行了 T42L9 模式(1990～1993 年)、T63L16 模式(1993～1997 年)、T106L19 模式(1997～2002 年)、T213L31 模式和 T639L60 模式(2007 年至今)。目前中国气象局数值预报中心用于业务数值预报的有我国的全球模式 GRAPES 和 T639L60,以及区域模式和集合预报模式,形成了从数据同化到数值预报到模式后处理的一系列业务。数值天气预报业务化流程如图 9 - 21 所示。同时,国家气象中心还收取世界各预报中心和各区域中心、省气象台的业务模式数值预报结果,在每日天气会商时提供给预报员参考。

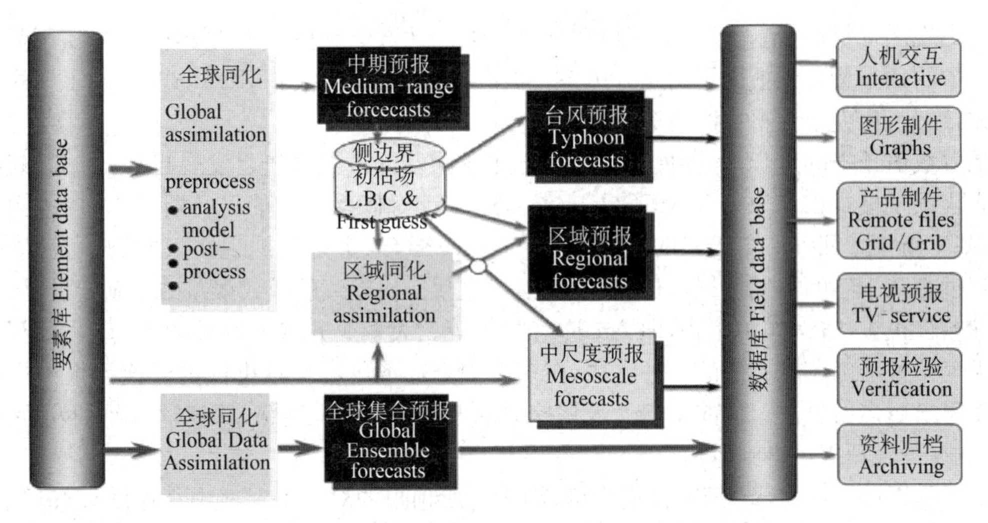

图 9－21　中国气象局数值天气预报系统业务化流程图
（http://nwpc.nmc.cn/sites/main/twainindex/ywxtong.htm? columnid＝13）

随着观测系统及资料同化系统的不断改善，数值天气预报中初始条件的误差正在逐渐减小。但是，由于大气运动具有非线性，初始条件中始终存在一定程度的不确定性或误差，这种误差必定会随时间的推移而增长，因此，数值预报存在着确定性预报极限。1992 年业务集合预报首先在美国国家环境预报中心（NCEP）和欧洲中期数值预报中心（ECMWF）开始应用，之后全球的各个国家业务中心开始采用集合预报技术。集合预报系统可以通过扰动初值、模式、参数等方法建立一组集合预报成员，然后用概率预报方法和多成员预报结果来提高预报的时效和预报准确度。大量的研究表明，集合预报对各种天气要素包括降水预报、台风预报等都有改进。随着数值预报技术、观测技术和计算条件的改进，天气预报技巧也在改善。例如（如附录二附图 8）美国的定量降水预报水平逐年提高，预报时效也在延长。这些改进的成果包含了全球观测网的改进，高性能计算机的数值计算能力的提高，以及数值预报模式和预报手段的进步。

3. 统计预报

统计预报方法用途广泛，可以用来做长、中、短不同时效的天气预报，包括经典统计方法和统计-动力预报方法。经典统计方法是基于概率论和数理统计学的一种定量天气预报方法。它可以不依赖于数值（动力）模式预报，基于天气演变规律和天气要素的相互关系，通过分析大量的气象历史资料，建立初始条件或前期条件（预报因子）和某个预报时刻条件（预报量）的统计关系，并做出未来预报。统计预报方法包括概率天气预报方法、多元统计分析、时间序列分析、谱分析、滤波分析等。多元统计分析的主要方法有相关回归分析、判别分析、主成分分析、主因子分析、聚类分析等；时间序列分析主要有相关分析、平稳分析、谱分析、马尔可夫模型等。

经典统计方法仅仅寻找观测资料的统计关系；而忽略了天气的非线性物理过程和热动力过程变化。而统计-动力预报法有机结合了数值预报模式和统计方法，克服了单用一种方法的缺点。例如完全预报法（PP）和模式输出量法（MOS），就是统计-动力预报方法的两种方法。完全预报法类似于经典统计方法，基于长期历史观测资料统计建模，但是其统计关系是建立在同时期的气象要素和形势场，而不是针对不同时期的气象要素统计。完全预报法假设数值模式预报是完美的，随着数值模式结果的更新，这些结果代入预报方程，即可预报需要的气象要素；该方法忽略了数值预报的误差，其准确度也随着数值模式的改进而有所改善。70 年代提出模式输出量法（MOS），即是解决数值预报中局地气象要素预报的一种方法，可以不依赖于长期历史观测资料，它基于较短时期(例如7年)的局地数值预报和观测资料，建立实际数值预报产品中的预报量与预报因子的统计关系，并作出未来天气预报。MOS方法考虑了模式的局地误差，因此，比完全预报方法更为有效。

随着数值预报的进步，各种模式后处理方法或偏差订正方法随之发展起来，例如MOS方法在集合预报模式扩展为集合MOS(EMOS)，还有针对概率预报的贝叶斯平均方法，频率匹配法，基于新模式回算历史天气的长期数据(reforecast，通常是根据现在版本的预报模式，重新计算过去几十年的天气预报，以消除由于模式更新换代导致的模式误差的不确定性)建立的各种偏差订正方法(例如相似法，即Analog法)等等。大量业务应用表明，统计-动力预报法是提高天气预报准确率较有效的一种方法，在多个国家业务中心包括中国的数值预报中广泛应用并发展出更多新方法。目前基于大数据挖掘的人工智能神经网络、深度学习、图形识别等新技术，也在天气预报中得到应用。

对于临近(nowcasting)短时预报来说，由于它所预报的对象是一些中小尺度天气现象，这些现象生消演变的物理过程比较复杂，而且目前的观测工具尚未形成对其实行有效探测的业务能力。因此，目前的预报方法主要是利用中尺度地面观测网、雷达、卫星等资料，通过计算机快速处理和分析计算，然后用天气学、统计学和统计动力学等方法进行预报。

小　结

通过本章的学习，应了解和掌握以下问题：

(1) 天气图的种类及其用途；

(2) 气团的定义、气团的形成和变性的基本条件，气团的分类以及影响我国的主要气团；

(3) 锋的定义、锋的分类及其天气分布；

(4) 温带气旋和反气旋的基本特征及其天气；

(5) 副热带高压的基本概念和西太平洋副热带高压与我国天气的关系；

(6) 台风的主要特征、台风的结构以及台风的移动路径；

(7) 中小尺度对流天气系统的特点，雷暴和龙卷的类型及其特征；

(8) 天气预报方法的分类与主要手段。

习　题

9-1　什么叫气团？气团形成的条件是什么？冷、暖气团的天气情况如何？

9-2　叙述锋的定义及其一般特征。

9-3　简述各类锋面(冷锋、暖锋、准静止锋和锢囚锋)天气的典型特征。

9-4　解释为什么冻雨通常出现在暖锋一侧而不是在冷锋一侧？

9-5　当冷锋经过北半球和南半球的地面观测站时，风呈现出逆时针还是顺时针旋转？

9-6　解释当冷锋或者锢囚锋接近的时候，气压会下降？

9-7　何谓温带气旋？说明温带气旋和反气旋的一般特征和天气概况。

9-8　冷暖平流如何促进中纬度气旋的形成？

9-9　解释天气现象：没有高空辐散的存在，地面的气旋通常维持的时间比较短(比如小于1天)。

9-10　西太平洋副热带高压的季节活动规律与我国雨带位置的变动有何联系？

9-11　叙述台风的结构以及台风云系和天气分布的主要特征。

9-12　为什么台风在经过冷的洋面时风力比经过暖的洋面下降得更快？

9-13　为什么台风经过的洋面通常水温变冷了？

9-14　什么因素影响台风的强度和路径？

9-15　雷暴单体的结构和天气与强雷暴的主要差异是什么？

9-16　解释为什么雷暴的下部通常比顶部更早消失？

9-17　解释龙卷通常出现在强烈的上升气流区，而不常见于下沉气流区，但是它们却是从云底伸向地面的。

9-18　天气预报的主要方法有哪些？为什么集合天气预报成为现代天气预报的主要发展趋势？

9-19　集合天气预报怎样改进中期天气预报？

9-20　预测一下现代数值天气预报从哪些方面可以改进？

第十章
气候系统与气候变化

当今气候问题愈来愈受到人们的关注，气候问题，尤其是气候变化问题的研究已成为大气科学领域中最活跃、最热门的学科之一。

气候是自然环境的一个组成部分，它既有不同尺度的时间变化，又有不同尺度的空间变化；它既在很大程度上影响人类活动，同时又反过来受人类活动的影响；它既是人类一种能合理使用的财富，又能给人类造成一定的灾害。探索气候变化规律及其与人类活动的关系，能使人类采取有效措施，防御和减轻气候灾害，改善气候条件并为改造自然服务，这对人类社会进步和经济发展有着重要作用。

§10.1 气候系统概述

一、气候系统

1974 年国际上首次提出了**气候系统**的概念。1979 年世界气候大会明确提出应将气候系统的 5 个圈层（岩石、水、冰雪、大气、生物）结合起来研究。这是全世界气候学者在认识上的一次大飞跃，将气候学从原属于一个分支学科，提升为地球物理学、地质学、海洋学、气象学和生态学之间的一个交叉学科。气候系统思想的提出是现代气候学开始的标志。20 世纪 80 年代初进一步提出了地球系统（Earth System）的概念，将岩石圈换为固体地球圈（包括岩石圈、上下地幔和内外地核）。气候变化的研究也随之扩充为全球变化的研究。从这个意义上说，气候系统实际上就是地球系统的表层系统。

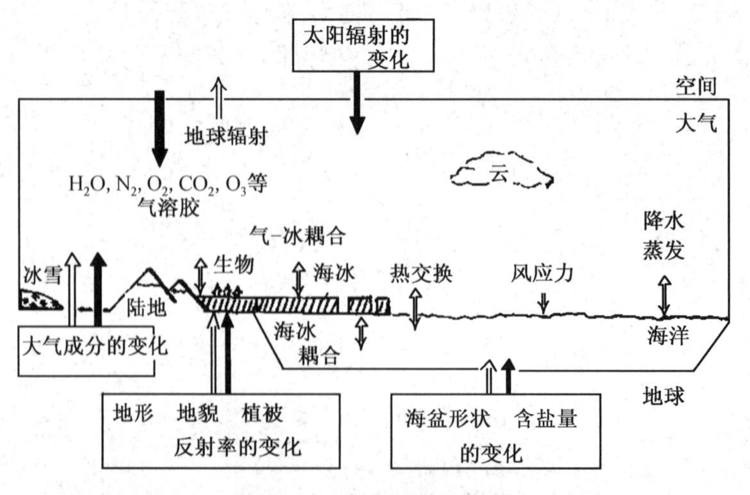

图 10－1 气候系统示意图
（实箭头表示气候变化的外部过程，空箭头表示气候变化的内部过程）

气候系统是地球系统的主要部分，是一个包含大气圈、水圈、岩石圈、冰雪圈和生物圈在内的，能决定气候形成、气候分布和气候变化的统一的物理系统。它是由一系列相互作用过程（包括系统各圈层之间的相互作用，物理、化学和生物三大基本过程的相互作用以及人与地球的相互作用）联系起来的复杂的非线性多重耦合系统。气候系统不断地随时间演变（渐变与突变），而且具有不同时空尺度的气候变化与变率（月、季节、年际、年代际、百年尺度等气候变率与振荡）。

大气圈是气候系统中最不稳定，变化最快的部分。从动力角度来看，大气圈的水平尺度与垂直尺度量级分别为 10^6 m 和 10^4 m。与地球的固体部分相比，大气系统是仅为地球半径的 0.5%厚的浅薄气体。大气圈的热惯性最小，其热力响应时间约为 1 个月，也就是说能在 1 个月左右的时间内调整到稳定的温度分布。大气圈的输送作用强，对热量、水汽、动量、气溶胶、CO_2、O_3等的输送有重要作用。同时，大气圈的动力作用活跃，水平运动和垂直对流形成各种天气现象。

水圈是地球系统中作用最为活跃的圈层之一，也是一个连续不规则的圈层。水圈中水三相变的过程是气候系统最重要的过程之一，它的存在与运动构成了地表、空中、水中形形色色的自然现象。

冰雪圈指的是全球的冰体和积雪，是气候寒冷的产物。可分两类，一类为陆冰，由冰川、季节性雪盖和永冻层等组成，另一类为海冰。而冰川可分为四类，包括冰盖，即地表上覆盖面积不少于 5 万平方公里的冰层；冰架，冰盖相连漂浮于水面上的冰层；冰帽，地表上覆盖面积少于 5 万平方公里的冰层；以及大陆冰川，地表上受地形影响且覆盖面积较小的冰层（如图 10－2）。

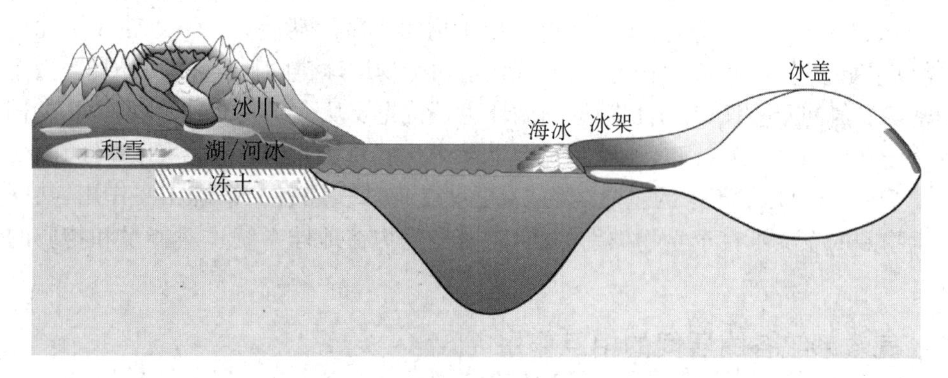

图 10－2　冰雪圈的各组成部分（据 IPCC AR5 WG1，2013 改）

冰雪圈具有高反照率，是水的几倍甚至十倍以上，能有效地反射太阳辐射，具有强烈的气候效应，影响地球系统的能量平衡。雪热传导系数低，冰雪是很好的绝热层，有冰雪覆盖的洋面和陆面，与外界的热量交换是很弱的。同时冰雪圈有较大的面积，分布在空间和时间上都相当复杂。全球永久性冰雪覆盖在陆面上约为 3.5%，洋面为 2.0%；季节性雪覆盖在北半球约占地球表面积的 10%，南半球的 3.4%。另外，雪被、海冰和冻土具有显著的季节变化（北半球雪被）和年际变化（南半球海冰），在不同季节和不同年份覆盖面积变化范围大。冰雪圈有重要的水文作用，储存有大量的水分。同时冰雪还具有较大的热惯性、低热容量、低密度以及表面光滑，粗糙度的量级比土壤小得多等诸多特性。冰雪圈的演变响应时间尺度为 10^{-1}～10^7 年，对气候有重要的影响，特征空间尺度 1 m～1 000 km。

岩石圈是地球上部相对于软流圈而言的坚硬的岩石圈层。从地球系统各圈层相互作用的角度来说，关注的是地球表层固体的壳体，包括大陆的陆块（即山体、地表岩石、沉积和土壤），也包括海洋底部形态，广义的岩石圈还包括河、湖与地下水。地幔是地球众多圈层中的主体，占地球体积的84%、质量的60%。地球各个圈层都有不同时间尺度的环流，而地球系统里时空尺度最大的旋回并不是在地球表层，而是发生在地球深部的地幔里。在地球表层，地幔环流最重要的作用在于地壳的产生和消亡。无论大陆的产生与瓦解，还是大洋的开启与关闭，根源都是在地幔深处(汪品先等,2018)。

岩石圈的地表具有较大的非均匀性。陆地约占地球表面的30%，包括1/4的森林、1/4的草地、1/4的沙漠、1/4的城市和农田。不同的下垫面具有不同的反照率和热力特性。岩石圈能与大气进行能量、动量和物质交换。陆气相互作用通过地表进行，使具有不同植被覆盖类型的地表面与大气系统进行能量、动量和物质交换。地表也是大气中气溶胶的主要源地(火山灰、沙尘暴等)，而地表特征又会随着气候和植被状况而变化。岩石圈具有独特的地表热力作用。不同地区在不同季节成为大气的冷源或热源。岩石圈的陆地水循环，即土壤湿度、蒸发、径流等的变化对气候系统的变化具有重要作用。人类活动对地球表面的改变已经成为现代气候变化中不可忽略的一个重要因子。近几十年来，全球十分关注土地利用/土地覆盖变化(Land Use/Land Cover Change，LULCC)对气候变化的影响。

生物圈中的生命参与几乎所有的地表过程。生物圈产生的“泵”的作用能够以生物过程推动能量、水、物质、动量的输送。自从生命起源，地球上的水循环和碳循环都离不开生物的作用。所谓碳循环，在很大程度上就是碳的生物地球化学过程。生物圈与气候休戚相关，它可以通过调节大气中的温室气体及其他大气成分而影响着气候。地面植被既是气候的产物，反过来又对气候产生影响。生物泵通过海洋浮游植物的光合作用，每天从大气吸收的碳超过1亿吨(Behrenfeld et al.，2006)，并且生物圈中微生物的生命活动使大气中氮变成活性氮(硝酸、亚硝酸等)才能够进入到生物圈中。在所有元素的生物地球化学循环中，氮循环与微生物的关系最为密切。氮和碳一样，在生物圈里的循环也是首先要从大气固氮开始，而生物的固氮作用和固碳的光合作用的起源，都对地球系统的早期演化有重大意义。生物圈的时间演变尺度为$10^{-1}\sim10^{7}$年。三十几亿年来的生命演化史，也就是地球表层各个系统相互作用、共同演化的经历。生物圈的意义不在于生物类别的演替，而是生物在地球系统里对能量和物质的转换和输运。

二、气候系统各圈层间的相互作用

大气圈是气候系统各圈层之间反应最快速的信使(Hartmann et al.，2016)。大气圈虽然热力作用最小，但是动力作用活跃、输送作用强，能通过快速的对流活动等与各圈层之间进行质量、能量的交换(图10-3)。大气圈是水圈运动和循环的媒介和重要动力。大气运动通过风应力作用于海洋，是海水运动(洋流)的主要动能。海水的运动调整海洋的温盐分布，进而影响气候。洋流(Currents)是指由温度、密度差异和大气对海洋的风应力引起的海洋表层流，其形成的主要原因是长期定向风的推动。洋流的主要动力为盛行风。盛行风吹拂海面，推动海水随风漂流，上层海水带动下层海水流动形成**风海流**。大气的热力层结，云量及其分布影响海面对太阳辐射的吸收、海洋与大气间的热量交换，从而影响海洋的热状况和温盐分布，影响气候。而**温盐环流**(Thermohaline Circulation，THC)是由海洋表层或接近表层的冷海水或高盐度产生的高密度海水所驱动，尽管其名称是温盐环流，但它实际上还受到风力和潮汐力的驱动作用。大气圈通过风化作用(weathering)以及风对地表的作用(wind action)对岩石圈产生影响。大气对岩石圈的风化作用是指在近地表，在大气、水、生物等要素的影响下，使岩石或矿物

在原地被破坏的过程。而风对地表的作用包括风蚀作用,如雅丹地貌,以及风的搬运与沉积作用,如形成各种戈壁、沙漠。同时,大气也是生物生存和发展的必要条件。另外,大气状态(温、压、湿、风)和降水、辐射是驱动生物圈和冰雪圈的基本要素。

水圈是大气圈重要的水汽源和热源。冰雪圈通过径流对水圈进行淡水补给,而流水作用形成了各种海岸、河口、冰川、喀斯特地貌。水圈对生物圈来说是最重要的碳汇。海洋是地球表面上碳的重要储存库,是全球碳循环系统的一个重要子系统。海洋物理固碳,是指通过海洋"物理泵"的作用,它与海洋环流密切相关,其原理是高纬度的低温海水将大气中 CO_2溶解,再使海水中的二氧化碳—碳酸盐体系向深海扩散和传递,最终形成碳酸钙,沉积于海底,形成钙质软泥,从而起到固碳作用。这种海—气界面的气体交换过程以及二氧化碳从海洋表面向深海输送的水动力过程被称为"物理泵"。海洋和大气都是气候系统的成员,大尺度的海气耦合相互作用对气候的形成和变化都有重要影响。在相互制约的大气海洋系统中,海洋主要通过向大气输送热量,尤其是提供潜热,来影响大气运动。厄尔尼诺南方涛动(ENSO)现象,就是热带海洋和大气相互作用导致的最显著的年际到年代际气候振荡。这种大尺度的海温异常,通过海气耦合作用对大气环流产生了影响。此外还有年代际尺度的海气相互作用,如太平洋年代际振荡(PDO)、北大西洋涛动(NAO)等。海洋通过与大气的能量、动量和物质(水和 CO_2)交换等过程在调节和稳定气候上发挥着决定性作用,是全球气候系统中的一个重要环节,也被称为地球气候的"调节器"。

冰雪圈对地球系统变化响应迅速,是地球系统变化的敏感的指标之一。冰雪圈可以影响气候系统的辐射,进而影响地表热力平衡。其高反射率可以使反射的太阳辐射量增加,同时近似完全黑体,有很强的长波辐射放射能力,可以放出更多的长波辐射。冰雪覆盖影响地球热量交换,同时也隔绝了大气和海洋之间的水汽、动量交换,对地球系统变化起着稳定器的作用。冰雪圈的融化可以使得其邻近的海水变得寒冷而且富有盐分,这样将有助于全球热力环流的维持,并通过大气环流使得远方气温下降。冰雪消融甚至有可能加速全球变暖。冰雪圈在地球系统的水循环中扮演着重要的作用,在降水分布中起重要作用,是重要的水源。在我国干旱半干旱区,青藏高原的冰雪圈融水供养着邻近区域众多的人口。

陆气相互作用过程是指受到气候和其他环境因素控制的,并可以引起气候和环境变化的,发生在地表(包括生物圈)和土壤中的,控制地面和大气直接热量、动量、水分和其他物质交换的过程。陆地生态系统,特别是植被,在陆地—大气相互作用过程中发挥重要作用,而岩石的剥蚀、搬运、堆积离不开水的作用。反过来,岩石的性质又决定了水的下渗、流动和循环。岩石的透水性决定水的下渗与在岩石中的流动,从而影响水循环,尤其是地下水循环。岩石圈的结构又决定了流域大小、形状和性质。封闭盆地或封闭洼地多产生内流流域。而岩石圈与生物圈的相互作用包括了陆面生物化学过程、陆面生态过程。

植物是人类和动物生存的主要食物供应者和能量供应者。通过植物生长过程,土壤、植被和大气紧密结合在一起,进行物质和能量的交换。植被的分布对地面反射率和粗糙度产生极大影响,进而影响地气系统的辐射平衡和动量传输。地面植被类型也通过影响地面反照率、粗糙度、蒸发和渗透等进而影响陆气相互作用的各个环节。植物在生长过程中把太阳能转化为化学能,并吸收大气中 CO_2,固定在植物体内。海洋生物的固碳过程为"生物泵"过程,其一是碳酸盐泵(Carbonate pump),是一些微生物,如颗石藻、有孔虫以碳酸钙(镁)为骨架或细胞壁,将大气中 CO_2气体转化为海水中的碳酸盐形式。其二是软组织泵(Soft tissue pump),指浮游植物通过光合作用将 CO_2气体转化为海洋中的有机碳形式。

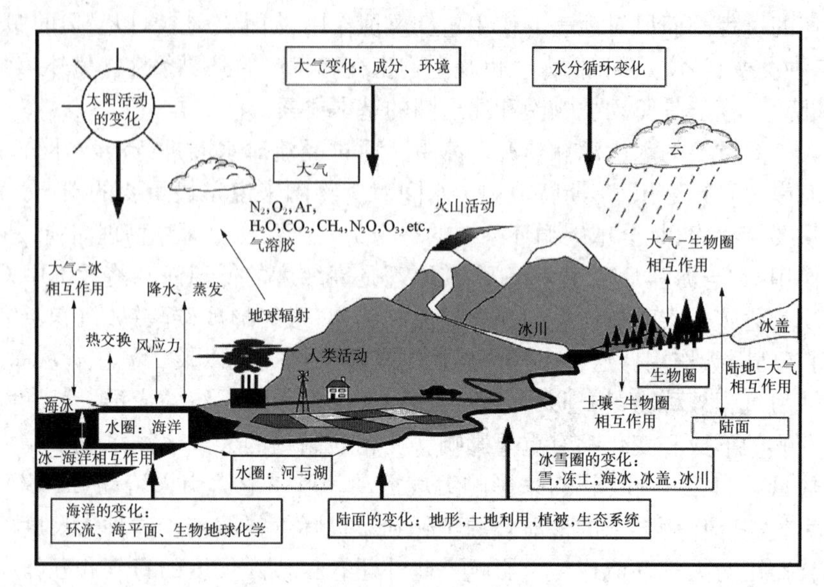

图 10-3　气候系统的各组成部分及相互作用过程（图片据 IPCC AR4 WG1，2007 改）

三、气候系统中重要的反馈过程

在气候系统内部发生的相互作用中，存在着大量的反馈过程，它们起着从气候系统内部调节气候系统的作用。反馈过程表明气候系统各组成部分之间的耦合或相互补偿作用。这类相互作用或补偿机制会使某种气象要素的异常更为增大（**正反馈**）或者会使其减小（**负反馈**）。气候系统中存在着许多反馈过程，弄清反馈过程的机制和原理，在气候变化的研究中是一个极为重要的问题。

水汽—辐射反馈

在相对湿度保持不变的条件下，气温上升使水汽含量增加，从而增加对地表射出的长波辐射的吸收，结果使低层大气的温度进一步上升。因此，气温与水汽的耦合作用使气候系统产生不稳定，这种反馈是正反馈。

冰雪—反射率反馈

冰雪表面对入射太阳辐射有很大的反射作用，它是支配极区气候的一个重要因子。全球温度的降低，将导致地球表面冰雪覆盖面积的扩大，从而引起全球反射率的增大，这样又使地气系统吸收的太阳辐射减少，从而使温度进一步降低。这种正反馈机制在冰雪消融时表现得也很明显，如当冰雪融化时，地表反射率降低，对太阳辐射的吸收增加，从而使气温上升，冰雪融化进一步增加。

云量—地面气温反馈

地面温度随着吸收更多的太阳辐射而升高，将促使地面蒸发加剧，从而导致大气中水汽含量增加，促使云得到发展，云量的增加使入射到地表的太阳辐射减少，地面温度随之降低。这是负反馈的一个例子。

海温—二氧化碳溶解度

二氧化碳在海洋中的溶解度与温度有关。海温升高时，海洋中溶解的二氧化碳减少，使得部分二氧化碳逃逸到大气中。而大气中增加的二氧化碳会加剧温室效应，使海温进一步升高。因此，海温的抬升与大气中二氧化碳的增加之间形成了一个正反馈机制。

蒸发—温度

水面蒸发过程存在一个负反馈机制。水分的蒸发强度与温度相关，局地加热能够使水面的蒸发作用增强。而当水面蒸发量增大时，蒸发冷却作用又会使水面温度下降，进一步抑制了水分的蒸发。

温差—热量输送

地球上赤道与极地的巨大温差，决定了从低纬度到高纬度有巨大的热量输送。当这种南北温度差距增大时，输送的热量也会增多，以缩小赤道与极地之间的温度差，这就在高低纬度热量平衡上形成了一个负反馈机制。

植被活动—气候变暖

青藏高原植被活动对气候变化存在“负反馈”(Shen et al.，2015)。随着高原持续变暖，生长季植被活动持续增强。增强的植被活动降低了地表白天温度而对夜间温度影响不显著，总体上降低了局地生长季平均温度。这种局地的降温效应，主要是由于植被增加导致局地蒸腾作用增强，从而降低了地表能量。高原植被对气候的这种“负反馈”作用，表明我国政府在青藏高原实施的“退牧还草”等植被恢复措施有助于减缓当地气候变暖。

需要指出的是，上面仅列举了一些重要的反馈，目前对气候系统中的反馈过程及其相互作用还没有完全认识清楚。整个气候系统中各个组成部分之间的相互作用和反馈过程是极为复杂的，不能孤立地考虑其中一个过程而忽略其他过程。

§10.2　气候变化的史实

地球从诞生至今已有46亿年的历史，经历了气候的冷暖干湿变化。观测事实表明，地球上的气候一直不停地呈波浪式发展。根据时间尺度和研究方法，地球气候变化可分为4个阶段，地质时期的气候变化(距今22亿年至1万年)，历史时期的气候变化(1万年以来)，近代气候变化(200年来，有气象观测记录时期)和现代气候变化。

地质时期的气候变化一般是指在地质年表上指示出来的时间尺度上的气候变化，其研究的主要资料是冰芯、石笋、黄土沉积、深海沉积、湖泊沉积、石笋和孢粉等代用资料，借助现代技术结合统计分析来解释气候变化规律。

通常把全球的寒冷气候时期称为冰期，在此期间冰川活动范围扩大，地表平均气温降低。在亿年以上时间尺度上，地质时期气候的主要特征是大冰期、大间冰期交替出现。而在大冰期到来时也并非一直保持很低的温度，在此期间也有转暖和变冷的时期，转暖期称为亚间冰期，变冷期称为亚冰期。自震旦纪以来出现过三次大的冰期，大约6亿年前的震旦纪冰期，2亿至3亿年前的石炭二叠纪冰期和第四纪冰期。目前地球所处的地质时期就是显生宙新生代第四纪，开始于距今200多万年以前，属于第四纪大冰期气候时期。其中备受关注的几个典型气候时期和气候事件有末次盛冰期(距今约2万年)、新仙女木事件(距今约1.2万年)等。

地质时期发生的大陆漂移、海陆分布变化等会影响地球气候。而在地质时期的十万年到万年尺度上的气候变化，可以用米兰科维奇理论解释。在万年十万年的时间尺度上，地球围绕太阳轨道的参数发生变化，包括地球轨道偏心率、黄赤交角和岁差三大参数，这些参数的变化导致地球上不同季节、不同纬度接收到的辐射发生改变，最终导致气候系统发生变化。综上所述，可以得知，地质时期的气候变化都是由自然因素引发的。

过去1万年来的温度变化显示，全新世气候从新仙女木事件以来进入相对较暖的时期，特别是在 6 000 年前达到最暖时期，这就是著名的中全新世暖期。此后又出现了两个重要的气候特征时期，即相对较暖的中世纪暖期(一般认为发生于 900～1200 年，气候偏暖，温度比平均状况高 0.5 ℃)和相对较冷的小冰期(一般认为发生于 1550～1850 年，平均降温幅度为 0.5 ℃，欧洲最早出现小冰期且降温幅度最大)。图 10－4 是 1 万年来挪威的雪线升降图和中国近 5 000 年来的气温变化，雪线升降表示温度的升高和降低。由图可见，欧亚大陆在近5 000 年来气温变化基本相同。气候波动是全球性的，虽然世界各地最冷年份和最暖年份发生的年份不尽相同，但气候的冷暖起伏是前后呼应的。由图 10－5 所示的中国 5 000 年气温重建结果也可以看出，气温变化具有全球一致性的特点，这也说明中国与全球其他地区在长期气候变化上具有同步性。

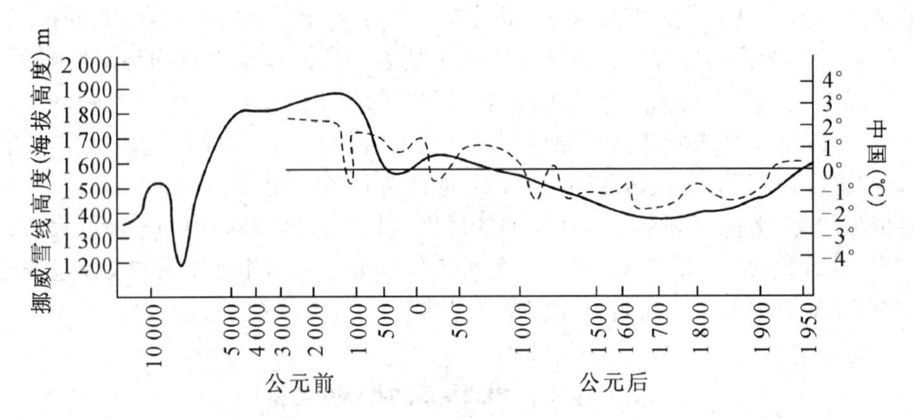

图 10－4　1 万年来挪威雪线高度(实线)和近 5 000 年来中国气温(虚线)变迁图

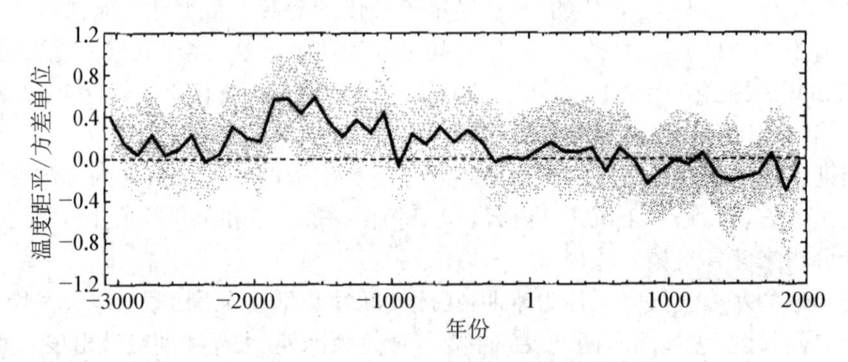

图 10－5　中国过去 5 000 年气温重建结果(引自 葛全胜等，2006)

工业革命以来，因为人类活动的影响，气候变化不断加剧。全球平均陆地和海洋表面温度的线性趋势计算结果表明(如附录二附图 9)，在 1880～2012 年期间，温度升高了 0.85 ℃(0.65 ℃～1.06 ℃)，在 1901 年至 2012 年的时间段里，全球几乎所有地区都经历了地表增暖。除此之外，全球地表平均温度还表现出明显的年际和年代际变化特征。过去 20 年以来，格陵兰冰盖和南极冰盖的冰量一直在损失，全球范围内的冰川几乎都在退缩，北极海冰和北半球春季积雪范围在继续缩小。19 世纪中叶以来的海平面上升速率比过去两千年来的平均速率高，1901～2010 年期间，全球平均海平面上升了 0.19(0.17～0.21)米。

除此之外，近年来极端天气气候事件出现频率升高，高温酷暑、飓风和强台风、干旱和暴雨洪水等成为“新常态”，很大程度上与全球变暖有关。气候变化不可忽视，全球共同应对气候变化刻不容缓。

§10.3　引起气候变化的自然因子

气候的形成和变化受多种因子的影响和制约，在影响气候的因子中，可以归纳为自然因子和人类活动的影响，影响气候的各自然因子和人类活动的影响叠加起来，交错结合，以多种形式表现出来，使地球有史以来气候的变化非常复杂。引起气候变化的自然因子主要有以下几个。

一、太阳辐射的变化

太阳辐射是气候形成的最主要因素。气候的变化与到达地表的太阳辐射能的变化关系至为密切。

太阳能是地球大气的主要能源，太阳辐射发生变化，必将引起地球上气候的改变，在太阳常数保持不变即入射的太阳辐射能不变的情况下，即使全球平均温度降低很多（达−18 ℃）时，大气热状况也能回复到初始状态。但当太阳常数有微小变化，就将引起大气热状况的改变。数值模拟试验证明，当太阳常数增加 2%时，地面气温可能上升 3 ℃，极地冰川将全部融化；当太阳常数减少 2%时，地面气温可能下降 4.3 ℃，冰川将覆盖整个地球（白色地球）。

在较短的时间内，太阳常数变化幅度只有 0.1%左右，还不足以引起较大的全球气温的改变，但是有证据表明，太阳黑子活动具有大约 11 a 的周期，在 11 a 周期太阳活动增强时，不仅黑子增加，太阳光斑也增加，光斑增加所造成的太阳辐射的增加大于太阳黑子增加造成的太阳辐射的减少，因此，在 11 a 周期太阳活动增强时，太阳辐射也增加，我国近 500 年来的寒冷时期正好处于太阳活动的低水平阶段，其中 3 次冷期（1470～1520 年，1650～1700 年，1840～1890 年）对应着太阳活动的不活跃期，而在中世纪太阳活动极大期间（1100～1250 年）正值我国元朝初期的温暖时期，这说明气候的长期变化与太阳活动的长期变化有一定的联系。

二、地球轨道因素的变化

地球在自己的公转轨道上，接收太阳辐射，而地球公转轨道的 3 个因素，即偏心率、地轴仰角和春分点的位置，都以一定的周期变动着，这就导致地球上所得到的太阳辐射发生变动，引起气候变迁。

到达地球表面的辐射通量密度与日地距离的平方成反比，地球绕太阳的公转轨道是一个椭圆，现在偏心率 e 约为 0.016。目前北半球冬季位于近日点附近，因此，北半球冬半年比较短，但偏心率是在 0.00～0.06 之间变动的，其周期约有 9.6 万年。目前地球在近日点获得的太阳辐射较现在远日点的辐射约大 1/15，当偏心率 e 值为极大时，则此差异就成为 1/3。这将使北半球冬季变短，气温升高，夏季变长，气温降低。而南半球冬季长而冷，夏季热而短。

地轴倾斜是产生四季的原因，现在倾斜度是 23.44°，其变化范围在 22.1°～24.24°之间，变动周期约为 4 万年。这个变动使得南北回归线的纬度（太阳直射的极限纬度）和南（北）极圈（极夜达到的极限纬度）发生变动。当倾斜度增加时，将使高纬度的年辐射总量增加，赤道地区的年辐射总量减少，地球冬夏接收的太阳辐射差值增加，高纬地区必然是冬寒夏热，气温年较差增大。

春分点沿黄道向西缓慢移动，大约每 21 年春分点绕地球轨道 1 周。春分点位置的变动引起四季开始时间的移动和近日点与远日点的变化。地球近日点所在季节的变化，每 70 年推迟 1 天。

自 2 万年前以来，由于春分点和地轴倾斜度的变动，北半球各季节太阳辐射已经发生了明显的变化。现在北半球冬季半年接收的太阳辐射与 2 万年前相近，但 1 万年前夏季接收的太阳辐射可能比目前高出 8%左右，而冬季又比现在低 8%左右。从 2 万年前到 1 万年前，北半球夏季接收的太阳辐射量呈增加趋势，而从 1 万年前到现在，北半球夏季接收的太阳辐射量又呈不断减少趋势；冬季则相反。

由上面的讨论可知，地球轨道因素影响的主要是千年至万年时间尺度上的气候变化。

三、火山活动

到达地表的太阳辐射的强弱要受大气透明度的影响。火山活动对大气透明度的影响最大，强火山爆发喷出的火山尘和硫酸盐气溶胶能喷发到平流层，平流层中的气溶胶寿命较长，可达一年以上，因此，可在全球范围内输送。而大气气溶胶对短波辐射的影响远大于对长波辐射的影响，它能强烈地吸收和反向散射太阳辐射，使到达地表的太阳辐射明显削弱，地面年平均气温下降。

图 10－6 是 1912 年阿拉斯加 Katmai 火山爆发后，晴空直接辐射月平均值与多年平均值比较的变化情况。这是根据欧洲和美洲几个日射站资料制作的，表明在个别月份，大气气溶胶可使直接辐射减少 20%以上。在其他一些大的火山喷发之后的观测中，都曾有大范围地区太阳辐射减少的现象。

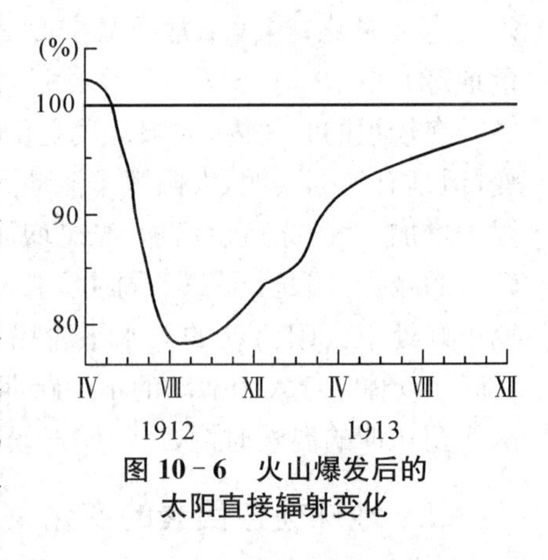

图 10－6　火山爆发后的太阳直接辐射变化

许多研究表明，在巨大火山爆发后的几个月甚至几年的时期中，地面平均气温可降低零点几度。在 1815 年 4 月 Tambora 火山(8.25°S，118.0°E)爆发时，500 km 内 3 天不见天日，欧美各国在 1816 年普遍出现“无夏之年”，据估计整个北半球中纬度气温平均比常年偏低 1 ℃。1991 年 6 月菲律宾 Pinatubo 火山爆发后，1992 年全球平均气温下降 0.2 ℃，北半球下降 0.4 ℃。

火山爆发呈现着周期性变化，历史上寒冷时期往往同火山爆发次数多、强度大的活跃时期有关。有学者认为，火山活动加强可能是小冰期以至最近一次大冰期出现的重要原因。1912 年以前的 150 年，北半球火山爆发较频繁，所以气候相对比较冷。1912 年以后至 20 世纪 40 年代北半球火山活动很少，大气混浊度减小，因此气温增高，形成一温暖时期。

总之，火山活动的这种“阳伞效应”是影响地球上各种空间尺度范围，为时数年以上气候变化的重要因子。

四、宇宙-地球物理因子

宇宙因子指的是月球和太阳的引潮力。月球和太阳对地球都具有一定的引潮力，月球质量虽比太阳小得多，但因离地球近，它的引潮力是太阳引潮力的 2～17 倍。月球引潮力是重力的 0.56‰到 1.12‰，其变化在海洋中产生多年月球潮汐大尺度的波动，这种波动在极地最显著，可使海平面改变 40～50 mm，因而使海洋环流系统发生变化，进而影响海—气间的热交换，引起气候变化。

地球物理因子指的是地球重力的空间变化、地轴和地球自转速度的变化等。这些地球物理因子的时间或空间变化，引起地球上变形力的产生，从而导致地球上海洋和大气的变形，并进而使气候发生变化。

五、下垫面地理条件的变化

在整个地质年代中，下垫面的地理条件发生了多次变化，对气候变化产生了深刻影响，其中以海陆分布和地形的变化对气候变化影响最大。地球大陆是由一些不同的板块组成，它们包括太平洋板块、美洲板块、非洲板块、欧亚板块、印度板块和南极洲板块，这些板块之间有相对运动。现在的海陆分布形势与地质年代的海陆分布形势是不同的。海陆分布的不同将引起洋流的改变，从而影响气候。地壳活动引起的造山运动对气候也有很大影响。例如，高大的喜马拉雅山脉在地质年代曾是一片汪洋，称为喜马拉雅海。由于这片海区的存在，有海洋湿润气流吹向今日我国西北地区，所以那时新疆、内蒙古一带气候是很湿润的。其后由于造山运动，出现了喜马拉雅等山脉，这些山脉阻止了海洋季风进入亚洲中部，因此，新疆和内蒙古的气候才变得干旱。

海陆分布和地形变化的时间尺度很长，对地质时代的气候影响较大，对历史时期和现代气候变化几乎没有什么影响。

六、大气环流的变化

大气环流形势的变化是导致气候变化和产生气候异常的重要因素。在 20 世纪 50 年代和 60 年代，北半球大气环流的变更变化就是北冰洋极地高压的扩大和加强，它导致北大西洋地面偏北风加强，促使极地海冰南移和气候带向低纬推进。

从 1961～1970 年，这 10 年是经向环流发展最明显的时期，也是我国气温最低的 10 年。在转冷最剧的 1963 年，冰岛地区竟被冷高压控制，原来的冰岛低压移到了大西洋中部，亚速尔高压也相应南移，这就使得北欧奇冷，撒哈拉沙漠向南扩展。在这一副热带高压控制下，盛行下沉气流，因而造成这一区域的持续干旱。而在地中海区域，正当冷暖气团交绥的地带，静止锋在此滞留，致使这里暴雨成灾。

造成大气环流变化的原因非常复杂，在季节和年际气候变化中最突出的是 ENSO 现象。ENSO 是厄尔尼诺(ElNiño)和南方涛动(Southern Oscillation)的合称。厄尔尼诺是太平洋南美厄瓜多尔和秘鲁沿岸在冬季圣诞节前后海温发生异常升高的现象。南方涛动是印度洋地区气压和太平洋地区气压反相变化的跷跷板现象。厄尔尼诺发生在海洋，南方涛动发生在大气，两者的紧密关系是海—气系统在全球范围内的异常现象。ENSO 是大气—海洋系统中极为重要的事件，对全球大气环流和气候的年际变化有重要影响。目前，对 ENSO 的研究取得了很多进展，但离完全揭示 ENSO 事件的真相并能正确地预报还有很长一段距离。

七、大气化学组成的变化

大气中有一些微量气体和痕量气体对太阳辐射是透明的，但对地—气系统中的长波辐射却有相当强的吸收能力，对地面气温起到类似温室的作用，称为温室气体(Greenhouse Gas，GHG)。大气中的温室气体有 CO_2、CH_4、N_2O、O_3、H_2O、CFC_{11}、CFC_{12}(氟利昂)等。这些成分在大气中总的含量虽然很小，但它们的温室效应对地—气系统的辐射能量收支和平衡却起着极重要的作用。这些成分浓度的变化必然会对地球气候系统造成明显扰动，引起全球气候的变化。据研究，上述大气成分的浓度一直在变化着。引起这种变化的原因有自然的发展过程，也有人类活动的影响。这种变化有数千年甚至更长时间尺度的变化，也有几年到几十年就明显表现出来的变化。人类活动可能是造成几年到几十年时间尺度变化的主要原因。

§10.4 人类活动对气候的影响

气候变化包括年代际、百年、千年甚至更长的地质时间尺度，涉及气候系统外强迫因子及其变化，也涉及气候系统内部的变化及反馈机制，情况颇为复杂，但可以分为两类原因。一是自然原因，比如地球围绕太阳轨道参数的变化、地质构造运动、太阳活动和火山喷发等外强迫因素造成了气候变化；二是人为原因，人类通过影响温室气体、气溶胶的排放以及土地利用和土地覆盖来造成气候变化。从 1990 年 IPCC 第一次评估报告开始，IPCC 报告就越来越重视人类活动对气候变化的影响。IPCC 第二次评估报告指出"有证据表明，人类对全球气候产生明显影响"，第三次评估报告指出"有新的和更有力的证据表明，在过去 50 年中观察到的大部分变暖都归因于人类活动"，第五次评估报告指出"人类对于气候系统的影响是明显的"。人类活动对气候系统的影响已经远超自然变率。

工业革命以前，气候变化主要来自自然变率的影响。而 1750 年之后，人类社会工业革命兴起，化石燃料大量使用，社会进步发展的同时也带来了地球气候和环境的巨大变化。使用化石燃料，向大气中排放二氧化碳等温室气体、气溶胶和其他污染物，增加了大气圈内温室气体的浓度，同时污染了环境。过去 40 年人为排放的温室气体总量约占 1750 年以来总排放量的一半，最近十年是排放量增长最多的十年。化石燃料和工业过程中产生的二氧化碳是温室气体增长的主要来源。自工业化以来，二氧化碳浓度已增加了 40%，工业化之前，全球大气平均 CO_2 浓度约为 280 ppm，到 2012 年这个数值已经快速增长到 391 ppm，2016 年达到 403 ppm（如图 10－7）。根据美国国家海洋和大气管理局设在夏威夷的莫纳罗亚火山（Mauna Loa）温室气体监测站观测，2018 年 4 月大气中二氧化碳平均浓度已经达到 410.31 ppm，是地球过去 80 万年来最高的大气二氧化碳月均浓度。而全球经济和人口增长正是二氧化碳排放增长最重要的驱动因子，加大减排力度刻不容缓。

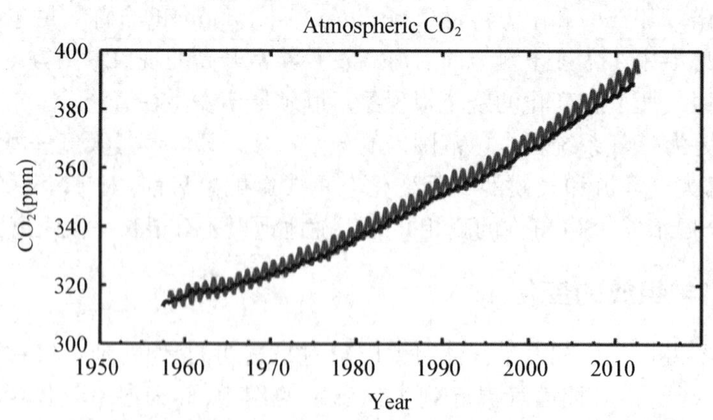

图 10－7 从 1958 年起在莫纳罗亚（19°32′N，155°34′W－红色曲线）和南极（89°59′S，24°48′W－黑色曲线）观测到的大气二氧化碳（CO_2）浓度

自 20 世纪以来，因人类活动产生的气溶胶粒子迅速增加，这主要是通过燃烧过程产生的。这些气溶胶粒子已对气候产生明显影响，这种影响主要表现在两个方面。一方面是气溶胶对

气候的直接效应，这是因为气溶胶粒子的吸收和散射作用对入射的太阳辐射和地球发射的红外辐射均有影响，从而影响地气系统的热量平衡。另一方面影响是它的间接气候效应，即它充当云的凝结核(CCN)改变云滴浓度，结果使云的反射率增加。

除了温室气体和气溶胶以外，人为活动造成的土地覆盖变化通过改变地表反照率从而对地球辐射收支产生直接影响。它还通过改变地表粗糙度、潜热通量和河川径流等影响气候。土地利用的变化，特别是森林砍伐，对温室气体的浓度也有显著影响。

通常使用辐射强迫来衡量不同因素对气候变化的影响。辐射强迫一般指因施加了某种扰动而造成的地球系统能量平衡的净变化，常常表现为工业革命前和现在的差值，正辐射强迫导致地表变暖，负辐射强迫导致地表变冷。

根据政府间气候变化专门委员会第五次评估报告(IPCC AR5，2013)的综合结论(如附录二附图 10)，相对于 1750 年，2011 年的总人为辐射强迫值为 2.29(1.13～3.33)W/m^2，导致了气候系统的能量吸收。IPCC 第五次评估报告指出，人为辐射强迫最主要的来源是大气中的二氧化碳。对流层二氧化碳的全球平均混合比从 1750 年的 278(276～280)ppm 增长到了 2011 年的 390.5(390.3～390.7)ppm，造成的辐射强迫为 1.82(1.63～2.01)W/m^2，这个数值仍在不断增加，人类活动对气候变化的影响也在不断加大。

§10.5　气候变化的影响评估、适应与减缓

一、气候变化的影响和脆弱性评估方法

气候变化的影响主要是指极端天气和气候事件，以及气候变化对自然和人类系统的作用，包括对自然和人类系统的影响两个方面。通常是指某一特定时期内的气候变化或灾害性天气气候事件与暴露的社会或系统的脆弱性之间的相互作用，包括对生命、生计、健康、生态系统、经济、社会、文化、服务和基础设施产生的作用。

脆弱性一般是指人类和环境系统因外部干扰或胁迫而可能遭受损害的程度。它内含各种概念和要素，包括对危害的敏感性或易感性，以及应对和适应能力的缺乏。

1. 气候变化对自然生态系统影响的评估

关于气候变化对水资源影响的研究方法，有学者直接用气候模式输出的径流结果来研究水资源情势，或通过指数、径流系数分析等方法进行水资源评估。但由于气候模式对陆面过程的描述比较粗糙、产流计算简化，计算的径流过程误差很大，故水文学者一般利用气候模式输出的气温、降水等结果作为输入资料，通过水文模型来计算水资源情景。气候变化对生态系统的影响评估方法包括两类：① 模型模拟研究，即在气候变化情景下，基于对脆弱性的各构成要素进行量化评价和各要素之间的相互作用关系，建立脆弱性评价模型。② 指标评价法，是针对具体的生态或环境问题，结合局地特征因素，从多方面选取评价指标，构建评价指标体系，实现区域生态脆弱性指标量化的一种方法。气候变化对海平面与海岸带的影响评估主要是根据不同的观测手段，采用不同方法。目前，结合高度计，卫星观测主要用于海水质量和比容高度的季节变化研究。GRACE 卫星资料在长时间尺度上可用于研究极区冰雪变化对全球海平面变化的影响。

2. 气候变化对社会经济系统影响的评估

要全面了解气候变化对整个区域中各个领域或行业的综合影响，就必须要进行多学科的

集成研究，将环境、经济、社会等各子系统，以及它们之间的相互联系和作用结合起来综合考虑。系统分析方法为这种综合评估提供了一个有效的研究框架。图 10－8 为 IPCC 气候变化及适应对策评价指南中提出的一个对气候变化影响及适应对策评价研究的基本框架。

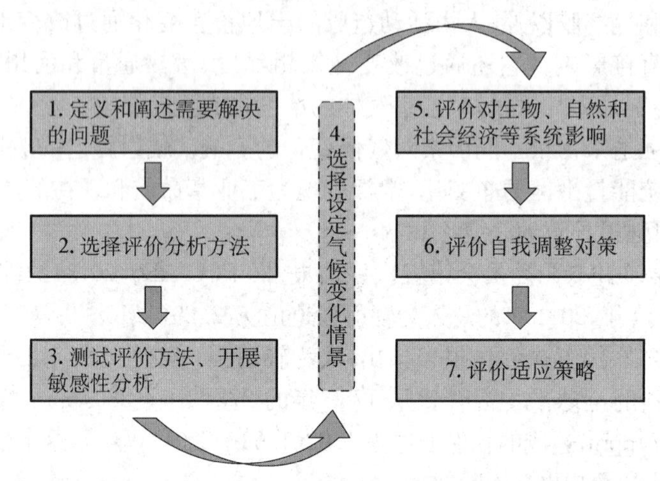

图 10－8　IPCC 气候变化及适应对策评价指南的评估步骤

在我国的实际应用中，区域气候变化影响研究首先是"未来气候情景设计"，再分析其对农业、水资源、海岸带资源环境、森林和其他自然生态系统、冰雪圈环境、重大工程、人体健康和环境等的影响。随后，提出相应的对策和措施并对气候变化的影响、脆弱性和适应性进行评估。图 10－9 为区域气候变化影响评估研究框架。

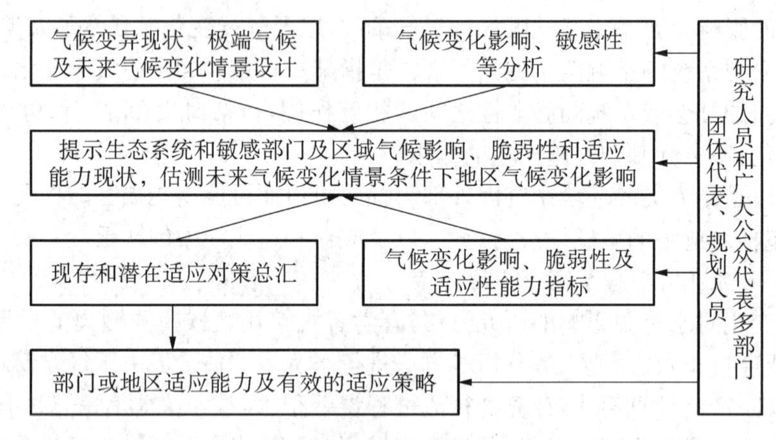

图 10－9　区域气候变化影响综合评估研究框架

3. 脆弱性的评估方法

系统脆弱性是气候的变率特征、幅度和变化速率及其敏感性和适应能力的函数。不同学科对脆弱性概念和内涵认识的不同导致测度脆弱性的方法多种多样。科研人员一直致力于构建能够体现目前脆弱性研究发展趋势的"新方法"，综合各种传统评估方法，可以总结为脆弱性评价八步法，其顺序为：① 与利益相关方一起确定研究区；② 熟悉研究区；③ 假设谁是脆弱的，对什么脆弱；④ 构建脆弱性模型；⑤ 确定脆弱性指标；⑥ 运行脆弱性模型；⑦ 预估未来脆弱性；⑧ 交流脆弱性评价结果。该方法分为两个阶段，前一阶段包括前三个步骤，主要是确定研究区，开展野外调查，确定具体研究对象；后一阶段包括后五个步骤，是实质性评价阶段。

区域脆弱性评估就是通过构建或运用脆弱性评估方法将各种不同来源的信息综合成一个具有相对级别的脆弱性指数，从而回答决策者提出的一系列评估问题。目前比较常用的区域脆弱性评估方法主要有五类（杨建平和张延军，2010）：① 基本归纳法，实质上为计算法，这种方法直观，计算简单，能有效、高水准地概括当前环境的总体优点，适用于处理不连续和偏态数据。② 距离法，度量与参考点之间的距离，参考点不一定是具体的地点，而是一种理想状况或指定的脆弱区。距离法的优点是计算简单，可以测度与任何参考条件间的距离。③ 分类法，突出了特定地区测度变量的相似性。该方法可以客观地确定相似变量，适用于处理不连续数据。④ 重叠法，即将两种不同来源的信息进行综合。重叠法的优点是能够快速综合多种变量或集成技术，适合处理任何种类的数据。⑤ 矩阵法，一种不能用图表示的方法，该方法以定量值代替了主观权重，其评估结果更具客观性，适用于处理相关性数据。

二、气候变化的适应

气候变化的适应是指在全球温度上升的情况下，采取一些对策能够使人类社会受到的损害减小。当一个国家根据其国内的环境和特点，实现可持续发展的愿景和途径时，适应是最有效的。

适应措施的有效性取决于各种复杂条件的约束，以及各影响要素的共同作用，需要因地因时制宜选择相应的措施。因此，在制定战略和适应措施的时候需要考虑到以下因素：① 需要个体和决策部门广泛的参与，相互补充，相互影响，使其效益最大化；② 减少当前气候变率的脆弱性和暴露度；③ 适应规划和实施依价值观、目标和风险感知程度而定；④ 对不同利益、环境、社会-文化背景和愿景的认知能够促进决策制定过程；⑤ 决策制定过程应充分考虑不同的环境及决策类型、决策过程和支持者；⑥ 已有的和新的经济分析工具可以预计减小影响的因素；⑦ 一些制约因素的相互作用将会阻碍适应的规划和措施，主要因素包括财力和人力资源不足、治理的综合能力或协调能力不足、预估影响的不确定性大、对风险的感知不同、监测和观测以及维持的经费不足等；⑧ 规划制定不当、过度强调短期效应和对预计结果的估计不足都会导致适应措施效果变差；⑨ 一些证据表明全球对适应的需求不强和用于适应的投资存在缺口，迫切需要更好地评价全球适应资本、经费和投资需求。目前对适应的全球费用的估计研究缺少数据、方法。

三、气候变化的减缓

气候变化的减缓是指采取措施减慢、减小全球气温上升的速率和幅度。由于人为导致气候变化主要是由于排放温室气体，因而气候变化减缓更多是指温室气体的减排。

2015 年巴黎气候变化大会，在 IPCC 第五次评估报告提供的研究基础上，世界各国一致确认了 2 ℃目标，并提出了有雄心的 1.5 ℃目标。目前 IPCC 针对 1.5 ℃目标的特别报告已出版，其中回答了与 1.5 ℃升温目标相关的问题。研究表明，有多种减缓路径可将大气变暖限制在相对于工业化前水平的 2 ℃以下。这些路径要求未来几十年大幅减排，并在 21 世纪末实现 CO_2 和其他长寿命 GHG 排放接近于零，实施这些减排措施会对技术、经济、社会和体制带来巨大的挑战。到 2100 年 GHG 浓度达到大约为 450 ppm CO_2 当量或者更低的排放情景，有较大可能（大于 66%的可能性）将 21 世纪的变暖限制在工业化前水平的 2 ℃以下。这些情景的特征是：与 2010 年相比，到 2050 年全球人为 GHG 排放量减少 40%～70%，到 2100 年排放水平接近零或更低。到 2100 年达到约 500 ppm CO_2 当量浓度水平的减缓情景中多半可能（大于

50%的可能性)将温度变化限制在 2 ℃以下。有些情景在 2100 年前暂时超过 530 ppm CO_2 当量的浓度水平,这种情况下这些情景或许可能(50%左右的可能性)将温度变化限制在 2 ℃以下。目前到 2100 年多半可能将变暖限制在 1.5 ℃以下情景的研究数量有限。这些情景的特征是:浓度到 2100 年低于 430 ppm CO_2 当量,而到 2050 年比 2010 年减排 70%～95%。

实现减排目标的主要措施包括低碳发电、提高能源效率和改变消费行为。在林业中最具成本效益的减排措施是植树造林、可持续的森林管理与减少毁林,而其对各地区的相对重要性差异较大;对农业、耕地管理、牧场管理与恢复有机土壤亦是如此;消费行为、生活方式和文化可对能源使用及相关排放产生相当大的影响,一些部门存在较高的减缓潜力,特别是采用技术和结构调整手段以后,通过改变消费模式、采用节能措施、饮食变化以及减少食物浪费能大幅降低排放量。

小　　结

本章介绍了气候变化的历史、引起气候变化的自然因子和人为因子以及对未来气候的预测。气候变化的时间尺度从年际到万年际变化等。不同时间尺度的气候变化是由不同的气候因子引起的,这些因子包括太阳辐射、地球轨道因子、火山活动、宇宙-地球物理因子、下垫面条件的改变、大气环流的变化和大气化学组成的变化等。对这些气候因子的研究涉及天文、地质、海洋、大气化学等多种学科。

由于大气环流和大气化学组成的变化影响到几年至几十年的气候变化,对其研究尤为迫切。人类活动可以通过影响大气中的温室气体浓度和气溶胶而影响全球气候,温室气体的增加造成全球气候变暖,但在局部地区,这种增暖可被气溶胶的"阳伞效应"和"Twomey"效应部分地抵消。

现在对未来气候变化的预测是建立在对未来大气温室气体排放预测的基础上的,这给气候预测带来了很大的不确定性。

习　　题

10-1　什么是气候系统? 气候系统包括哪些部分?
10-2　气候系统中有哪些重要的反馈过程? 它们有什么重要作用?
10-3　地质时期气候变化的最大特点是什么? 这时期的气候变化受到哪些因素影响?
10-4　人类活动对全球气候的影响有几种途径? 分别是怎样影响全球气候的?
10-5　气候变化的脆弱性评估方法有哪些? 各个方法有何优点?
10-6　为什么要适应和减缓气候变化? 适应和减缓有何特征?

参考文献

1. Ahrens, C. D.. 2008. Meteorology Today: An Introduction to Weather, Climate, and the Environment. 9th ed. Brooks Cole: 549pp.
2. Alcamo J., Kreileman G. J. J., Bollen J. C., van den Born G. J., et al. 1998. Baseline scenarios of global environmental change. In Global Change Scenarios of the 21st Century, Results from the IMAGE 2. 1 Model. Elsever Science, Kidlington, Oxford.
3. B. J. Mason. 1971. *The Physics of Clouds*, Oxford University Press.
4. Behrenfeld MJ, O'Malley RT, Siegel DA, McClain CR, Sarmiento JL, Feldman GC, Milligan AJ, Falkowski P, Letelier PM, Boss ES. 2006. Climate-driven trends in contemporary ocean productivity. Nature, 444: 752 - 755.
5. C. D. Ahrens. 1988. *Meteorology Today—An Introduction to Weather, Climate, and the Environment*. West publishing company.
6. Douglas V. Hoyt and Kenneth H. Schatten. 1997. *The Role of the sun in Climate change*. Oxford University Press, New York Oxford.
7. Fan, W. and X. Yu. 2015, Characteristics of spatial-temporal distribution of tornadoes in China. Meteorology, 41: 793 - 805 (in Chinese).
8. Fujita, T. T.. 1973. Proposed mechanism of tornado formation from rotating thunderstorm, in Preprints, 8th Conference on Severe Local Storms, Denver: American Meteorological Society, Boston: p. 191 - 196.
9. Hartmann D, Washington U O, Seattle, et al. 2016. Global Physical Climatology.
10. IPCC. 2014. Climate Change 2014: Impacts, Adaptation, and Vulnerability. Part A: Global and Sectoral Aspects. Contribution of Working Group II to the Fifth Assessment Report of the Intergovernmental Panel on Climate Change [Field, C. B., V. R. Barros, D. J. Dokken, K. J. Mach, M. D. Mastrandrea, T. E. Bilir, M. Chatterjee, K. L. Ebi, Y. O. Estrada, R. C. Genova, B. Girma, E. S. Kissel, A. N. Levy, S. MacCracken, P. R. Mastrandrea, and L. L. White (eds)]. Cambridge, United Kingdom and New York, NY, USA, Cambridge University Press.
11. K . Lutgens and E. J. Tarbuck. 1992. *The Atmosphere: An Introduction to Meteorology. 5th Ed.*. Prentice—Hall.
12. I. Shiklomanov.. 1993. Water in Crisis: A Guide to World's Fresh Water Resources In: P. H. Gleick, Ed., New York: Oxford University Press.
13. Markowski, P. and Richardson, Y.. 2010. Mesoscale meteorology in midlatitudes.

John Wiley & Sons, Ltd: 407pp.

14. Mike Hulme, Tom Wigley, Elaine Barrow, Sarah Raper, et al. 2000. Using a climate scenario generator for vulnerability and adaptation assessments: MAGICC and SCENGEN, version 2. 4 workbook Published by the Climate Research Unit, University of East Anglia, Norwich, UK.
15. R. B. Stull. 1988. *An Introduction to Boundary Layer Meteorology*, Kluwer Academic Publishers.
16. R. G. Barry and R. J. Chorley. 1992. *Atmosphere, Weather and Climate—6th Ed.*. Chapman and Hall.
17. R. J. Charlson and J. Heintzenberg. 1994. *Aerosol Forcing of Climate*, Freie Universitat Berlin.
18. Shen M, Piao S, Jeong SJ, et al. 2015. Evaporative cooling over the Tibetan Plateau induced by vegetation growth. Proceedings of the National Academy of Sciences, 112(30):9299-9304.
19. Solomon S, Qin D, Manning M, Chen Z, Marquis M, Averyt KD, Tignor M, Miller HL (eds). 2007. Contribution of Working Group I to the Fourth Assessment Report of the Intergovernmental Panel on Climate Change.
20. Vaughan, D. G., J. C. Comiso, I. Allison, J. Carrasco, G. Kaser, R. Kwok, P. Mote, T. Murray, F. Paul, J. Ren, E. Rignot, O. Solomina, K. Steffen and T. Zhang. 2013. Observations: Cryosphere. In: Climate Change 2013: The Physical Science Basis. Contribution of Working Group I to the Fifth Assessment Report of the Intergovernmental Panel on Climate Change [Stocker, T. F., D. Qin, G. -K. Plattner, M. Tignor, S. K. Allen, J. Boschung, A. Nauels, Y. Xia, V. Bex and P. M. Midgley (eds.)]. Cambridge University Press, Cambridge, United Kingdom and New York, NY, USA.
21. Xue, M., K. Zhao, M. J. Wang, Z. H. Li, Y. G. Zheng. 2016. Recent significant tornadoes in China. Adv. Atmos. Sci., 33: 1209-1217.
22. Yuan, H., Toth Z., Peña M., Kalnay E. 2018. Overview of Weather and Climate Systems. In: Duan Q., Pappenberger F., Thielen J., Wood A., Cloke H., Schaake J. (eds) Handbook of Hydrometeorological Ensemble Forecasting. Springer, Berlin, Heidelberg.
23. 丁一汇，主编. 2013. 中国气候. 科学出版社:557pp.
24. 傅抱璞等. 1994. 小气候学. 气象出版社.
25. 高国栋. 1996. 气候学教程. 气象出版社.
26. 葛全胜. 2006. 过去5000年中国气温变化序列重建. 自然科学进展,16(6):689-696.
27. 蒋维楣,孙鉴泞,吴涧,王雪梅,刘红年. 2004. 空气污染气象学、南京大学出版社.
28. 李崇银. 1993. 大气低频振荡. 气象出版社.
29. 林元弼等. 1988. 天气学. 南京大学出版社.
30. 刘全根. 孙成权等. 1995. 地球科学新学科新概念集成. 地震出版社.
31. 南京大学大气科学系. 1998. 气候学研究——气候与环境. 气象出版社.

32. 潘守文等. 1994. 现代气候学原理. 气象出版社.
33. 乔全明等. 1990. 天气分析. 气象出版社.
34. 任福民，吴国雄，王晓玲. 2011. 近 60 年影响中国之热带气旋. 气象出版社：203pp.
35. 孙广忠，王昂生，张怀远等. 1990. 中国自然灾害. 学术书刊出版社.
36. 孙立广，杨晓勇，黄新明. 1995. 地球与环境科学导论. 中国科学技术大学出版社.
37. 唐孝炎，张远航，邵敏. 2006. 大气环境化学(第二版). 高等教育出版社.
38. 汪品先，田军，黄恩清，马文涛. 2018. 地球系统与演变. 科学出版社.
39. 王明康，蒋龙海，蒋顺余. 1991. 物理气象学. 南京大学出版社.
40. 王明星. 1999. 大气化学(第二版). 气象出版社.
41. 王鹏飞，李子华. 1989. 微观云物理学. 气象出版社.
42. 王衍明. 1993. 大气物理学. 海洋大学出版社.
43. 王永生等. 1987. 大气物理学. 气象出版社.
44. 徐玉貌，刘红年，徐桂玉. 2013. 大气科学概论(第二版). 南京大学出版社.
45. 徐祝龄. 1994. 气象学. 气象出版社.
46. 杨建平，张延军. 2010. 我国冰冻圈及其变化的脆弱性与评估方法. 冰川冻土，32(6)：1084 - 1096.
47. 叶笃正，李崇银，王必魁. 1988. 动力气象学. 科学出版社.
48. 叶家东，李如祥. 1988. 积云动力学. 气象出版社.
49. 叶笃正，陈泮勤主编. 1992，中国的全球变化与研究. 地震出版社.
50. 尹德昌主编. 1984. 大气物理学. 中国人民解放军空军气象学院.
51. 余志豪，苗曼清，蒋全荣，杨平章. 1994. 流体力学(第二版). 气象出版社.
52. 余志豪，蒋全荣编译. 1994. 厄尔尼诺，反厄尔尼诺和南方涛动. 南京大学出版社.
53. 张元箴. 1992. 天气学教程. 气象出版社.
54. 中华人民共和国国家标准 GB/T 35224—2017：地面气象观测规范天气现象.
55. 中华人民共和国国家标准 GB/T 19201—2006：热带气旋等级.
56. 邹进上，刘长盛，刘文保. 1982. 大气物理基础. 气象出版社.
57. 周淑贞主编. 1997. 气象学与气候学(第三版). 高等教育出版社.
58. 庄荫模，徐玉貌. 1984. 雷达气象. 国防工业出版社.
59. 朱乾根等. 1992. 天气学原理和方法. 气象出版社.

附录一

常用物理常数

一、太阳和地球

太阳半径	$6.659\,9\times10^{8}$ m
太阳质量	1.989×10^{30} kg
日地平均距离	$1.496\,0\times10^{8}$ km
近日点日地距离	$1.471\,0\times10^{8}$ km
远日点日地距离	$1.521\,0\times10^{8}$ km
太阳常数	1.353×10^{3} $W\cdot m^{-2}$
地球平均半径	6 370.949 km
地球表面积	$5.100\,5\times10^{8}$ km^{2}
地球体积	$1.083\,1\times10^{12}$ km^{3}
地球质量	$5.976\,3\times10^{24}$ kg
地球自转角速度	$7.292\,1\times10^{-5}$ $rad\cdot s^{-1}$
重力加速度($\varphi=45°$,海平面处)	$9.806\,2$ $m\cdot s^{-2}$

二、通用常数

真空中光速	$2.997\,9\times10^{8}$ $m\cdot s^{-1}$
Planck 常数 h	$6.626\,1\times10^{-34}$ $J\cdot s$
Boltzmann 常数 k	$1.380\,6\times10^{23}$ $J\cdot K^{-1}$
Stefan－Boltzmann 常数 σ	$5.670\,5\times10^{-8}$ $W\cdot rn^{-2}\cdot K^{-4}$
Wien 位移定律常数	$2.897\,8\times10^{-3}$ $m\cdot K$
普适气体常数 R^{*}	$8.314\,3\times10^{3}$ $J\cdot K^{-1}\cdot mol^{-1}$
Avogadro 常数 N_A	$6.022\,1\times10^{23}$ mol^{-1}
元量电荷 e	$1.602\,2\times10^{-19}$ C

三、干空气常数

分子量	28.966
比气体常数 R_d	287 $J\cdot kg^{-1}\cdot K^{-1}$
标准温、压下密度 ρ_d	1.293 $kg\cdot m^{-3}$
定压比热 c_{pd}	1 004 $J\cdot kg^{-1}\cdot K^{-1}$
定容比热 c_{vd}	717 $J\cdot kg^{-1}\cdot K^{-1}$

温　度/℃	0		18		40	
黏滞系数 $\eta/(10^{-5}\ \mathrm{kg\cdot m^{-1}\cdot s^{-1}})$	1.708		1.827		1.904	
温　度/℃	−17.8	−6.7	4.4	15.6	26.7	37.8
导热率 $K/(10^{-2}\ \mathrm{W\cdot m^{-1}\cdot K^{-1}})$	2.270	2.353	2.440	2.525	2.602	2.690

四、水物质常数

分子量　18.016

水汽比气体常数　$461.5\ \mathrm{J\cdot kg^{-1}\cdot K^{-1}}$

水汽定压比热 c_{pu}　$1.87\times10^{3}\ \mathrm{J\cdot kg^{-1}\cdot K^{-1}}$

水汽定容比热 c_{uv}　$1.41\times10^{3}\ \mathrm{J\cdot kg^{-1}\cdot K^{-1}}$

水的密度(0℃～10℃)　$999.8\ \mathrm{kg\cdot m^{-3}}$

冰的密度(0℃)　$1.000\times10^{3}\ \mathrm{kg\cdot m^{-3}}$

水的比热(0℃)　$4.218\times10^{3}\ \mathrm{J\cdot kg^{-1}\cdot K^{-1}}$

冰的比热(0℃)　$2.106\times10^{3}\ \mathrm{J\cdot kg^{-1}\cdot K^{-1}}$

水的汽化潜热(0℃)　$2.5\times10^{6}\ \mathrm{J\cdot kg^{-1}}$

水的汽化潜热(100℃)　$2.25\times10^{6}\ \mathrm{J\cdot kg^{-1}}$

冰的融解潜热(0℃)　$3.34\times10^{5}\ \mathrm{J\cdot kg^{-1}}$

冰的升华潜热(0℃)　$2.834\,5\times10^{6}\ \mathrm{J\cdot kg^{-1}}$

水汽在空气中的扩散系数 D(气压 p=1 000 hPa)

温　度/℃	20	10	0	−10	−20
$D/(\mathrm{cm^2\cdot s^{-1}})$	0.257	0.241	0.226	0.211	0.197

五、某些物理量的单位

物理量	单　位	导出单位	物理量	单　位	导出单位
力	牛顿(N)	$\mathrm{kg\cdot m\cdot s^{-2}}$	电荷	库仑(C)	A·s(安培·秒)
压强	帕斯卡(Pa)	$\mathrm{N\cdot m^{-2}=kg\cdot m^{-1}\cdot s^{-2}}$	频率	赫兹(Hz)	$\mathrm{s^{-1}}$
能量	焦耳(J)	$\mathrm{kg\cdot m^2\cdot s^{-2}}$	体积	升(L)	$10^{-3}\ \mathrm{m^3}$
功率	瓦特(W)	$\mathrm{J\cdot s^{-1}=kg\cdot m^2\cdot s^{-1}}$			

附录二

彩　图

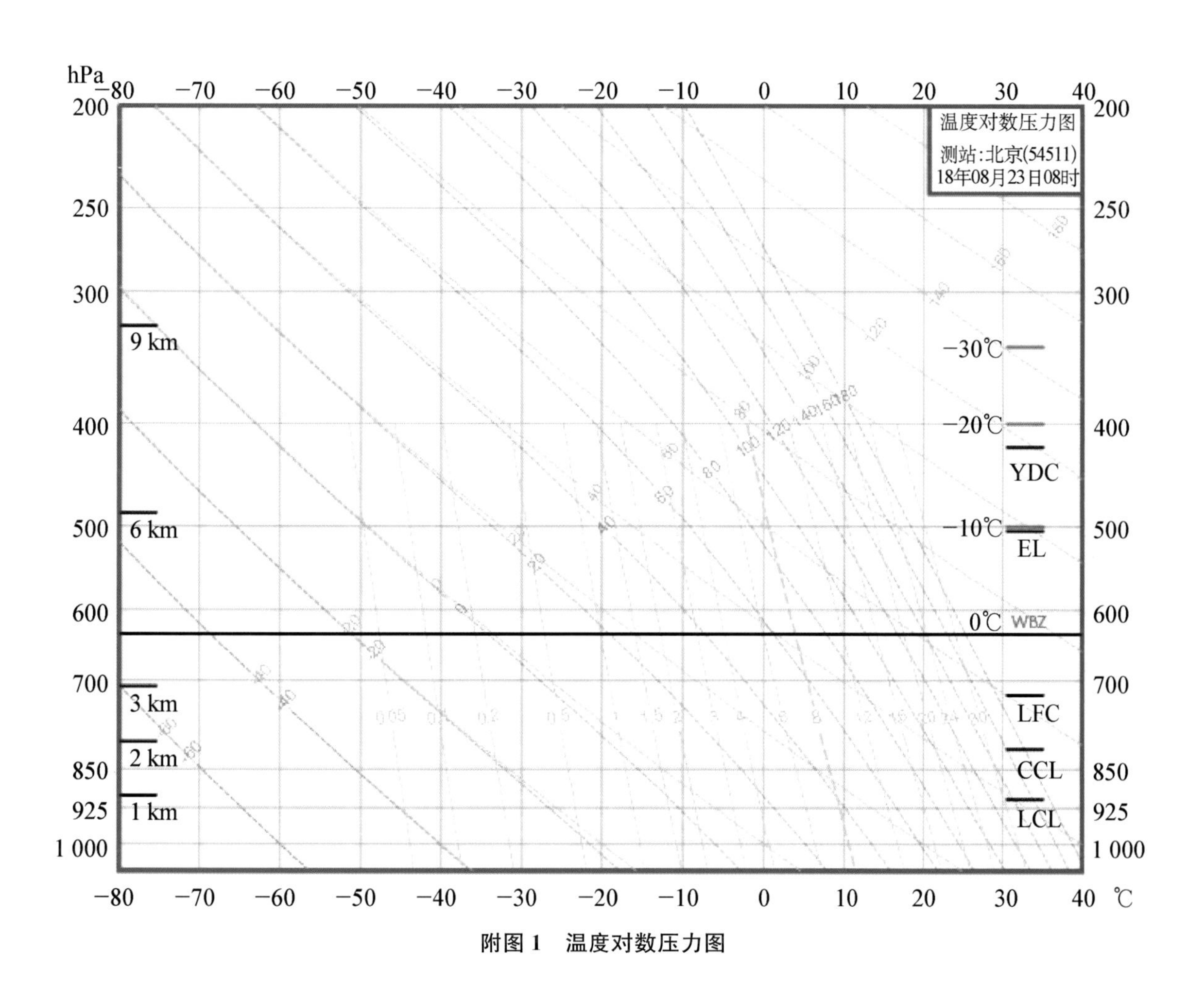

附图 1　温度对数压力图

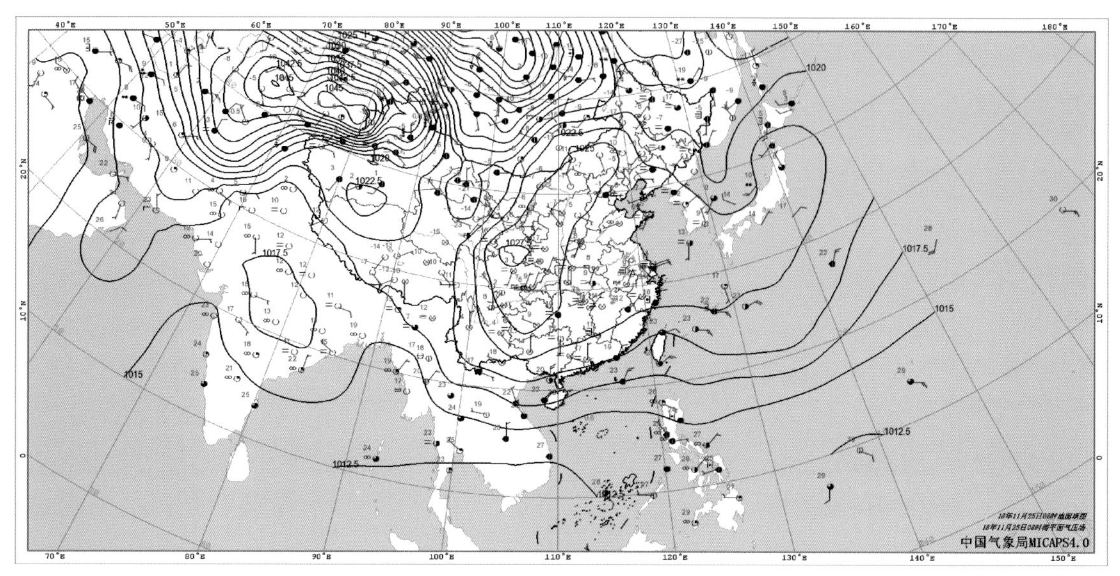

附图 2　我国地面天气图示例

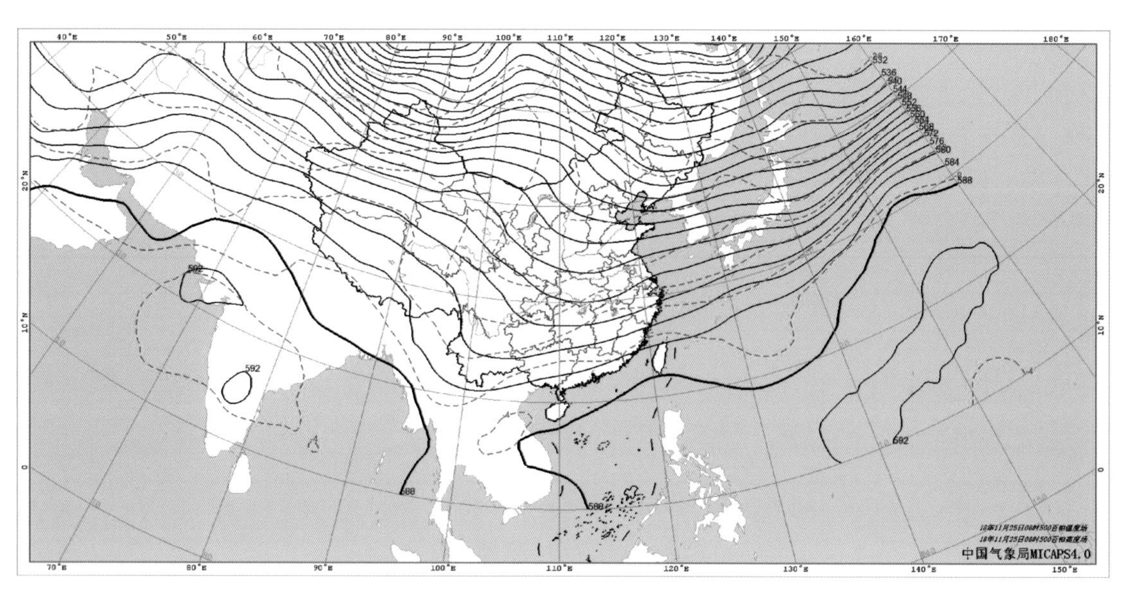

附图 3　我国 500 hPa 高空天气图示例

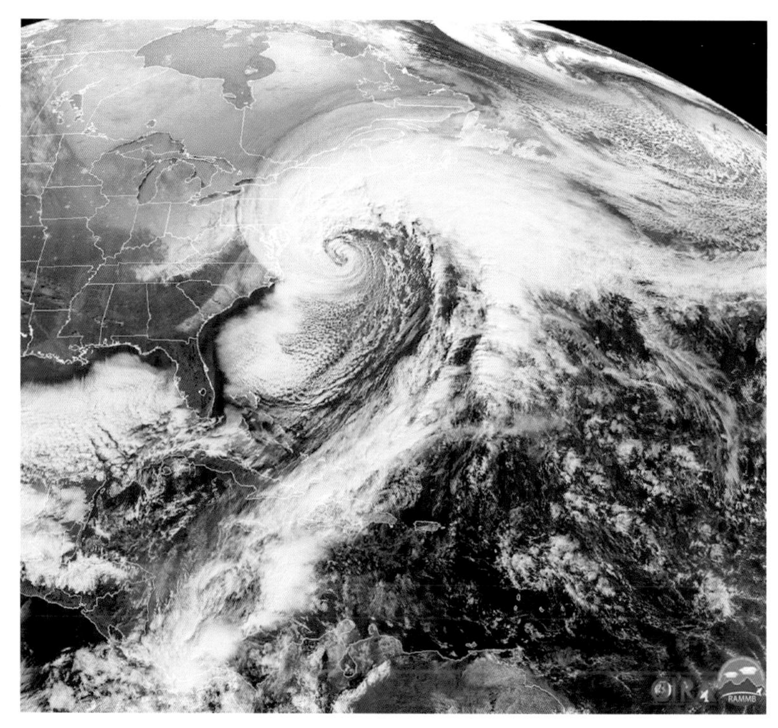

附图 4　美国 GOES－16 卫星拍摄到的 2018 年 1 月 4 日美国东部的气旋

（图片来自美国国家大气海洋管理局/大气联合研究所局，NOAA/CIRA）（https://www.nasa.gov/image-feature/east-coast-bomb-cyclone-seen-by-noaas-goes-16-satellite）

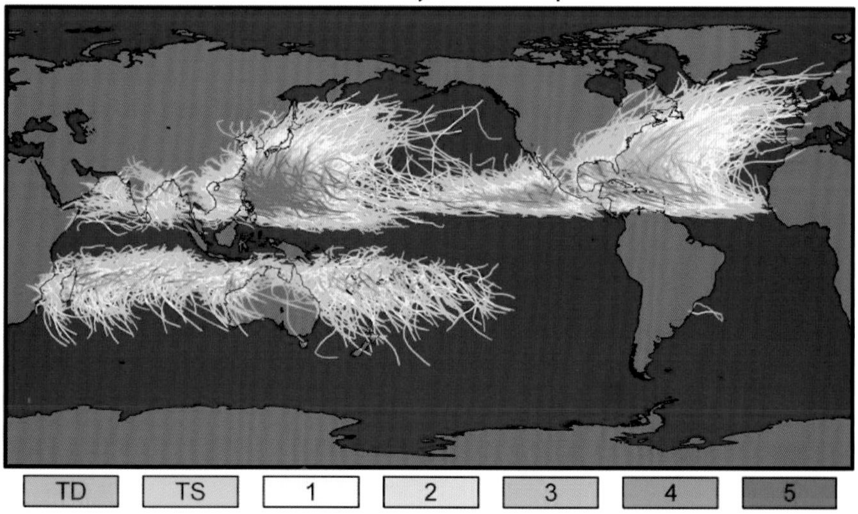

Tracks and Intensity of All Tropical Storms

TD　TS　1　2　3　4　5

Saffir-Simpson Hurricane Intensity Scale

附图 5　全球热带风暴分布

（利用美国国家飓风中心和联合台风警报中心近 150 年的全球热带风暴数据制图，2006 年 9 月，美国宇航局（NASA））（https://earthobservatory.nasa.gov/images/7079/historic-tropical-cyclone-tracks）

(a)

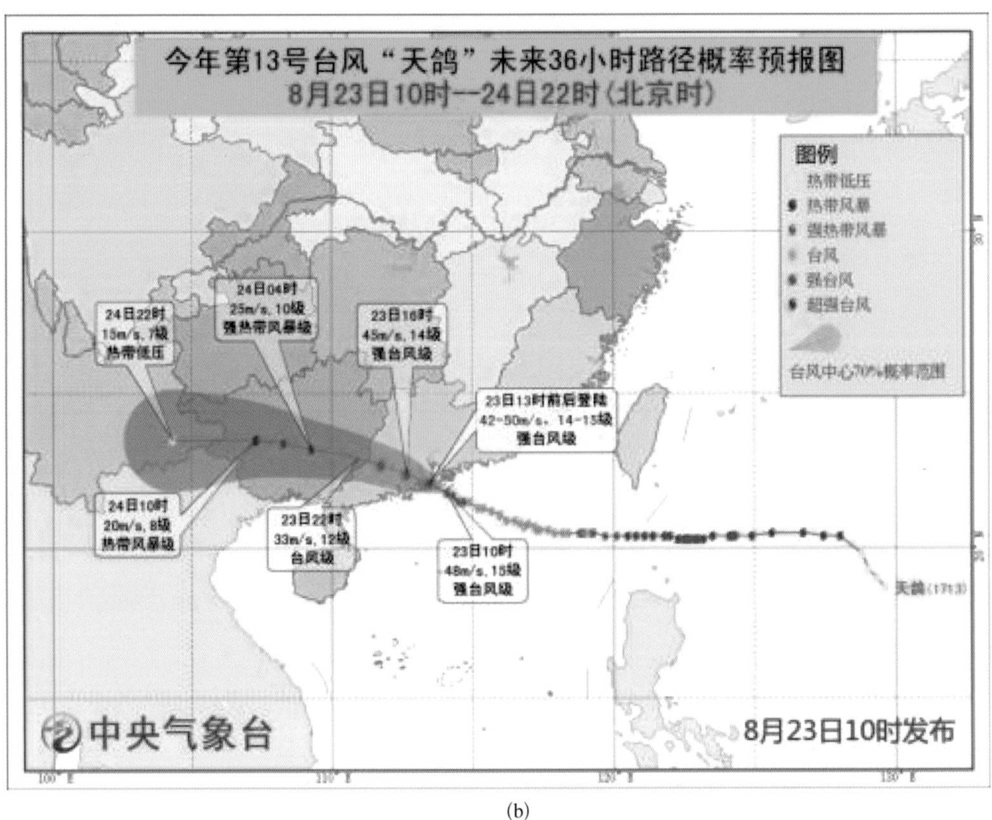

(b)

附图6　(a) 2017年8月23日9:00(北京时间)FY-4A气象卫星监测图像

(http://www.cma.gov.cn/2011xwzx/2011xqxxw/2011xtpxw/201708/t20170822_446925.html)

(b) 2017年第13号台风"天鸽"未来36小时路径概率预报图(http://www.mnw.cn/news/china/1822926-2.html)

附图 7 2016 年 6 月 5 日下午海南文昌的龙卷(图片提供:薛明,Xue et al. 2016)

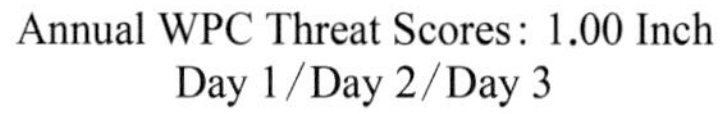

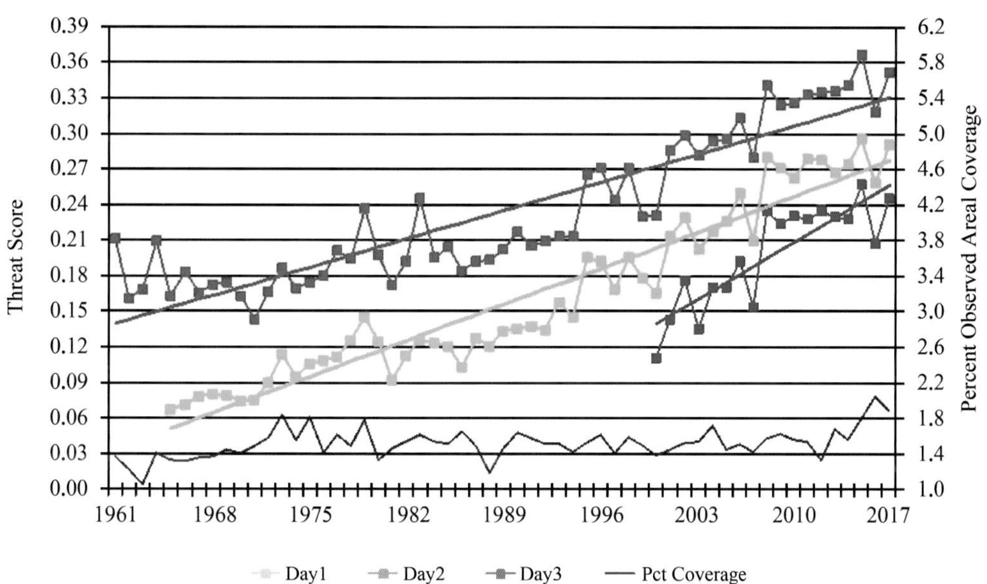

附图 8 美国天气预报中心在美国的定量降水预报评分逐年变化(25.4 mm/d,相当于大雨预报):第一天(红色),第二天(绿色)和第三天(蓝色)预报评分(左侧坐标),以及逐年降水观测面积百分比(右侧坐标)

(https://www.wpc.ncep.noaa.gov/images/hpcvrf/wpc10yr.gif)

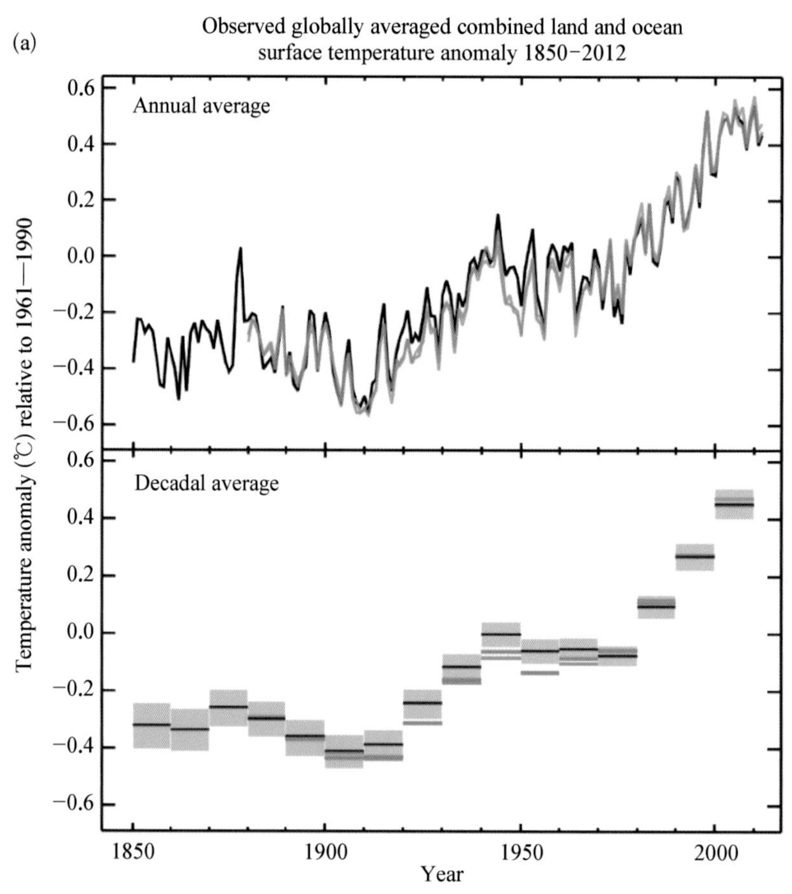

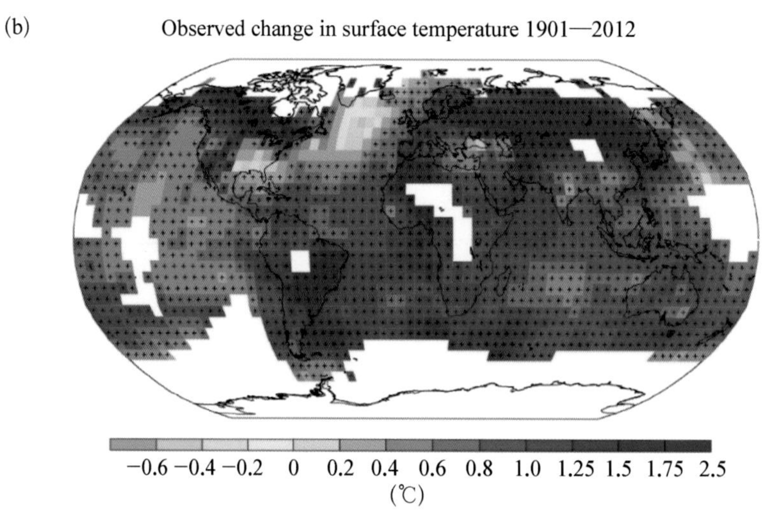

附图 9 （a）观测到的 1850～2012 年全球平均陆地和海表温度距平变化
（b）观测到的 1901～2012 年地表温度变化分布（引自 IPCC AR5，2013）

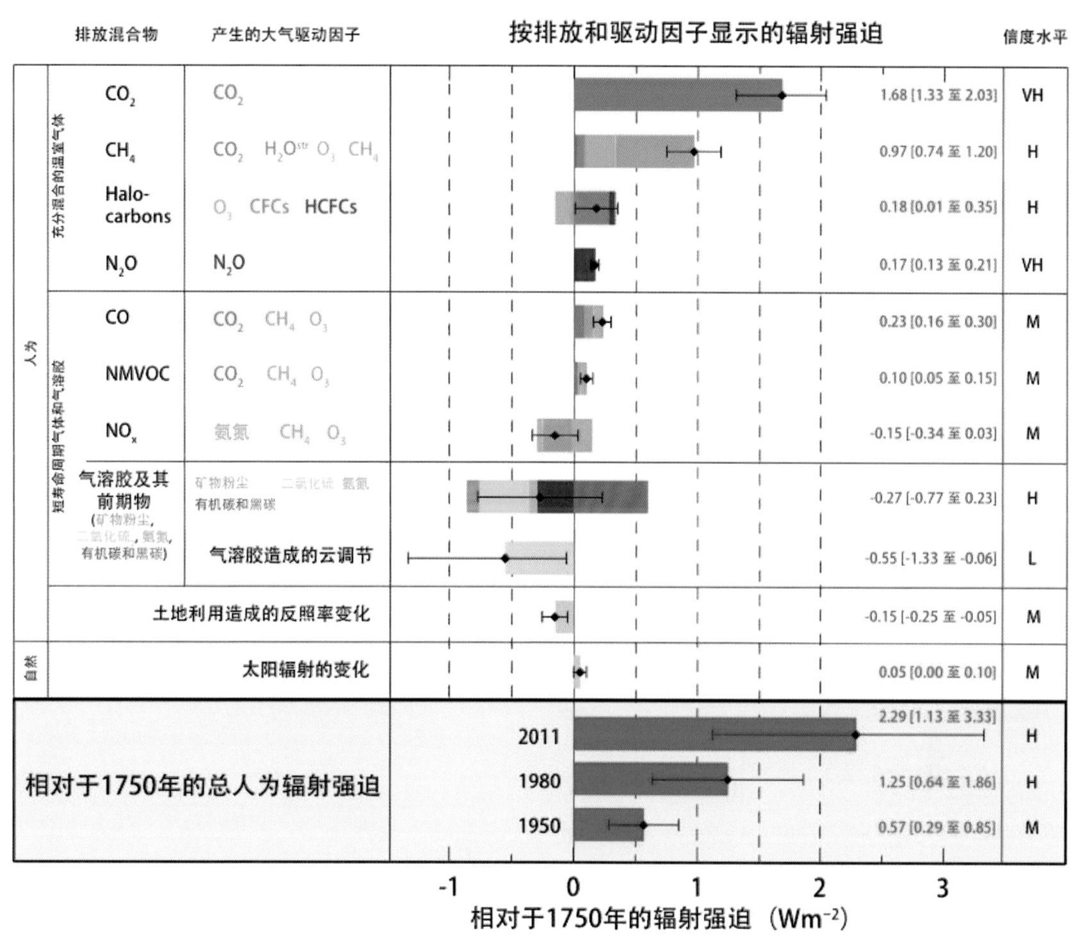

附图 10　相对于 1750 年，2011 年的气候变化主要驱动因子的辐射强迫估计值和总的不确定性

（引自 IPCC AR5，2013）

《大气科学概论(第三版)》读者信息反馈表

尊敬的读者：

感谢您购买和使用南京大学出版社的图书，我们希望通过这张小小的反馈卡来获得您更多的建议和意见，以改进我们的工作，加强双方的沟通和联系。我们期待着能为更多的读者提供更多的好书。

请您填妥下表后，寄回或传真给我们，对您的支持我们不胜感激！

1. 您是从何种途径得知本书的：

□ 书店　□ 网上　□ 报纸杂志　□ 朋友推荐

2. 您为什么购买本书：

□ 工作需要　□ 学习参考　□ 对本书主题感兴趣　□ 随便翻翻

3. 您对本书内容的评价是：

□ 很好　□ 好　□ 一般　□ 差　□ 很差

4. 您在阅读本书的过程中有没有发现明显的专业及编校错误，如果有，它们是：________________

____

____

____

5. 您对哪些专业的图书信息比较感兴趣：______________________________

____

6. 如果方便，请提供您的个人信息，以便于我们和您联系(您的个人资料我们将严格保密)：

您供职的单位：　　　　　　　　您教授或学习的课程：

您的通信地址：　　　　　　　　您的电子邮箱：

请联系我们：

电话：025－83596997

传真：025－83686347

通信地址：南京市金银街8号　210093

南京大学出版社高校教材中心